广西职业教育示范特色专业及实训基地项目成果教材

# 数控机床编程与操作

SHU KONG JI CHUANG BIAN CHENG YU CAO ZUO

主　编◎梁保坚　农宇　　副主编◎林勇　陆松

经济管理出版社
ECONOMY & MANAGEMENT PUBLISHING HOUSE

**图书在版编目（CIP）数据**

数控机床编程与操作/梁保坚，农宇主编．—北京：经济管理出版社，2016.12
ISBN 978 - 7 - 5096 - 4661 - 8

Ⅰ.①数… Ⅱ.①梁… ②农… Ⅲ.①数控机床—程序设计 ②数控机床—操作 Ⅳ.①TG659

中国版本图书馆 CIP 数据核字(2016)第 241834 号

组稿编辑：魏晨红
责任编辑：魏晨红 王杏磊
责任印制：司东翔
责任校对：赵天宇

出版发行：经济管理出版社
（北京市海淀区北蜂窝 8 号中雅大厦 A 座 11 层 100038）
网 址：www. E - mp. com. cn
电 话：(010) 51915602
印 刷：北京市海淀区唐家岭福利印刷厂
经 销：新华书店
开 本：787mm×1092mm/16
印 张：22. 25
字 数：552 千字
版 次：2016 年 12 月第 1 版 2016 年 12 月第 1 次印刷
书 号：ISBN 978 - 7 - 5096 - 4661 - 8
定 价：40. 00 元

# 前　言

数控机床编程与操作是机械类各专业学生必修的一门实践性很强的技术基础课。通过本课程的学习，学生能了解数控制造的一般过程，掌握数控加工程序编制及其加工工艺，熟悉数控机床加工原理，了解现代制造技术在机械制造中的应用。

本书以培养数控专业学生能尽快适应实际工作为出发点，本着专业知识够用为度、重点培养从事实际工作的基本能力和基本技能的指导思想，将各种典型零件重点讲解，从工艺分析、程序编制到成绩考核，完全贴近工厂生产流程。最后是三维软件的编程案例，力求突出实用性、系统性和知识的综合应用性。从企业对人才要求的角度，将课堂教学、现场教学及实训融为一体。

作者广泛参考和吸取相关教材的优点，充分吸收最新学科理论的研究成果和教学改革成果。本书内容尽可能结合专业，紧贴市场，文字上深入浅出，力求通俗易懂，大量的典型图例直观清晰。可作为技工、中专的数控专业教材，也可作为数控短训班的速成培训教材。

本书在体系架构方面，每个任务开头均介绍了任务目标，任务结束后设置任务试题，有助于学生尽快学习和领悟书中的知识结构系统，加强对所学知识的综合应用。

本书由田东职业技术学校一线教师编写，由梁保坚、农宇主编，杨国武、李经炎和刘均勇对本书进行了审阅并提出了宝贵的意见。在此对在本书出版过程中给予支持与帮助的单位和个人表示诚挚的感谢！

由于时间仓促，编者水平有限，难免有不足、不妥之处，真诚希望得到广大专家和读者的批评与指正。

编者

2016. 12

# 目　录

项目一

# 数控机床介绍

## 任务一 数控车床概述

车削加工是机械加工中应用最为广泛的方法之一，主要用于回转体零件的加工。数控车床的加工工艺类型主要包括钻中心孔、车外圆、车端面、钻孔、镗孔、铰孔、切槽、车螺纹、滚花、车锥面、车成形面、攻螺纹，此外借助于标准夹具（如四爪单动卡盘）或专用夹具，在车床上还可完成非回转体零件上的回转表面加工。

根据被加工零件的类型及尺寸不同，车削加工所用的车床有卧式、立式、仿形、仪表等多种类型。按被加工表面不同，所用的车刀有外圆车刀、端面车刀、镗孔刀、螺纹车刀、切断刀等不同类型。此外，恰当地选择和使用夹具，不仅可以可靠地保证加工质量，提高生产率，还可以有效地拓展车削加工工艺范围。

### 任务目标

（1）了解数控车床的基本结构。

（2）熟悉数控车床的类型及其特点。

（3）熟悉数控车床的布局。

### 基本概念

#### 一、数控车床的类型

1. 按结构（主轴位置）分类

数控车床分为立式数控车床和卧式数控车床两种类型。

（1）立式数控车床。用于回转直径较大的盘类零件的车削加工，如图 1－1 所示。

（2）卧式数控车床。用于轴向尺寸较大或较小的盘类零件加工。相对于立式数控车床来说，卧式数控车床的结构形式较多、加工功能丰富、使用的范围较广。如图 1－2 所示。

图 1－1　立式数控车床

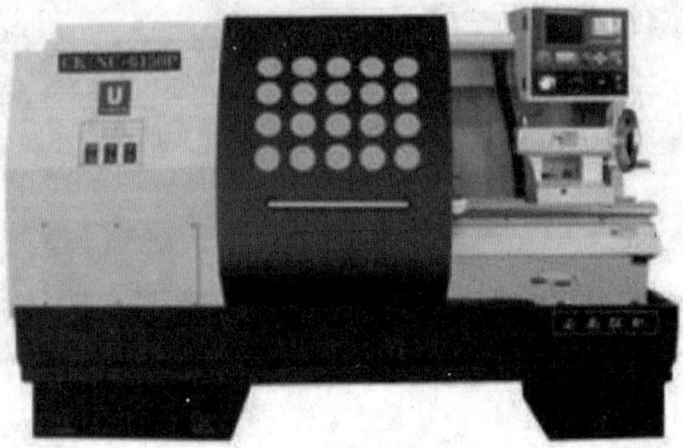

图 1－2　卧式数控车床

2. 按加工零件的基本类型分类

（1）卡盘式数控机床。卡盘式数控机床没有尾座。

（2）顶尖式数控机床。配有普通尾座或数控尾座，适合车削较长的零件及直径不太大的盘式类零件。

3. 按刀架数量分类

按刀架数量分为单刀式数控机床和双刀式数控机床。

4. 按功能分类

按功能分为经济型数控机床、普通数控机床、车削加工中心等。

（1）经济型数控车床。采用的是步进电动机和单片机，是通过对普通车床的车削进给系统改善后形成的简易型数控车床，成本较低，但是自动化程度和功能都比较差，加工的精度也不高，适用于要求不太高的回转类零件的车削加工。

（2）普通数控车床。根据车削加工要求在结构上进行专门设计并配备通用数控系统而形成的数控车床，数控系统功能强，自动化程度和加工精度也比较高，适用于一般回转类零件的车削加工。这种数控车床加工可以同时控制两个坐标轴，即 X 轴和 Z 轴。

（3）车削加工中心。在普通数控车床的基础上，增加了 C 轴和动力头，更高级的机床还带有刀库，可控制 X、Z 和 C 三个坐标轴，联动控制可以是（X、Z）、（Z、C）或（X、C）。由于增加了 C 轴和铣削动力头，这种数控车床的加工功能大大地增强，除可以进行一般车削外，还可以进行径向和轴向铣削、曲面铣削、中心线不在零件回转中心的孔和径向孔的钻削等加工。

5. 按导轨分类

水平床身的工艺性好，便于导轨面的加工。水平床身配上水平放置的刀架可提高刀架的运动精度，一般可用于大型数控车床或小型精密数控车床的布局。但是水平床身由于下部空间小，故排屑困难。从结构尺寸上看，刀架水平放置使得滑板横向尺寸较长，从而加大了机床宽度方向的结构尺寸。

水平床身配上倾斜放置的滑板，并配置倾斜式导轨防护罩，这种布局形式一方面有水平床身工艺性好的特点，另一方面机床宽度方向的尺寸较水平配置滑板的要小且排屑方便。

水平床身配上倾斜放置的滑板和斜床身配置斜滑板布局的形式被中小型数控车床所普遍采用。这是由于此种布局形式排屑容易，热铁屑不会堆积在导轨上，也便于安装自动排屑器，操作方便，易于安装机械手，以实现单机自动化；机床占地面积小，外形简洁、美观，容易实现封闭式防护。

倾斜床身多采用30°、45°、60°、75°和90°，常用的有45°、60°和75°。

## 二、数控车床的组成与布局

数控车床由数控系统和机床本体组成，数控系统包括控制电源、伺服控制器、主机、主轴编码器、图像管显示器等。机床本体包括床身、电动机、主轴箱、电动回转刀架、进给传动系统、冷却系统、润滑系统、安全保护系统等。

数控车床的布局分水平床身、倾斜床身、垂直床身及水平床身斜滑板等。如图1－3～图1－6所示。

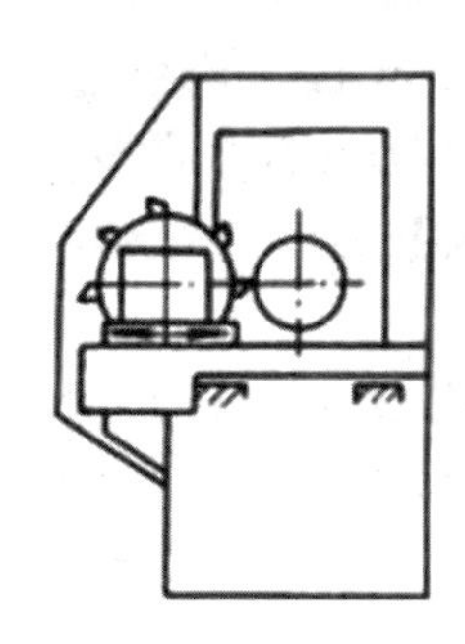

图1－3　水平床身

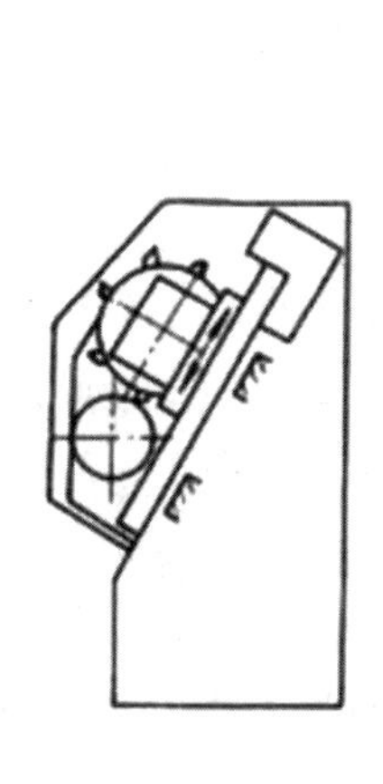

图1－4　倾斜床身

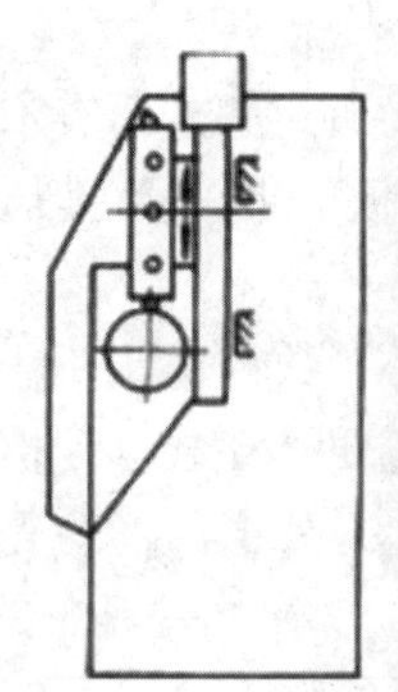

图1-5　垂直床身

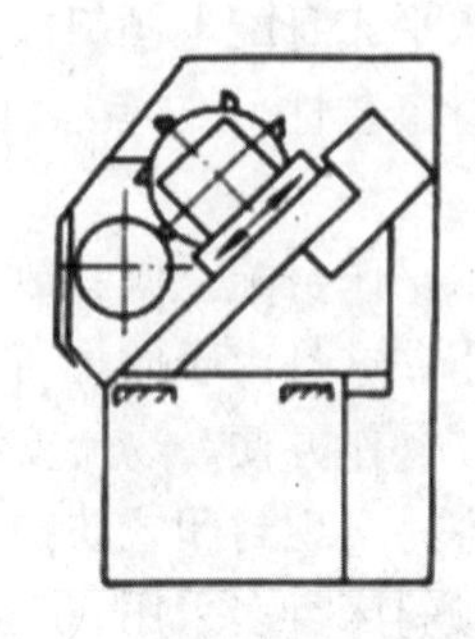

图1-6　水平床身斜滑板

## 三、数控车床的主要结构

### （一）数控车床结构特点

（1）由于数控车床刀架的两个方向运动分别由伺服电动机驱动，所以它的传动链短。不必使用挂链、光杆等传动部件，用伺服电动机直接与丝杆联结带动刀架运动。伺服电动机丝杆间也可以用同步皮带副或齿轮副联结。

（2）多功能数控车床是采用直流或交流主轴控制单元来驱动主轴，按控制指令作无级变速，主轴之间不必用多级齿轮副来进行变速。为扩大变速范围，现在一般还通过一级齿轮副，以实现分段无级调速，即使这样，床头箱内的结构已比传统车床简单得多。数控车床的另一个结构特点是刚度大，这是为了与数控系统高精度控制相匹配，以便适应高精度的加工。

（3）数控车床的第三个结构特点是轻拖动。刀架移动一般采用滚珠丝杠副，滚珠丝杠副是数控车床的关键机械部件之一，滚珠丝杠两端安装的滚动轴承要大得多，这种专用轴承配对安装，是选配的，最好在轴承出厂时就是成对的。

（4）为了拖动轻便，数控车床的润滑都比较充分，大部分采用油雾自动润滑。

（5）由于数控车床的价格较高、控制系统的寿命较长，所以数控车床的滑动导轨也要求耐磨性好。数控车床一般采用的是镶钢导轨，这样精度保持比较长、使用寿命也加长。

（6）数控车床还具有加工冷却充分、防护较严密等特点。自动运转时一般都处于全封闭或半封闭状态。

（7）数控车床一般还配有自动排屑装置。

### （二）数控车床主轴结构

1. 数控车床主轴部件结构

主轴部件是主运动的执行部件，它夹持刀具或工件并带动其旋转。主轴的部件包括主轴、主轴的支承以及安装在主轴上的传动部件和速度反馈装置。如图1－7和图1－8所示。

2. 主轴部件的支承

（1）数控机床主轴支承根据主轴部件的转速、承载能力及回转精度等要求来选用轴承。

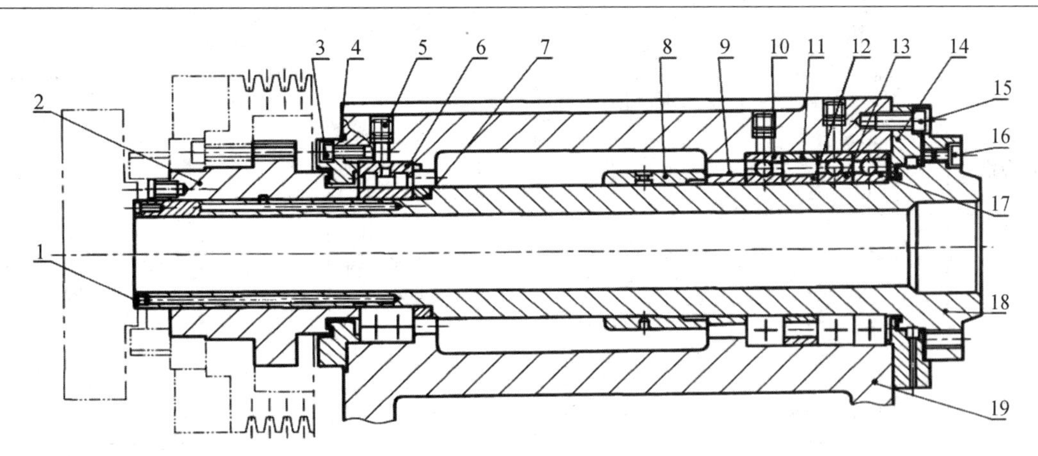


1、3、5、15、16—螺钉；2—带轮连接盘；4—端盖；6—圆柱滚珠轴承；
7、9、11、12—挡圈；8—热调整套；10、13、17—角接触球轴承；14—卡盘过渡盘；
18—主轴；19—主轴箱箱体

**图1－7　数控车床主轴部件结构示意图**

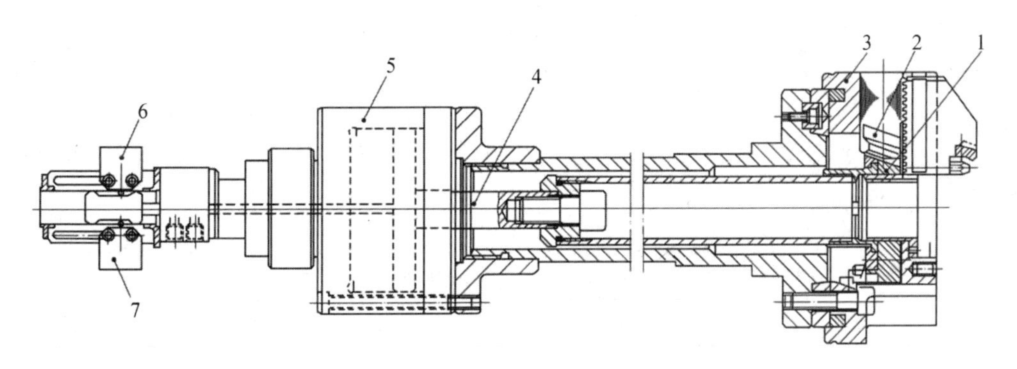


1—驱动爪；2—卡爪；3—卡盘；4—活塞杆；5—液压缸；6、7—行程开关

**图1－8　液压动力的自定心夹盘**

1）一般要求的中小型数控机床（如车床、铣床、加工中心、磨床）多数采用滚动轴承。

2）重型数控机床采用液体静压轴承。

3）高精度数控机床（如坐标磨床）采用气体静压轴承。

4）超高速（转速达2万～10万转/分）主轴可采用磁悬浮轴承或陶瓷滚珠轴承。

（2）数控机床的主轴轴承及其性能（见表1－1）。

（3）主轴轴承的配置，如图1－9所示。

图1－9（a）前支承采用双列圆柱滚子轴承和接触角为60°的双列推力向心球轴承组合，可承受径向载荷和轴向载荷，后支承为成对的推力角接触球轴承，此配置形式使主轴的综合刚度大幅度提高，可以满足强力切削的要求，普遍应用于各类数控机床。

图1－9（b）前支承采用成组推力角接触球轴承，承受径向载荷和轴向载荷，后支承采用双列圆柱滚子，这种配置具有良好的高速性能（主轴最高转速可达4000r/min以上），主轴部件精度也较好，适用于高速、重载的主轴部件。

图1－9（c）前后支承均采用成组角接触球轴承，以承受径向载荷和轴向载荷，这种配置适用于高速、轻载和精密的数控机床主轴。

表 1－1　主轴轴承及其性能

| 性能 | 滚动轴承 | 液体静压轴承 | 气体静压轴承 | 磁悬浮轴承 | 陶瓷轴承 |
| --- | --- | --- | --- | --- | --- |
| 旋转精度 | 一般或较高，预紧无间隙时较高 | 高，精度保持性好 | | 一般 | 同滚动轴承 |
| 刚度 | 一般或较高，预紧无间隙时较高，且取决于所用轴 | 高，与节流阀形式有关，带薄膜反馈或滑阀反馈时很高 | 较差，因空气可压缩，与承载力大小有关 | 比一般滚动轴承差 | 比一般滚动轴承差 |
| 抗震性能 | 较差，阻尼比 $\xi=0.02\sim0.04$ | 好，阻尼比 $\xi=0.045\sim0.065$ | 好 | 较好 | 同滚动轴承 |
| 速度性能 | 用于中低速，特殊轴承用于较高速 | 用于各种速度 | 用于超高速 | 用于高速 | 用于中高速，热传导率低，不易发热 |
| 摩擦损耗 | 较小，$\mu=0.002\sim0.008$ | 小，$\mu=0.0005\sim0.001$ | 小 | 很小 | 同滚动轴承 |
| 使用寿命 | 疲劳强度限制 | 长 | 长 | 长 | 较长 |
| 结构尺 | 轴向小，径向大 | 轴向大，径向小 | 轴向大，径向小 | 径向大 | 轴向小，径向大 |
| 制造性能 | 专业化、标准化生产 | 自制，工艺要求高，需供油设备 | 自制，工艺要求比液压系统低，需供气设备 | 较复杂 | 比滚动轴承难 |
| 使用维护 | 简单，油脂润滑 | 供油系统清洁较难 | 供气系统清洁较易 | 较难 | 较难 |
| 成本 | 低 | 较高 | 较高 | 高 | 较高 |

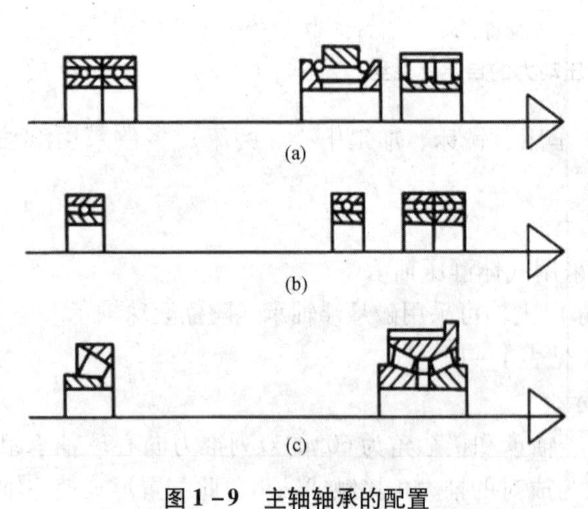

图 1－9　主轴轴承的配置

图 1－9（d）前支承为双列圆锥滚子轴承，承受径向载荷和轴向载荷，后支承为单列圆锥滚子轴承，这种配置可承受重载荷和较强的动载荷，安装与调整性能好。但是这种配置方式限制了主轴最高转速和精度，适用于中等精度、低速度与重载的数控机床的主轴。

主轴轴承的精度等级：滚动轴承的精度有 E 级（高级）、D 级（精密级）、C 级（特精级）、B 级（超精级）四种等级。前轴承的精度一般比后轴承高一个精度等级。数控机床前支承通常采用 B、C 级精度的轴承，后支承则常采用 C、D 级。

3. 主轴速度检测装置

数控机床采用了分散的单独驱动方式，即机床的每一个运动都由一个独立的电动机驱动。机床加工螺纹时主运动与进给运动应有一定的关系，即主轴每转一转，刀具沿轴向进给一个螺距，所以必须对主轴运动进行检测并控制。

主轴的检测通常利用光电式编码器，编码器又称码盘，是一种角位移传感器，有光电式、接触式和电磁式三种。光电式编码器的精度和可靠性都很好，在数控机床上应用广泛，如图 1 –10 所示。

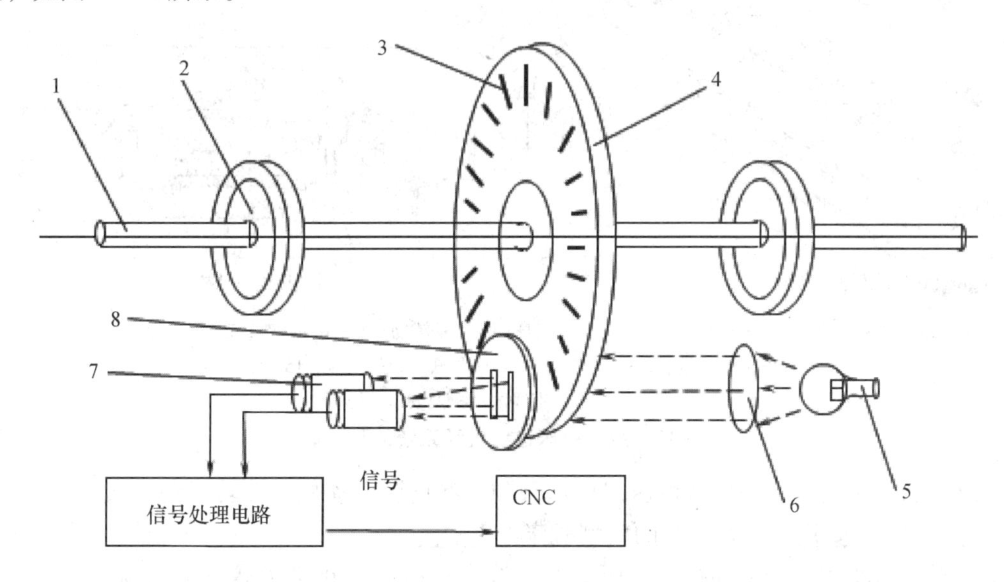


1—转轴；2—支承轴承；3—透光狭缝；4—码盘；5—光源；6—聚光镜；7—光栏板；8—光敏元件

**图 1 –10　光电式编码器**

（三）进给传动系统

1. 进给传动系统的特点及基本形式（见图 1 –11）

1）摩擦阻力小。进给系统中摩擦阻力主要来源是导轨和丝杠。改善导轨和丝杠结构使摩擦阻力减少是主要目标之一。

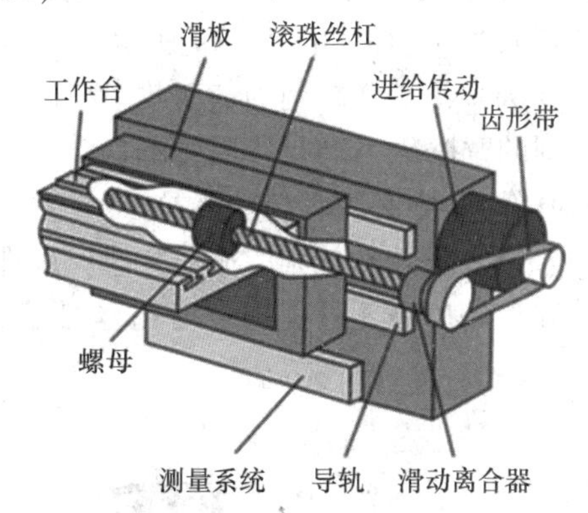


**图 1 –11　进给传动系统**

2）传动系统的精度和刚度高。导轨结构及丝杠螺母、蜗轮蜗杆的支承结构是决定传动精度和刚度的主要部件。应首先保证它们的加工精度以及表面质量，以提高系统的接触刚度。另外，加大滚珠丝杠的直径，对滚珠丝杠螺母副、支承部件进行预紧，对滚珠丝杠进行预拉伸等，都是提高传动系统刚度的有效措施。

3）运动部件惯量小。运动部件的惯量是影响进给系统加、减速特性（快速响应特性）的主要因素。尤其是高速加工的数控机床。

4）传动部件的间隙小。在开环、半闭环进给系统中，传动部件的间隙直接影响进给系统的定位精度；在闭环系统中，它是系统的主要非线性环节，影响系统的稳定性，因此，在传动系统各环节，包括滚珠丝杠、轴承、齿轮、蜗轮蜗杆甚至联轴器和键联结都必须采取相应的消除间隙的措施。

2. 数控机床进给传动系统的基本形式（见图 1 –12）。

(1) 通过丝杠（通常为滚珠丝杠或静压丝杠）螺母副，将伺服电动机的旋转运动变成直线运动。

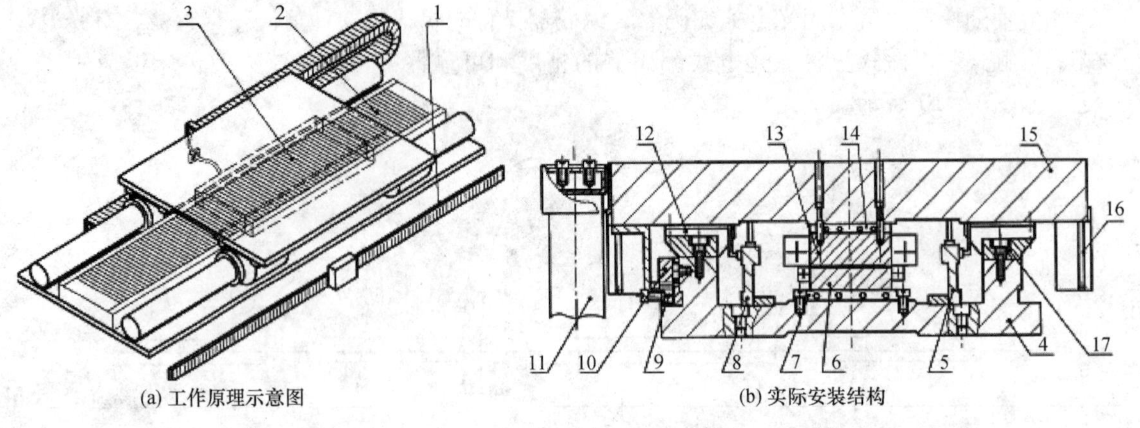

(a) 工作原理示意图　　(b) 实际安装结构

1—位置检测器；2—定子；3—转子；4—床身；5、8—辅助导轨；6—初级；7、14—冷却板；9、10—测量系统；11—拖链；12、17—导轨；13—次级；15—工作台；16—防护直线电动机及安装

**图1－12　数控机床进给传动系统的基本形式**

（2）通过齿轮、齿条副或静压蜗杆蜗条副，将伺服电动机的旋转运动变成直线运动，这种传动方式主要用于行程较长的大型机床上。

（3）直接采用直线电动机进行驱动，直线电动机是近年来发展起来的高速、高精度数控机床最有代表性的先进技术之一。

3. 滚珠丝杠螺母副

（1）为了提高进给系统的灵敏度、定位精度和防止爬行，必须要降低数控机床进给系统的摩擦并减少静、动摩擦系数之差。因此，行程不太长的直线运动机构常用滚珠丝杠副。如图1－13和图1－14所示。

（2）滚珠丝杠副的传动效率高达85%～98%，是普通滑动丝杠副的2～3倍。滚珠丝杠副的摩擦角小于1°，因此不自锁。如果滚珠丝杠副驱动升降运动（如主轴箱或升降台的升降），则必须有制动装置。

（3）滚珠丝杠副的循环方式。滚珠丝杠螺母副常用的循环方式有内循环与外循环两种。滚珠在循环过程中有时与丝杠脱落接触称为外循环；一直与丝杠保持接触称为内循环。

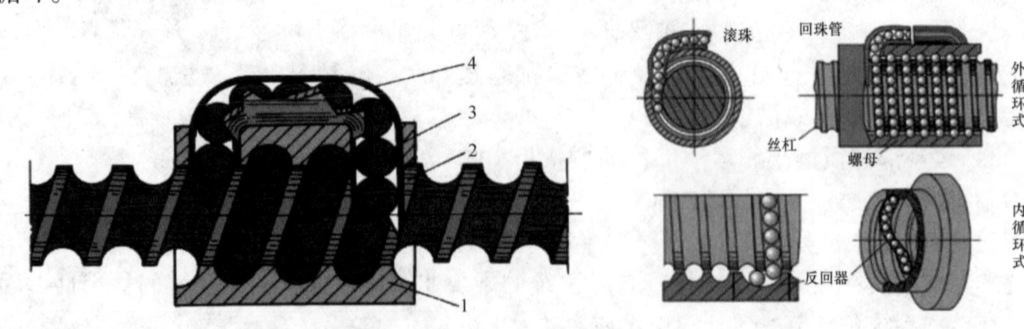

1—螺母；2—丝杠；3—滚珠；4—滚珠循环装置

**图1－13　滚珠丝杠**

**图1－14　滚珠丝杠的结构示意图**

1）图1－15为外循环式，当丝杠相对于螺母旋转时，丝杠的旋转面经滚珠推动螺母轴向移动，同时滚珠沿螺旋形滚道滚动，使丝杠和螺母之间的滑动摩擦转变为滚珠与丝

杠、螺母之间的滚动摩擦。螺母螺旋槽的两端用回珠管连接起来，使滚珠能够从一端重新回到另一端，构成一个闭合的循环回路。

2）内循环均采用反向器实现滚珠循环，反向器有两种形式。滚珠从螺纹滚道进入反向器，借助反向器迫使滚珠越过丝杠牙顶进入相邻滚道，实现循环。如图 1－16 所示。

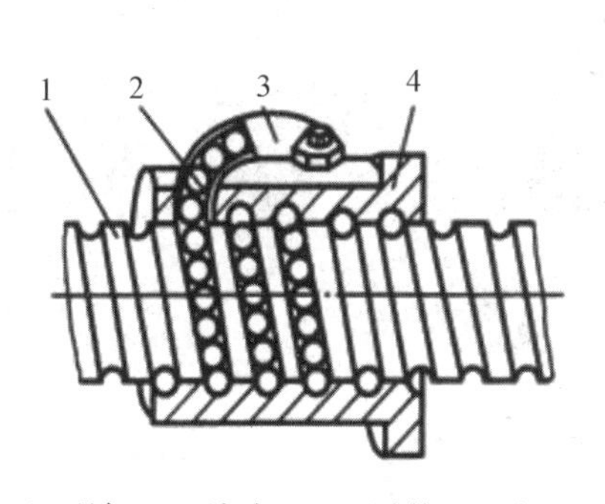


1—丝杠；2—滚珠；3—回珠管；4—螺母

**图 1－15 外循环式滚珠丝杠**

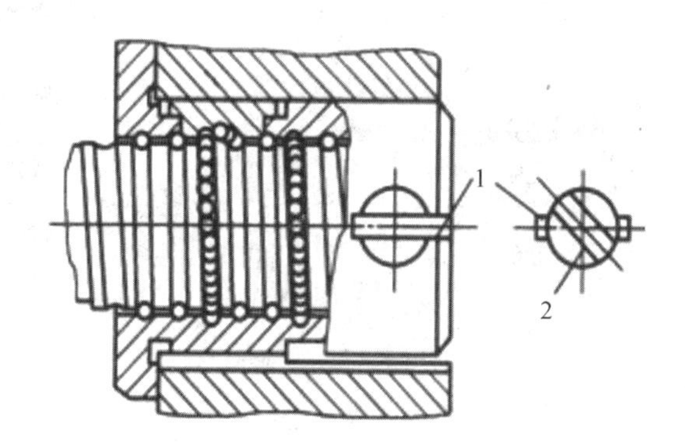


1—凸键；2—回珠槽

**图 1－16 内循环式滚珠丝杠**

（4）滚珠丝杠螺母副间隙的调整。滚珠丝杠的传动间隙是指丝杠和螺母无相对转动时，丝杠和螺母两者之间的最大轴向窜动量。除了丝杠和螺母本身的轴向间隙之外，还包括施加轴向载荷后，产生的弹性变形所造成的轴向窜动量。

滚珠丝杠螺母副轴向间隙的调整和预紧的原理都是使两个螺母产生轴向位移，以消除它们之间的间隙。除少数使用微量过盈滚珠的单螺母结构消隙外，常采用双螺母预紧方法，其结构形式有垫片调隙法、齿差调隙法和螺纹调隙法三种。

1）垫片调隙法。通过调整垫片的厚度使左右两螺母产生轴向位移，来消除间隙和产生预紧力。如图 1－17 所示。

2）齿差调隙法。内齿轮紧固在螺母座上，预紧时脱开内齿轮，使两个螺母同向转过相同的齿数，然后再合上内齿轮。两螺母的轴向相对位置发生变化从而实现间隙的调整和施加预紧力。如图 1－18 所示。

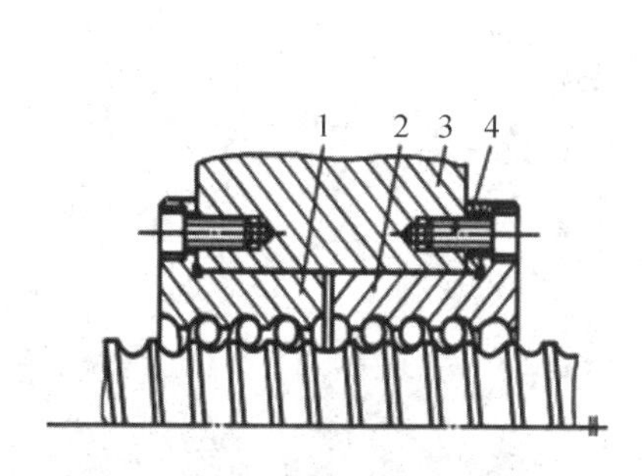


1、2—左右螺母；3—螺母座；4—垫片

**图 1－17 调整垫片消隙**

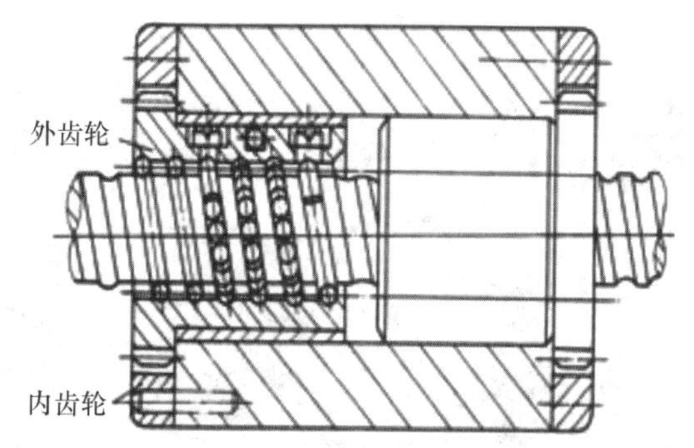


**图 1－18 齿差调隙法**

3）螺纹调隙法。调整时，只要拧紧圆螺母 3 使右螺母 1 向右滑动，可以改变两螺母的间距，即可消除间隙并产生预紧力。螺母 2 是锁紧螺母，调整完毕后，将螺母 2 和螺母 3 并紧，可以防止螺母在工作中松动。如图 1－19 所示。

4. 导轨

目前，数控机床上的导轨形式主要有滑动导轨、滚动导轨和静压导轨等。如图 1－20 所示。

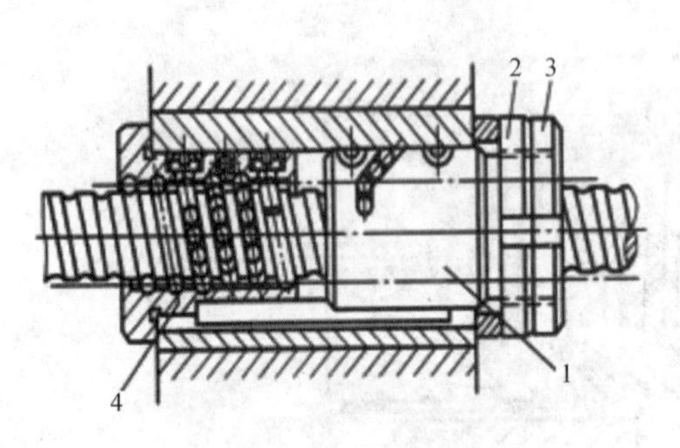


图 1－19　双螺母螺纹消隙

图 1－20　滚珠丝杠螺母副＋滑动导轨

（1）滚动导轨。为了提高数控机床移动部件的运动精度和定位精度，数控机床的导轨广泛采用滚动导轨。如图 1－21 所示。

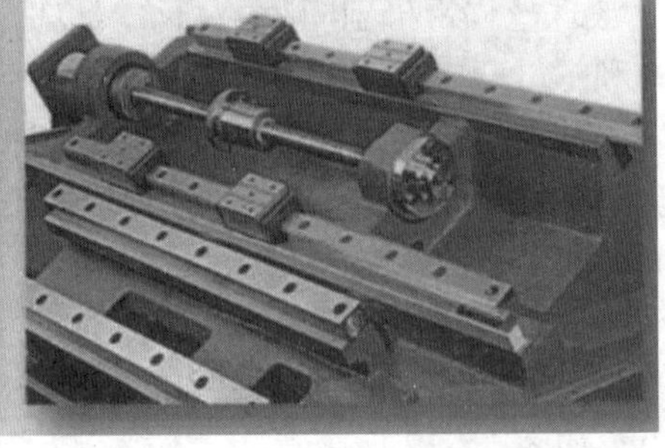

图 1－21　滚动导轨

（2）滑动导轨。如果数控机床加工零件时经常受到变化的切削力作用，或当传动装置存在间隙或刚性不足时，则过小的摩擦阻力反而容易产生振动。这时，可以采用滑动导轨副以改善系统的阻尼特性。如图 1－22 所示。

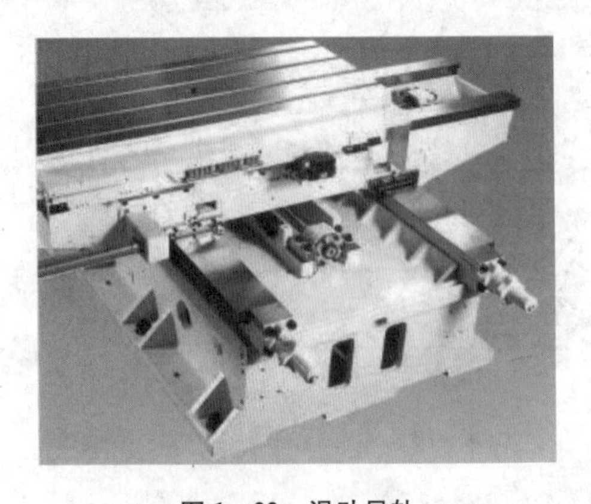

图 1－22　滑动导轨

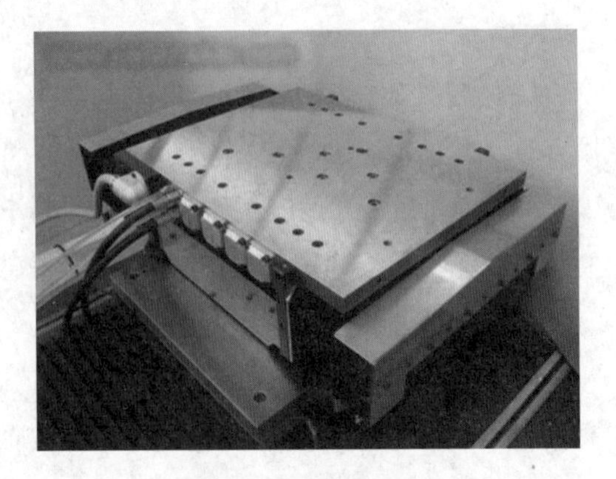

图 1－23　静压导轨

滑动导轨分为普通滑动导轨、注塑导轨和贴塑导轨三类。

（3）静压导轨。静压导轨的滑动面之间开有油腔，将有一定压力的油通过节流器输入油腔，形成压力油膜，浮起运动部件，使导轨工作表面处于纯液体摩擦，不产生磨损，精度保持性好，如图 1－23 所示。

（四）其他结构

1. 自动夹紧装置

数控车床一般用液压卡盘来夹持工件。液压卡盘是数控车削加工时加紧工件的重要附件，对一般回转类零件可采用普通液压卡盘；对零件被夹持部位不是圆柱形的零件，则需要采用专用的卡盘；用棒料直接加工时需要采用弹簧卡盘。液压卡盘通常都配备有未经淬火的卡爪，即软爪。软爪分为内夹和外夹两种形式，卡盘闭合时夹紧工件的软爪为内夹式软爪，卡盘张开时撑紧工件的软爪为外夹式软爪。

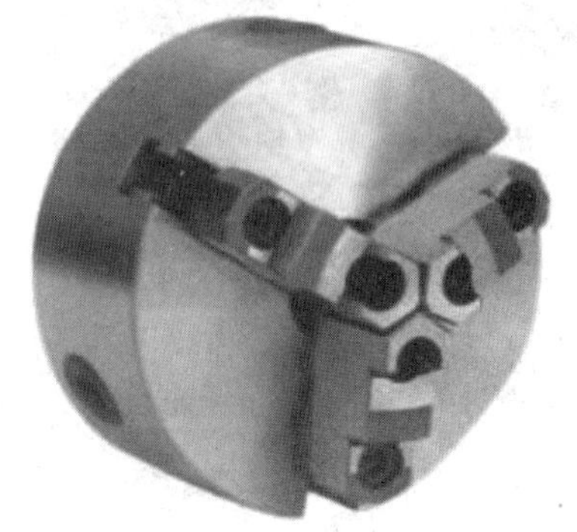

**图 1－24　三爪自定心卡盘**

（1）三爪自定心卡盘。适合安装较短的轴类或盘类工件。为减少数控车床装夹工件的辅助时间，广泛采用液压或气压动力自定心卡盘。如图 1－24 和图 1－25 所示。

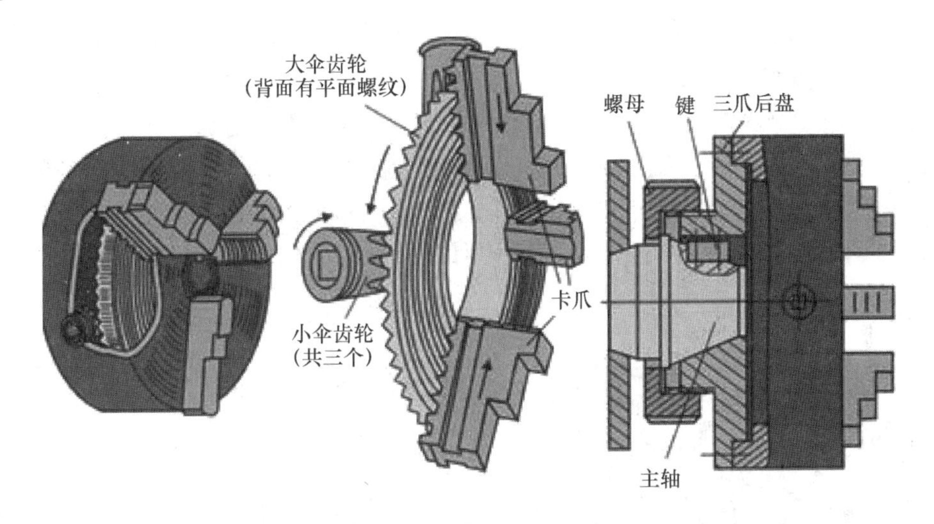


(a) 外形　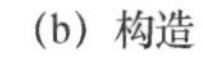 (b) 构造　(c) 三爪卡盘与车床主轴连接的结构

**图 1－25　三爪卡盘**

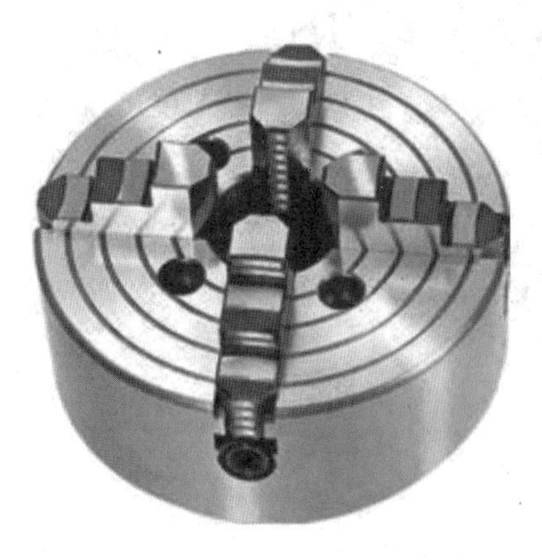

**图 1－26　四爪卡盘**

（2）四爪卡盘（见图 1－26）。适合安装方形、椭圆形或不规则形状的工件，装夹时必须找正，定中心。

2. 尾座

尾座安装在床身导轨上，它可以根据工件的长短调节纵向位置。它的作用是利用套筒安装顶尖，用来支承较长工件的一端，也可以安装钻头、铰刀等刀具进行孔加工。

尾座的外形美观，与机床设计风格相称，尾座材料用一级铸铁，并经过时效处理，尾座可沿床身导轨移动，同时也可以利用偏心机构将尾座固定在需要的位置上，尾座和床头箱顶尖水平面的偏移，可借横向调节螺丝调节。如图 1－27 和图 1－28 所示。

**图 1－27　可编程控制液压尾座**

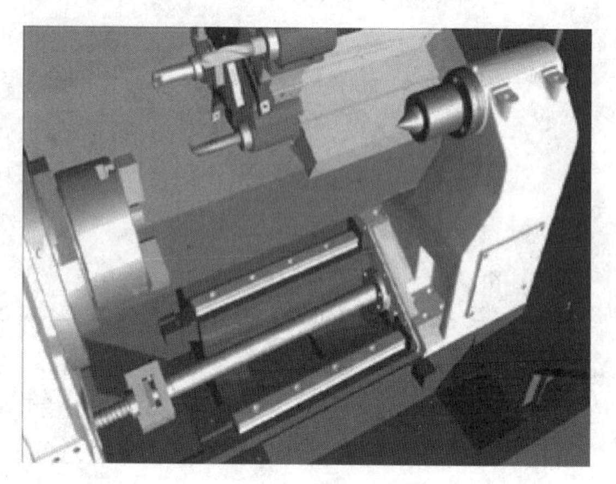

**图 1－28　采用带制动伺服电机驱动尾座**

3. 刀架

刀架是数控车床非常重要的部件。数控车床根据其功能，刀架上可安装的刀具数量一般为 8 把、10 把、12 把、16 把，有些数控车床可以安装更多的刀具。

（1）刀架的结构形式。刀架的结构形式一般为回转式，刀具沿圆周方向安装在刀架上，可以安装径向车刀、轴向车刀、钻头、镗刀。车削加工中心还可以安装轴向铣刀、径向铣刀。少数数控车床的刀架为直排式，刀具沿一条直线安装。如图 1－29 和图 1－30 所示。

**图 1－29　电动（或液压）回转刀架**

**图 1－30　电动四方刀架**

（2）数控车床刀架的种类。数控车床可以配备两种刀架：

1）专用刀架。由车床生产厂商自己开发，所使用的刀柄也是专用的。这种刀架的优

点是制造成本低，但缺乏通用性。

2）通用刀架。即根据一定的通用标准生产的刀架，数控车床生产厂商可以根据数控车床的功能进行选择配置。

3）刀架安装各种切削加工刀具，其结构直接影响机床的切削性能和工作效率。数控车床的刀架分为转塔式和排刀式刀架两大类。转塔式刀架是普遍采用的刀架形式，它通过转塔头的旋转、分度、定位来实现机床的自动换刀工作。两坐标连续控制的数控车床，一般都采用6~12工位转塔式刀架。排刀式刀架主要用于小型数控车床，适用于短轴或套类零件加工。

## 任务试题

(1) 数控车床分哪几大类型？其特点是什么？

(2) 数控车床由哪几部分组成？其作用是什么？

(3) 数控车床主要有哪些结构？其结构特点是什么？

# 任务二 数控铣床概述

## 任务目标

(1) 了解数控铣床的基本结构。
(2) 熟悉数控铣床的类型及其特点。
(3) 熟悉数控铣床的布局。

## 基本概念

数控铣床（Numerical Control Milling Machine）适用于各种箱体类和板类零件的加工。它的机械结构除基础部件外，还包括主传动系统和进给传动系统，实现工件回转、定位的装置和附件，实现某些部件动作和辅助功能的系统和装置，如液压、气动、冷却等系统和排屑、防护等装置，特殊功能装置，如刀具破损监视、精度检测和监控装置，为完成自动化控制功能的各种反馈信号装置及元件。铣削加工是机械加工中最常用的加工方法之一，它主要包括平面铣削和轮廓铣削，也可以对零件进行钻、扩、铰、锪及螺纹加工等。其主要加工对象有以下几种：

(1) 平面类零件。特点是：各加工单元面是平面或可以展开为平面。数控铣床加工的绝大多数零件属于平面类零件。如图 1-31 所示。

图 1-31 平面类零件

(2) 曲面类零件。加工面为空间曲面的零件称为曲面类零件，又称立体类零件。特

点是：加工面不能展开为平面，加工面始终与铣刀点接触。如图 1－32 所示。

（3）变斜角类零件。加工面与水平面的夹角呈连续变化的零件称为变斜角类零件，特点是：加工面不能展开为平面，但在加工中，加工面与铣刀圆周接触的瞬间为一条直线。如图 1－33 所示。

**图 1－32　曲面类零件**

**图 1－33　变斜角类零件**

## 一、数控铣床的类型

1. 按主轴布置形式分类

按机床主轴的布置形式及机床的布局特点，可分为立式数控铣床、卧式数控铣床和数控龙门铣床等。

（1）立式数控铣床。一般可进行三坐标联动加工，目前三坐标数控立式铣床占大多数。如图 1－34 所示，立式数控铣床主轴与机床工作台面垂直，工件装夹方便，加工时便于观察，但不便于排屑。一般采用固定式立柱结构，工作台不升降。主轴箱做上下运动，并通过立柱内的重锤平衡主轴箱的质量。为保证机床的刚性，主轴中心线距立柱导轨面的距离不能太大，因此，这种结构主要用于中小尺寸的数控铣床。

**图 1－34　立式数控铣床**

此外，还有的机床主轴可以绕 X、Y、Z 坐标轴中其中一个或两个做数控回转运动的四坐标和五坐标数控立式铣床。通常，机床控制的坐标轴越多，尤其是要求联动的坐标轴越多，机床的功能、加工范围及可选择的加工对象也越多，但随之而来的就是机床结构更加复杂，对数控系统的要求更高，编程难度更大，设备的价格也更高。

立式数控铣床也可以附加数控转盘，采用自动交换台，增加靠模装置来扩大它的功能、加工范围及加工对象，进一步提高生产效率。

（2）卧式数控铣床。卧式数控铣床与通用卧式铣床相同，其主轴轴线平行于水平面。如图 1－35 所示，卧式数控铣床的主轴与机床工作台面平行，加工时不便于观察，但排屑顺畅。为了扩大加工范围和扩充功能，一般配有数控回转工作台或万能数控转盘来实现四坐标、五坐标加工，这样不但工件侧面上的连续轮廓可以加工出来，而且可以实现在一次安装过程中，通过转盘改变工位，进行“四面加工”。尤其是万能数控转盘可以把工件上各种不同的角度或空间角度的加工面摆成水平来加工，这样可以省去很多专用夹具或专用角度的成型铣刀。虽然卧式数控铣床在增加了数控转盘后很容易做到对工件进行“四面加工”，使其加工范围更加广泛，但从制造成本上考虑，单纯的卧式数控铣床现在已比较少，而多是在配备自动换刀装置（ATC）后成为卧式加工中心。

（3）数控龙门铣床。对于大尺寸的数控铣床，一般采用对称的双立柱结构，以保证机床的整体刚性和强度，这就是数控龙门铣床。如图 1－36 所示，数控龙门铣床有工作台移动和龙门架移动两种形式。主要用于高中等尺寸、高中等质量的各种基础大件，板件、盘类件、壳体件和模具等多品种零件的加工，工件一次装夹后可自动高效、高精度地连续完成铣、钻、镗和铰等多种工序的加工，适用于航空、重机、机车、造船、机床、印刷、轻纺和模具等制造行业。

图 1－35　卧式数控铣床　　图 1－36　数控龙门铣床

2. 按数控系统的功能分类

按数控系统的功能分类，数控铣床可分为经济型数控铣床、全功能数控铣床和高速数控铣床等。

（1）经济型数控铣床。经济型数控铣床一般采用经济型数控系统，如 SE. MENS802S 等，采用开环控制，可以实现三坐标联动。这种数控铣床成本较低，功能简单，加工精度不高，适用于一般复杂零件的加工，一般有工作台升降式和床身式两种类型。如图 1－37（a）所示。

（2）全功能数控铣床。全功能数控铣床采用半闭环控制或闭环控制，其数控系统功能丰富，一般可以实现四坐标以上的联动，加工适应性强，应用最广泛。如图 1－37（b）所示。

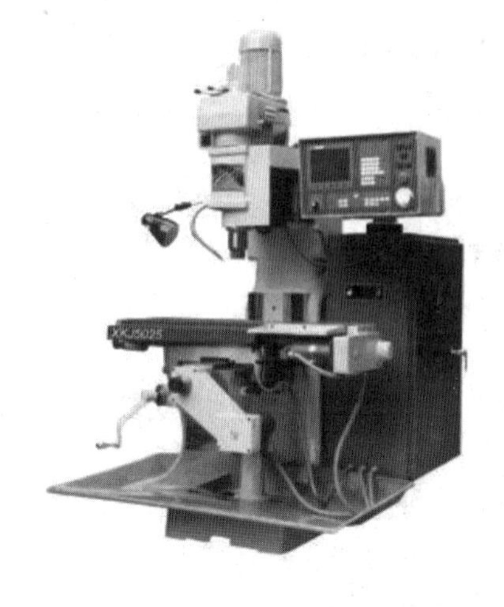

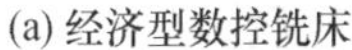
(a) 经济型数控铣床　　(b) 全功能数控铣床

**图 1－37　数控铣床**

（3）高速数控铣床。高速铣削是数控加工的一个发展方向，技术已经比较成熟，已逐渐得到广泛的应用。这种数控铣床采用全新的机床结构、功能部件和功能强大的数控系统，并配以加工性能优越的刀具系统，加工时主轴转速一般在 8000～40000r/min，切削进给速度可达 10～30m/min，可以对大面积的曲面进行高效率、高质量的加工。如图 1－38所示。但目前这种机床价格昂贵，使用成本比较高。

**图 1－38　高速数控铣床**

## 二、数控铣床的组成

1. 数控铣床的构成

数控铣床一般由数控系统、主传动系统、进给伺服系统、冷却润滑系统等组成。

（1）主传动系统。由主轴箱、主轴电机、主轴和主轴轴承等零件组成。主轴的启动、停止等动作和转速均由数控系统控制，并通过装在主轴上的刀具进行切削。

（2）进给伺服系统。由伺服电动机和进给执行机构组成，按照程序设定的进给速度实现刀具和工件之间的相对运动，包括直线进给运动和旋转运动。

（3）数控系统。数控铣床运动控制的中心，执行数控加工程序控制机床进行加工。

（4）辅助装置。如液压、气动、润滑、冷却系统和排屑、防护等装置。

（5）机床基础件。通常是指底座、立柱、横梁等，它是整个机床的基础和框架。

2. 主传动系统的结构

主传动系统包括主轴电动机、传动系统和主轴部件。由于主传动系统的变速功能一般采用变频或交流伺服主轴电动机，通过同步齿形带带动主轴旋转，对于功率较大的数控铣床，为了实现低速大转矩，有时加一级或二级或多级齿轮减速。对于经济型数控铣床的主传动系统，则采用普通电动机通过V带、塔轮、手动齿轮变速箱带动主轴旋转。通过改变电动机的接线形式和手动换挡方式进行有级变速。

主轴具有刀具自动锁紧和松开机构，用于固定主轴和刀具的连接。由碟形弹簧、拉杆和汽缸或液压缸组成。主轴具有吹气功能，在刀具松开后，向主轴锥孔吹气，达到清洁锥孔的目的。

3. 进给传动系统的结构

进给系统即进给驱动装置，驱动装置是指将伺服电动机的旋转运动变为工作台直线运动的整个机械传动链，主要包括减速装置、丝杠螺母副及导向元件等。在数控铣床上，将回转运动与直线运动相互转换的传动装置一般采用双螺母滚珠丝杠螺母副。进给系统的X、Y、Z轴传动结构是伺服电动机固定在支承座上，通过弹性联轴器带动滚珠丝杠旋转，从而使与工作台联结螺母移动，实现X、Y、Z轴的进给。

4. 数控铣床的结构特点

（1）高刚度和高抗震性。

提高静刚度的措施：

1）基础大件采用封闭整体箱形结构，如图1－39所示。

**图1－39　封闭整体箱形结构**

2）合理布置加强筋。

3）提高部件之间的接触刚度。

提高刚度的措施：

1）改善机床的阻尼特性（如填充阻尼材料）。

2）床身表面喷涂阻尼涂层。

3）充分利用结合面的摩擦阻尼。

4）采用新材料，提高抗震性，如图1－40所示。

**图1－40　人造大理石床身（混凝土聚合物）**

（2）减少铣床热变形的影响。

1）改进铣床布局和结构。

图1－41　热对称结构立柱

①采用热对称结构。如图1－41所示。②采用倾斜床身和斜滑板结构。③采用热平衡措施。

2）控制温度。对铣床发热部位（如主轴箱等），采用散热、风冷和液冷等控制温升的办法来吸收热源发出的热量。如图1－42所示。

3）对切削部位采取强冷措施。如图1－43所示。

4）热位移补偿。预测热变形规律，建立数学模型存入计算机中进行实时补偿。

（3）传动系统机械结构简化。数控铣床的主轴驱动系统和进给驱动系统，分别采用交流、直流主轴电动机和伺服电动机驱动，这两类电动机调速范围大，并可无级调速，因此使主轴箱、进给变速箱及传动系统大为简化，箱体结构简单，齿轮、轴承和轴类零件数量大为减少甚至不用齿轮，由电动机直接带动主轴或进给滚珠丝杠。

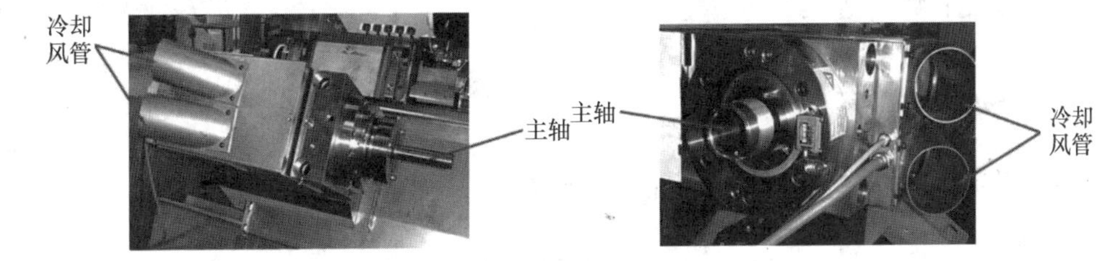


图1－42　对机床热源进行强制冷却

（4）高传动效率和无间隙传动装置。数控铣床进给驱动系统中常用的机械装置主要有三种：滚珠丝杠副、静压蜗杆蜗轮条机构和预加载荷双齿轮齿条。

（5）低摩擦系数的导轨。在高速进给时不震动，低速进给时不爬行，灵敏度高，能在重载下长期连续工作，耐磨性要高，精度保持性要好等。主要采用滑动导轨、滚动导轨和静压导轨三种。

## 三、数控铣床的结构及总体布局

确定铣床的总体布局时，需要考

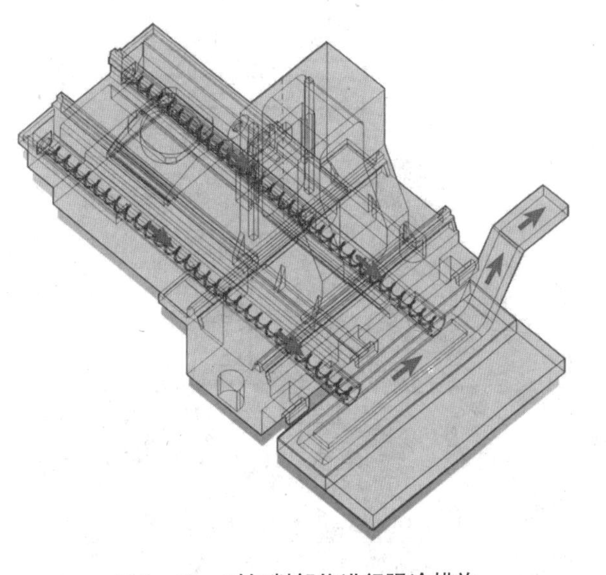

图1－43　对切削部位进行强冷措施

虑多方面的问题：一方面是要从铣床的加工原理即铣床各部件的相对运动关系，结合考虑工件的形状、尺寸和重量等因素，来确定各主要部件之间的相对位置关系和配置；另一方面还要全面考虑铣床的外部因素，如外观形状、操作维修、生产管理和人机关系等对铣床总体布局的要求。

总体布局与工件形状、尺寸和重量的关系，如图 1－44 所示。

运动分配与部件的布局，如图 1－45 所示。

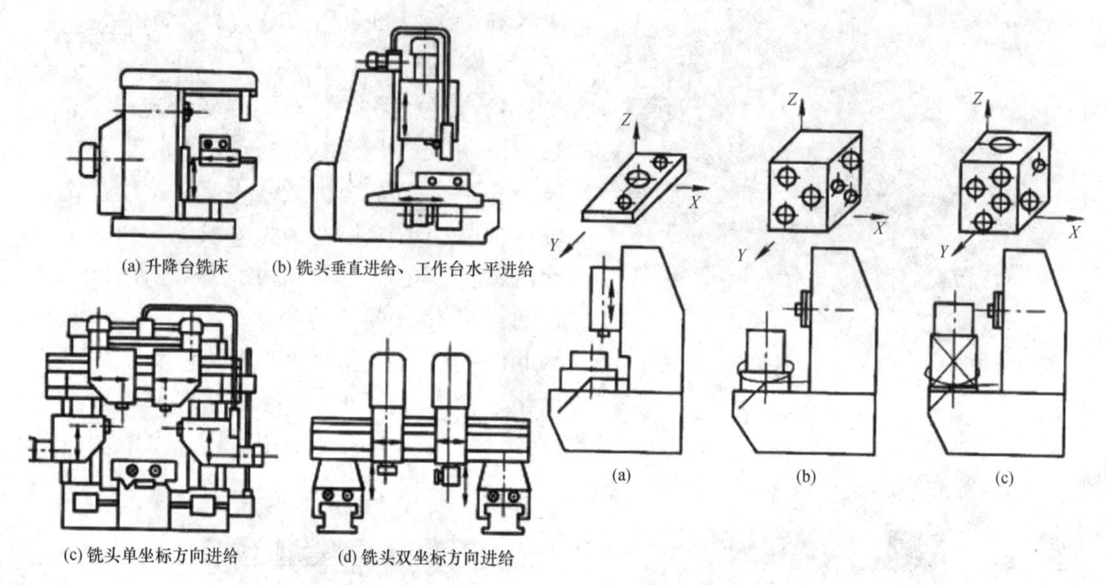


**图 1－44　数控铣床布局（一）**

**图 1－45　数控铣床布局（二）**

总体布局与铣床的结构性能，如图 1－46 所示。

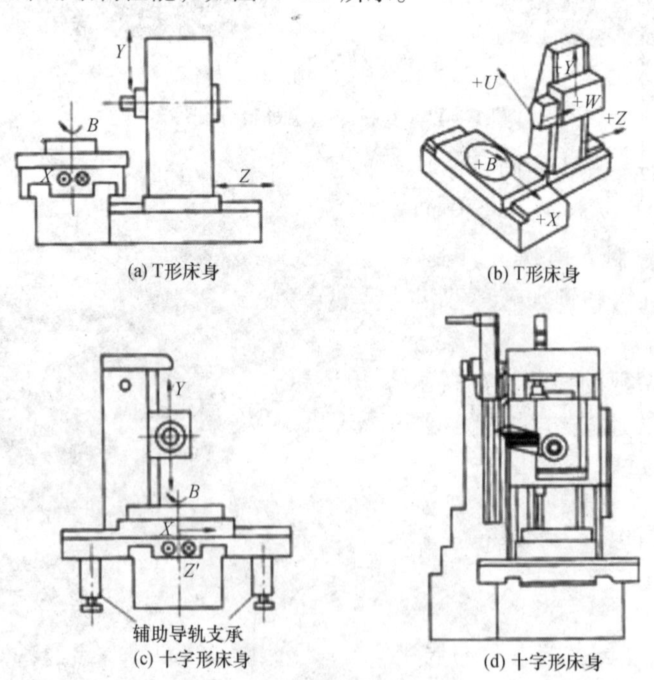


**图 1－46　数控铣床布局（三）**

铣床的使用要求与总布局除遵循铣床布局的一般原则外，还应该考虑在使用方面的特定要求：

（1）便于同时操作和观察数控铣床的操作按钮和开关都放在数控装置上。

（2）要求易于接近装卸区域，而且装夹机构要省力简便。

（3）铣床的结构布局要便于排屑。

## 任务试题

（1）数控铣床分哪几大类型？其特点是什么？

（2）数控铣床由哪几部分组成？其作用是什么？

（3）数控铣床总体布局应遵循哪些原则？其特点是什么？

# 任务三 典型数控系统简介

## 任务目标

（1）熟悉常见的数控系统。

（2）熟悉常见的数控系统装置特点。

## 基本概念

### 一、FANUC 数控系统简介

1. FANUC 公司简介及 FANUC 数控系统的发展

FANUC 公司创建于 1956 年，1959 年首先推出了电液步进电机，在后来的若干年中逐步发展并完善了以硬件为主的开环数控系统。

（1）1976 年，FANUC 公司研制成功数控系统 5，随后又与 SIEMENS 公司联合研制了具有先进水平的数控系统 7，从此，FANUC 公司逐步发展成为世界上最大的专业数控系统生产厂家，产品日新月异，年年翻新。

（2）1979 年，研制出数控系统 6，它是具备一般功能和部分高级功能的中档 CNC 系统，6M 适用于铣床和加工中心；6T 适用于车床。

（3）1980 年，在系统 6 的基础上同时向低档和高档两个方向发展，研制了系统 3 和系统 9。系统 3 是在系统 6 的基础上简化形成的，体积小，成本低，容易组成机电一体化系统，适用于小型、廉价的机床；系统 9 是在系统 6 的基础上强化而形成的，具备高级性能的可变软件型 CNC 系统。

（4）1984 年，FANUC 公司又推出新型系列产品数控系统 10、系统 11 和系统 12。1985 年，FANUC 公司又推出了数控系统 0，它的目标是体积小、价格低，适用于机电一体化的小型机床，因此它与适用于中大型的系统 10、系统 11、系统 12 一起组成了这一时期的全新系列产品。

（5）1987 年，FANUC 公司又成功研制出数控系统 15，被称为划时代的人工智能型数控系统，它应用了 MMC（Man Machine Control）、CNC、PMC 的新概念。系统 15 采用了高速度、高精度、高效率加工的数字伺服单元，数字主轴单元和纯电子式绝对位置检出器，还增加了 MAP（Manufacturing Automatic Protocol）、窗口功能等。

（6）FANUC 公司是生产数控系统和工业机器人的著名厂家，该公司自 20 世纪 60 年代生产数控系统以来，已经开发出 40 多种的系列产品。

（7）FANUC 公司目前生产的数控装置有 F0、F10/F11/F12、F15、F16、F18 系列。

F00/F100/F110/F120/F150 系列是在 F0/F10/F12/F15 的基础上加了 MMC 功能，即 CNC、PMC、MMC 三位一体的 CNC。

2. FANUC 数控系统特点及系列

（1）主要特点。日本 FANUC 公司的数控系统具有高质量、高性能、全功能，适用于各种机床和生产机械的特点，在市场的占有率远远超过其他的数控系统，主要体现在以下几个方面。

1）系统在设计中大量采用模块化结构。这种结构易于拆装，各个控制板高度集成，使可靠性有很大提高，而且便于维修、更换。

2）具有很强的抵抗恶劣环境影响的能力。其工作环境温度为 0 ~ 45℃，相对湿度为 75%。

3）有较完善的保护措施。FANUC 对自身的系统采用比较好的保护电路。

4）FANUC 系统所配置的系统软件具有比较齐全的基本功能和选项功能。对于一般的机床来说，基本功能完全能满足使用要求。

5）提供大量丰富的 PMC 信号和 PMC 功能指令。这些丰富的信号和编程指令便于用户编制机床侧 PMC 控制程序，而且增加了编程的灵活性。

6）具有很强的 DNC 功能。系统提供串行 RS232C 传输接口，使通用计算机 PC 和机床之间的数据传输能方便、可靠地进行，从而实现高速的 DNC 操作。

7）提供丰富的维修报警和诊断功能。FANUC 维修手册为用户提供了大量的报警信息，并且以不同的类别进行分类。

（2）主要系列。

1）高可靠性的 PowerMate 0 系列。用于控制 2 轴的小型车床，取代步进电机的伺服系统；可配画面清晰、操作方便、中文显示的 CRT/MDI，也可配性能/价格比高的 DPL/MDI。

2）普及型 CNC 0 - D 系列。0 - TD 用于车床，0 - MD 用于铣床及小型加工中心，0 - GCD 用于圆柱磨床，0 - GSD 用于平面磨床，0 - PD 用于冲床。

3）全功能型的 0 - C 系列。0 - TC 用于通用车床、自动车床，0 - MC 用于铣床、钻床、加工中心，0 - GCC 用于内、外圆磨床，0 - GSC 用于平面磨床，0 - TTC 用于双刀架 4 轴车床。

4）高性能/价格比的 0i 系列。整体软件功能包，高速、高精度加工，并具有网络功能。0i - MB/MA 用于加工中心和铣床，4 轴 4 联动；0i - TB/TA 用于车床，4 轴 2 联动，0i - mateMA 用于铣床，3 轴 3 联动；0i - mateTA 用于车床，2 轴 2 联动。

5）具有网络功能的超小型、超薄型 CNC 16i/18i/21i 系列：控制单元与 LCD 集成于一体，具有网络功能，超高速串行数据通信。其中 F16i - MB 的插补、位置检测和伺服控制以纳米为单位。16i 最大可控 8 轴，6 轴联动；18i 最大可控 6 轴，4 轴联动；21i 最大可控 4 轴，4 轴联动。

除此之外，还有实现机床个性化的 CNC 16/18/160/180 系列。

（3）常见的 FANUC 数控系统。

1）0 - C/0 - D 系列。1985 年开发，系统的可靠性很高，使得其成为世界畅销的 CNC，该系统 2004 年 9 月停产，共生产了 35 万台。至今有很多该系统还在使用中。如图 1 - 47 所示。

2）16/18/21 系列。1990 ~ 1993 年开发。如图 1 - 48 所示。

图 1-47　FANUC 0-C/0-D 系列

图 1-48　FANUC 16/18/21 系列

3）16i/18i/21i 系列。1996 年开发，该系统凝聚了 FANUC 过去 CNC 开发的技术精华，广泛应用于车床、加工中心、磨床等各类机床。如图 1-49 所示。

4）0i-A 系列。2001 年开发，是具有高可靠性、高性能价格比的 CNC。如图 1-50 所示。

图 1-49　FANUC 16i/18i/21i 系列

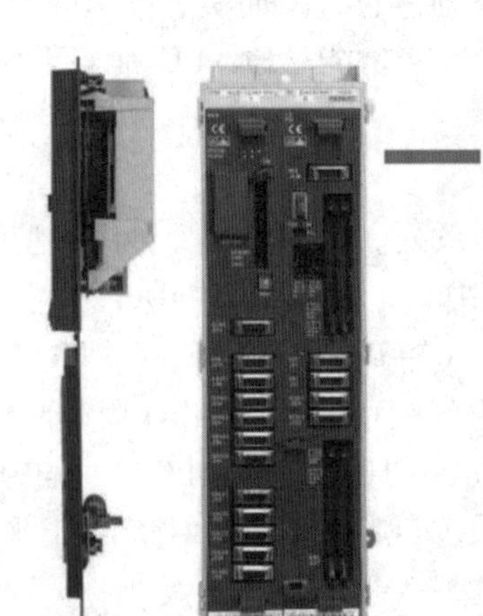

图 1-50　FANUC 0i-A 系列

5）0i-B/0i mate-B 系列。2003 年开发，是具有高可靠性、高性能价格比的 CNC，与 0i-A 相比，0i-B/0i mate-B 采用了 FSSB（串行伺服总线）代替了 PWM 指令电缆。如图 1-51 和图 1-52 所示。

6）0i-C/0i mate-C 系列。2004 年开发，是具有高可靠性，高性能价格比的 CNC，和 0i-B/0i mate-B 相比，其特点是 CNC 与液晶显示器构成一体，便于设定和调试。如图 1-53 所示。

7）30i/31i/32i 系列。2003 年开发，适合控制 5 轴加工机床、复合加工机床、多路径车床等尖端技术机床的纳米级 CNC。通过采用高性能处理器和可确保高速的 CNC 内部总线，使得最多可控制 10 个路径和 40 个轴。同时配备了 15 英寸大型液晶显示器，具有出色的操作性能。通过 CNC、伺服、检测器可进行纳米级单位的控制，并可实现高速、高质量的模具加工。如图 1-54 所示。

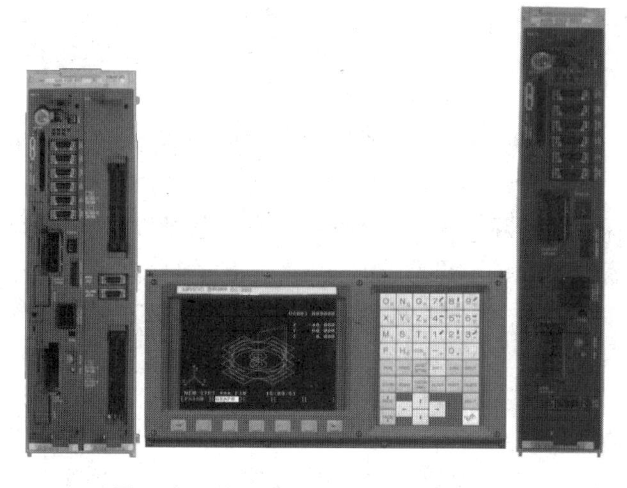

图 1－51　FANUC 0i－B 系列

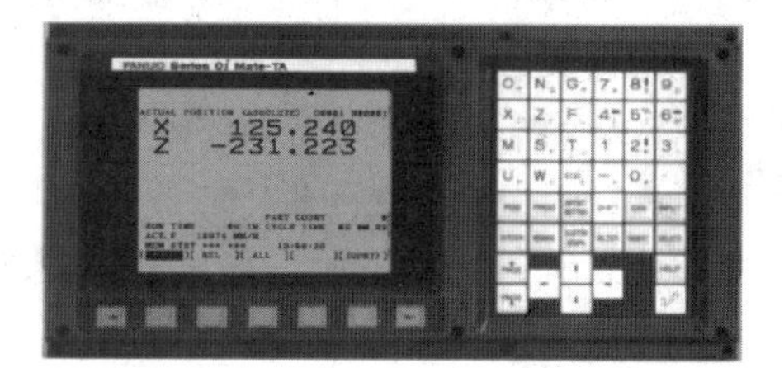


图 1－52　FANUC 0i mate－B 系列

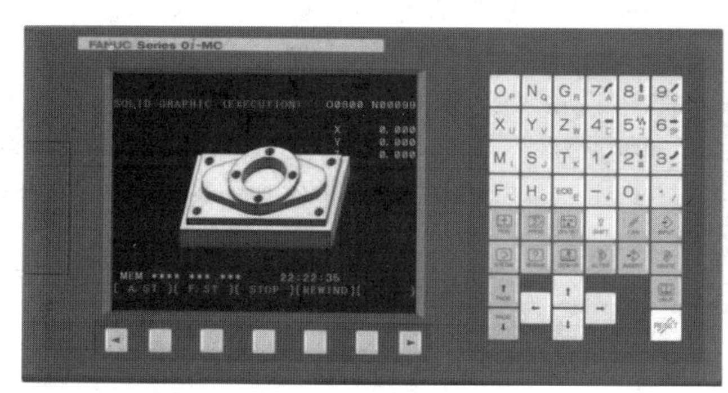


图 1－53　FANUC 0i－C 系列

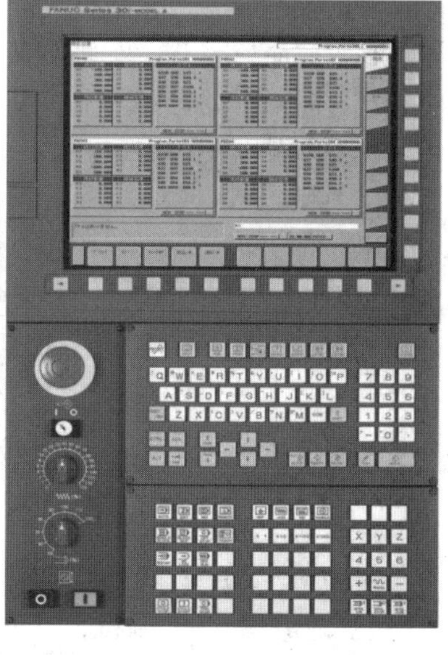

图 1－54　FANUC 30i/31i/32i 系列

## 二、华中数控系统简介

华中数控系统有限公司成立于 1995 年，由华中理工大学、中国国家科技部、湖北省武汉市科委、武汉市东湖高新技术开发区、香港大同工业设备有限公司等政府部门和企业共同投资组建。近几年来，公司以 300% 的速度迅猛发展。

在“八五”期间，公司承担了多项国家数控攻关重点课题，取得了一大批重要成果。其中“华中Ⅰ型数控系统”在中国率先通过技术鉴定，在同行业中处于领先地位，被专家评定为“重大成果”、“多项创新”、“国际先进”。该项目同时还获得了中国国家 863 的重点支持。1997 年，华中Ⅰ型数控系统被国家科技部列入“1997 年度中国国家新产品计划（742176163004）”和“九五国家科技成果重点推广计划指南项目（98020104A）”。

（1）华中Ⅰ型（HNC－1）高性能数控系统的主要特点：

1）以通用工控机为核心的开放式体系结构。系统采用基于通用32位工业控制机和DOS平台的开放式体系结构，可充分利用PC的软硬件资源，二次开发容易，易于系统维护和更新换代、可靠性好。

2）独创的曲面直接插补算法和先进的数控软件技术。处于国际领先水平的曲面直接插补技术将目前CNC上的简单直线、圆弧差补功能提高到曲面轮廓的直接控制，可实现高速、高效和高精度的复杂曲面加工。采用汉字用户界面，提供完善的在线帮助功能，具有三维仿真校验和加工过程图形动态跟踪功能，图形显示形象直观。

3）系统配套能力强。公司具备了全套数控系统配套能力。系统可选配该公司生产的HSV－11D交流永磁同步伺服驱动与伺服电机、HC5801/5802系列步进电机驱动单元与电机、HG. BQ3－5B三相正弦波混合式驱动器与步进电机和国内外各类模拟式、数字式伺服驱动单元。

（2）华中－2000型高性能数控系统。是面向21世纪的新一代数控系统，华中－2000型数控系统（HNC－2000）是在国家“八五”科技攻关重大科技成果——华中Ⅰ型（HNC－1）高性能数控系统的基础上开发的高档数控系统。该系统采用通用工业PC机、TFT真彩色液晶显示器，具有多轴多通道控制能力和内装式PLC，可与多种伺服驱动单元配套使用。具有开放性好、结构紧凑、集成度高、可靠性好、性能价格比高、操作维护方便的优点，是适合中国国情的新一代高性能、高档数控系统。

（3）HNC－1M铣床、加工中心数控系统。HNC－1M铣床、加工中心数控系统采用以工业PC机为硬件平台，DOS及其丰富的支持软件为软件平台的技术路线，使得系统具有可靠性好，性能价格比高，更新换代和维护方便，便于用户二次开发等优点。系统可与各种3～9轴联动的铣床、加工中心配套使用。系统除具有标准数控功能外，还内设二级电子齿轮、内装式可编程控制器、双向式螺距补偿、加工断点保护与恢复、故障诊断与显示功能。独创的三维曲面直接插补功能，极大简化零件程序信息和加工辅助工作。此外，系统使用汉字菜单和在线帮助，操作方便，具有三维仿真校验及加工过程动态跟踪能力，图形显示形象直观。

（4）HNC－1T车床数控系统。可与各种数控车床、车削加工中心配套使用。该系统以32位工业PC机为控制机，其处理能力、运算速度、控制精度、人机界面及图形功能等方面均较目前流行的车床数控系统有较大的提高。系统具有类似高级语言的宏程序功能，可以进行平面任意曲线的加工。系统操作方便、性能可靠、配置灵活、功能完善，具有良好的性能价格比。

（5）华中“世纪星”数控系统。是在华中Ⅰ型、华中－2000系列数控系统的基础上，满足用户对低价格、高性能、简单、可靠的要求而开发的数控系统，适用于各种车、铣、加工中心等机床的控制。华中“世纪星”系列数控系统包括世纪星HNC－18i、HNC－19i、HNC－21和HNC－22四个系列产品，均采用工业微机（IPC）作为硬件平台的开放式体系结构的创新技术路线，充分利用PC软、硬件的丰富资源，通过软件技术的创新，实现数控技术的突破，通过工业PC的先进技术和低成本保证数控系统的高性价比和可靠性。充分利用通用微机已有软硬件资源和分享计算机领域的最新成果，如大容量存储器、高分辨率彩色显示器、多媒体信息交换、联网通信等技术，使数控系统可以伴随PC技术的发展而发展，从而长期保持技术上的优势。

HNC－21M世纪星铣削数控装置，如图1－55所示。

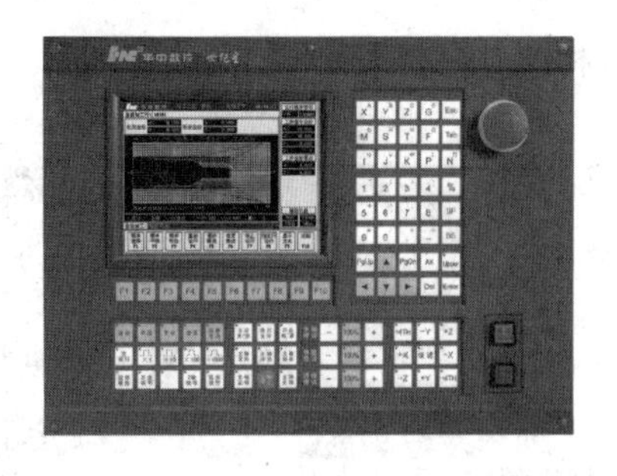
图1-55　HNC-21M世纪星铣削数控系统

HNC-21/22M铣削（加工中心）系统主要有如下几个特点：

（1）最大联动轴数为6轴。

（2）可选配各种类型的脉冲式交流伺服驱动系统。

（3）除标准机床控制面板外，配置40路开关量输入和32路开关量输出接口、手持单元接口。

（4）主轴控制与编码器接口，还可扩展20路输入/16路输出。

（5）采用8.4//（HNC-22M为10.4//）彩色液晶显示器（分辨率为640×480），全汉字操作界面、故障诊断与报警、加工轨迹图形显示和仿真，操作简便，易于掌握和使用。

（6）采用国际标准G代码编程，与各种流行的CAD/CAM自动编程系统兼容，具有直线插补、圆弧插补、螺旋线插补、固定循环、旋转、缩放、镜像、刀具补偿、宏程序等功能。

（7）小线段连加工功能，特别适用于CAD/CAM设计的复杂模具零件加工。

（8）加工断点保存/恢复功能，方便用户使用。

（9）反向间隙和单、双向螺距误差补偿功能。

（10）巨量程序加工能力。不需DNC，配置大容量存储器可直接加工单个高达2GB的G代码程序。

（11）内置RS232通信接口，轻松实现机床数据通信。

（12）32MB Flash RAM（可扩充至2GB）程序断电存储，32MB RAM加工内存缓冲区。

## 三、SIEMENS数控系统简介

SIEMENS公司的数控装置采用模块化结构设计，经济性好，在一种标准硬件上，配置多种软件，使它具有多种工艺类型，满足各种机床的需要，并成为系列产品。随着微电子技术的发展，越来越多地采用大规模集成电路（LSI），表面安装器件（SMC）及应用先进加工工艺，所以新的系统结构更为紧凑，性能更强，价格更低。采用SIMATICS系列可编程控制器或集成式可编程控制器，用SYEP编程语言，具有丰富的人机对话功能，具有多种语言的显示。

SIEMENS公司CNC装置主要有SINUMERIK3/8/810/820/850/880/805/802/840系列。

SINUMERIK 802系列包括802S/Se/Sbase line、802C/Ce/Cbase line、802D等型号，它是西门子公司20世纪90年代才开发的集CNC、PLC于一体的经济型控制系统。

该系统的性能/价格比较高，比较适用于经济型与普及型车、铣、磨床的控制。

（1）SINUMERIK 802S、802C系列。

SINUMERIK 802系列数控系统的共同特点是结构简单、体积小、可靠性高，此外系统软件功能也比较完善。

SINUMERIK 802S、802C系列是SIEMENS公司专为简易数控机床开发的经济型数控系统，两种系统的区别是：802S/Se/Sbase line系列采用步进电动机驱动，802C/Ce/Cbase line 系列采用数字式交流伺服驱动系统。如图 1 – 56 和图 1 – 57 所示。

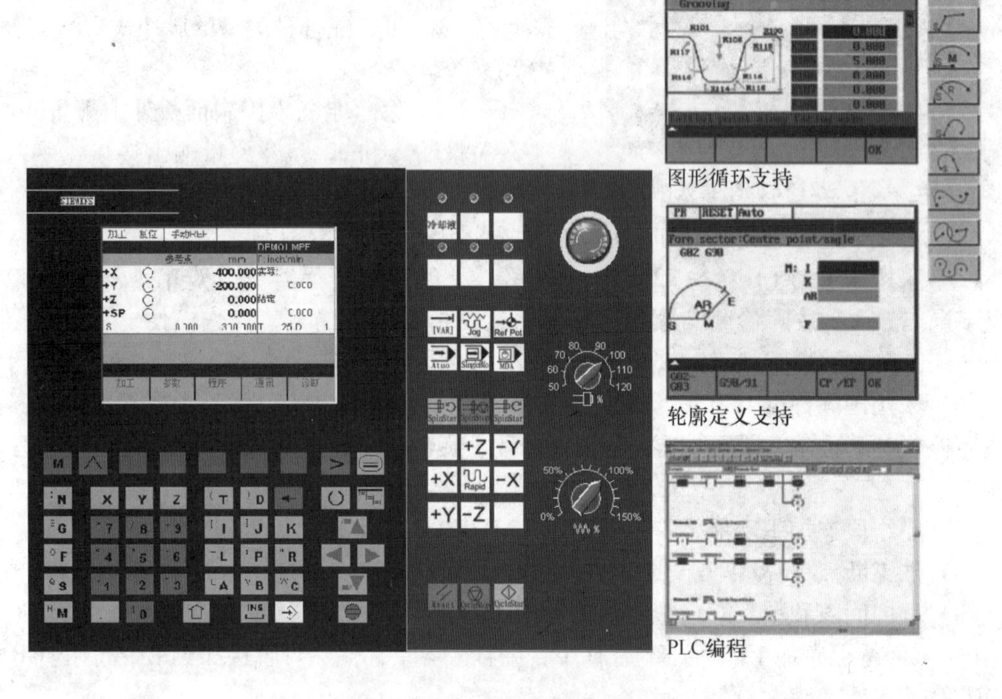


**图 1 – 56　SINUMERIK 802S/C 数控铣面板**

（2）SINUMERIK 802D 系列。

1）具有免维护性能的 SINUMERIK 802D，其核心部件——PCU（面板控制单元）将 CNC、PLC、人机界面和通信等功能集于一体。可靠性高、易于安装。

2）SINUMERIK 802D 可控制 4 个进给轴和 1 个数字或模拟主轴。通过生产现场总线 PROFIBUS 将驱动器、输入输出模块连接起来。

3）模块化的驱动装置 SIMODRIVE611Ue 配套 1FK6 系列伺服电机，为机床提供了全数字化的动力。

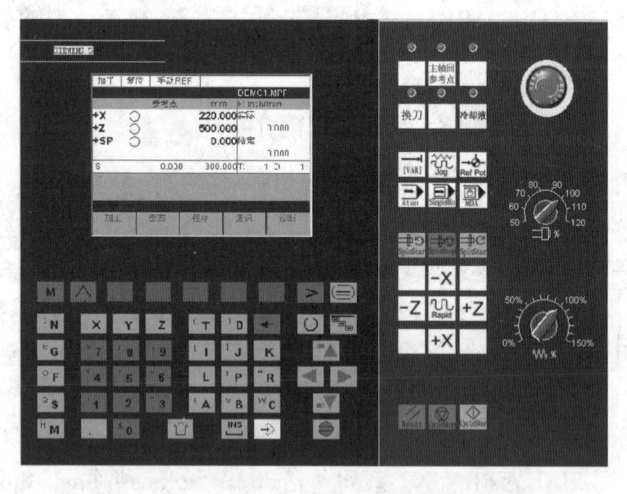

**图 1 – 57　SINUMERIK 802S/C 数控车面板**

4）通过视窗化的调试工具软件，可以便捷地设置驱动参数，并对驱动器的控制参数进行动态优化。

5）SINUMERIK 802D 集成了内置 PLC 系统，对机床进行逻辑控制。采用标准的 PLC 的编程语言 Micro/WIN 进行控制逻辑设计，并且随机提供标准的 PLC 子程序和实例程序，

简化了制造厂设计过程，缩短了设计周期。

（3）SINUMERIK 810D 系列。

1）在数字化控制的领域中，SINUMERIK 810D 第一次将 CNC 和驱动控制集成在一块板子上。

2）快速的循环处理能力，使其在模块加工中独显威力。

3）SINUMERIK 810D NC 软件选件的一系列突出优势可以在竞争中脱颖而出。例如提前预测功能，可以在集成控制系统上实现快速控制。

4）另一个例子是坐标变换功能。固定点停止可以用来卡紧工件或定义简单参考点。模拟量控制模拟信号输出。

5）刀具管理也是另一种功能强大的管理软件选件。

6）样条插补功能（A、B、C 样条）用来产生平滑过渡；压缩功能用来压缩 NC 记录；多项式插补功能可以提高 810D/810DE 运行速度。

7）温度补偿功能保证数控系统在高技术、高速度运行状态下保持正常温度。此外，系统还提供钻、铣、车等加工循环。如图 1－58所示。

（4）SINUMERIK 840D 系列。SINUMERIK 840D 标准控制系统的特征是具有大量的控制功能，如钻削、车削、铣削、磨削以及特殊控制，这些功能在使用中不会有任何相互影响。全数字化的系统、革新的系统结构、更高的控制品质、更高的系统分辨率以及更短的采样时间，确保了一流的工件质量。

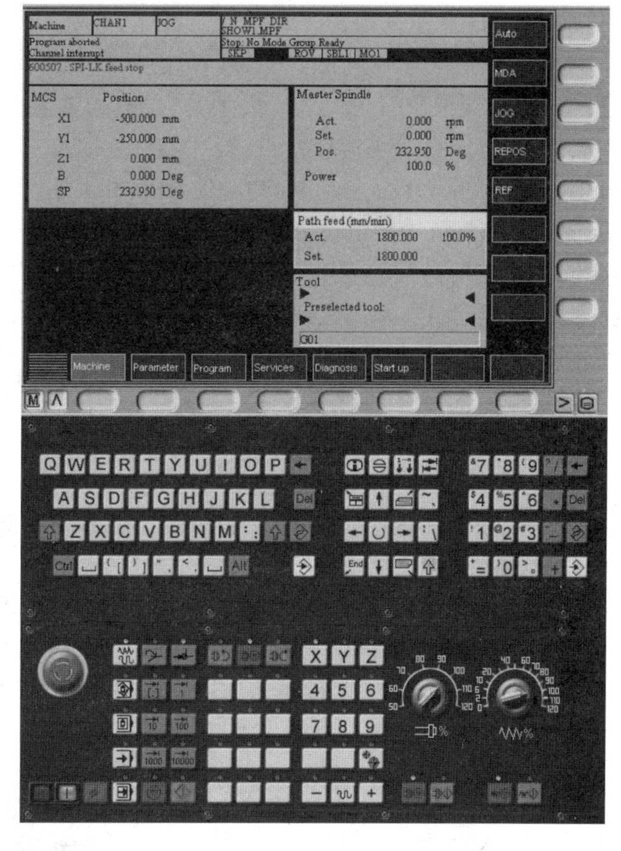


图 1－58　SINUMERIK 810D 数控铣面板

控制类型：①采用 32 位微处理器、实现 CNC 控制，用于完成 CNC 连续轨迹控制以及内部集成式 PLC 控制。②操作方式。③轮廓和补偿。④安全保护功能。⑤NC 编程。⑥PLC 编程。⑦操作部分硬件。⑧显示部分。

## 四、三菱数控系统简介

自从 1952 年在美国诞生第一台数控机床后，三菱电机于 1956 年就开始了数控系统的研发，到目前已经有 50 多年的开发历史，使其拥有丰富的数控系统开发经验，且产品性能优越。但由于正式进入中国的时间比较晚，用户只是从国外引进的设备上认识三菱数控系统。随着近年三菱电机对中国市场的日趋重视，三菱数控系统在中国市场占有率已跻身中高端数控系统三甲之列，其产品性能也不断得到市场和广大用户（尤其是模具行业）的认可。

作为一般通用数控系统，三菱数控从较早的 M3/M50/M500 系列直到现在主流的 M60S/E60/E68 系列，三菱数控经历了数代产品更替和不断技术革新及提升。M3/L3 数控系统是日本三菱公司 20 世纪 80 年代中期开发，适用于数控铣床、加工中心（3M）与数控车床（3L）控制的全功能型数控系统产品。

日本三菱公司于 20 世纪 90 年代中期又开发了 MELDAS 50 系列数控系统。其中，MELDAS 50 系列中，根据不同用途又分为钻床控制用 50D、铣床/加工中心控制用 50M、车床控制用 50L、磨床控制用 50G 等多个产品规格。

2008 年，为完善市场对三菱数控系统的需求，三菱推出了一体化的 M70 系列产品，相对高端的 M700 系列而言，其性价比更优。

M70 系列定位于中国大陆市场，目前拥有搭载高速 PLC 引擎的智能型（70A）和标准型（70B）两种产品。

1. M70、M700 系统简要特征

（1）控制单元配备最新 RISC64 位 CPU 和高速图形芯片，通过一体化设计实现完全纳米级控制、超一流的加工能力和高品质的画面显示。

（2）系统所搭配的 MDS - D/DH - V1/V2/V3/SP、MDS - D - SVJ3/SPJ3 系列驱动可通过高速光纤网络连接，达到最高功效的通信响应。

（3）采用超高速 PLC 引擎，缩短循环时间。

（4）配备前置式 IC 卡接口。

（5）配备 USB 通信接口。

（6）配备 10/100M 以太网接口。

（7）真正个性化界面设计（通过 NC Designer 或 C 语言实现），支持多层菜单显示。

（8）菜单显示。

（9）智能化向导功能，支持机床厂家自创的 html、jpg 等格式文件。

（10）产品加工时间估算。

（11）多语言支持（8 种语言支持，可扩展至 15 种语言）。

2. M70 系列（见图 1 - 59）

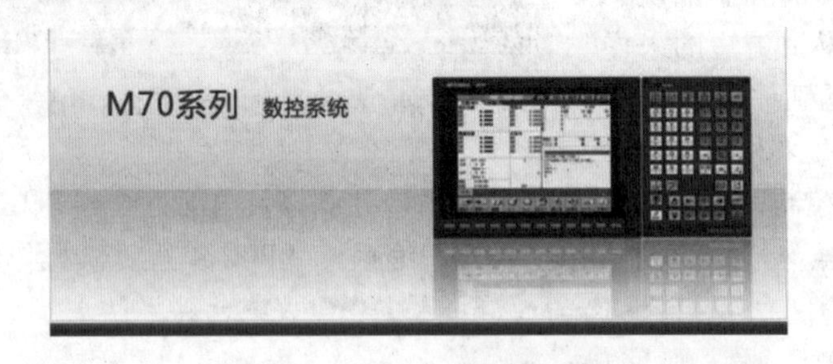


**图 1 - 59 M70 系列数控系统**

（1）针对客户不同的应用需求和功能细分，可选配 M70 Type A：11 轴和 Type B：9 轴。

（2）内部控制单位（插补单位）10 纳米，最小指令单位 0.1 微米，实现高精度加工。

（3）支持向导界面（报警向导、参数向导、操作向导、G代码向导等），改进用户使用体验。

（4）标准提供在线简易编程支援功能（NaviMill、NaviLathe），简化加工程序编写。

（5）NC Designer自定义画面开发对应，个性化界面操作，提高机床厂商知名度。

（6）标准搭载以太网接口（10BASE－T/100BASE－T），提升数据传输速率和可靠性。

（7）PC平台伺服自动调整软件MS Configurator，简化伺服优化手段。

（8）支持高速同期攻牙OMR－DD功能，缩短攻牙循环时间，最小化同期攻牙误差。

（9）全面采用高速光纤通信，提升数据传输速度和可靠性。

3. M70V系列（见图1－60）

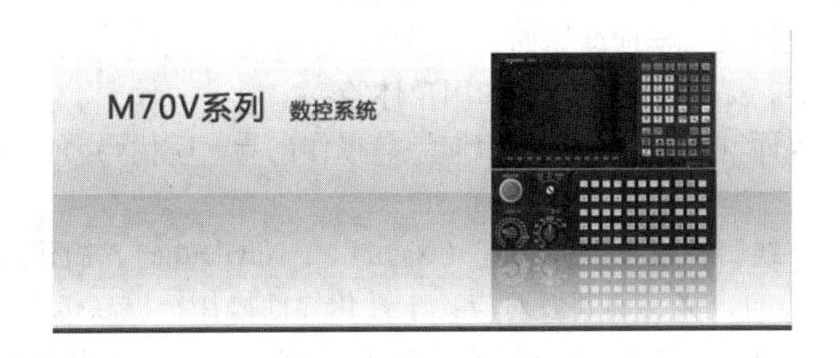


**图1－60　M70V系列数控系统**

（1）针对客户不同的应用需求和功能细分，可选配M70V Type A：11轴和Type B：9轴。

（2）M70VA铣床标准支持双系统。

（3）M70V系列最小指令单位0.1微米，内部控制单位提升至1纳米。

（4）最大程序容量提升到2560m（选配），增大自定义画面存储容量（需要外接板卡）。

（5）M70V系列拥有与M700V系列相当的PLC处理性能。

（6）画面色彩由8bit提升至16bit，效果更加鲜艳。

（7）支持向导界面（报警向导、参数向导、操作向导、G代码向导等），改进用户使用体验。

（8）标准提供在线简易编程支援功能（NaviMill、NaviLathe），简化加工程序编写。

（9）NC Designer自定义画面开发对应，个性化界面操作，提高机床厂商知名度。

（10）标准搭载以太网接口（10BASE－T/100BASE－T），提升数据传输速率和可靠性。

（11）PC平台伺服自动调整软件MS Configurator，简化伺服优化手段。

（12）支持高速同期攻牙OMR－DD功能，缩短攻牙循环时间，最小化同期攻牙误差。

（13）全面采用高速光纤通信，提升数据传输速度和可靠性。

4. M700V 系列（见图 1－61）

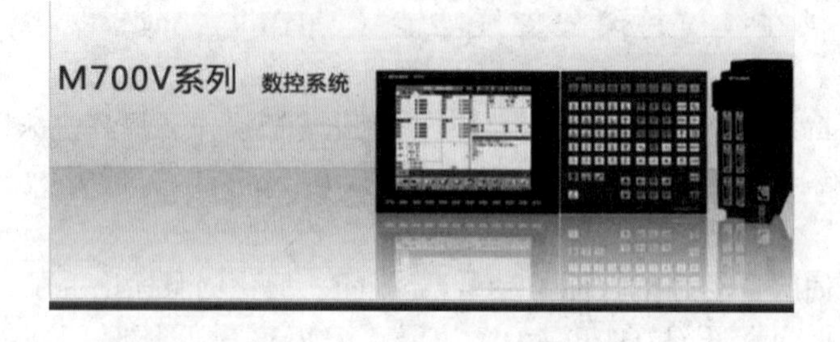


图 1－61　M700V 系列数控系统

（1）完全纳米控制系统，高精度高品位加工。

（2）支持 5 轴联动，可加工复杂表面形状的工件。

（3）多样的键盘规格（横向、纵向）支持。

（4）支持触摸屏，提高操作便捷性和用户体验。

（5）支持向导界面（报警向导、参数向导、操作向导、G 代码向导等），改进用户使用体验。

（6）标准提供在线简易编程支援功能（NaviMill、NaviLathe），简化加工程序编写。

（7）NC Designer 自定义画面开发对应，个性化界面操作，提高机床厂商知名度。

（8）标准搭载以太网接口（10BASE－T/100BASE－T），提升数据传输速率和可靠性。

（9）PC 平台伺服自动调整软件 MS Configurator，简化伺服优化手段。

（10）支持高速同期攻牙 OMR－DD 功能，缩短攻牙循环时间，最小化同期攻牙误差。

（11）全面采用高速光纤通信，提升数据传输速度和可靠性。

5. M60S 系列

（1）所有 M60S 系列控制器都标准配备了 RISC 64 位 CPU，具备目前世界上最高水准的硬件性能（与 M64 相比，整体性能提高了 1.5 倍）。

（2）高速高精度机能对应，尤为适合模具加工（M64SM－G05P3：16.8m/min 以上，G05.1Q1：计划中）。标准内藏对应全世界主要通用的 12 种语言操作界面（包括繁体/简体中文）。

（3）可对应内含以太网络和 IC 卡界面（M64SM－高速程序伺服器：计划中）。

（4）坐标显示值转换可自由切换（程序值显示或手动插入量显示切换）。

（5）标准内藏波形显示功能，工件位置坐标及中心点测量功能。

（6）缓冲区修正机能扩展：可对应 IC 卡/计算机链接 B/DNC/记忆/MDI 等模式。

（7）编辑画面中的编辑模式，可自行切换成整页编辑或整句编辑。

（8）图形显示机能改进：可含有道具路径资料，以充分显示工件坐标及道具补偿的实际位置。

（9）简易式对话程序软件（使用 APLC 所开发之 Magicpro－NAVI MILL 对话程序）。

（10）可对应 Windows95/98/2000/NT4.0/Me 的 PLC 开发软件。

（11）特殊G代码和固定循环程序，如G12/13、G34/35/36、G37.1等。

6. E60系列

（1）内含64位CPU的高性能数控系统，采用控制器与显示器一体化设计，实现了超小型化。

（2）伺服系统采用薄型伺服电机和高分辨率编码器（131、072脉冲/转），增量/绝对式对应。

（3）标准四种文字操作界面：简体/繁体中文，日文/英文。

（4）由参数选择车床或铣床的控制软件，简化维修与库存。

（5）全部软件功能为标准配置，无可选项，功能与M50系列相当。

（6）标准具备1点模拟输出接口，用以控制变频器主轴。

（7）可使用三菱电机MELSEC开发软件GX－Developer，简化PLC梯形图的开发。

（8）可采用新型2轴一体的伺服驱动器MDS－R系列，减少安装空间。

（9）开发伺服自动调整软件，节省调试时间及技术支援之人力。

## 任务试题

（1）叙述FANUC数控系统的发展历程及其型号。

（2）叙述华中系统的发展历程及其型号。

（3）叙述三菱系统的发展历程及其型号。

（4）叙述SIEMENS系统的发展历程及其型号。

项目二

# 数控机床编程基础

## 任务一　数控机床坐标系

### 任务目标

(1) 了解机床坐标系及运动方向的概念。

(2) 熟悉机床坐标系与工件坐标系的特点。

(3) 熟悉相对坐标系与绝对坐标系的特点。

### 基本概念

**一、机床坐标系及运动方向**

1. 数控机床坐标系的作用

数控机床坐标系是为了确定工件在机床中的位置、机床运动部件特殊位置及运动范围，即描述机床运动，产生数据信息而建立的几何坐标系。如图2－1所示。

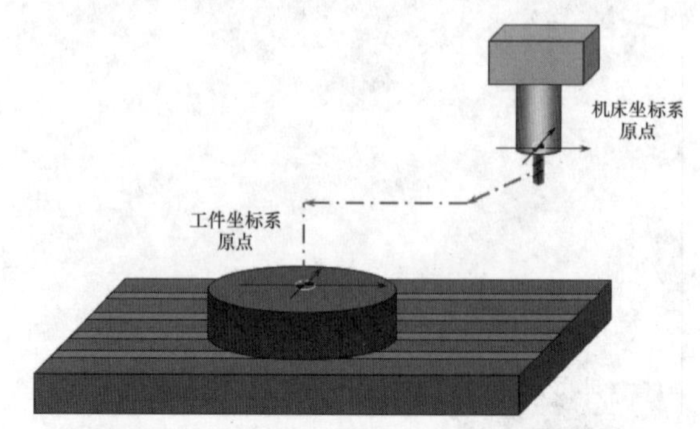


**图2－1　机床坐标系和工件坐标系原点**

2. 机床坐标系的定义

为了确定机床的运动方向和移动距离，需要在机床上建立一个坐标系，这就是机床坐标系。机床坐标系是为了确定工件在机床上的位置、机床运动部件的特殊位置（如换刀点、参考点）以及运动范围（如行程范围、保护区）等而建立的几何坐标系，是机床上固有的坐标系。

数控机床的标准坐标系：右手笛卡儿直角坐标系。如图 2 –2 所示。

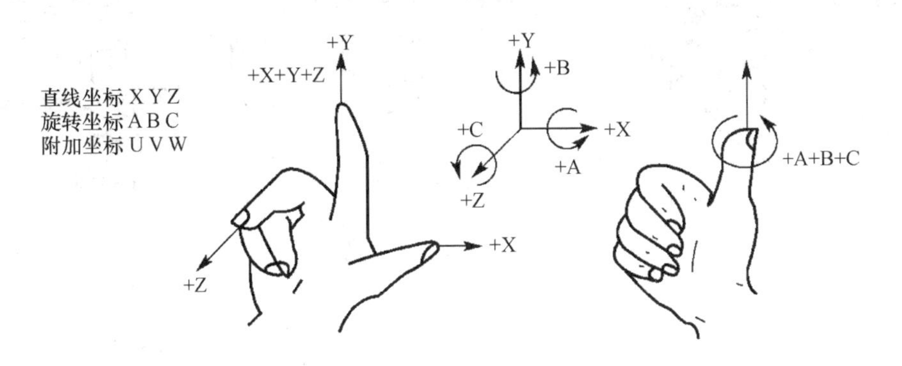


图 2 –2 右手笛卡儿直角坐标系

ISO 标准规定：

（1）不论机床的具体结构，一律看作工件相对静止，刀具运动。如图 2 –3 所示。

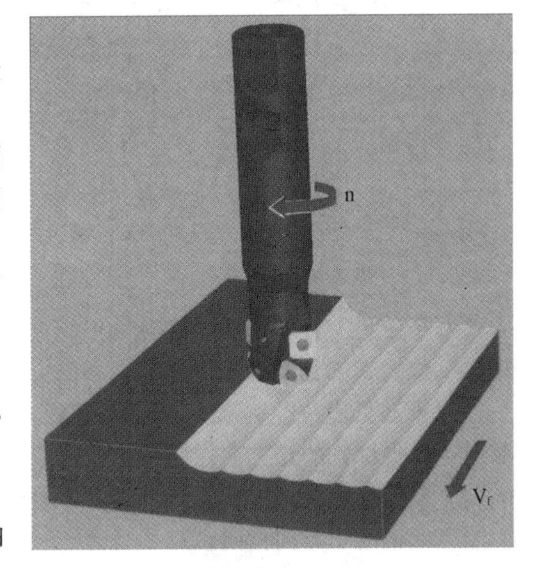


图 2 –3 刀具相对于工件运动

（2）机床的直线坐标轴 X、Y、Z 的判定顺序：先 Z 轴，再 X 轴，最后按右手定则判定 Y 轴。

（3）增大工件与刀具之间距离的方向为坐标轴正方向。

3. 坐标轴运动方向的确定

（1）X、Y、Z 坐标轴与正方向的确定。如图 2 –4、图 2 –5 所示。

1）Z 坐标轴。

①Z 坐标轴的运动由传递切削力的主轴决定，与主轴平行的标准坐标轴为 Z 坐标轴，其正方向为增加刀具和工件之间距离的方向。

②若机床没有主轴（刨床），则 Z 坐标轴垂直于工件装夹面。

③若机床有几个主轴，可选择一个垂直于工件装夹面的主要轴为主轴，并以它确定 Z 坐标轴。

2）X 坐标轴。

①X 坐标轴的运动是水平的，它平行于工件装夹面，是刀具或工件定位平面内运动的主要坐标。

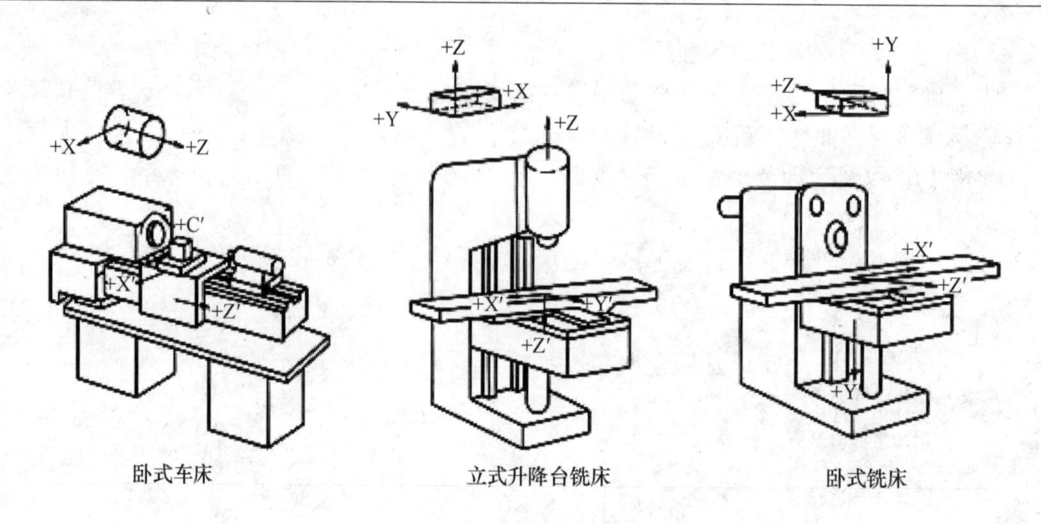


图 2-4　普通机床坐标系运动方向确定

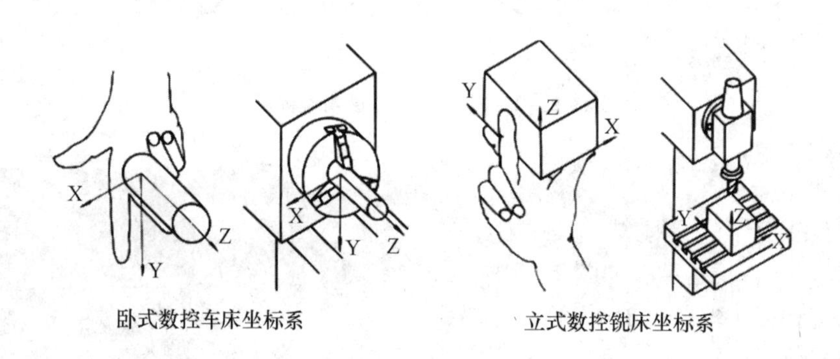


图 2-5　数控机床坐标系运动方向确定

②对于工件旋转的机床（车床、磨床），X 坐标轴的方向在工件的径向上，并且平行于横向工作台，刀具离开工件回转中心的方向为 X 坐标轴的正方向。

③对于刀具旋转的机床（铣床），若 Z 坐标轴是水平的（卧式铣床），当由主轴向工件看时，X 坐标轴的正方向指向右方；若 Z 坐标轴是垂直的（立式铣床），当由主轴向立柱看时，X 坐标轴的正方向指向右方；对于双立柱的龙门铣床，当由主轴向左侧立柱看时，X 坐标轴的正方向指向右方。

④对刀具和工件均不旋转的机床（刨床），X 坐标轴平行于主要切削方向，并以该方向为正方向。

3）Y 坐标轴。根据 X、Z 坐标轴，按照右手笛卡儿直角坐标系确定。

注：如在 X、Y、Z 主要直线运动之外还有第二组平行于它们的运动，可分别将它们坐标定为 U、V、W。

立式数控铣床的坐标方向如图 2-6 所示。

Z 轴垂直（与主轴轴线重合），向上为正方向；面对机床立柱的左右移动方向为 X 轴，将刀具向右移动（工作台向左移动）定义为正方向；根据右手笛卡儿直角坐标系的原则，Y 轴应同时与 Z 轴和 X 轴垂直，且正方向指向床身立柱。

卧式升降台铣床的坐标方向如图 2－7 所示。

Z 轴水平，且向里为正方向（面对工作台的平行移动方向）；工作台的平行向左移动方向为 X 轴正方向；Y 轴垂直向上。

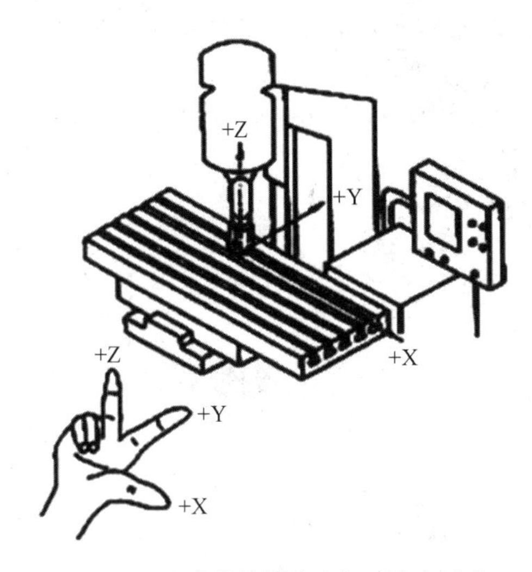


图 2－6　立式数控铣床坐标系方向确定

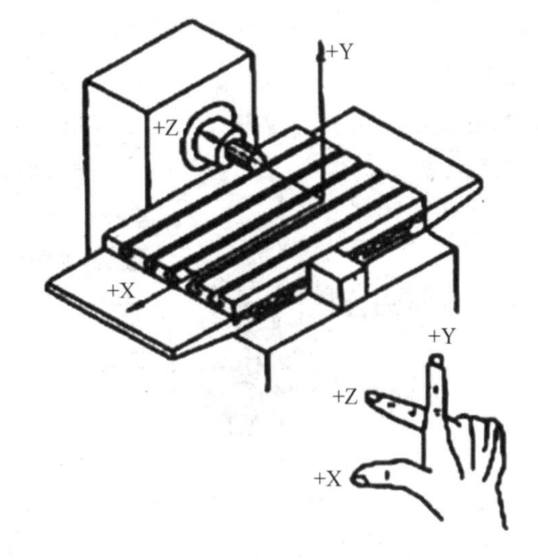


图 2－7　卧式升降台铣床坐标系方向确定

（2）旋转运动。如图 2－8 所示。

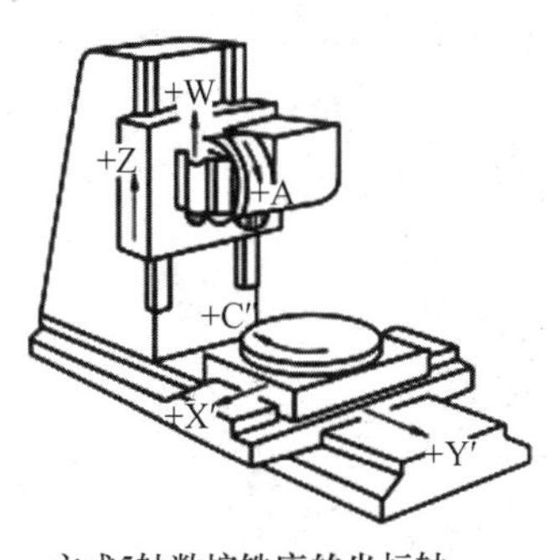


立式5轴数控铣床的坐标轴

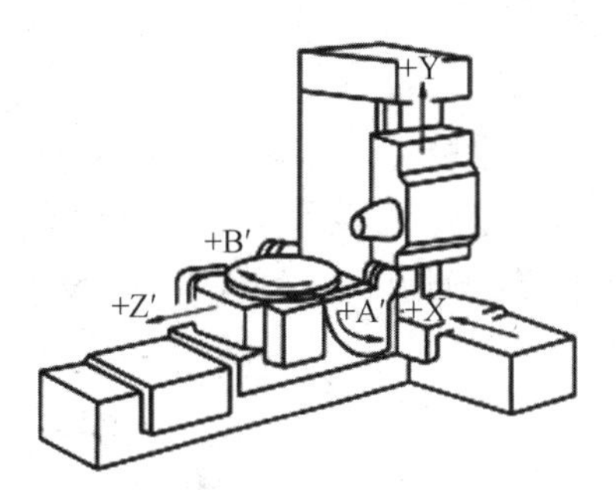


卧式5轴数控铣床的坐标轴

图 2－8　5 轴数控机床坐标系确定

1）旋转运动 A、B、C 相应地表示其轴线平行于 X、Y、Z 的旋转运动，其正方向按照右旋螺纹旋转的方向。

2）附加运动坐标。X、Y、Z 为机床的主坐标系或称第一坐标系；如除第一坐标系以外还有平行于主坐标系的其他坐标系则称为附加坐标系。

附加的第二坐标系命名为 U、V、W。

附加的第三坐标系命名为 P、Q、R。

## 二、机床坐标系与工件坐标系

1. 机床原点

机床坐标系的原点，即机床基本坐标系的原点，它是一个被确定的点，称为机床零点或机械零点（M）。它是机床上的一个固定的点，由制造厂家确定。数控车床的机床原点多定在主轴前端面的中心。数控铣床的机床原点多定在进给行程范围的正极限点处，但也有的设置在机床工作台中心，使用前可查阅机床用户手册。

机床原点的设置（车床）：多定在主轴前端面的中心。如图2－9所示。

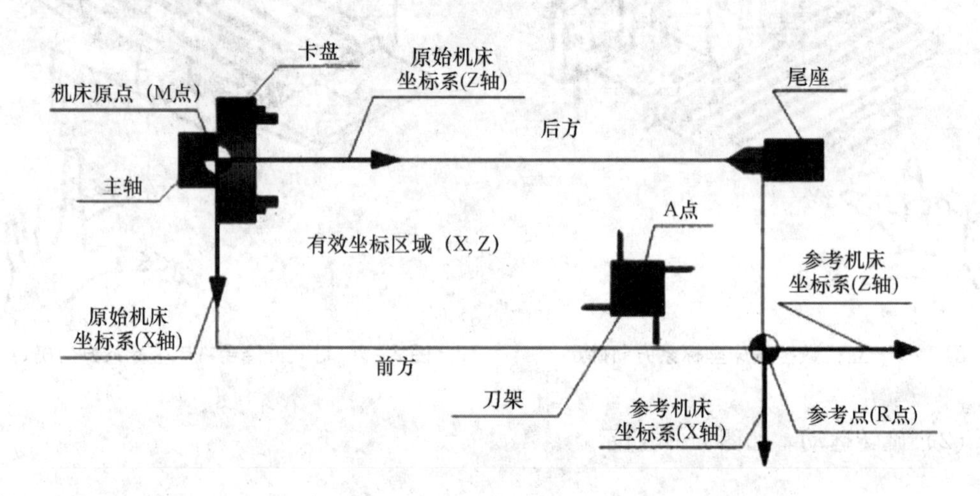


图2－9　数控车床各点关系

机床原点的设置（铣床）：多定在进给行程范围的正极限点处。如图2－10所示。

2. 工件坐标系原点

工件坐标系的原点也叫编程零点。如图2－11所示。

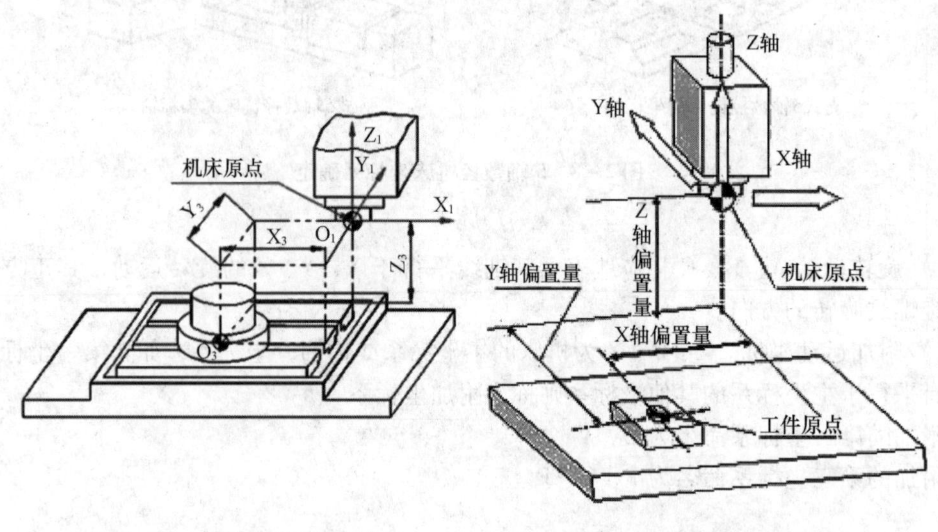


图2－10　数控铣床机床原点　　　图2－11　工件坐标系原点

一般选择原则：

（1）工件原点选在工件图样的尺寸基准上。

（2）能使工件方便地进行装夹、测量和检验。

（3）工件原点尽量选在尺寸精度比较高、粗糙度比较低的工件表面上。

（4）对于有对称几何形状的零件，工件原点最好选在对称中心点上。

工件随夹具安装在机床上，这时测得的工件原点与机床原点间的距离称为工件原点偏置。然后用 MDI 方式将其输入数控系统的工件坐标系偏置值存储器中。加工时，工件原点偏置量自动加到工件坐标系上，使机床实现准确的坐标运动。因此，编程人员可以不考虑工件在机床上的安装位置，直接按图样尺寸编程。

3. 机床参考点

参考点（或机床原点）是用于对机床工作台（或滑板）与刀具相对运动的测量系统进行定标与控制的点。数控车床机床参考点如图 2－9 所示。

一般都是设定在各轴正向行程极限点的位置上。该位置是在每个轴上用挡块和限位开关精确地预先调整好的，它相对于机床原点的坐标是一个已知数，一个固定值。

每次开机启动后，或当机床因意外断电、紧急制动等原因停机而重新启动时，都应该先让各轴返回参考点，进行一次位置校准，以消除上次运动所带来的位置误差。

注：为什么要返回参考点？

数控机床开机时，必须先回零，即确定机床原点，而确定机床原点的运动就是刀架返回参考点的操作，这样通过确认参考点，就确定了机床原点。只有机床参考点被确认后，刀具（或工作台）移动才有基准。

在机床通电后，要在机床上建立唯一的坐标系，而大多数数控机床的位置反馈系统都使用增量式的旋转编码器或者增量式的光栅尺作为反馈元件，因而机床在通电开机后，无法确定当前在机床坐标系中的真实位置，所以都必须首先返回参考点，从而确定机床的坐标系原点。

## 三、绝对坐标系与相对坐标系

1. 绝对坐标系

所有坐标值均从坐标原点计量的坐标系，在这个坐标系中移动的尺寸称为绝对坐标，所用的编程指令称为绝对指令。绝对坐标常用 X、Y、Z 代码表示。

2. 增量坐标系

运动轨迹的终点坐标值相对于起点计量的坐标系，其坐标原点是移动的，在这个坐标系中移动的尺寸称为增量坐标，也叫增量尺寸，所用的编程指令称为增量指令。增量坐标常用 U、V、W 代码表示。

说明：同样的加工轨迹，既可用绝对编程也可用相对编程，或者二者混用。采用恰当的编程方式，可以大大简化程序的编写。因此，实际编程时应根据使用状况选用合适的编程方式。

例：加工如图 2－12 所示直线 AB，在绝对坐标系中表示 B 点坐标值：$X_B=30$，$Y_B=50$；在增量坐标系中表示 B 点坐标值：$U_B=20$，$V_B=30$。

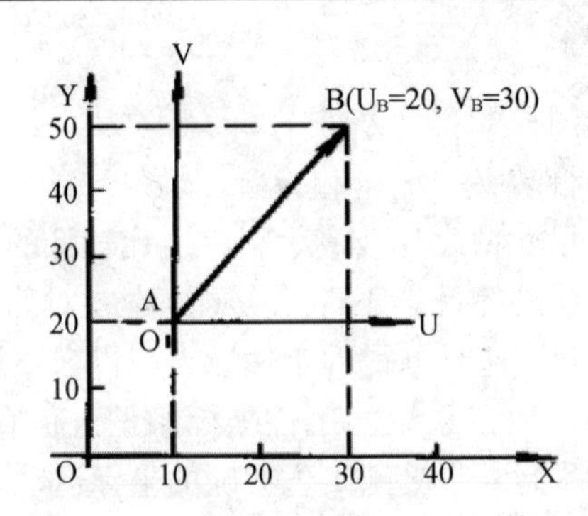


图 2－12　直线 AB 点坐标

## 任务试题

（1）叙述机床坐标系及运动方向特点。

（2）叙述机床坐标系与工件坐标系特点。

（3）叙述绝对坐标系与相对坐标系特点。

# 任务二　数控加工工艺分析

数控机床的加工工艺与通用机床的加工工艺有许多相同之处，但在数控机床上加工零件比通用机床加工零件的工艺规程要复杂得多。在数控加工前，要将机床的运动过程、零件的工艺特点、刀具的形状、切削用量和走刀路线等都编入程序，这就要求程序设计人员具有多方面的知识基础。合格的程序员首先是一个合格的工艺人员，否则就无法做到全面周到地考虑零件加工的全过程，以及正确、合理地编制零件的加工程序。

## 任务目标

（1）掌握数控加工方法的选择。

（2）熟悉工件装夹及夹具特点。

（3）熟悉数控加工工艺编排。

## 基本概念

### 一、加工方法选择

加工方法的选择原则是保证加工表面的加工精度和表面粗糙度的要求。由于获得同一级精度及表面粗糙度的加工方法有许多，因而在实际选择时，要结合零件的形状、尺寸大小和热处理要求等全面考虑。

例如，对于IT7级精度的孔采用镗削、铰削、磨削等加工方法均可达到精度要求，但箱体上的孔一般采用镗削或铰削，而不宜采用磨削。一般小尺寸的箱体孔选择铰孔，当孔径较大时则应选择镗孔。此外，还应考虑生产率和经济性的要求，以及工厂的生产设备等实际情况。常用加工方法的经济加工精度及表面粗糙度可查阅有关工艺手册。

确定加工方案时，首先应根据主要表面的精度和表面粗糙度的要求，初步确定为达到这些要求所需要的加工方法。例如，对于孔径不大的IT 7级精度的孔，若最终加工方法取精铰，则精铰孔前通常要经过钻孔、扩孔和粗铰孔等加工。

1. 外圆表面加工方法的选择

外圆表面的主要加工方法是车削和磨削。当表面粗糙度要求较高时，还要经光整加工。如图2－13所示。

2. 内孔表面加工方法的选择

选择原则：内孔表面加工方法有钻孔、扩孔、铰孔、镗孔、磨孔和光整加工。如图2－14所示。

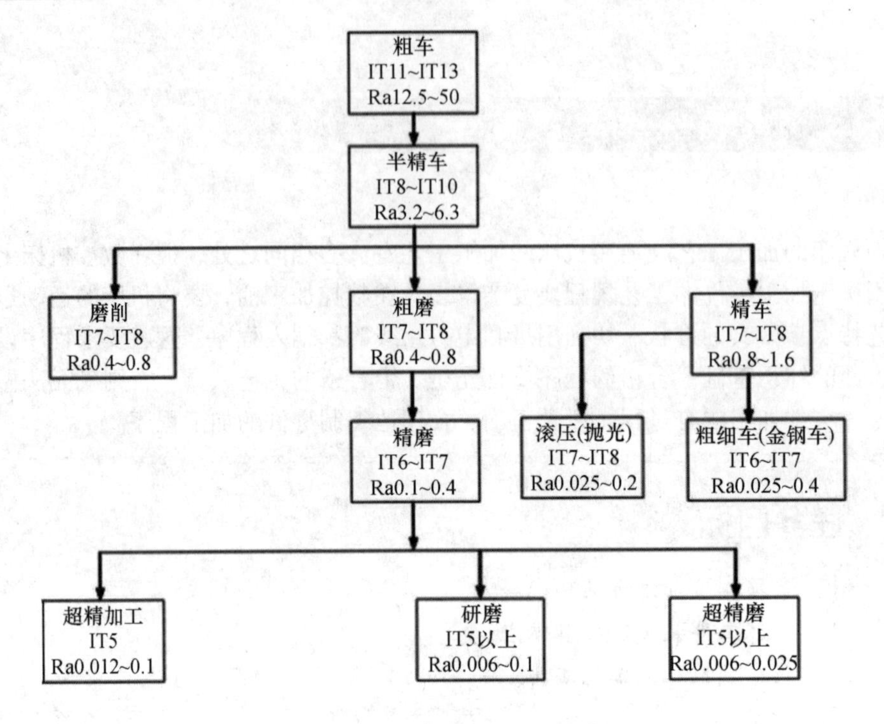


**图 2-13　外圆表面的加工方案**

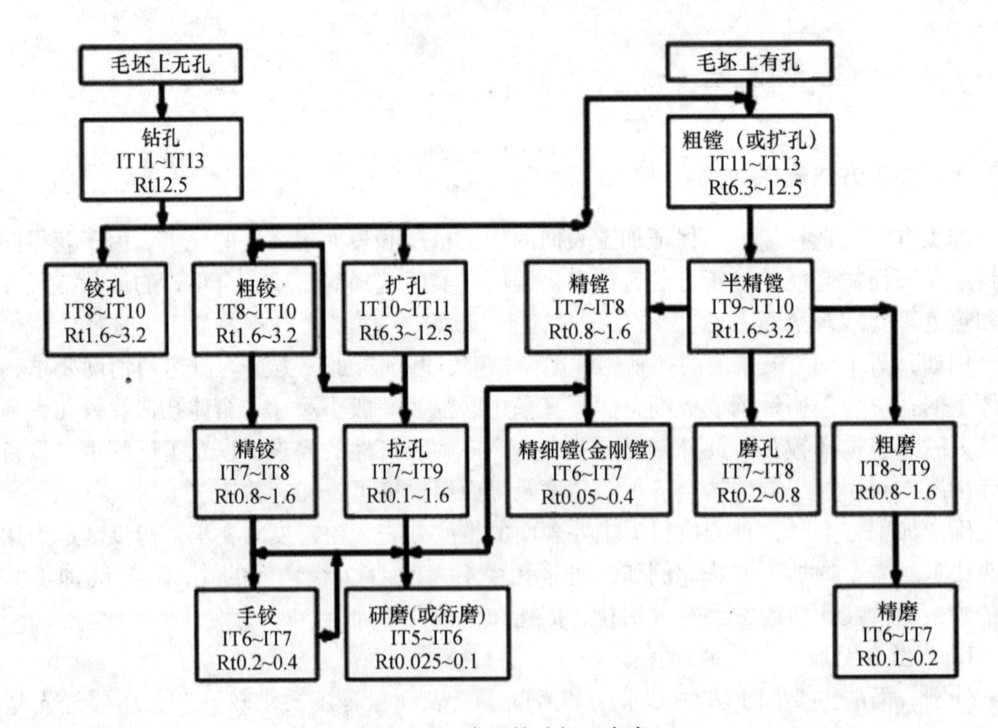


**图 2-14　常用的孔加工方案**

内孔表面加工方法选择实例：要加工内孔 ϕ40H7、阶梯孔 ϕ13 和 ϕ22 三种不同规格和精度要求的孔，零件材料为 HT200。如图 2-15 所示。

分析：

ϕ40 内孔的尺寸公差为 H7，表面粗糙度要求较高，为 Ra1.6，根据孔加工方案，可选择钻孔—粗镗（或扩孔）—半精镗—精镗方案。

阶梯孔 ϕ13 和 ϕ22 没有尺寸公差要求，可按自由尺寸公差 IT11 ~ IT12 处理，表面粗糙度要求不高，为 Ra12.5，因而可选择钻孔—锪孔方案。

3. 平面类零件斜面轮廓加工方法的选择

在加工过程中，工件按表面轮廓可分为平面类零件和曲面类零件。其中平面类零件的斜面轮廓一般又分为以下两种。

（1）有固定斜角的外形轮廓面。如图 2 – 16 所示。

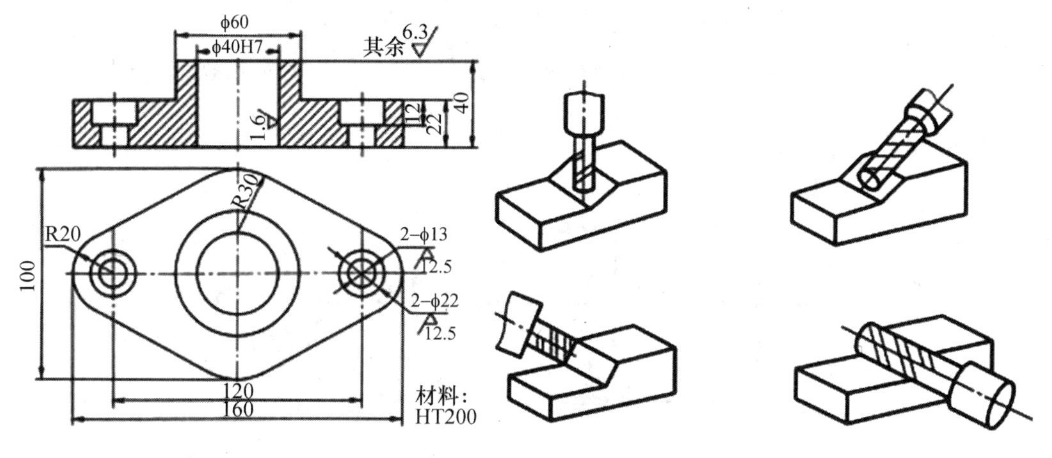


图 2 – 15　典型零件孔加工方案选择　　图 2 – 16　固定斜角斜面加工

（2）有变斜角的外形轮廓面。如图 2 – 17 所示。

4. 平面轮廓和曲面轮廓加工方法的选择

（1）平面轮廓常用的加工方法有数控铣削、线切割及磨削等。如图 2 – 18 所示。

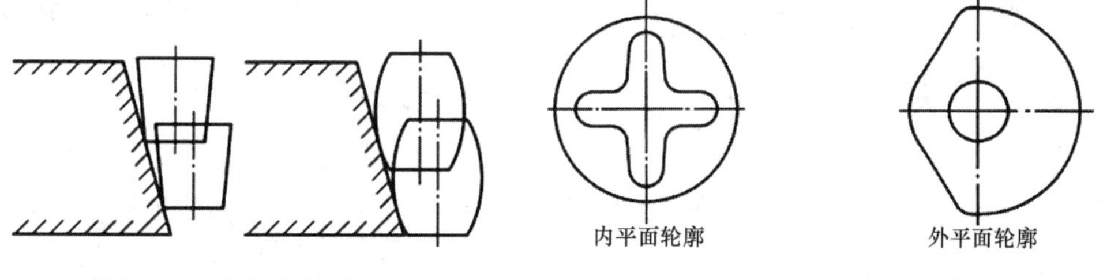


图 2 – 17　变斜角斜面加工　　图 2 – 18　平面轮廓零件

（2）立体曲面加工方法主要是数控铣削。如图 2 – 19 所示。

## 二、加工工序的编排原则

### （一）确定数控加工的工艺过程

1. 工序的划分

（1）刀具集中分序法。刀具集中分序法是指按所用刀具划分工序，即用同一把刀加工完零件上所有可以完成的部位，再用第 2 把、第 3 把刀完成它们可以完成的其他部位的

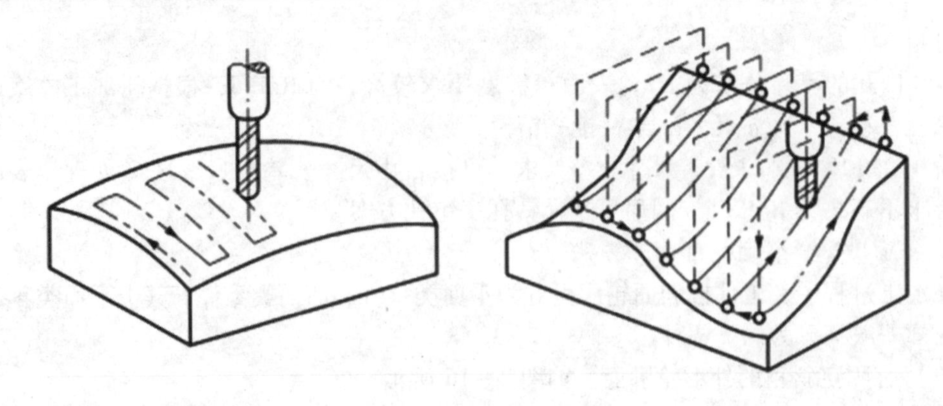

图 2－19　曲面的“行切法”加工

方法。这样可以减少换刀次数，压缩空行程时间，减少不必要的定位误差。如图 2－20 所示。

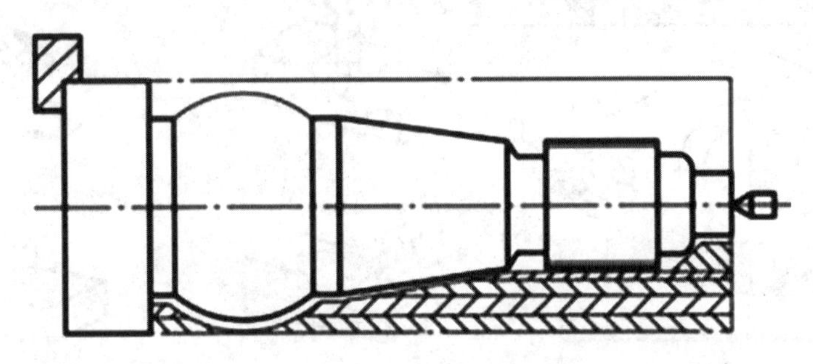

图 2－20　车削加工的零件

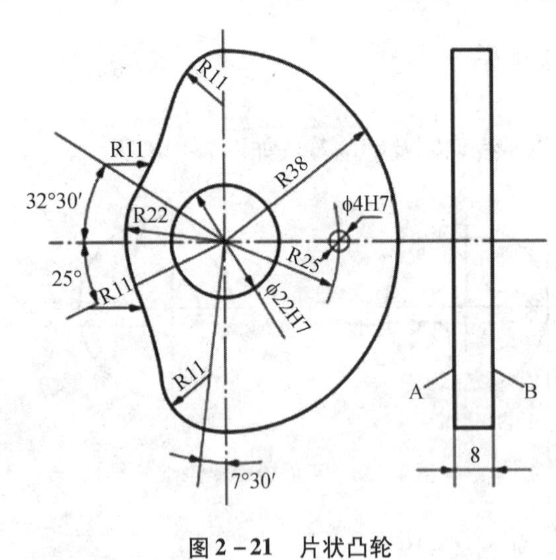


图 2－21　片状凸轮

（2）粗、精加工分序法。粗、精加工分序法是根据零件的加工精度、刚度和变形等因素来划分工序时，可按粗、精加工分开的原则来划分工序，即先粗加工再精加工。此时可用不同的机床或不同的刀具进行加工。对单个零件要先粗加工、半精加工，而后精加工。

（3）加工部位分序法。加工部位分序法是指一般先加工平面、定位面，后加工孔；先加工简单的几何形状，再加工复杂的几何形状；先加工精度要求较低的部位，再加工精度要求较高的部位方法。如图 2－21 所示。

2. 加工顺序的安排

加工顺序的安排应该考虑零件的结构和毛坯状况，以及定位安装与夹紧的需要，重点是保证定位夹紧时工件的刚性和加工精度。

上道工序的加工不能影响下道工序的定位与夹紧，中间穿插有通用机床加工工序的也要综合考虑。

先进行内型内腔加工工序，后进行外形加工工序。

以相同定位、夹紧方式或同一把刀具加工的工序，最好连续进行，以减少重复定位的次数、换刀次数与挪动压紧元件的次数。

在同一次安装中进行的多道工序，应先安排对工件刚性破坏较小的工序。

3. 数控加工工序与普通工序的衔接

数控加工工艺过程不是指从毛坯到成品的整个过程，由于数控加工工序常常穿插于零件加工的整个工艺过程中间，因此在制定数控加工工艺过程时，一定要使之与整个工艺过程协调吻合。

（二）数控加工走刀路线确定

走刀路线是刀具在整个加工工序中相对于零件的运动轨迹，它不但包括了工步的内容，也反映出工步的顺序。走刀路线是编写程序的依据之一。

因此，在确定走刀路线时最好画一张工序简图，将已经拟定出的走刀路线画上去（包括进退刀路线），这样可为编程带来不少方便。

确定走刀路线的原则一般如下：

（1）保证零件的加工精度和表面粗糙度。

（2）方便数值计算，减少编程工作量。

（3）缩短走刀路线，减少进退刀时间和其他辅助时间。

（4）尽量减少程序数量，减少占用存储空间。

1. 车削加工路线的确定

（1）车削圆锥的加工路线。如图 2－22 所示。

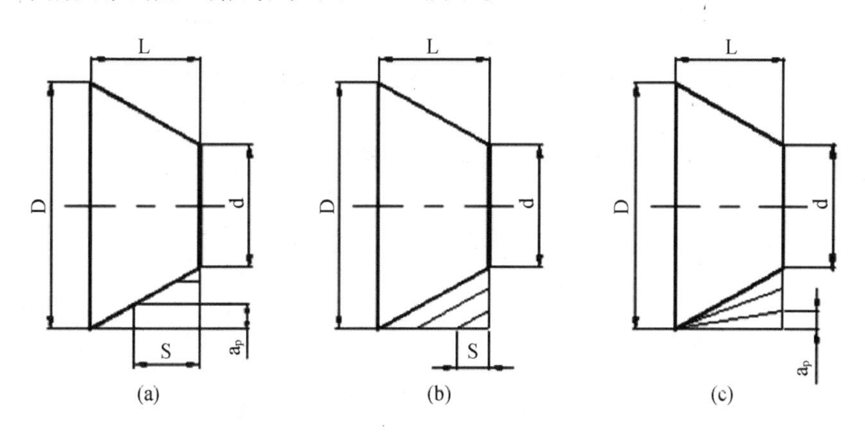


图 2－22　车削圆锥加工路线

车削进给路线为最短，可有效地提高生产效率，降低刀具的损耗等。如图 2－23 所示。

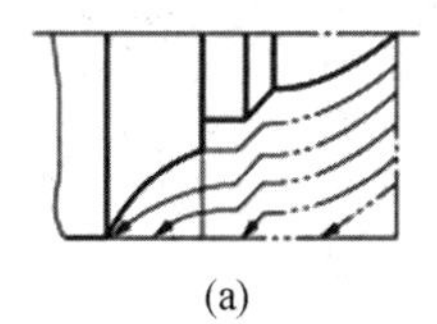

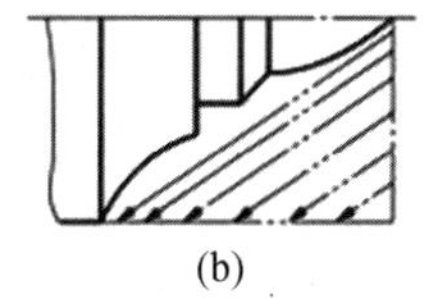

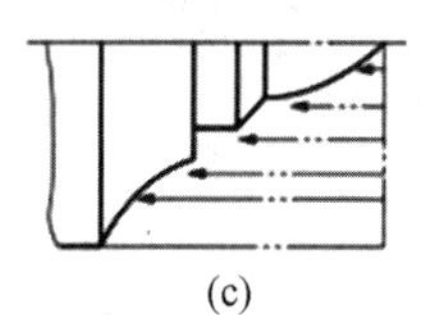


图 2－23　粗车进给路线示例

（2）车圆弧的加工路线，如图 2－24 所示。

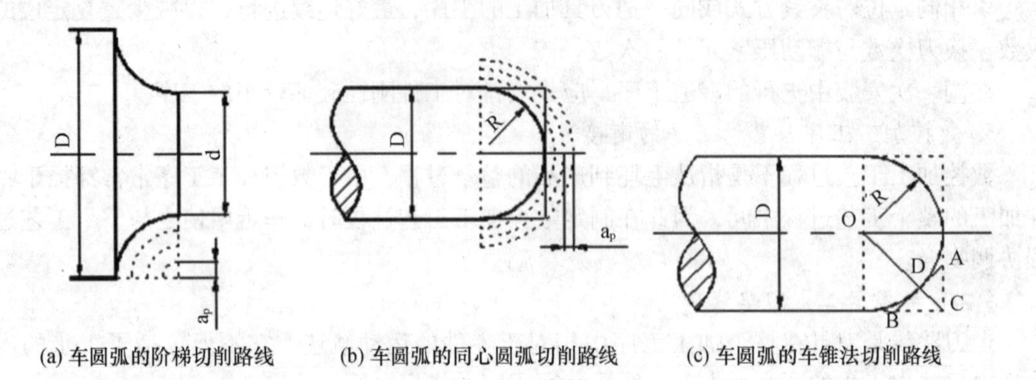


**图 2－24　车圆弧的加工路线**

（3）车螺纹时的引入、引出距离。如图 2－25 所示。

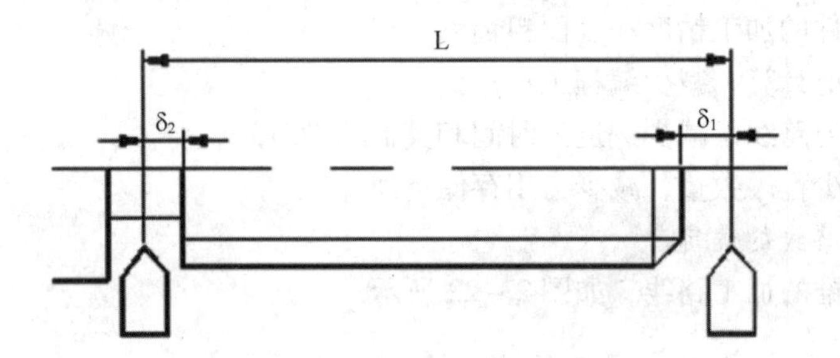


**图 2－25　车螺纹时引入、引出距离**

（4）特殊的加工路线，如图 2－26 所示。

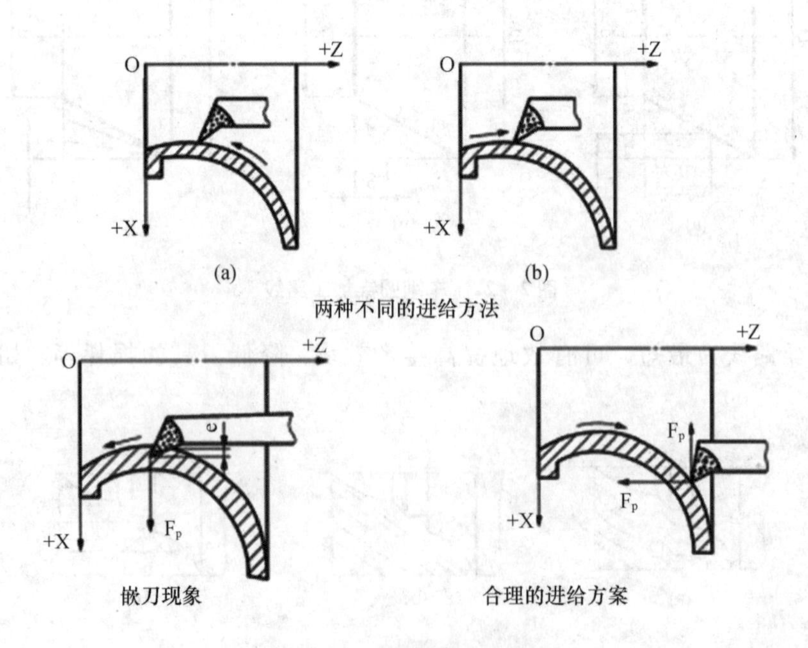


**图 2－26　特殊的加工路线**

2. 铣削加工路线

（1）顺铣和逆铣。

顺铣：铣刀旋转方向与工件进给方向一致。

逆铣：铣刀旋转方向与工件进给方向相反。逆铣切削不平稳，加工面粗糙。

（2）铣削轮廓的加工路线。如图 2－27 所示。刀具的切出点或切入点应在沿零件轮廓的切线上，以保证工件轮廓光滑。

铣削封闭的内轮廓表面时，因内轮廓曲线不允许外延，刀具只能沿轮廓曲线的法向（Normal）切入点和切出，此时刀具的切入点和切出点应尽量选在两几何元素的交点处。

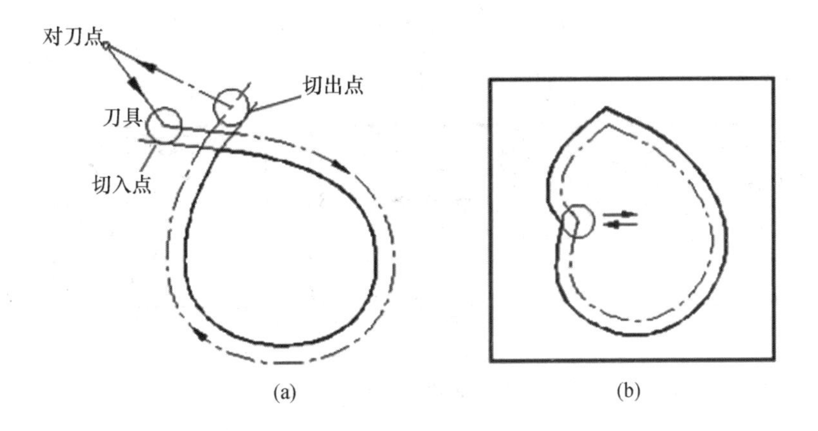


图 2－27　铣削刀具的切入和切出路线

当内部几何元素相切无交点时，为防止刀具在轮廓拐角处留下凹口，如图 2－28（a）所示。刀具切入切出点应远离拐角，如图 2－28（b）所示。

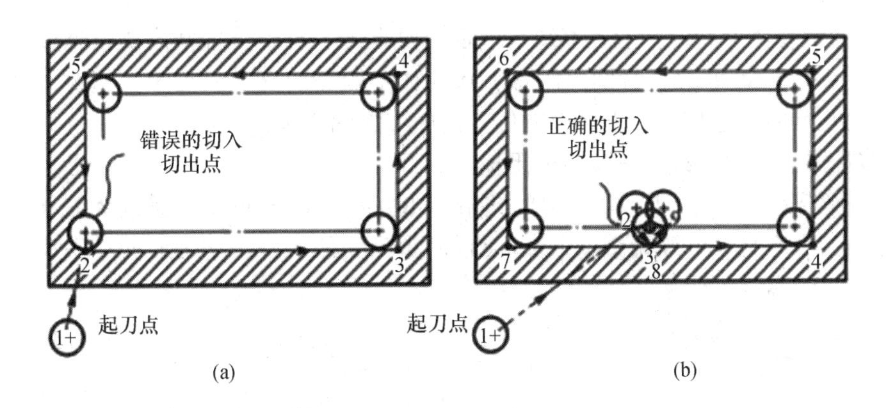


图 2－28　无交点内轮廓加工刀具的切入和切出

（3）铣削曲面的加工路线。铣削曲面（Curved Surface）时，常用球头刀采用“行切法”进行加工。

当采用图 2－29（a）的加工方案时，每次沿直线加工，刀位点计算简单，程序少。

当采用图 2－29（b）的加工方案时，便于加工后检验，表面准确度高，但程序较多。

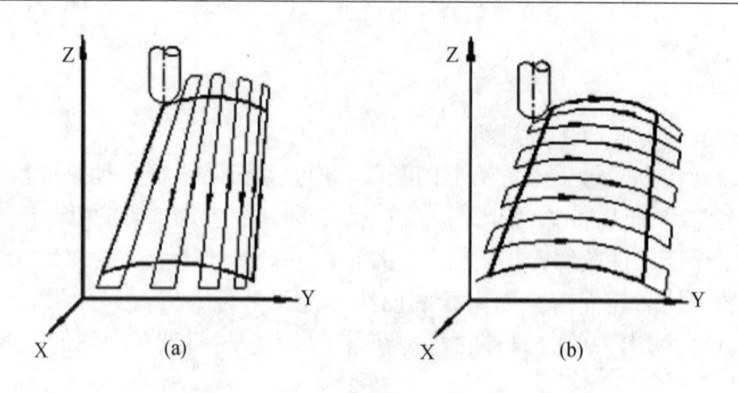


图 2-29　铣削曲面的加工路线

（4）铣削内腔的走刀路线，如图 2-30 所示。

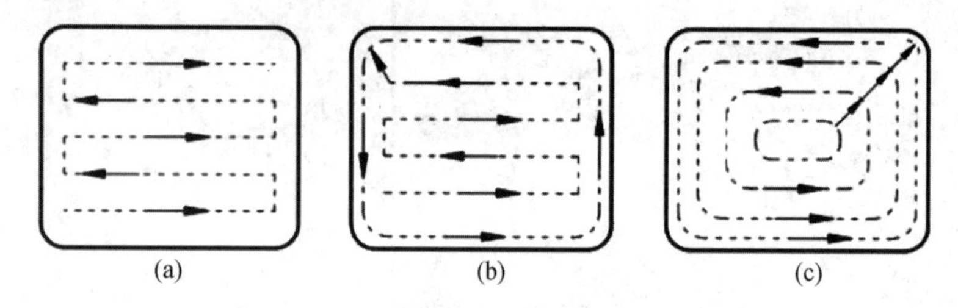


图 2-30　铣削内腔的走刀路线

3. 孔加工路线的确定

加工孔时，一般是首先将刀具在 XY 平面内快速定位运动到孔中心线的位置上，然后刀具再沿 Z 向（轴向）运动进行加工。

（1）确定 XY 平面内的加工路线。孔加工时，刀具在 XY 平面内的运动属点位运动，确定加工路线时主要考虑：

1）位置精度要求高的孔加工路线——定位要准确。对于位置精度要求精度较高的孔系加工（Holes Processing），特别要注意。孔的加工顺序的安排，安排不当时，就有可能将沿坐标轴的反向间隙带入，直接影响位置精度。如图 2-31 所示。

2）多孔最短走刀路线——定位要迅速。

如加工图 2-32（a）所示零件上的孔系。图 2-32（b）的走刀路线为先加工完外圈孔后，再加工内圈孔。若改用图 2-32（c）的走刀路线，减少空刀时间，则可节省定位时间近一倍，提高加工效率。

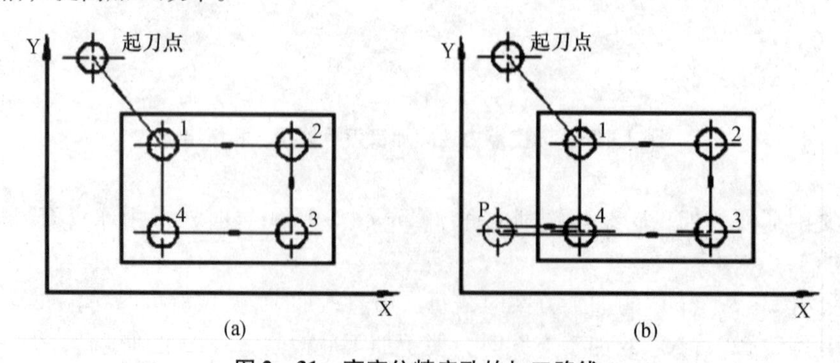


图 2-31　高定位精度孔的加工路线

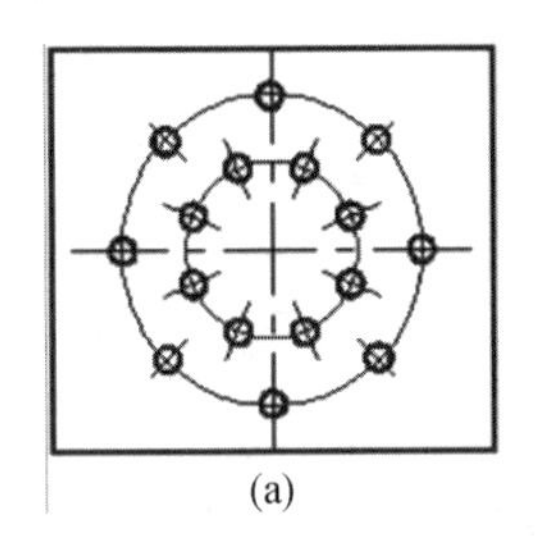
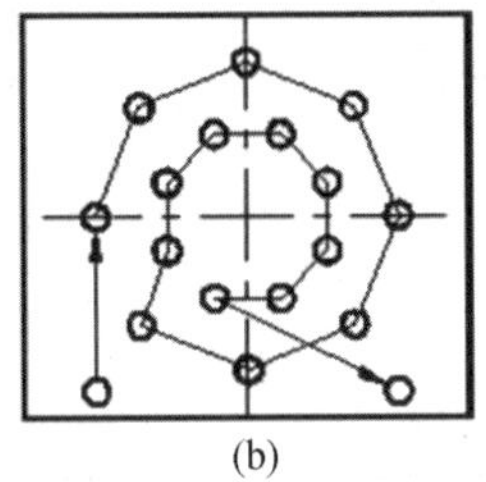
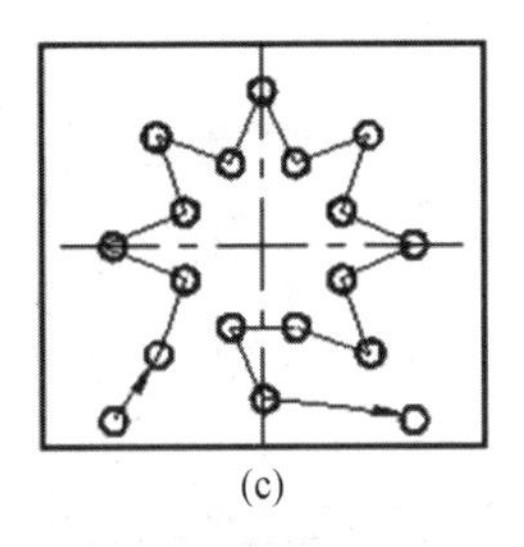


图 2－32 最短走刀路线的设计

（2）确定 Z 向（轴向）的加工路线。刀具在 Z 向的加工路线分为快速移动进给路线和工作进给路线。刀具先从初始平面快速运动到距工件加工表面一定距离的 R 平面（距工件加工表面一定切入距离的平面）上，然后按工作进给速度运动进行加工。如图 2－33 所示。

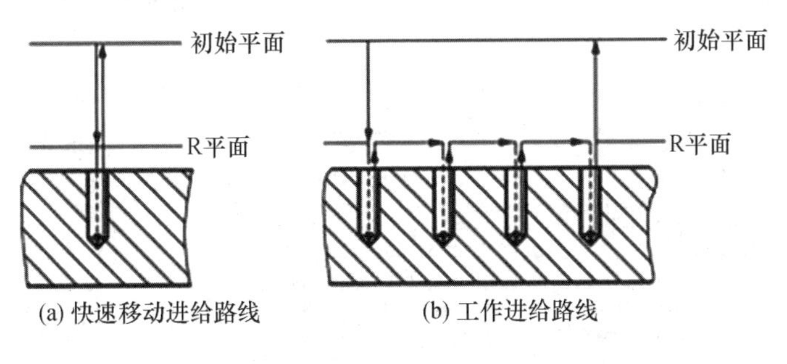


图 2－33 刀具 Z 向加工路线设计示例

## 三、工件的装夹

在数控机床上加工工件，工序集中，往往在一次装夹中就能完成全部工序。尽量采用组合夹具和标准化通用夹具。当工件批量较大、精度要求较高时，可以设计专用夹具，但结构应尽量简单。

工件定位、夹紧部位应不妨碍各部位的加工、刀具更换及重要部位的测量，尤其要避免刀具与工件、刀具与夹具相撞的现象。

（1）在加工时，数控夹具的夹紧机构或其他元件不得影响进给，即夹具元件不能与刀具运动轨迹发生干涉。如图 2－34 所示。

（2）对有些箱类体零件加工可以利用内部空间来安排夹紧机构，将其加工表面敞开。如图 2－35 所示。

（3）为了提高数控加工的效率，在成批生产中还可以采用多位、多件夹具，如图 2－36所示。

夹紧力应力求通过靠近主要支撑点或在支撑点所组成的三角形内。应力求靠近切削部位，并在刚性较好的地方。尽量不要在被加工孔径的上方，以减小零件的变形。

工件的装夹、定位要考虑到重复安装的一致性，以减少对刀时间，提高同一批零件加工的一致性。一般同一批工件采用同一定位基准和同一装夹方式。

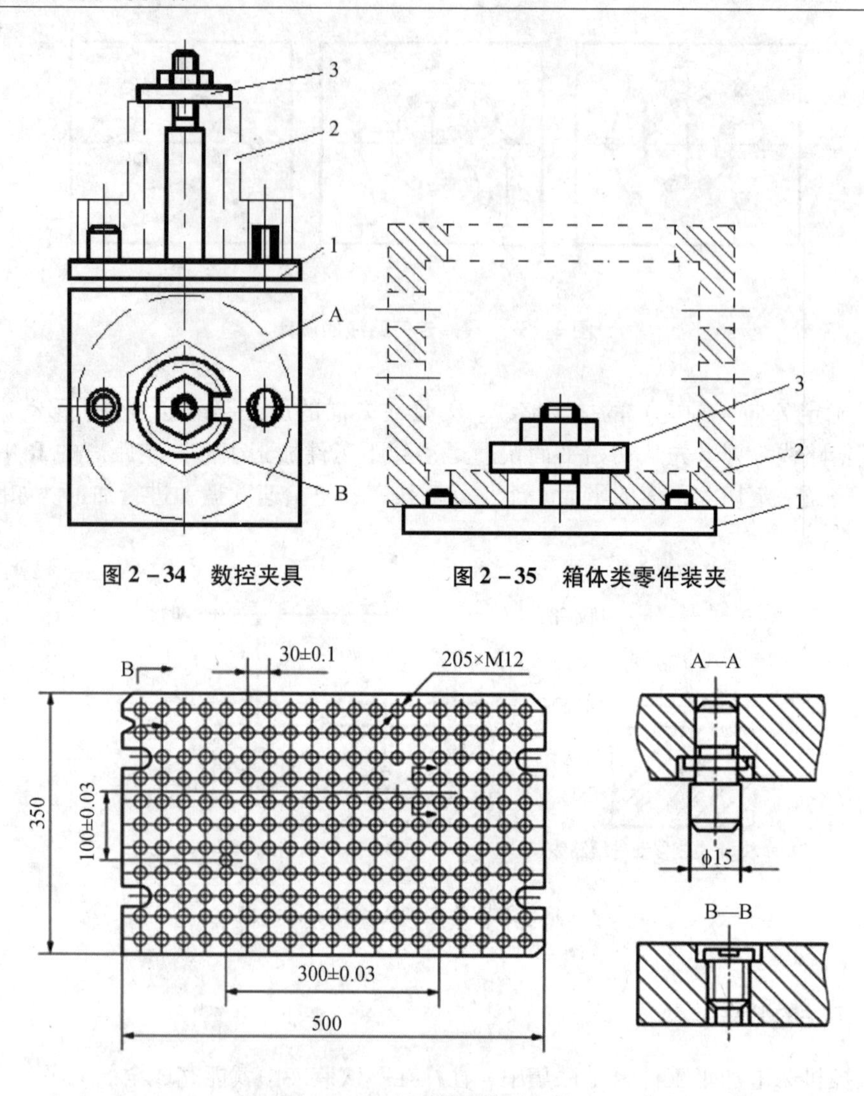


图 2－34　数控夹具　　　图 2－35　箱体类零件装夹

图 2－36　新型数控夹具元件

薄壁零件的夹紧方案，如图 2－37 和图 2－38 所示。

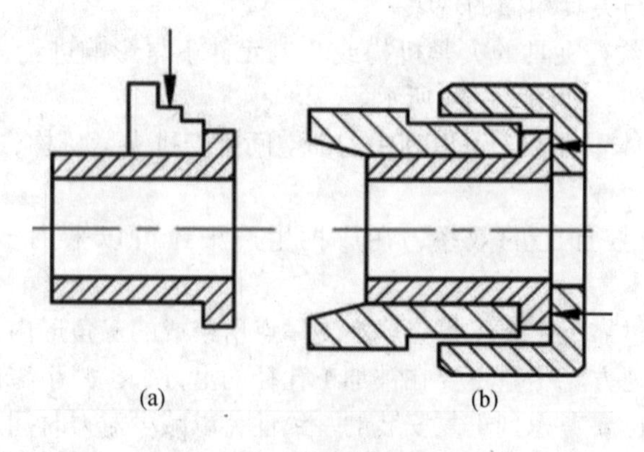


图 2－37　薄壁套的夹紧方案

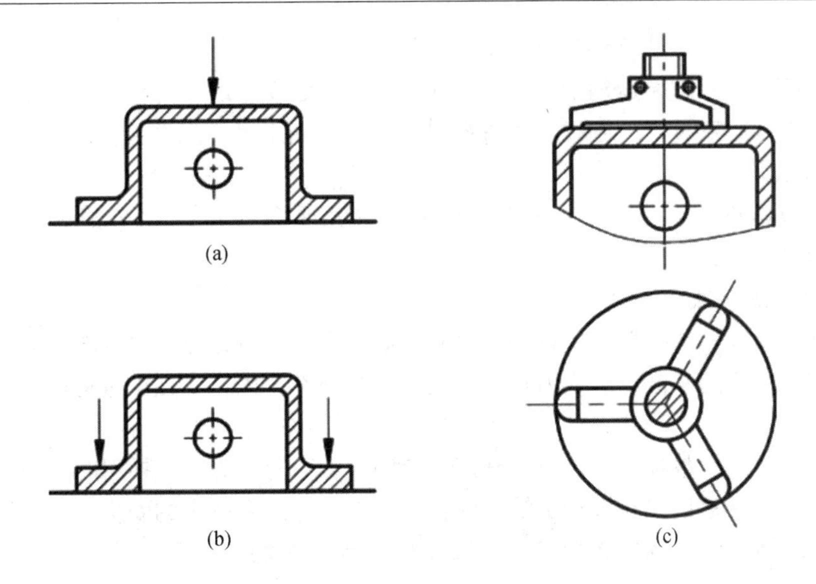

图 2－38　薄壁箱体的夹紧方案

## 四、对刀点和换刀点位置的确定

1. 对刀点及其位置的确定

对刀点是指通过对刀确定刀具与工件相对位置的基准点。对刀的目的是确定编程原点在机床坐标系中的位置。对刀点可以选择在零件上的某一点，也可以选择在零件外（如夹具或机床上）的某一点。

（1）所选的对刀点应使程序编制简单。

（2）对刀点应选择在容易找正，便于确定零件加工原点的位置。

（3）对刀点的位置应在加工时检验方便、可靠。

（4）对刀点的选择应有利于提高加工精度。

2. 刀位点

（1）用刀具体上与零件表面形成有密切关系的理想的或假想的点来描述刀具位置。

（2）对刀时，必须使刀工起点与刀具上的刀位点重合。

（3）不同刀具的刀位点各有不同，如图 2－39 所示。

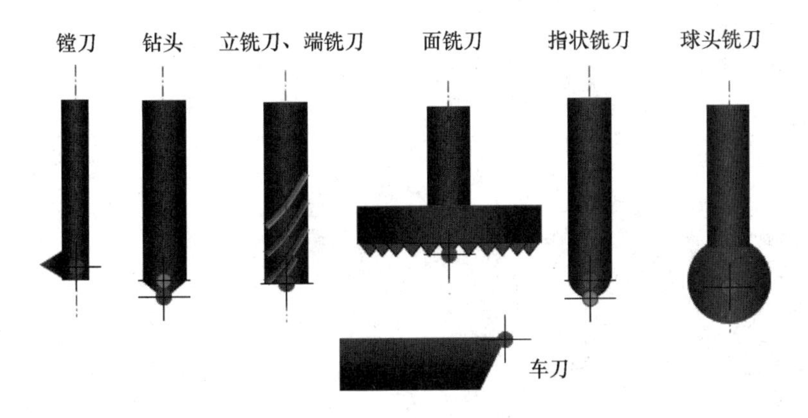

图 2－39　不同刀具的刀位点

3. 起刀点

起刀点是指刀具起始运动的刀位点，亦即程序开始执行时的刀位点。当用夹具时常与工件原点有固定联系尺寸的圆柱销等进行对刀，这时则用对刀点作为起刀点。

4. 下刀点

工件上刀具开始切入的点。轮廓突出的角（角平分线）或者直线和圆弧的相切点（避免接刀痕）。

5. 换刀点及其位置的确定

带有多刀加工的数控机床，在加工过程中如需换刀，编程时还要设置一个换刀点。换刀点是转换刀位置的基准点。换刀点应选在零件的外部，以避免加工过程中换刀时划伤工件或夹具。

对于手动换刀的数控铣床，也应确定相应的换刀位置。为防止换刀时碰伤零件、刀具或夹具，换刀点常常设置在被加工零件的轮廓之外，并留有一定的安全量。

具有自动换刀装置的数控机床，如加工中心等，在加工中要自动换刀，还要设置换刀点。

（1）加工过程中更换刀具的位置。

（2）设在零件、夹具之外。以刀架转位时不碰到工件、夹具和机床为准。

（3）可以是某一固定点，也可以是任意的一点。通常，加工中心的换刀点是固定的，数控车床的换刀点是任意的。

## 任务试题

（1）数控加工工艺的主要内容包括哪些？

（2）叙述数控加工工序的编排原则。

（3）数控加工工件的装夹方式有哪些？其特点是什么？

（4）叙述数控加工对刀点和换刀点的确定。

（5）叙述加工方法的选择及其特点。

# 任务三　数控机床刀具

## 任务目标

（1）掌握数控刀具的选择。

（2）熟悉数控刀具的种类、材料及其性能特点。

（3）熟悉对刀仪的使用。

## 基本概念

### 一、数控刀具的种类

1. 概述

随着制造业的高速发展，模具行业、汽车工业以及航空航天工业等重点行业对数控切削加工不断提出更高的要求，同时也推动着金属切削刀具的持续发展。模具工业的特点是高效、单件、小批生产、模具材料的硬度高、加工难度大、形状复杂、金属切除量大、交货周期短，因此要求模具数控加工刀具必须具备高效率、高精度、高可靠性和专用化的特点。

2. 数控刀具分类

数控刀具通常是指数控机床和加工中心用刀具，在国外发展很快，品种很多，已形成系列。在我国，由于对数控刀具的研究开发起步较晚，数控刀具成了工具行业中最薄弱的一个环节。数控刀具的落后已经成为影响我国国产和进口数控机床充分发挥作用的主要障碍。数控机床（包括加工中心）除数控磨床和数控电加工机床外，其他的数控机床都必须采用数控刀具。

刀具可分为常规刀具和模块化刀具两大类。模块化刀具是发展方向，发展模块化刀具的主要优点：

（1）减少换刀停机时间，提高生产加工时间。

（2）加快换刀及安装时间，提高小批量生产的经济性。

（3）提高刀具的标准化和合理化的程度。

（4）提高刀具的管理及柔性加工的水平。

（5）扩大刀具的利用率，充分发挥刀具的性能。

（6）有效地消除刀具测量工作的中断现象，可采用线外预调。

数控刀具的分类：

（1）按刀具切削部分的材料分类。可分为高速钢、硬质合金、陶瓷、立方氮化硼和聚晶金刚石等刀具。

（2）按刀具的结构形式分类。可分为整体式、焊接式、机夹可转位式和涂层刀具（数控机床广泛使用机夹可转位式刀具）、减震式、内冷式和一些特殊形式刀具。

（3）按切削工艺的划分分类。

1）车削刀具。数控车床一般使用标准的机夹可转位刀具。机夹可转位刀具的刀片和刀体都有标准，刀片材料采用硬质合金、涂层硬质合金以及高速钢，如图2－40所示。

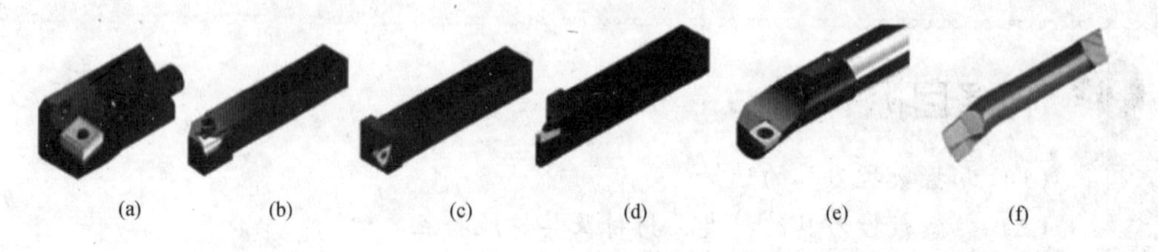


图2－40　车削刀具

2）铣削刀具。铣削刀具分为面铣刀、立铣刀、模具铣刀等。如图2－41所示。

图2－41　铣削刀具

面铣刀（也叫端铣刀）：面铣刀的圆周表面和端面上都有切削刃，端部切削刃为副切削刃。面铣刀多制成套式镶齿结构和刀片机夹可转位结构，刀齿材料为高速钢或硬质合金，刀体为40Gr。

立铣刀：立铣刀是数控机床上用得最多的一种铣刀。立铣刀的圆柱表面和端面上都有切削刃，它们既可同时进行切削，也可单独进行切削。

模具铣刀：模具铣刀由立铣刀发展而成，可分为圆锥形立铣刀、圆柱形球头立铣刀和圆锥形球头立铣刀三种，其柄部有直柄、削平型直柄和莫氏锥柄，它的结构特点是球头或端面上布满切削刃，圆周刃与球头刃圆弧连接，可以作径向和轴向进给。铣刀工作部分用高速钢或硬质合金制造。如图2－42所示。

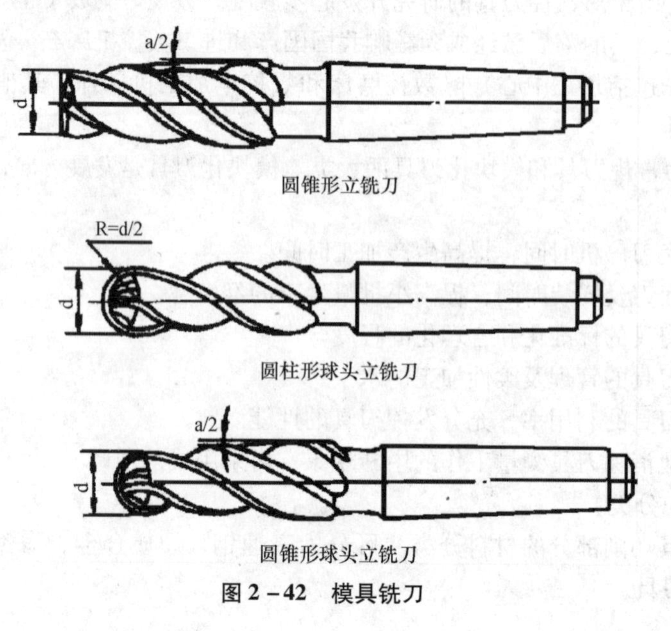


图2－42　模具铣刀

3）孔加工刀具。

钻头：在数控机床上钻孔大多采用普通麻花钻，直径为 8～80mm 的麻花钻多为莫氏锥柄，可直接装在带有莫氏锥孔的刀柄内；直径为 0.1～20mm 的麻花钻多圆柱形，可装在钻夹头刀柄上；中等尺寸麻花钻两种形式均可选用。由于在数控机床上钻孔都是无钻模直接钻孔，因此，一般钻孔深度约为直径的 5 倍，细长孔的加工易于折断，要注意冷却和排屑，在钻孔前最好先用中心钻钻中心孔或用刚性较好的短钻头锪窝。

钻削直径为 20～60mm、孔的深径比小于或等于 3 的中等浅孔时，可选用可转位浅孔钻。如图 2－43 所示，其结构是在带排屑槽及内冷却通道钻体的头部装有一组刀片（多为凸多边形、菱形和四边形），多采用深孔刀片，通过该中心压紧刀片，靠近钻心的刀片用韧性较好的材料，靠近钻头外径的刀片选用较为耐磨的材料。

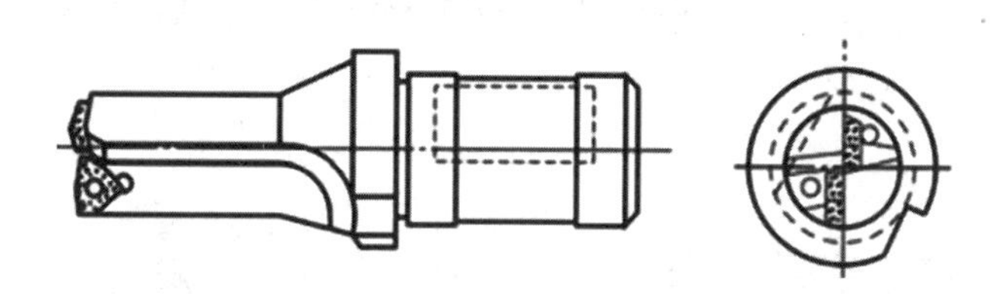

图 2－43 可转位浅孔钻

镗刀：按切削刃数量可分为单刃镗刀和双刃镗刀。如图 2－44 所示。

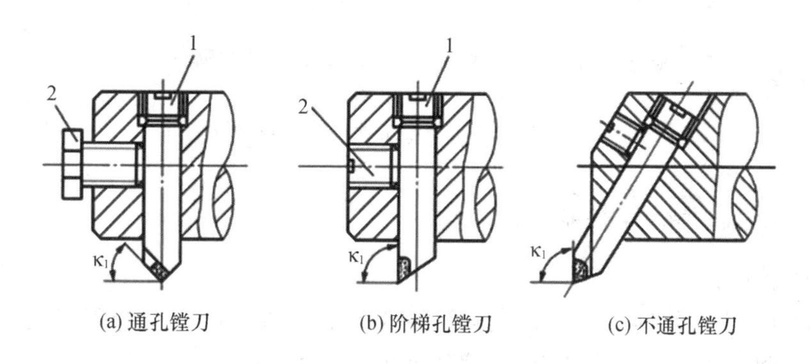


(a) 通孔镗刀 (b) 阶梯孔镗刀 (c) 不通孔镗刀

1—调节螺钉；2—紧固螺钉

图 2－44 单刃镗刀

在孔的精镗中，目前较多地选用精镗微调镗刀。这种镗刀的径向尺寸可以在一定范围内进行微调，调节方便且精度高，如图 2－45 所示。

铰刀：数控机床上使用的铰刀多是通用标准铰刀。此外，还有机夹硬质合金刀片单刃铰刀和浮动铰刀等。

加工公差等级为 IT8～IT9 级、表面粗糙度 Ra 为 0.8～1.6μm 的孔时，通常采用标准铰刀。加工公差等级为 IT5～IT7 级、表面粗糙度 Ra 为 0.7μm 的孔时，可采用机夹硬质合金刀片的单刃铰刀。

浮动铰刀既能保证在换刀和进刀过程中刀片不会从刀杆的长方孔中滑出，又能较准确地定心，如图 2－46 所示。

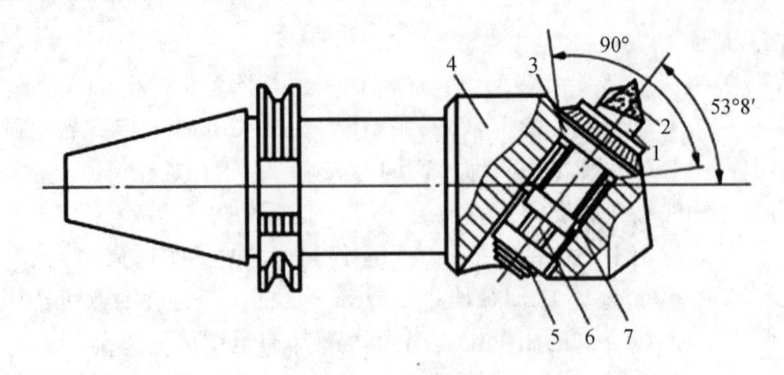


1—刀体；2—刀片；3—调整螺母；4—导杆；
5—螺母；6—拉紧螺钉；7—导向键

**图 2-45　精镗微调镗刀**

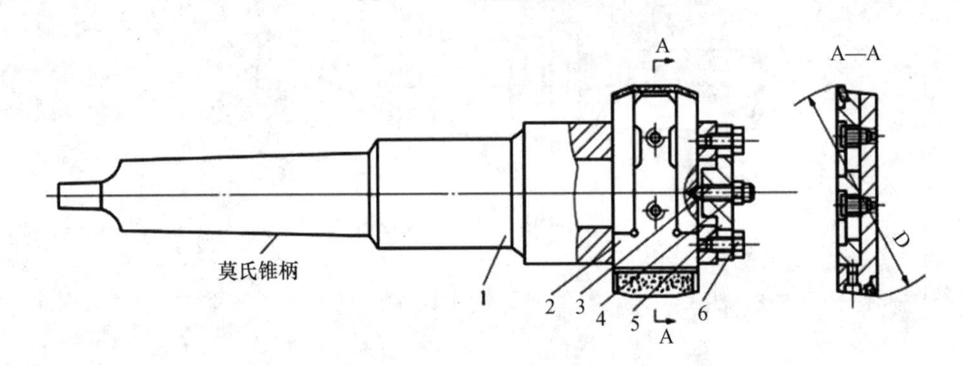


1—导杆体；2—可调式浮动铰刀体；3—圆锥端螺钉；
4—螺母；5—定位滑块；6—螺钉

**图 2-46　加工中心上使用的浮动铰刀**

## 二、数控刀具的特点与性能要求

1. 数控刀具的要求

（1）要有很高的切削效率。提高切削速度至关重要，硬质合金刀具切削速度可达 500～600m/min，陶瓷刀具可达 800～1000m/min。

（2）要有很高的精度和重复定位精度，一般 3～5μm 或者更高。

（3）要有很高的可靠性和耐用度，是选择刀具的关键指标。

（4）实现刀具尺寸的预调和快速换刀，缩短辅助时间提高加工效率。

（5）具有完善的模块式工具系统，储存必要的刀具以适应多品种零件的生产。

（6）建立完备的刀具管理系统，以便可靠、高效、有序地管理刀具系统。

（7）要有在线监控及尺寸补偿系统，监控加工过程中刀具的状态，提高加工可靠度。

2. 数控加工刀具的特点

随着高刚度整体铸造床身、高速运算数控系统和主轴动平衡等新技术的采用以及刀具材料的不断发展，现代切削加工朝着高速、高精度和强力切削方向发展，因此现代切削刀具有悖于传统的刀具，被中国工具业命名的“数控刀具”，特指与加工中心、数控车床、数控镗铣床、数控钻等先进高效的数控机床相配套使用的整体合金刀具、超硬刀具，可转位刀片、工具系统、可转位刀具等，以其高效精密和良好的综合切削性能取代了传统的刀

具。为了达到高效、多能、快换、经济的目的，数控加工刀具与普通金属切削刀具相比应具有以下特点：

（1）刀片及刀柄高度的通用化、规格化、系列化。

（2）刀片或刀具的耐用度及经济寿命指标的合理性。

（3）刀具或刀片几何参数和切削参数的规范化、典型化。

（4）刀片或刀具材料及切削参数与被加工材料之间应相匹配。

（5）刀具应具有较高的精度，包括刀具的形状精度、刀片及刀柄对机床主轴的相对位置精度、刀片及刀柄的转位及拆装的重复精度。

（6）刀柄的强度要高、刚性及耐磨性要好。

（7）刀柄或工具系统的装机重量有限度。

（8）刀片及刀柄切入的位置和方向有要求。

（9）刀片、刀柄的定位基准及自动换刀系统要优化。另外，数控机床上用的刀具应满足安装调整方便、刚性好、精度高、耐用度好等要求。

## 三、数控刀具的材料

刀具的发展伴随切削加工技术高速发展，尤其是到了数控高速切削等技术得到发展应用后，新材料的加工对刀具的切削性能要求也越来越高，为了不断满足切削加工的需要，刀具的材料也进行了一系列革命性的创新。从初期的工具钢到现在生产中广泛使用的硬质合金钢，再到能够切削高硬度工件材料的陶瓷、超硬刀具材料等。近年来广泛使用的刀具表面涂层技术，极大提高了刀具的表面硬度和耐磨性，延长了刀具的使用寿命。

1. 刀具材料性能比较

（1）刀具材料硬度与韧性，如图 2－47 所示。

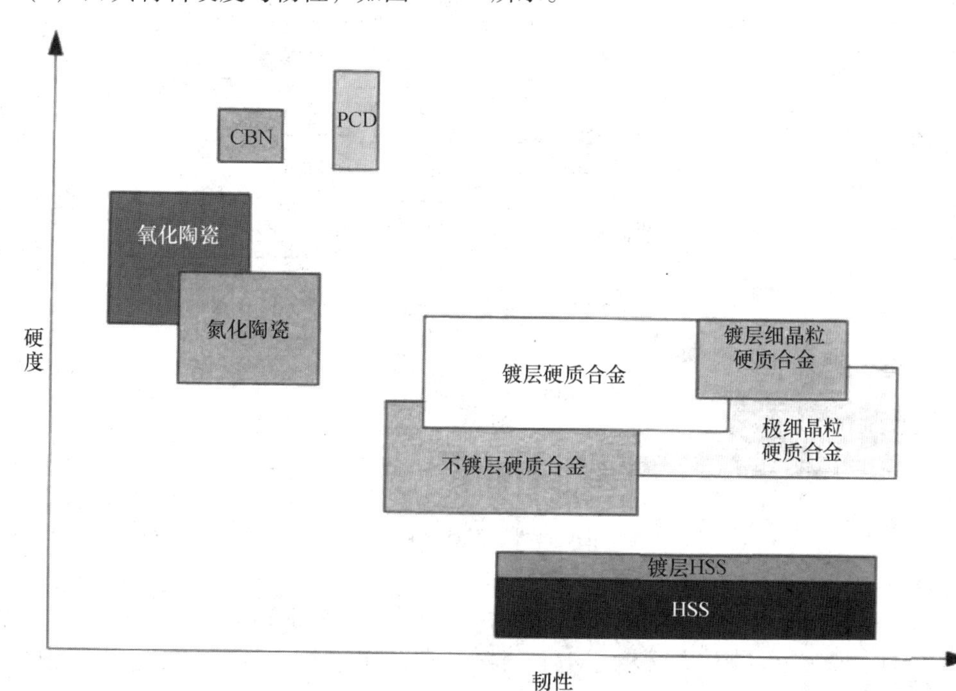


**图 2－47　刀具材料硬度与韧性对比**

（2）刀具材料的抗拉强度，如图 2－48 所示。

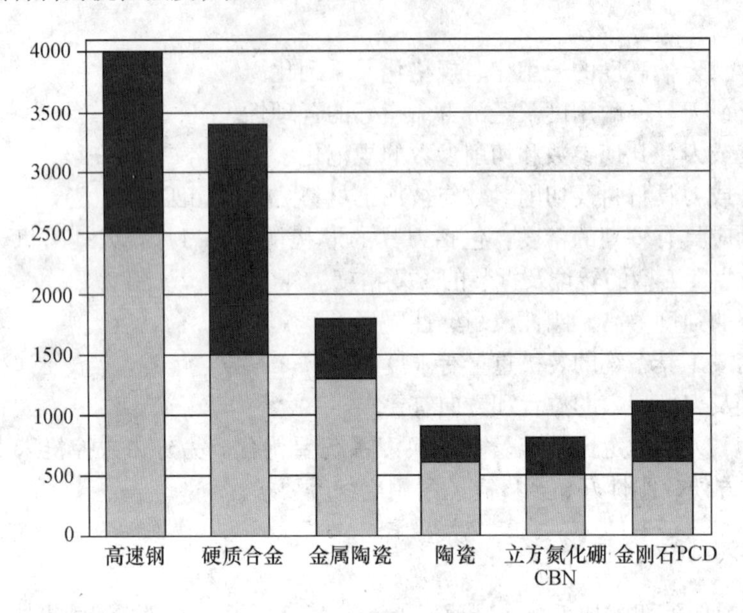


**图 2－48　刀具材料的抗拉强度**

2. 常用刀具材料

刀具的常用材料如图 2－49 所示。

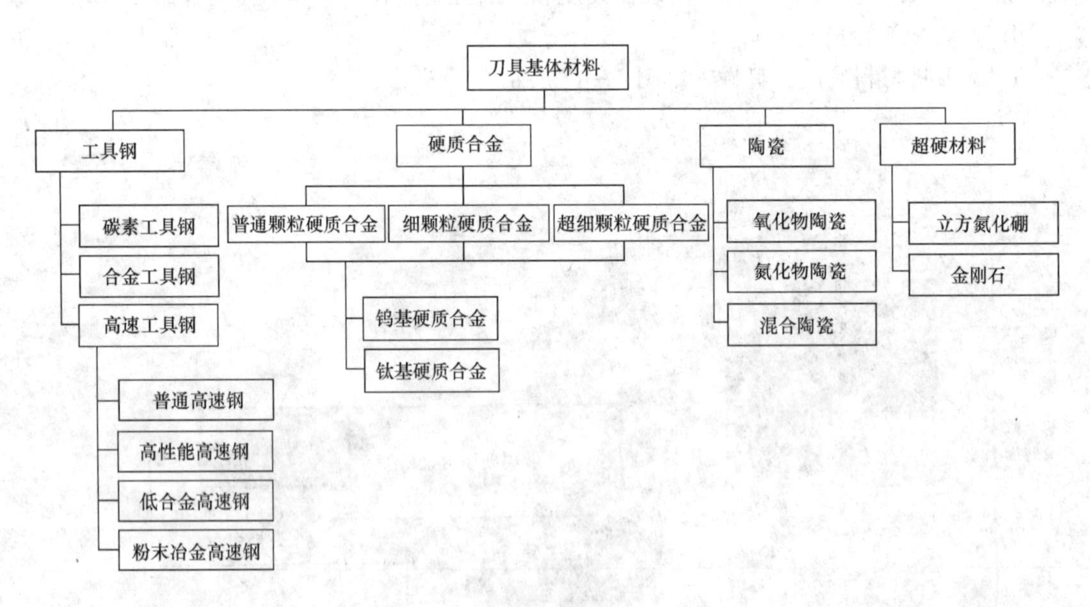


**图 2－49　刀具材料**

（1）高速钢。高速钢具有较高强度，良好的韧性，切削加工时性能比较稳定，加工工艺性好，便于制造各种形状复杂的刀具等优点，但是高速钢硬度较低，特别是在高温的环境下保持硬度的能力较弱，使其使用范围得到了较大的限制。

（2）硬质合金。硬质合金是一种主要由不同的碳化物和黏结相组成的粉末冶金产品，在硬质合金工厂，硬质合金需经过混合、压制和烧结。硬质合金的硬度很高，这主要由其中的碳化物和黏结相造成的。其主要碳化物有碳化钨（WC）、碳化钛（TiC）、碳化钽（TaC）和碳化铌（NbC）等，在大部分情况下，钴作为黏结相使用。如图2－49所示。

不同的硬质合金材质有不同的用途，如车削、铣削、孔加工、螺纹加工、切槽等。切削刀具用硬质合金根据国际标准ISO分类，把所有牌号用颜色标识分成六大类，分别以字母P、M、K、N、S、H表示。分类的主要依据是加工材料的化学元素含量、结构、硬度和导热性能。其中，P类硬质合金材料用于加工长切屑的钢件；M类用于加工不锈钢材料；K类用于加工短切屑的铸铁类材料；N类用于加工短切屑的非铁类材料，如有色金属等；S类用于加工难切削材料，如镍基材料、钛合金等；H类用于加工硬度高的材料，如淬硬钢等。

每一类中的各个牌号分别给以一个01～50的数字，表示从最高硬度到最大韧性之间的一系列合金，以供各种被加工材料的不同切削工序及加工条件选用。根据使用需要，在两个相邻的分类代号之间，可插入一个中间代号，如在P10和P20之间插入P15，在K20和K30之间插入K25等，但不能多于一个。

近年来快速发展的金属陶瓷材料（也称钛基硬质合金），也属于硬质合金材料的范畴。它是指以TiC或TiC、TiN为主要硬质相，以Ni－Mo或Ni－Co－Mo等为黏结相的硬质合金。这类材料开发较早，20世纪50年代已具雏形，但由于脆性太大，长期未能稳定应用于生产，直至80年代中期在组成、烧结工艺等方面取得了技术新进展，在保留其高硬度特性基础上，大幅度提高了强度。相对于钨基硬质合金，除抗冲击韧度略低于部分新牌号钨基硬质合金外，在高温硬度、耐磨损性、与被加工材料的亲和力等方面均有其优势，因而成为现代小余量、精密车削的主要刀具材料品种之一。

（3）超硬材料。

1）立方氮化硼（CBN）：氮化硼的化学组成和石墨非常相似，颜色为白色，晶格为密排六方晶格，像石墨一样的低硬度。

立方氮化硼刀片是由立方氮化硼细小颗粒在氮化钛等基体材料上通过压力烧结方式制造出来的。石墨经高温高压处理变成人造金刚石，用类似的手段处理氮化硼（六方）就能得到立方氮化硼。立方氮化硼是六方氮化硼的同素异形体，是人类已知的硬度仅次于金刚石的物质。

立方氮化硼的热稳定性大大高于金刚石。在空气中，人造金刚石在800℃时即碳化，而立方氮化硼可耐1300～1500℃的高温，甚至在1500℃时也不发生相变。聚晶立方氮化硼在1400℃仍然保持其硬度，与铁族元素的化学惰性比金刚石大，能以加工普通钢和铸铁的切削速度切削淬火钢、冷硬铸铁、高温合金等，从而大大提高生产率。

2）金刚石材料。碳元素被组成两种不同的晶格形式，密排六方晶格的软石墨和众所周知的最硬的刀具材料立方晶格的金刚石。

金刚石主要存在于沉积岩中。当被开采出来的时候，金刚石主要积聚在金伯利岩石之中。此外金刚石也存在于河流沉积物中。金刚石有天然的和人造的两种，都是碳的同素异形体。人造金刚石是在高压高温条件下，借合金触媒的作用，由石墨转化而成的。金刚石硬度极高，是目前已知的最硬物质，其硬度接近于10000HV，而硬质合金的硬度仅为1060～1800HV。

金刚石刀具既能胜任硬质合金、陶瓷、高硅铝合金等高硬度、耐磨材料的加工，又可用以切削有色金属及其合金和不锈钢。但它不适合加工铁族材料。这是由于铁和碳原子的亲和性产生的黏附作用而损坏刀具。

大颗粒金刚石分单晶和聚晶两种。所谓聚晶就是由许多细小的金刚石晶粒（直径为1～100m）聚合而成的大颗粒的多晶金刚石块，而晶粒的无定向排列，使其具有优于天然金刚石的强度和韧性。

## 四、对刀仪

### 1. 对刀仪概述

在工件的加工过程中，工件装卸、刀具调整等辅助时间，占加工周期中相当大的比例，其中刀具的调整既费时费力，又不易准确，最后还需要试切。统计资料表明，一个工件的加工，纯机动时间大约只占总时间的55%，装夹和对刀等辅助时间占45%。因此，对刀仪便显示出极大的优越性。

对刀仪主要由刀尖接触传感器、摆臂及驱动装置等组成，具有对刀和刀具补偿的功能。对刀仪的对刀臂规格适用于选择6～24in的卡盘，配有的刀方为16、20、25、32、40、50mm刀具的探针。对刀仪配有精密的测头，小型而坚固的测头适装多种探针，并可在XZ面上工作360度全测量——Y轴同样适应。

### 2. 对刀仪的工作原理

对刀仪的核心部件是由一个高精度的开关（测头），一个高硬度、高耐磨的硬质合金四面体（对刀仪探针）和一个信号传输接口器组成（其他部件略）。四面体探针是用于与刀具进行接触，并通过安装在其下的挠性支撑杆，把力传至高精度开关；开关所发出的通、断信号，通过信号传输接口器，传输到数控系统中进行刀具方向识别、运算、补偿、存取等。

数控机床的工作原理决定，当机床返回各自运动轴的机械参考点后，建立起来的是机床坐标系。该参考点一旦建立，相对机床零点而言，在机床坐标系各轴上的各个运动方向就有了数值上的实际意义。如图2－50所示。

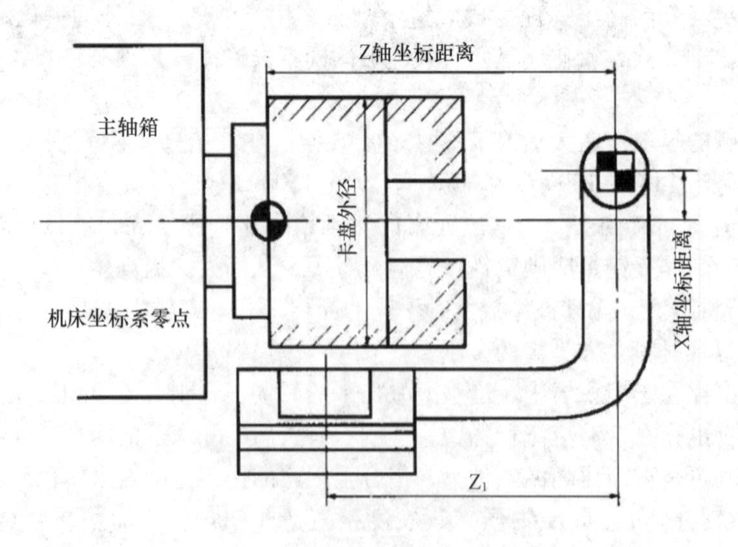


图2－50　对刀仪工作原理示意图

安装了对刀仪的机床，对刀仪传感器距机床坐标系零点的各方向实际坐标值是一个固定值，需要通过参数设定的方法来精确确定，才能满足使用，否则数控系统将无法在机床坐标系和对刀仪固定坐标之间进行相互位置的数据换算。当机床建立了“机床坐标系”和“对刀仪固定坐标”后（不同规格的对刀仪应设置不同的固定坐标值），对刀仪的工作原理如下：

（1）机床各直线运动轴返回各自的机械参考点之后，机床坐标系和对刀仪固定坐标之间的相对位置关系就建立起了具体的数值。

（2）不论是使用自动编程控制还是手动控制方式操作对刀仪，当移动刀具沿所选定的某个轴，使刀尖（或动力回转刀具的外径）靠向且触动对刀仪上四面探针的对应平面，并通过挠性支撑杆摆动触发了高精度开关传感器后，开关会立即通知系统锁定该进给轴的运动。因为数控系统是把这一信号作为高级信号来处理，所以动作的控制会极为迅速、准确。

（3）由于数控机床直线进给轴上均装有进行位置环反馈的脉冲编码器，数控系统中也有记忆该进给轴实际位置的计数器。此时，系统只要读出该轴停止的准确位置，通过机床、对刀仪两者之间相对关系的自动换算，即可确定该轴刀具的刀尖（或直径）的初始刀具偏置值了。换一个角度说，如把它放到机床坐标系中来衡量，即相当于确定了机床参考点距机床坐标系零点的距离，与该刀具测量点距机床坐标系零点的距离及两者之间的实际偏差值。

（4）不论是工件切削后产生的刀具磨损还是丝杠热伸长后出现的刀尖变动量，只要再进行一次对刀操作，数控系统就会自动把测得的新的刀具偏置值与其初始刀具偏置值进行比较计算，并将需要进行补偿的误差值自动补入刀补存储区中。当然，如果换了新的刀具，再对其重新进行对刀，所获得的偏置值就应该是该刀具新的初始刀具偏置值了。

3. 对刀仪的种类

（1）插拔式手臂（High Precision Removable Arm，HPRA）。HPRA 的特点是对刀臂和基座可分离。使用时通过插拔机构把对刀臂安装至对刀仪基座上，同时电器信号亦连通并进入可工作状态；用完后可将对刀臂从基座中拔出，放到合适的地方以保护精密的对刀臂和测头不受灰尘、碰撞的损坏，适合小型数控车床用。

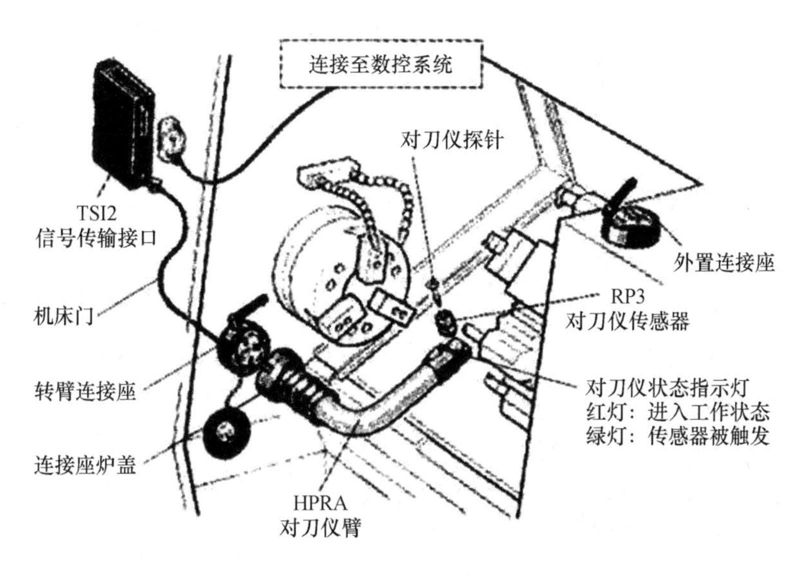


**图 2－51　插拔式手臂对刀仪**

（2）下拉式手臂（High Precision Pulldown Arm，HPPA）。HPPA 的特点是对刀臂和基座旋转连接，是一体化的。使用时将对刀臂从保护套中摆动拉出，不用时把对刀臂再收回保护套中，不必担心其在加工中受到损坏。不必频繁地插拔刀臂，避免了因频繁插拔引起的磕碰。如图 2－52 所示。

（3）全自动对刀臂（High Precision Motorised Arm，HPMA）。HPMA 的特点是，对刀臂和基座通过力矩电机实现刀臂的摆出和摆回。与 HPPA 的区别是加了力矩电机，提高了自动化程度。更重要的是可把刀臂的摆出、摆回通过 M 代码编到加工程序中，在加工循环过程中即可方便地实现刀具磨损值的自动测量、补偿和刀具破损的监测，再配合自动上下料机构，可实现无人化加工。

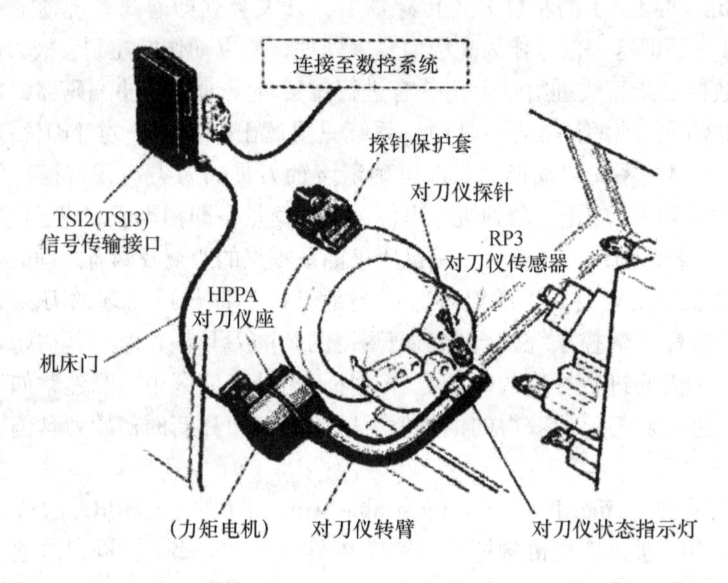


图 2－52　下拉式手臂对刀仪

（4）全自动接触式。在工作台水平垂直位置找寻到安装位置后，在对应的数控系统内输入程序就可以有效地实现自动对刀。在中国的雕铣机和玻璃机的发展中起到必不可少的作用。

4. 对刀仪的优点

（1）快速测量、修正刀具长度和直径偏置值。

（2）双色 LED 指示灯持续显示系统的工作状态。

（3）避免手工对刀的人为介入误差。

（4）保证首件的准确尺寸精度。

（5）进行刀具折断检测，防止产生废品。

（6）缩短机床辅助时间，提高生产效率。

当在使用对刀仪时，使刀尖与传感器相接触，则刀具补偿值自动置入刀具补偿储存器中。同时，使用对刀仪也可以自动设置工件坐标系偏置值，从而建立工件坐标系。在这种情况下，在加工程序中就可以不使用 G50 指令来建立工件的坐标系。

5. 对刀仪的注意事项

（1）操作 Z 轴快速位移时勿大力拉扯，将把手往内压下，在移至接近刀具时，再使用微调手轮。

（2）测量刀具时，以刀背接触测头，避免损坏测头及量仪。

（3）每次对刀前务必用测试棒校正数据，直径跳动允差 0.02mm。

（4）操作前松开 X 轴固定螺钉。

（5）操作前松开 Z 轴固定配重螺钉。

（6）使用对刀仪时，通过摆动对刀仪摆臂和转动卡盘（手动操作）来检查对刀仪摆臂与卡盘卡爪是否干涉，尤其是自制卡爪时。若干涉，则旋转卡盘到摆臂不干涉位置后，再进行检测。

（7）装刀具时要特别小心，如果刀具悬伸长度不正确，刀架或刀尖就可能与对刀仪摆臂干涉，破坏机床。

（8）用完后关闭电源。

6. 对刀仪操作说明

（1）X 轴归“0”。

1）同时擦拭清洁主轴及测试棒。

2）将 Z 轴（升降）百分表架向顺时针方向移 90 度，以免 X 轴归零时撞及测试棒。

3）将 X 轴量表测头调至接触测试棒，使量表指针向顺时针方向接触第一个 0 的位置。

4）将 X 轴显示数据设定为测试棒半径之数字，即完成归“0”。

（2）确定测试棒归“0”的动作。

1）将刀具装入主轴，并锁紧螺帽固定。

2）旋转主轴，使刀具的刀尖接触到 X 轴测头，让量表指针转至第一个“0”的位置。

3）在显示器上设定刀具所需之尺寸，X 轴输入刀具半径值，此时即完成刀具预调值。

4）取下刀具时，以逆时针方向松脱主固定螺帽。

## 任务试题

（1）数控加工刀具有哪些要求及特点？

（2）数控加工刀具常用有哪几类？其性能是什么？

（3）数控加工刀具常用的材料有哪些？

（4）常用的镀层材料有哪些？

（5）车刀的选刀过程有哪几个步骤？

（6）常用的对刀仪有哪些？其特点是什么？

## 任务四 数控加工程序的格式及编程方法

### 任务目标

（1）熟悉数控加工程序的结构组成。

（2）掌握程序段各功能字的含义。

（3）熟悉常用地址符及其含义。

### 基本概念

#### 一、加工程序的结构

加工程序可分为主程序和子程序，无论是主程序还是子程序，每一个程序都是由程序号（程序名）、程序内容和程序结束语三部分组成。程序的内容则由若干程序段组成，程序段是由若干程序字组成，每个程序字又由地址符和带符号或不带符号的数值组成，程序字是程序指令中的最小有效单位。程序的构成如下：

```
%
O1000                          //程序开始部分
N10 G00 G54 X50 Y30 M03 S3000;
N20 G01 X88.1 Y30.2 F500 T02 M08;
N30 X90;                       // 程序主体部分
……
N300 M30;                      // 程序结束部分
```

1. 程序号（程序名）

（1）一种是以规定的%（或 O）符开头，后跟四位数的程序号。如%1000、O1000（在 FANUC 系统中采用英文字母“O”作为程序编号地址，后跟 1～9999 任意数，SINUMERIC系统采用“%”）。

（2）另一种形式是，程序名由英文字、数字或英文、数字混合组成，中间还可以加入“-”。

编程时一定要根据说明书的规定作指令，否则系统是不会执行的。

2. 程序内容（程序的主体）

程序内容是整个程序的核心，由许多程序段组成，每个程序段由一个或多个指令组成，表示数控机床要完成的全部动作。

（1）程序段结束：每个程序段的结束用“;”（回车键）。

（2）程序注释符：括号（）内或分号“;”后的内容为注释文字。程序执行时将跳过这部分内容。

程序段的格式：最常用的是可变程序段格式，即程序段的长短，随字数和字长（位数）都是可变的。一个程序段定义一个将由数控装置执行的指令行，程序段的格式定义了每个程序段中功能字的句法，如图 2－53 所示。各个功能字的意义如下：

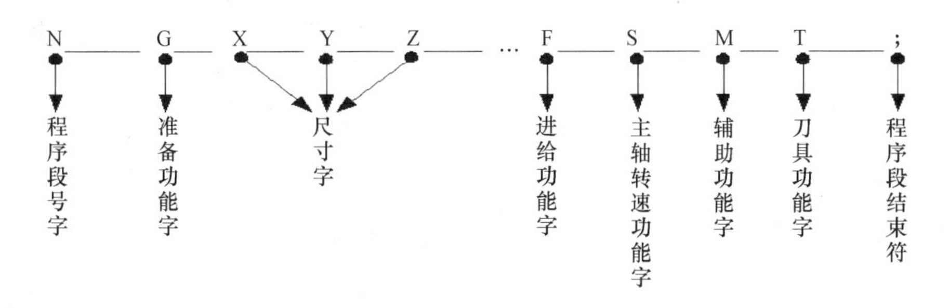


图 2－53　程序段格式

程序段：NGXZFSTM

N 为程序段序号，只起标识符作用，可省略，但有些不能，如循环、跳步。

G 为准备功能，指定机床的运动方式（机床的运动指令，在数控编程中，用各种 G 指令来描述工艺过程的各种操作）。

X（U）Z（W）为工件坐标系中 X、Z 轴移动终点位置。

F.为进给功能指令 {转进给 G99（一般是系统默认的）mm/r $F_v$；分进给 G98 mm/min $F_v$}

S 为主轴功能指令；主轴的旋转速度：恒线速 G96（m/min），恒转速 G97（r/min），（一般系统默认）。

T 为刀具功能指令，指定刀具号和刀具补偿号。

T ××××为刀具号刀具补偿地址号。

如 T0101：1 号刀带上补偿；T0100：1 号刀取消刀补。

M 为辅助功能指令，指定辅助机能的开关控制。

常用的 M 功能：M02、M30 为程序结束并返回程序开头；M03 为主轴正转；M04 为主轴反转；M05 为主轴停转；M08 为开水泵冷却液开；M09 为冷却液关；M98 为调用子程序；M99 为子程序结束。

3. 程序结束符：M02 或 M30

一个零件程序必须包括起始符和结束符。零件程序是按程序段的输入顺序执行的，而不是按程序段号的顺序执行的，建议按升序书写程序段号。

4. 主程序和子程序（见图 2－54）

## 二、常用地址符及其含义

一个指令字是由地址符（指令字符）和带符号（如定义尺寸的字）或不带符号（如准备功能字 G 代码）的数字数据组成的。程序段中不同的指令字符及其后续数值确定了每个指令字的含义。在数控程序段中包含的主要指令字符如表 2－1 所示。

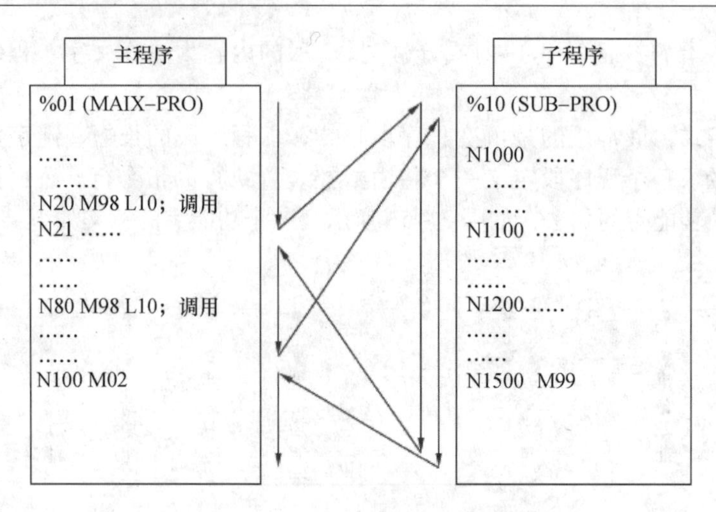


图 2－54 主程序与子程序的关系

表 2－1 HNC－21/22T 指令字符一览表

| 机能 | 地址 | 意义 |
| --- | --- | --- |
| 零件程序号 | % | 程序编号:%1～4294967295 |
| 程序段号 | N | 程序段编号：N0～4294967295 |
| 准备机能 | G | 指令动作方式（直线、圆弧等）G00～99 |
| 尺寸字 | X，Y，Z | 坐标轴的移动命令 ±99999. 999 |
|  | A，B，C | 圆弧的半径，固定循环的参数 |
|  | V，V，W | 圆心相对于起点的坐标，固定循环的参数 |
| 进给速度 | F | 进给速度的指定：F0～24000 |
| 主轴机能 | S | 主轴旋转速度的指定：S0～9999 |
| 刀具机能 | T | 刀具编号的指定：T0～99 |
| 辅助机能 | M | 机床侧开/关控制的指定：M0～99 |
| 补偿号 | D | 刀具半径补偿号的指定：00～99 |
| 暂停 | P，X | 暂停时间的指定：秒 |
| 程序号的指定 | P | 子程序号的指定：P1～4294967295 |
| 重复次数 | L | 子程序的重复次数，固定循环的重复次数 |
| 参数 | P，Q，R，U，W，I，K，C，A | 车削复合循环参数 |
| 倒角控制 | C，R |  |

## 三、数控程序的编制方法及步骤

1. 数控程序的编制方法

数控编程一般分为手工编程和自动编程。

（1）手工编程（Manual Programming）。从零件图样分析、工艺处理、数值计算、编写程序单、程序输入至程序校验等各步骤均由人工完成，称为手工编程。对于加工形状简单的零件，计算比较简单，程序不多，采用手工编程较容易完成，而且经济、及时，因此在点定位加工及由直线与圆弧组成的轮廓加工中，手工编程仍广泛应用。但对于形状复杂的零件，特别是具有非圆曲线、列表曲线及曲面的零件，用手工编程就有一定的困难，出错的概率增大，有的甚至无法编出程序，必须采用自动编程的方法编制程序。

（2）自动编程（Automatic Programming）。自动编程是利用计算机专用软件编制数控加工程序的过程。它包括数控语言编程和图形交互式编程。

数控语言编程，编程人员只需根据图样的要求，使用数控语言编写出零件加工源程序，送入计算机，由计算机自动地进行编译、数值计算、后置处理，编写出零件加工程序单，直至自动穿出数控加工纸带，或将加工程序通过直接通信的方式送入数控机床，指挥机床工作。

数控语言编程为解决多坐标数控机床加工曲面、曲线提供了有效方法。但这种编程方法直观性差，编程过程比较复杂不易掌握，并且不便于进行阶段性检查。随着计算机技术的发展，计算机图形处理功能已有了极大的增强，“图形交互式自动编程”也应运而生。

图形交互式自动编程是利用计算机辅助设计（CAD）软件的图形编程功能，将零件的几何图形绘制到计算机上，形成零件的图形文件，或者直接调用由 CAD 系统完成的产品设计文件中的零件图形文件，然后再直接调用计算机内相应的数控编程模块，进行刀具轨迹处理，由计算机自动对零件加工轨迹的每一个节点进行运算和数学处理，从而生成刀位文件。之后，再经相应的后置处理（Postprocessing），自动生成数控加工程序，并同时在计算机上动态地显示其刀具的加工轨迹图形。

图形交互式自动编程极大地提高了数控编程效率，它使从设计到编程的信息流成为连续，可实现 CAD/CAM 集成，为实现计算机辅助设计（CAD）和计算机辅助制造（CAM）一体化建立了必要的桥梁作用。因此，它也习惯地被称为 CAD/CAM 自动编程。

2. 数控程序的编制步骤

数控编程的步骤如图 2－55 所示。

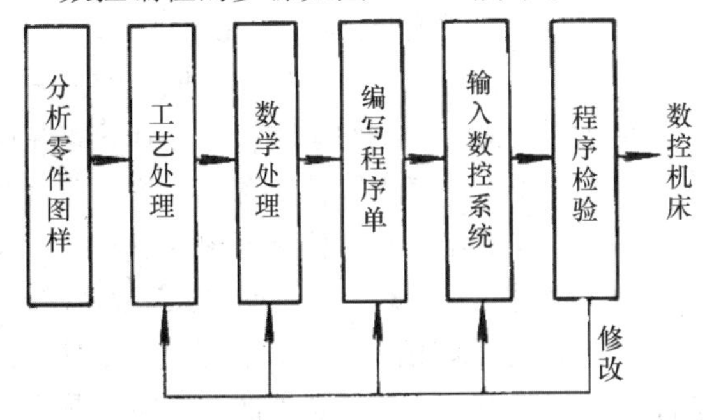

**图 2－55 数控编程步骤**

（1）分析零件图样和工艺处理。这一步骤的内容包括：①对零件图样进行分析以明确加工的内容及要求。②选择加工方案、确定加工顺序、走刀路线、选择合适的数控机床、设计夹具、选择刀具、确定合理的切削用量等。工艺处理涉及的问题很多，编程人员需要注意以下几点：

1）工艺方案及工艺路线。应考虑数控机床使用的合理性及经济性，充分发挥数控机床的功能；尽量缩短加工路线，减少空行程时间和换刀次数，以提高生产率；尽量使数值计算方便，程序段少，以减少编程工作量；合理选取起刀点、切入点和切入方式，保证切入过程平稳，没有冲击；在连续铣削平面内外轮廓时，应安排好刀具的切入、切出路线。尽量沿轮廓曲线的延长线切入、切出，以免交接处出现刀痕。如图 2－56 所示。

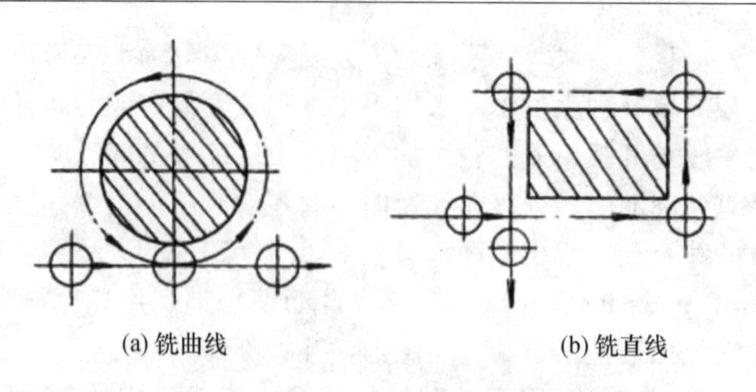

(a) 铣曲线　　(b) 铣直线

图 2－56　刀具的切入切出路线

2）零件安装与夹具选择。尽量选择通用、组合夹具，一次安装中把零件的所有加工面都加工出来，零件的定位基准与设计基准重合，以减少定位误差；应特别注意要迅速完成工件的定位和夹紧过程，以减少辅助时间，必要时可以考虑采用专用夹具。

3）编程原点和编程坐标系。编程坐标系是指在数控编程时，在工件上确定的基准坐标系，其原点也是数控加工的对刀点。要求所选择的编程原点及编程坐标系应使程序编制简单；编程原点应尽量选择在零件的工艺基准或设计基准上，并在加工过程中便于检查的位置；引起的加工误差要小。

4）刀具和切削用量。应根据工件材料的性能，机床的加工能力，加工工序的类型，切削用量以及其他与加工有关的因素来选择刀具。对刀具总的要求是：安装调整方便，刚性好，精度高，使用寿命长等。

切削用量包括主轴转速、进给速度、切削深度等。主轴转速由机床允许的切削速度及工件直径选取。进给速度则按零件加工精度、表面粗糙度要求选取，粗加工取较大值，精加工取较小值。最大进给速度受机床刚度及进给系统性能限制。切削深度由机床、刀具、工件的刚度确定，在刚度允许的条件下，粗加工取较大切削深度，以减少走刀次数，提高生产率；精加工取较小切削深度，以获得表面质量。

（2）数学处理。在完成工艺处理的工作以后，下一步需根据零件的几何形状、尺寸、走刀路线及设定的坐标系，计算粗、精加工各运动轨迹，得到刀位数据。一般的数控系统均具有直线插补与圆弧插补功能。对于点定位的数控机床（如数控冲床）一般不需要计算；加工由圆弧与直线组成的较简单的零件轮廓时，需要计算出零件轮廓线上各几何元素的起点、终点，圆弧的圆心坐标，两几何元素的交点或切点的坐标值；当零件图样所标尺寸的坐标系与所编程序的坐标系不一致时，需要进行相应的换算；若数控机床无刀补功能，则应计算刀心轨迹；对于形状比较复杂的非圆曲线（如渐开线、双曲线等）的加工，需要用小直线段或圆弧段逼近，按精度要求计算出其节点坐标值；自由曲线、曲面及组合曲面的数学处理更为复杂，需利用计算机进行辅助设计。

（3）编写零件加工程序单。在加工顺序、工艺参数以及刀位数据确定后，就可按数控系统的指令代码和程序段格式，逐段编写零件加工程序单。编程人员应对数控机床的性能、指令功能、代码书写格式等非常熟悉，才能编写出正确的零件加工程序。对于形状复杂（如空间自由曲线、曲面）、工序很长、计算烦琐的零件采用计算机辅助数控编程。

（4）输入数控系统。程序编写好之后，可通过键盘直接将程序输入数控系统，比较老一些的数控机床需要制作控制介质（穿孔带），再将控制介质上的程序输入数控系统。

（5）程序检验和首件试加工。程序送入数控机床后，还需经过试运行和试加工两步检验后，才能进行正式加工。通过试运行，检验程序语法是否有错，加工轨迹是否正确；通过试加工可以检验其加工工艺及有关切削参数指定得是否合理，加工精度能否满足零件图样要求，加工工效如何，以便进一步改进。

试运行方法对带有刀具轨迹动态模拟显示功能的数控机床，可进行数控模拟加工，检查刀具轨迹是否正确，如果程序存在语法或计算错误，运行中会自动显示编程出错报警，根据报警号内容，编程员可对相应出错程序段进行检查、修改。对无此功能的数控机床可进行空运转检验。

试加工一般采用逐段运行加工的方法进行，即每揿一次自动循环键，系统只执行一段程序，执行完一段停一下，通过一段一段地运行来检查机床的每次动作。不过，这里要注意的是，当执行某些程序段（如螺纹切削时），如果每一段螺纹切削程序中本身不带退刀功能，螺纹刀尖在该段程序结束时会停在工件中，因此，应避免因此损坏刀具等。对于较复杂的零件，也先可采用石蜡、塑料或铝等易切削材料进行试切。

## 任务试题

（1）一条完整的程序由哪几部分组成？

（2）叙述主程序与字程序间的关系。

（3）常用的字符地址有哪些？其含义是什么？

（4）数控程序编制步骤有哪些？

项目三

# 数控编程常用指令

## 任务一 与坐标和坐标系有关的指令

### 任务目标

（1）掌握常用坐标系设定指令的应用。

（2）熟悉工件坐标系选择指令、平面选择指令的应用。

### 基本概念

**一、坐标系设定指令**

格式：G92 X_ Z_

说明：X、Z表示对刀点到工件坐标系原点的有向距离。

当执行G92 Xα Zβ指令后，系统内部即对（α，β）进行记忆，并建立一个使刀具当前点坐标值为（α，β）的坐标系，系统控制刀具在此坐标系中按程序进行加工。执行该指令只建立一个坐标系，刀具并不产生运动。G92指令为非模态指令，执行该指令时，若刀具当前点恰好在工件坐标系的α和β坐标值上，即刀具当前点在对刀点位置上，此时建立的坐标系即为工件坐标系，加工原点与程序原点重合。若刀具当前点不在工件坐标系的α和β坐标值上，则加工原点与程序原点不一致，加工出的产品就有误差或报废，甚至出现危险。因此执行该指令时，刀具当前点必须恰好在对刀点上即工件坐标系的α和β坐标值上。

由上可知，要正确加工，加工原点与程序原点必须一致，故编程时加工原点与程序原点考虑为同一点。实际操作时怎样使两点一致，由操作时对刀完成。

例1：如图3-1所示坐标系的设定，当以工件左端面为工件原点时，应按下行建立工件坐标系。

G92 X 180 Z254；

当以工件右端面为工件原点时，应按下行建立工件坐标系。

G92 X 180 Z44；

显然，当 α、β 不同或改变刀具位置时，即刀具当前点不在对刀点位置上，则加工原点与程序原点不一致。因此，在执行程序段 G92 Xα Zβ 前，必须先对刀。X、Z 值的确定，即确定对刀点在工件坐标系下的坐标值。其选择的原则一般为：

（1）方便数学计算和简化编程。

（2）容易找正对刀。

（3）便于加工检查。

（4）引起的加工误差小。

（5）不要与机床、工件发生碰撞。

（6）方便拆卸工件。

（7）空行程不要太长。

**图 3－1　G92 设立坐标系**

## 二、工件坐标系的选取指令

格式：$\left\{\begin{array}{l}\left(\begin{array}{l}G54\\G55\end{array}\right)\\(G56)\\\left(\begin{array}{l}G57\\G58\end{array}\right)\\(G59)\end{array}\right\}$

说明：G54～G59 是系统预定的 6 个坐标系（见图 3－2），可根据需要任意选用。加工时其坐标系的原点，必须设为工件坐标系的原点在机床坐标系中的坐标值，否则加工出的产品就有误差或报废，甚至出现危险。

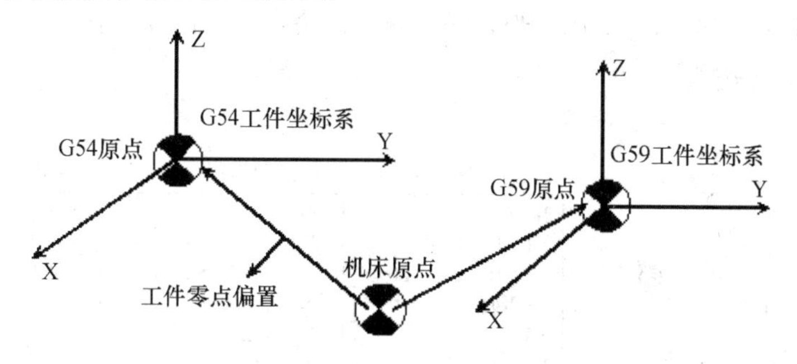


**图 3－2　工件坐标系选择（G54～G59）**

这 6 个预定工件坐标系的原点在机床坐标系中的值（工件零点偏置值）可用 MDI 方式输入，系统自动记忆。

工件坐标系一旦选定，后续程序段中绝对值编程时的指令值均为相对此工件坐标系原点的值。G54～G59 为模态功能，可相互注销，G54 为缺省值。

例 2：如图 3－3 所示，使用工件坐标系编程：要求刀具从当前点移动到 A 点，再从 A 点移动到 B 点。

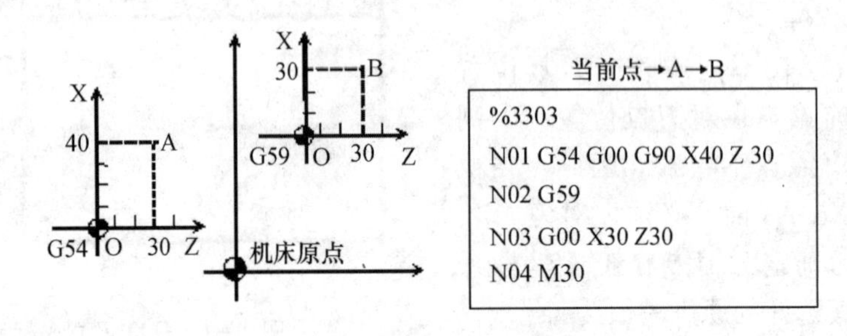


**图 3－3　使用工件坐标系编程**

注意：

（1）使用该组指令前，先用 MDI 方式输入各坐标系的坐标原点在机床坐标系中的坐标值。

（2）使用该组指令前，必须先回参考点。

## 三、绝对坐标和相对坐标指令

格式：G90<br>G91

说明：G90 为绝对值编程，每个编程坐标轴上的编程值是相对于程序原点的。

G91 为相对值编程，每个编程坐标轴上的编程值是相对于前一位置而言的，该值等于沿轴移动的距离。

绝对编程时，用 G90 指令后面的 X、Z 表示 X 轴、Z 轴的坐标值。

增量编程时，用 U、W 或 G91 指令后面的 X、Z 表示 X 轴、Z 轴的增量值。

其中表示增量的字符 U、W 不能用于循环指令 G80、G81、G82、G71、G72、G73、G76 程序段中，但可用于定义精加工轮廓的程序中。

G90、G91 为模态功能，可相互注销，G90 为缺省值。

例 3：如图 3－4 所示，使用 G90、G91 编程：要求刀具由原点按顺序移动到 1、2、3 点，然后回到原点。

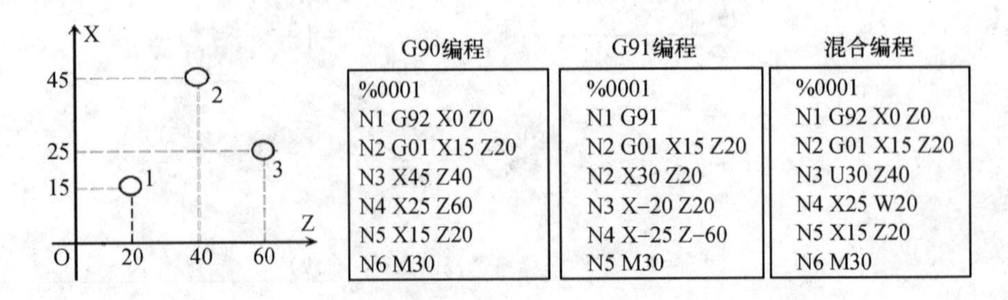


**图 3－4　G90/G91 编程**

选择合适的编程方式可使编程简化。当图纸尺寸由一个固定基准给定时，采用绝对方式编程较为方便；而当图纸尺寸是以轮廓顶点之间的间距给出时，采用相对方式编程较为方便。

G90、G91 可用于同一程序段中，但要注意其顺序所造成的差异。

## 四、平面选择指令

G17、G18、G19 指令功能为指定坐标平面，都是模态指令，相互之间可以注销。

G17、G18、G19 分别指定空间坐标系中的 XY 平面、ZX 平面和 YZ 平面，作用是让机床在指定坐标平面上进行插补加工和加工补偿。

对于三坐标数控铣床和铣镗加工中心，开机后数控装置自动将机床设置成 G17 状态，如果在 XY 坐标平面内进行轮廓加工，就不需要由程序设定 G17。同样，数控车床总是在 XZ 坐标平面内运动，在程序中也不需要用 G18 指令指定。要说明的是，移动指令和平面选择指令无关，例如选择了 XY 平面之后，Z 轴仍然可以移动。

### 任务试题

（1）叙述绝对编程与相对编程的区别及特点。

（2）叙述直径编程与半径编程的区别及特点。

（3）G92 与 G54、G55、G56、G57、G58、G59 的区别是什么？各指令格式是什么？

（4）数控铣平面选择指令有哪些？与数控车的区别是什么？

# 任务二　运动路径控制指令

## 任务目标

(1) 掌握直线插补指令应用。

(2) 熟悉暂停指令、返回参考点指令的应用。

(3) 熟悉单位设定指令及快速定位指令的应用。

## 基本概念

### 一、单位设定指令

1. 尺寸单位的选择（G20、G21）

格式：G20

G21

说明：G20 为英制输入制式；G21 为公制输入制式。

两种制式下线性轴、旋转轴的尺寸单位如表 3－1 所示。

表 3－1　尺寸输入制式及其单位

| | 线性轴 | 旋转轴 |
|---|---|---|
| 英制（G20） | 英寸 | 度 |
| 公制（G21） | 毫米 | 度 |

G20、G21 为模态功能，可相互注销，G21 为缺省值。

2. 进给速度单位的设定（G94、G95）

格式：G94 [F_ ]

G95 [F_ ]

说明：G94 为每分钟进给。对于线性轴，F 的单位依 G20/G21 的设定而为 mm/min 或 in/min；对于旋转轴，F 的单位为度/min。

G95 为每转进给，即主轴转一周时刀具的进给量。F 的单位依 G20/G21 的设定而为 mm/r 或 in/r。这个功能只在主轴装有编码器时才能使用。

G94、G95 为模态功能，可相互注销，G94 为缺省值。

3. 半径和直径编程

格式：G36
　　　G37

说明：G36 为直径编程；G37 为半径编程。

数控车床的工件外形通常是旋转体，其 X 轴尺寸可以用两种方式加以指定：直径方式和半径方式。G36 为缺省值，机床出厂一般设为直径编程。

例 4：按同样的轨迹分别用直径、半径编程，加工如图 3－5 所示工件。

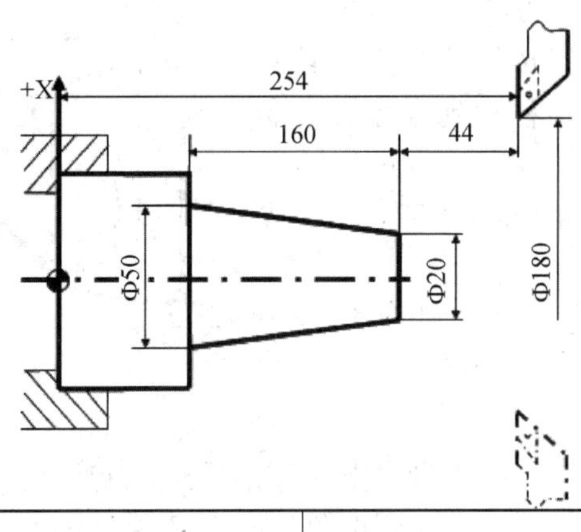


| 一、直径编程 | 二、半径编程 |
|---|---|
| %3341 | %3342 |
| N1 G92 X180 Z254 | N1 G92 X90 Z254 |
| N2 G36 G01 X20 W－44 | N2 G37 G01 X10 W－44 |
| N3 U30 Z50 | N3 U15 Z50 |
| N4 G00 X180 Z254 | N4 G00 X90 Z254 |
| N5 M30 | N5 M30 |

**图 3－5　直径/半径编程**

## 二、快速定位指令

格式：G00　X（U）_ Z（W）_

说明：X、Z 为绝对编程时，快速定位终点在工件坐标系中的坐标。

U、W 为增量编程时，快速定位终点相对于起点的位移量。

G00 指令刀具相对于工件以各轴预先设定的速度，从当前位置快速移动到程序段指令的定位目标点。

G00 指令中的快移速度由机床参数“快移进给速度”对各轴分别设定，不能用 F 规定。

G00 一般用于加工前快速定位或加工后快速退刀。

快移速度可由面板上的快速修调按钮修正。

G00 为模态功能，可由 G01、G02、G03 或 G32 功能注销。

注意：在执行 G00 指令时，由于各轴以各自速度移动，不能保证各轴同时到达终点，因而联动直线轴的合成轨迹不一定是直线。操作者必须格外小心，以免刀具与工件发生碰撞。常见的做法是，将 X 轴移动到安全位置，再放心地执行 G00 指令。

## 三、直线插补指令

直线插补：

格式：G01 X（U）_ Z（W）_ F_

说明：X、Z 为绝对编程时终点在工件坐标系中的坐标。

U、W 为增量编程时终点相对于起点的位移量。

F_ 为合成进给速度。

G01 指令刀具以联动的方式，按 F 规定的合成进给速度，从当前位置按线性路线（联动直线轴的合成轨迹为直线）移动到程序段指令的终点。

G01 是模态代码，可由 G00、G02、G03 或 G32 功能注销。

例 5：如图 3－6 所示，用直线插补指令编程。

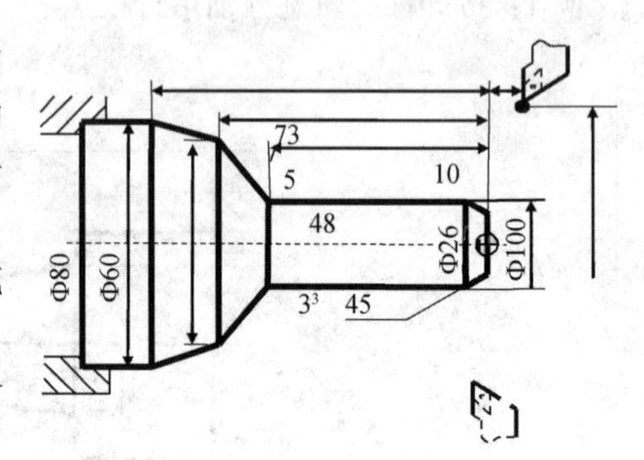


图 3－6　G01 编程实例

```
%3305
N1 G92 X100 Z10        （设立坐标系,定义对刀点的位置）
N2 G00 X16 Z2 M03      （移到倒角延长线,Z 轴 2mm 处）
N3 G01 U10 W－5 F300   （倒 3×45°角）
N4 Z－48               （加工 Φ26 外圆）
N5 U34 W－10           （切第一段锥）
N6 U20 Z－73           （切第二段锥）
N7 X90                 （退刀）
N8 G00 X100 Z10        （回对刀点）
N9 M05                 （主轴停）
N10 M30                （主程序结束并复位）
```

## 四、圆弧进给指令

格式：$\begin{Bmatrix} G02 \\ G03 \end{Bmatrix}$X（U）_ Z（W）_ $\begin{Bmatrix} I_ \ K_ \\ R_ \end{Bmatrix}$F_

说明：G02/G03 指令刀具，按顺时针/逆时针进行圆弧加工。

圆弧插补 G02/G03 的判断，是在加工平面内，根据其插补时的旋转方向为顺时针/逆时针来区分的。加工平面为观察者迎着 Y 轴的指向所面对的平面。如图 3－7 所示。

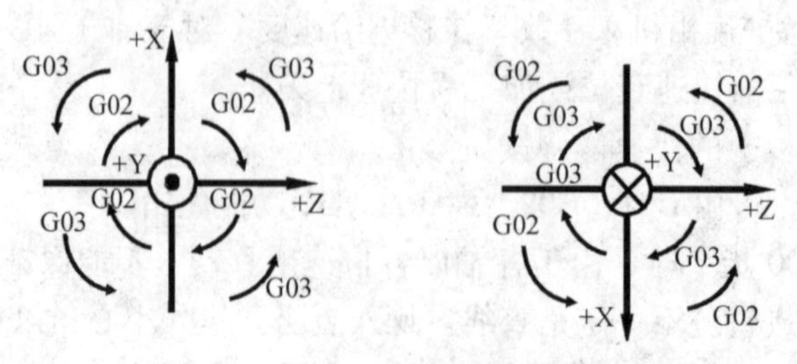


图 3－7　G02/G03 插补方向

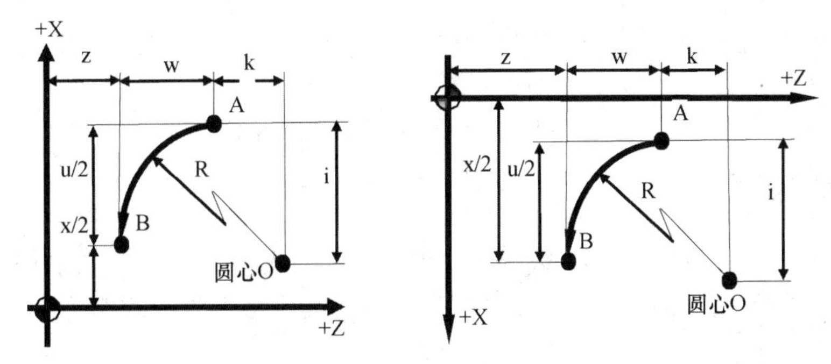


**图 3-8　G02/G03 参数说明**

G02：顺时针圆弧插补；

G03：逆时针圆弧插补；

X、Z：为绝对编程时，圆弧终点在工件坐标系中的坐标；

U、W：为增量编程时，圆弧终点相对于圆弧起点的位移量；

I、K：圆心相对于圆弧起点的增加量（等于圆心的坐标减去圆弧起点的坐标，如图 3-8所示），在绝对、增量编程时都是以增量方式指定，在直径、半径编程时 I 都是半径值；

R：圆弧半径；

F：被编程的两个轴的合成进给速度。

注意：

（1）顺时针或逆时针是从垂直于圆弧所在平面的坐标轴的正方向看到的回转方向。

（2）同时编入 R 与 I、K 时，R 有效。

例 6：如图 3-9 所示，用圆弧插补指令编程。

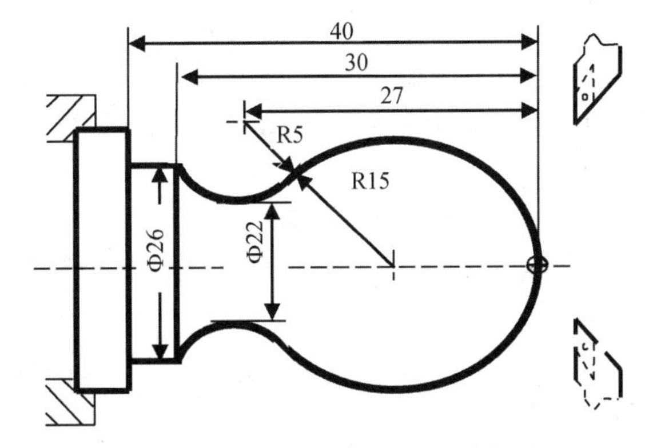


**图 3-9　G02/G03 编程实例**

%3308

| | |
|---|---|
| N1 G92 X40 Z5 | （设立坐标系，定义对刀点的位置） |
| N2 M03 S400 | （主轴以 400r/min 旋转） |
| N3 G00 X0 | （到达工件中心） |
| N4 G01 Z0 F60 | （工进接触工件毛坯） |
| N5 G03 U24 W-24 R15 | （加工 R15 圆弧段） |
| N6 G02 X26 Z-31 R5 | （加工 R5 圆弧段） |

N7 G01 Z-40　　　　　　（加工 Φ26 外圆）
N8 X40 Z5　　　　　　　（回对刀点）
N9 M30　　　　　　　　（主轴停、主程序结束并复位）

## 五、暂停指令

G04 为暂停指令，该指令的功能是使刀具作短暂的无进给加工（主轴仍然在转动），经过指令的暂停时间后再继续执行下一程序段，以获得平整而光滑的表面。G04 指令为非模态指令。

其程序段格式：G04 X（或 P 或 F 或 S）

N05　G90　G1　F120　Z-50　S300　M03
N10　G04　X2.5;暂停 2.5 秒
N15　Z70
N20　G04　S30;主轴暂停 30 转
N30　G00　X0　Y0;进给率和主轴转速继续有效
N40　……

## 六、返回参考点指令

1. 自动返回参考点（G28）

格式：G28 X_ Z_

说明：X、Z：绝对编程时为中间点在工件坐标系中的坐标。

U、W：增量编程时为中间点相对于起点的位移量。

G28 指令首先使所有的编程轴都快速定位到中间点，然后再从中间点返回到参考点。

一般，G28 指令用于刀具自动更换或者消除机械误差，在执行该指令之前应取消刀尖半径补偿。

在 G28 的程序段中不仅产生坐标轴移动指令，而且记忆了中间点坐标值，以供 G29 使用。

电源接通后，在没有手动返回参考点的状态下，指定 G28 时，从中间点自动返回参考点，与手动返回参考点相同。这时从中间点到参考点的方向就是机床参数“回参考点方向”设定的方向。

G28 指令仅在其被规定的程序段中有效。

2. 自动从参考点返回（G29）

格式：G29 X_ Z_

说明：X、Z：绝对编程时为定位终点在工件坐标系中的坐标。

U、W：增量编程时为定位终点相对于 G28 中间点的位移量。

G29 可使所有编程轴以快速进给经过由 G28 指令定义的中间点，然后再到达指定点。通常该指令紧跟在 G28 指令之后。

G29 指令仅在其被规定的程序段中有效。

例 7：用 G28、G29 对如图 3-10 所示的路径编程：要求由 A 经过中间点 B 并返回参考点，然后从参考点经由中间点 B 返回到 C。

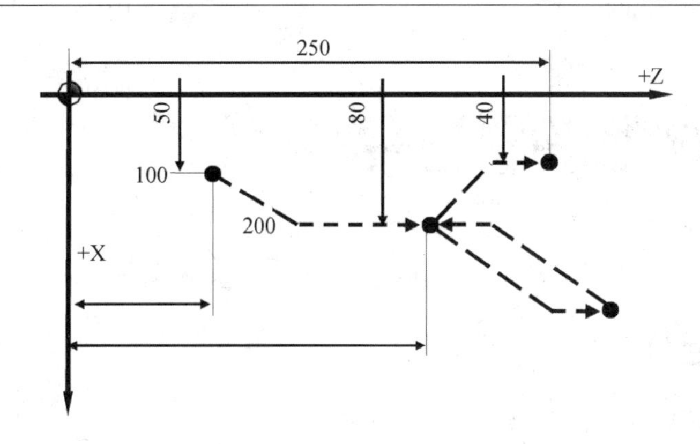


图 3-10　G28/G29 编程实例

```
%3313
N1 G92 X50 Z100        (设立坐标系,定义对刀点 A 的位置)
N2 G28 X80 Z200        (从 A 点到达 B 点再快速移动到参考点)
N3 G29 X40 Z250        (从参考点 R 经中间点 B 到达目标点 C)
N4 G00 X50 Z100        (回对刀点)
N5 M30                 (主轴停、主程序结束并复位)
```

## 任务试题

(1) 叙述直线插补指令与快速定位指令的区别及其格式。

(2) 常用单位设定指令有哪些? 其特点是什么?

(3) 叙述圆弧插补指令的特点及格式。

# 任务三 辅助功能及其他功能指令

## 任务目标

（1）掌握常用M、F、S、T指令应用。

（2）熟悉M、F、S、T指令在编程加工过程中的作用。

（3）了解模态与非模态指令的关系与区别。

## 基本概念

### 一、辅助功能M指令

辅助功能由地址字M和其后的一位或两位数字组成，主要用于控制零件程序的走向，以及机床各种辅助功能的开关动作。M功能有非模态M功能和模态M功能两种形式。

（1）非模态M功能（当段有效代码）：只在书写了该代码的程序段中有效。

（2）模态M功能（续效代码）：一组可相互注销的M功能，这些功能在被同一组的另一个功能注销前一直有效。

模态M功能组中包含一个缺省功能（见表3－2），系统上电时将被初始化为该功能。另外，M功能还可分为前作用M功能和后作用M功能两类。

（1）前作用M功能：在程序段编制的轴运动之前执行。

（2）后作用M功能：在程序段编制的轴运动之后执行。

华中世纪星HNC－21T数控装置M指令功能如表3－2所示（▶为缺省值）。

表3－2　M代码及功能

| 代码 | 模态 | 功能说明 | 代码 | 模态 | 功能说明 |
| --- | --- | --- | --- | --- | --- |
| M00 | 非模态 | 程序停止 | M08 | 模态 | 切削液打开 |
| M02 | 非模态 | 程序结束 | M09 | 模态 | ▶切削液停止 |
| M03 | 模态 | 主轴正转起动 | M30 | 非模态 | 程序结束并返回程序起点 |
| M04 | 模态 | 主轴反转起动 | | | |
| M05 | 模态 | ▶主轴停止转动 | M98 | 非模态 | 调用子程序 |
| M07 | 模态 | 切削液打开 | M99 | 非模态 | 子程序结束 |

其中：

（1）M00、M02、M30、M98、M99 用于控制零件程序的走向，是 CNC 内定的辅助功能，不由机床制造商设计决定，也就是说，与 PLC 程序无关。

（2）其余 M 代码用于机床各种辅助功能的开关动作，其功能不由 CNC 内定，而是由 PLC 程序指定，所以有可能因机床制造厂不同而有差异（表内为标准 PLC 指定的功能），请使用者参考机床说明书。

## 二、CNC 内定的辅助功能

1. 程序暂停 M00

当 CNC 执行到 M00 指令时，将暂停执行当前程序，以方便操作者进行刀具和工件的尺寸测量、工件调头、手动变速等操作。

暂停时，机床的进给停止，而全部现存的模态信息保持不变，欲继续执行后续程序，重按操作面板上的“循环启动”键。

M00 为非模态后作用 M 功能。

2. 程序结束 M02

M02 一般放在主程序的最后一个程序段中。

当 CNC 执行到 M02 指令时，机床的主轴、进给、冷却液全部停止，加工结束。使用 M02 的程序结束后，若要重新执行该程序，就得重新调用该程序，或在自动加工子菜单下按子菜单 F4 键（请参考 HNC－21T 操作说明书），然后再按操作面板上的“循环启动”键。

M02 为非模态后作用 M 功能。

3. 程序结束并返回到零件程序头 M30

M30 和 M02 功能基本相同，只是 M30 指令还兼有控制返回到零件程序头（%）的作用。

使用 M30 的程序结束后，若要重新执行该程序，只需再次按操作面板上的“循环启动”键。

4. 子程序调用 M98 及从子程序返回

M99、M98 用来调用子程序。

M99 表示子程序结束，执行 M99 使控制返回到主程序。

（1）子程序的格式。

% ****

……

M99

在子程序开头，必须规定子程序号，以作为调用入口地址。在子程序的结尾用 M99，以控制执行完该子程序后返回主程序。

（2）调用子程序的格式。

M98　P_ L_

P：被调用的子程序号；L：重复调用次数。

注意：可以带参数调用子程序，G65 指令的功能和参数与 M98 相同。

例8：如图3－11所示综合应用。

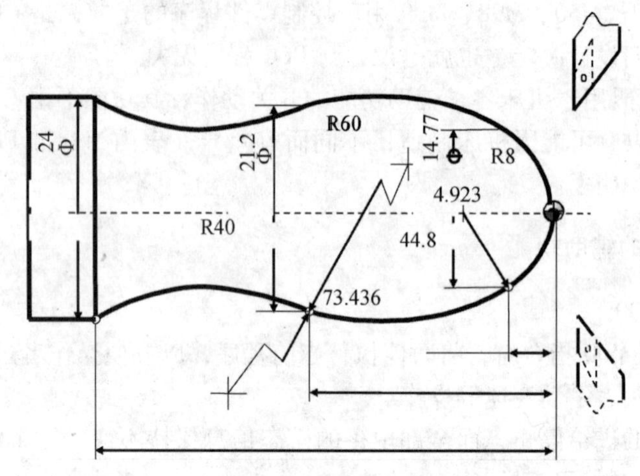


图3－11　综合应用

| | |
|---|---|
| %3110 | （主程序程序名） |
| N1 G92 X16 Z1 | （设立坐标系,定义对刀点的位置） |
| N2 G37G00 Z0 M03 | （移到子程序起点处、主轴正转） |
| N3 M98 P0003 L6 | （调用子程序,并循环6次） |
| N4 G00 X16 Z1 | （返回对刀点） |
| N5 G36 | （取消半径编程） |
| N6 M05 | （主轴停） |
| N7 M30 | （主程序结束并复位） |
| %0003 | （子程序名） |
| N1 G01 U－12 F100 | （进刀到切削起点处,注意留下后面切削的余量） |
| N2 G03 U7.385 W－4.923 R8 | （加工R8圆弧段） |
| N3 U3.215 W－39.877 R60 | （加工R60圆弧段） |
| N4 G02 U1.4 W－28.636 R40 | （加工切R40圆弧段） |
| N5 G00 U4 | （离开已加工表面） |
| N6 W73.436 | （回到循环起点Z轴处） |
| N7 G01 U－4.8 F100 | （调整每次循环的切削量） |
| N8 M99 | （子程序结束,并回到主程序） |

### 三、PLC指定的辅助功能

1. 主轴控制指令（M03、M04、M05）

M03启动主轴以程序中编制的主轴速度顺时针方向（从Z轴正向朝Z轴负向看）旋转。

M04启动主轴以程序中编制的主轴速度逆时针方向旋转。M05使主轴停止旋转。

M03、M04为模态前作用M功能；M05为模态后作用M功能，M05为缺省功能。M03、M04、M05可相互注销。

2. 冷却液打开、停止指令（M07、M08、M09）

M07、M08指令将打开冷却液管道。M09指令将关闭冷却液管道。

M07、M08 为模态前作用 M 功能；M09 为模态后作用 M 功能，M09 为缺省功能。

## 四、主轴功能 S

主轴功能 S 控制主轴转速，其后的数值表示主轴速度，单位为转/分钟（r/min）。如 S300：主轴以 300r/min 旋转。

恒线速度功能时 S 指定切削线速度，其后的数值单位为米/分钟（m/min）（G96 恒线速度有效、G97 取消恒线速度）。

S 是模态指令，S 功能只有在主轴速度可调节时有效。S 所编程的主轴转速可以借助机床控制面板上的主轴倍率开关进行修调。

## 五、进给速度 F

F 指令表示工件被加工时刀具相对于工件的合成进给速度，F 的单位取决于 G94（每分钟进给量 mm/min）或 G95（主轴每转一转刀具的进给量 mm/r）。使用下式可以实现每转进给量与每分钟进给量的转化：fm = fr × S。

其中，fm 为每分钟的进给量（mm/min）；fr 为每转进给量（mm/r）；S 为主轴转数（r/min）。

当工作在 G01、G02 或 G03 方式下，编程的 F 一直有效，直到被新的 F 值所取代，而工作在 G00 方式下，快速定位的速度是各轴的最高速度，与所编 F 无关。借助机床控制面板上的倍率按键，F 可在一定范围内进行倍率修调。当执行攻丝循环 G76、G82，螺纹切削 G32 时，倍率开关失效，进给倍率固定在 100%。

注意：（1）当使用每转进给量方式时，必须在主轴上安装一个位置编码器。

（2）直径编程时，X 轴方向的进给速度为：半径的变化量/分、半径的变化量/转。

## 六、刀具功能（T 机能）

T 代码用于选刀，其后的 4 位数字分别表示选择的刀具号和刀具补偿号。T 代码与刀具的关系是由机床制造厂规定的，请参考机床厂家的说明书。执行 T 指令，转动转塔刀架，选用指定的刀具。

例如，T0102，其中 01 表示刀具号，02 表示刀具补偿号。

同一把刀可以对应多个刀具补偿，比如说 T0101、T0102、T0103。也可以多把刀对应一个刀具补偿，比如说 T0101、T0201、T0301。对于初学者为了避免出错，一般选择和刀具号相同的刀具补偿号，即 1 号刀就调用 1 号刀补，2 号刀就调用 2 号刀补。例如，T0101、T0202、T0303、T0404。

当一个程序段同时包含 T 代码与刀具移动指令时，先执行 T 代码指令，而后执行刀具移动指令。

T 指令同时调入刀补寄存器中的补偿值。

## 七、综合练习

1. M 功能应用

将表 3－3 中的程序在机床上运行，观察每个指令执行时机床的运转状态。在程序执行到 M00 指令时机床会停止，如果要继续向下执行程序需要再按一次“循环启动”键。

表 3-3 M 功能应用

| 顺序号 | 程序 | 功能程序 |
|---|---|---|
| | %1 | 程序名 |
| N01 | M41 | 主轴转速切换到高挡 |
| N02 | M03 S700 | 主轴正转转速 700（转速单位为 r/min） |
| N03 | M00 | 程序暂时停止 |
| N04 | M05 | 主轴停 |
| N05 | M04 S400 | 主轴反转转速 400 |
| N06 | M00 | 程序暂时停止 |
| N07 | M05 | 主轴停 |
| N08 | M42 | 主轴转速切换到低挡 |
| N09 | M03 S150 | 主轴正转转速 150 |
| N10 | M00 | 程序暂时停止 |
| N11 | M05 | 主轴停 |
| N12 | M41 | 主轴转速切换到高挡 |
| N13 | M30 | 程序结束并返回程序起点 |

2. S、F、T 功能应用

编制如图 3-12 所示零件的加工程序：要求循环起始点在 A（80，1），切削深度为 1.2mm。退刀量为 1mm，X 方向精加工余量为 0.2mm，Z 方向精加工余量为 0.5mm，其中点划线部分为工件毛坯。

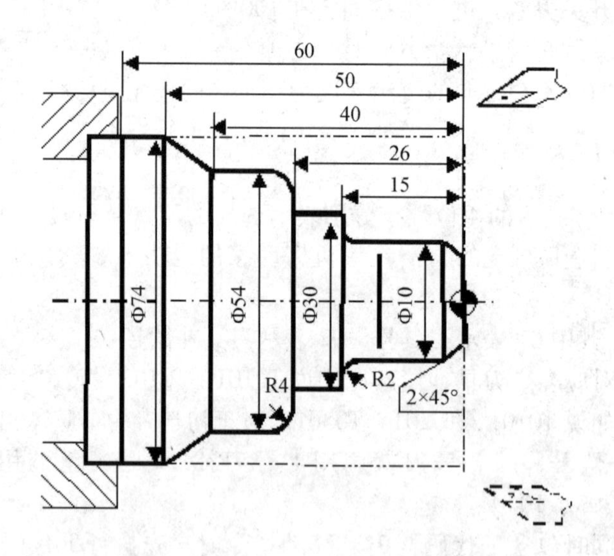


图 3-12 G72 外径粗切复合循环编程实例

%3332
N1 T0101　　（换一号刀，确定其坐标系）
N2 G00 X100 Z80　　（到程序起点或换刀点位置）
N3 M03 S400　　（主轴以 400r/min 正转）
N4 X80 Z1　　（到循环起点位置）
N5 G72 W1.2 R1 P8 Q17 X0.2 Z0.5 F100　　（外端面粗切循环加工）

| | |
|---|---|
| N6 G00 X100 Z80 | (粗加工后,到换刀点位置) |
| N7 G42 X80 Z1 | (加入刀尖圆弧半径补偿) |
| N8 G00 Z－56 | (精加工轮廓开始,到锥面延长线处) |
| N9 G01 X54 Z－40 F80 | (精加工锥面) |
| N10 Z－30 | (精加工 Φ54 外圆) |
| N11 G02 U－8 W4 R4 | (精加工 R4 圆弧) |
| N12 G01 X30 | (精加工 Z26 处端面) |
| N13 Z－15 | (精加工 Φ30 外圆) |
| N14 U－16 | (精加工 Z15 处端面) |
| N15 G03 U－4 W2 R2 | (精加工 R2 圆弧) |
| N16 Z－2 | (精加工 Φ10 外圆) |
| N17 U－6 W3 | (精加工倒 2×45°角,精加工轮廓结束) |
| N18 G00 X50 | (退出已加工表面) |
| N19 G40 X100 Z80 | (取消半径补偿,返回程序起点位置) |
| N20 M30 | (主轴停、主程序结束并复位) |

## 任务试题

(1) 叙述模态与非模态指令的区别及其特点。

(2) M98、M99 指令的功能是什么？其特点和格式是什么？

(3) 常用的 M 辅助功能指令有哪些？

(4) 写出 F100、S500、T0202 指令的含义。

(5) 举例说明 F、S、T 功能的应用。

项目四

# 数控车床编程与加工操作

## 任务一　数控车床加工概述

### 任务目标

（1）熟悉数控车削加工的对象及其结构。

（2）熟悉数控车床加工的特点。

### 基本概念

#### 一、数控车削加工的对象

1. 要求高的回转体零件

（1）精度要求高的零件。由于数控车床的刚性好，制造和对刀精度高，以及能方便和精确地进行人工补偿甚至自动补偿，所以它能够加工尺寸精度要求高的零件。一般来说，车削7级尺寸精度的零件应该没什么困难。在有些场合可以以车代磨。此外由于数控车削时刀具运动是通过高精度插补运算和伺服驱动来实现的，再加上机床的刚性好和制造精度高，所以它能加工对母线直线度、圆度、圆柱度要求高的零件。对圆弧以及其他曲线轮廓的形状，加工出的形状与图纸上的目标几何形状的接近程度比仿形车床要好得多。车削曲线母线形状的零件常采用数控线切割加工并稍加修磨的样板来检查。数控车削出来的零件形状精度，不会比这种样板本身的形状精度差。数控车削对提高位置精度特别有效。不少位置精度要求高的零件用传统的车床车削达不到要求，只能用磨削或其他方法弥补。车削零件位置精度的高低主要取决于零件的装夹次数和机床的制造精度。在数控车床上加工如果发现位置精度较高，可以用修改程序内数据的方法来校正，这样可以提高其位置精度。而在传统车床上加工是无法做这种校正的。

（2）表面粗糙度好的回转体。数控车床能加工出表面粗糙度小的零件，不但是因为机床的刚性和制造精度高，还由于它具有恒线速度切削功能。在材质、精车留量和刀具已定的情况下，表面粗糙度取决于进刀量和切削速度。在传统的车床上车削端面时，由于转速在切削过程中恒定，理论上只有某一直径处的粗糙度最小。实际上也可发现端面内的粗糙度不一致。使用数控车床的恒线速度切削功能，就可选用最佳线速度来切削端面，这样切出的粗糙度既小又一致。数控车床还适用于车削各部位表面粗糙度要求不同的零件。粗糙度小的部位可以用减小走刀量的方法来达到，而这在传统车床上是做不到的。

（3）超精密、超低表面粗糙度的零件。磁盘、录像机磁头、激光打印机的多面反射体、复印机的回转鼓、照相机等光学设备的透镜及其模具，以及隐形眼镜等要求超高的轮廓精度和超低的表面粗糙度，它们适用于在高精度、高功能的数控车床上加工，以往很难加工的塑料散光用的透镜，现在也可以用数控车床来加工。超精加工的轮廓精度可达0.1μm，表面的粗糙度可达0.02μm，超精加工所用数控系统的最小设定单位应达到0.01μm。超精车削零件的材质以前主要是金属，现已扩大到塑料和陶瓷。

2. 表面形状复杂的回转体零件

由于数控车床具有直线和圆弧插补功能，部分车床数控装置还有某些非圆曲线插补功能，所以可以车削由任意直线和平面曲线组成的形状复杂的回转体零件和难以控制尺寸的零件，如具有封闭内成型面的壳体零件。如图4－1所示壳体零件封闭内腔的成型面，“口小肚大”，在普通车床上是无法加工的，而在数控车床上则很容易加工出来。

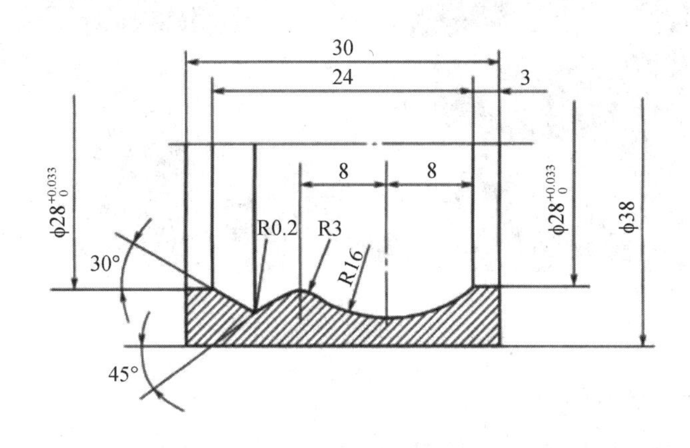


**图4－1　成型内腔壳体零件示例**

组成零件轮廓的曲线可以是数学方程式描述的曲线，也可以是列表曲线。对于由直线或圆弧组成的轮廓，直接利用机床的直线或圆弧插补功能。对于由非圆曲线组成的轮廓，可以用非圆曲线插补功能；若所选机床没有曲线插补功能，则应先用直线或圆弧去逼近，然后再用直线或圆弧插补功能进行插补切削。如果说车削圆弧零件和圆锥零件既可选用传统车床也可选用数控车床，那么车削复杂形状回转体零件就只能使用数控车床了。

3. 带横向加工的回转体零件

带有键槽或径向孔，或端面有分布的孔系以及有曲面的盘套或轴类零件，如带法兰的轴套、带有键槽或方头的轴类零件等，这类零件宜选车削加工中心加工。当然端面有分布的孔系、曲面的盘类零件也可选择立式加工中心加工，有径向孔的盘套或轴类零件也常选择卧式加工中心加工。这类零件如果采用普通机床加工，工序分散，工序数目多。采用加工中心加工后，由于有自动换刀系统，使得一次装夹可完成普通机床的多个工序的加工，减少了装夹次数，实现了工序集中的原则，保证了加工质量的稳定性，提高了生产率，降低了生产成本。

4. 带一些特殊类型螺纹的零件

传统车床所能切削的螺纹相当有限，它只能车等节距的直、锥面公、英制螺纹，而且一台车床只限定加工若干种节距。数控车床不但能车任何等节距的直、锥和端面螺纹，而且能车增节距、减节距，以及要求等节距、变节距之间平滑过渡的螺纹和变径螺纹。数控车床车削螺纹时主轴转向不必像传统车床那样交替变换，它可以一刀又一刀不停地循环，直到完成，所以它车削螺纹的效率很高。数控车床可以配备精密螺纹切削功能，再加上采用机夹硬质合金螺纹车刀，以及可以使用较高的转速，所以车削出来的螺纹精度较高、表面粗糙度小。可以说，包括丝杠在内的螺纹零件很适用于在数控车床上加工。数控车削加工的零件如图 4－2 所示。

**图 4－2　数控车削加工的零件**

## 二、数控车床编程特点

随着科学技术的飞速发展，社会对机械产品的结构、性能、精度、效率和品种的要求越来越高，单件与中小批量产品的比重越来越大。传统的通用、专用机床和工艺装备已经不能很好地适应高质量、高效率、多样化加工的要求。而数控机床作为电子信息技术和传统机械加工技术相结合的产物，集现代精密机械、计算机、通信、液压气动、光电等多学科技术于一体，有效地解决了复杂、精密、小批多变的零件加工问题，能满足高质量、高效益和多品种、小批量的柔性生产方式的要求，适应各种机械产品迅速更新换代的需要，代表着当今机械加工技术的趋势与潮流。其中数控车床由于具有高效率、高精度和高柔性的特点，在机械制造业中得到日益广泛的应用，成为目前应用最广泛的数控机床之一。但是，要充分发挥数控车床的作用，关键是编程，即根据不同的零件的特点和精度要求，编制合理、高效的加工程序。常用的数控编程方法有手工编程和自动编程两种。手工编程是指从零件图样分析工艺处理、数据计算、编写程序单、输入程序到程序校验等各步骤主要由人工完成的编程过程。它适用于点位加工或几何形状不太复杂的零件的加工，以及计算较简单，程序段不多，编程易于实现的场合等。对于几何形状复杂的零件，以及几何元素不复杂但需编制程序量很大的零件，用手工编程难以完成，因此要采用自动编程。

1. 正确选择程序原点

在数控车削编程时，首先要选择工件上的一点作为数控程序原点，并以此为原点建立一个工件坐标系。工件坐标系的合理确定，对数控编程及加工时的工件找正都很重要。程序原点的选择要尽量满足程序编制简单，尺寸换算少，引起的加工误差小等条件。为了提高零件加工精度，方便计算和编程，我们通常将程序原点设定在工件轴线与工件前端面、后端面、卡爪前端面的交点上，尽量使编程基准与设计、装配基准重合。

2. 合理选择进给路线

进给路线是刀具在整个加工工序中的运动轨迹，即刀具从对刀点开始进给运动起，直到结束加工程序后退刀返回该点及所经过的路径，是编写程序的重要依据之一。合理地选择进给路线对于数控加工是很重要的。应考虑以下几个方面：

（1）尽量缩短进给路线，减少空走刀行程，提高生产效率。

1）巧用起刀点。如在循环加工中，根据工件的实际加工情况，将起刀点与对刀点分离，在确保安全和满足换刀需要的前提条件下，使起刀点尽量靠近工件，减少空走刀行程，缩短进给路线，节省在加工过程中的执行时间。

2）在编制复杂轮廓的加工程序时，通过合理安排“回零”路线，使前一刀的终点与后一刀的起点间的距离尽量短，或者为零，以缩短进给路线，提高生产效率。

3）粗加工或半精加工时，毛坯余量较大，应采用合适的循环加工方式，在兼顾被加工零件的刚性及加工工艺性等要求下，采取最短的切削进给路线，减少空行程时间，提高生产效率，降低刀具磨损。

（2）保证加工零件的精度和表面粗糙度的要求。

1）合理选取起刀点、切入点和切入方式，保证切入过程平稳，没有冲击。为保证工件轮廓表面加工后的粗糙度要求，精加工时，最终轮廓应安排在最后一次走刀连续加工出来。认真考虑刀具的切入和切出路线，尽量减少在轮廓处停刀，以避免切削力突然变化造成弹性变形而留下刀痕。一般应沿着零件表面的切向切入和切出，尽量避免沿工件轮廓垂直方向进退刀而划伤工件。

2）选择工件在加工后变形较小的路线。对细长零件或薄板零件，应采用分几次走刀加工到最后尺寸，或采取对称去余量法安排进给路线。在确定轴向移动尺寸时，应考虑刀具的引入长度和超越长度。

3）对特殊零件采用“先精后粗”的加工工序。在某些特殊情况下，加工工序不按“先近后远”、“先粗后精”原则考虑，而作“先精后粗”的特殊处理，反而能更好地保证工件的尺寸公差要求。

（3）保证加工过程的安全性。要避免刀具与非加工面的干涉，并避免刀具与工件相撞。如工件中遇槽需要加工，在编程时要注意进退刀点应与槽方向垂直，进刀速度不能用“G0”速度。“G0”指令在退刀时尽量避免“X、Z”同时移动使用。

（4）有利于简化数值计算，减少程序段数目和编制程序工作量。在实际的生产操作中，经常会碰到某一固定的加工操作重复出现，可以把这部分操作编写成子程序，事先存入存储器中，根据需要随时调用，使程序编写变得简单、快捷。对那些图形一样、尺寸不同或工艺路径一样，只是位置数据不同的系列零件的编程，可以采用宏指令编程，减少乃至免除编程时进行烦琐的数值计算，精简程序量。

3. 准确掌握各种循环切削指令的加工特点及其对工件加工精度所产生的影响，并进行合理选用

在 FANUC0 - TD 数控系统中，数控车床有十多种切削循环加工指令，每一种指令都有各自的加工特点，工件加工后的加工精度也有所不同，各自的编程方法也不同，在选择的时候要仔细分析，合理选用，争取加工出精度高的零件。如螺纹切削循环加工就有两种加工指令：G92 直进式切削和 G76 斜进式切削。由于切削刀具进刀方式的不同，使这两种加工方法有所区别，各自的编程方法也不同，造成加工误差也不同，工件加工后螺纹段的加工精度也有所不同。G92 螺纹切削循环采用直进式进刀方式进行螺纹切削。螺纹中径误差较大。但牙形精度较高，一般多用于小螺距高精度螺纹的加工。加工程序较长，在加工中要经常测量；G76 螺纹切削循环采用斜进式进刀方式进行螺纹切削。牙形精度较差。但工艺性比较合理，编程效率较高。此加工方法一般适用于大螺距低精度螺纹的加工。在螺纹精度要求不高的情况下，此加工方法更为简捷方便。所以，要掌握各自的加工特点及适用范围，并根据工件的加工特点与工件要求的精度正确、灵活地选用这些切削循环指令。如需加工高精度、大螺距的螺纹，可采用 G92、G76 混用的办法，即先用 G76 进行螺纹粗加工，再用 G92 进行精加工。需要注意的是粗、精加工时的起刀点要相同，以防止产生螺纹乱扣。

4. 灵活使用特殊 G 代码，保证零件的加工质量和精度

（1）返回参考点 G28、G29 指令。参考点是机床上的一个固定点，通过参考点返回功能刀具可以容易地移动到该位置。参考点主要用作自动换刀或设定坐标系，刀具能否准确地返回参考点，是衡量其重复定位精度的重要指标，也是数控加工保证其尺寸一致性的前提条件。实际加工中，巧妙利用返回参考点指令，可以提高产品的精度。对于重复定位精度很高的机床，为了保证主要尺寸的加工精度，在加工主要尺寸之前，刀具可先返回参考点再重新运行到加工位置。这样做的目的实际上是重新校核一下基准，以确定加工的尺寸精度。

（2）延时 G04 指令。延时 G04 指令，其作用是人为地暂时限制运行的加工程序，除了常见的一般使用情况外，在实际数控加工中，延时 G04 指令还可以作一些特殊使用：

1）大批量单件加工时间较短的零件加工中，启动按钮频繁使用，为减轻操作者由于疲劳或频繁按钮带来的误动作，用 G04 指令代替首件后零件的启动。延时时间按完成一件零件的装卸时间设定，在操作人员熟练地掌握数控加工程序后，延时的指令时间可以逐渐缩短，但需保证其一定的安全时间。零件加工程序设计成循环子程序，G04 指令就设计在调用该循环子程序的主程序中，必要时设计选择计划停止 M01 指令作为程序的结束或检查。

2）用丝锥攻中心螺纹时，需用弹性筒夹头攻牙，以保证丝锥攻至螺纹底部时不会崩断，并在螺纹底部设置 G04 延时指令，使丝锥做非进给切削加工，延时的时间需确保主轴完全停止，主轴完全停止后按原正转速度反转，丝锥按原导程后退。

3）在主轴转速有较大的变化时，可设置 G04 指令。目的是使主轴转速稳定后，再进行零件的切削加工，以提高零件的表面质量。

（3）相对编程 G91 与绝对编程 G90 指令。相对编程是以刀尖所在位置为坐标原点，

刀尖以相对于坐标原点进行位移来编程。就是说，相对编程的坐标原点经常在变换，运行是以现刀尖点为基准控制位移，那么连续位移时必然产生累积误差。绝对编程在加工的全过程中，均有相对统一的基准点，即坐标原点，所以其累积误差较相对编程小。数控车削加工时，工件径向尺寸的精度比轴向尺寸高，所以在编制程序时，径向尺寸最好采用绝对编程，考虑到加工时的方便，轴向尺寸采用相对编程，但对于重要的轴向尺寸，也可以采用绝对编程。另外，为保证零件的某些相对位置，按照工艺的要求，进行相对编程和绝对编程的灵活使用。总之，随着科学技术的飞速发展，数控车床由于具有优越的加工特点，在机械制造业中的应用越来越广泛，为了充分发挥数控车床的作用，我们需要在编程中掌握一定的技巧，编制出合理、高效的加工程序，保证加工出符合图纸要求的合格工件，同时能使数控车床的功能得到合理的应用与充分的发挥，使数控车床安全、可靠、高效地工作。

## 任务试题

(1) 叙述数控车床加工的对象及其结构特点。

(2) 叙述数控车床加工特点及其注意事项。

# 任务二　数控车床加工工艺分析

## 任务目标

(1) 熟悉数控车床刀具及切削量选择。

(2) 掌握数控车削加工的装夹、定位、对刀及装刀。

(3) 掌握数控车床的刀具补偿。

## 基本概念

### 一、数控车床加工刀具及其选择

1. 数控刀具的结构

数控车床刀具种类繁多，功能互不相同。根据不同的加工条件正确选择刀具是编制程序的重要环节，因此必须对车刀的种类及特点有一个基本的了解。在数控车床上使用的刀具有外圆车刀、钻头、镗刀、切断刀、螺纹加工刀具等，其中以外圆车刀、镗刀、钻头最常用。

数控车床使用的车刀、镗刀、切断刀、螺纹加工刀具均有整体式和机夹式之分，除经济型数控车床外，目前已广泛使用可转位机夹式车刀。

(1) 数控车床可转位刀具特点。数控车床所采用的可转位车刀，其几何参数是通过刀片结构形状和刀体上刀片槽座的方位安装组合形成的，与通用车床相比一般无本质的区别，其基本结构、功能特点是相同的。但数控车床的加工工序是自动完成的，因此对可转位车刀的要求又有别于通用车床所使用的刀具，具体要求和特点如表 4－1 所示。

表 4－1　可转位车刀特点

| 要求 | 特点 | 目的 |
|---|---|---|
| 精度高 | 采用 M 级或更高精度等级的刀片；多采用精密级的刀杆；用带微调装置的刀杆在机外预调好 | 保证刀片重复定位精度，方便坐标设定，保证刀尖位置精度 |
| 可靠性高 | 采用断屑可靠性高的断屑槽型或有断屑台和断屑器的车刀；采用结构可靠的车刀，采用复合式夹紧结构和夹紧可靠的其他结构 | 断屑稳定，不能有紊乱和带状切屑；适应刀架快速移动和换位以及整个自动切削过程中夹紧不得有松动的要求 |
| 换刀迅速 | 采用车削工具系统；采用快换小刀夹 | 迅速更换不同形式的切削部件，完成多种切削加工，提高生产效率 |

续表

| 要求 | 特点 | 目的 |
| --- | --- | --- |
| 刀片材料 | 刀片较多采用涂层刀片 | 满足生产节拍要求，提高加工效率 |
| 刀杆截形 | 刀杆较多采用正方形刀杆，但因刀架系统结构差异大，有的需采用专用刀杆 | 刀杆与刀架系统匹配 |

（2）可转位车刀的种类。可转位车刀按其用途可分为外圆车刀、仿形车刀、端面车刀、内圆车刀、切槽车刀、切断车刀和螺纹车刀等，如表4－2所示。

**表4－2　可转位车刀的种类**

| 类型 | 主偏角 | 适用机床 |
| --- | --- | --- |
| 外圆车刀 | 90°、50°、60°、75°、45° | 普通车床和数控车床 |
| 仿形车刀 | 93°、107.5° | 仿形车床和数控车床 |
| 端面车刀 | 90°、45°、75° | 普通车床和数控车床 |
| 内圆车刀 | 45°、60°、75°、90°、91°、93°、95°、107.5° | 普通车床和数控车床 |
| 切断车刀 | | 普通车床和数控车床 |
| 螺纹车刀 | | 普通车床和数控车床 |
| 切槽车刀 | | 普通车床和数控车床 |

（3）可转位车刀的结构形式。

1）杠杆式。结构如图4－3所示，杠杆式由杠杆、螺钉、刀垫、刀垫销、刀片所组成。这种方式依靠螺钉旋紧压靠杠杆，由杠杆的力压紧刀片达到夹固的目的。其特点是：适合各种正、负前角的刀片，有效前角的变化范围为－60°～＋180°；切屑可无阻碍地流过，切削热不影响螺孔和杠杆；两面槽壁给刀片有力的支撑，并确保转位精度。

2）楔块式。其结构如图4－4所示，楔块式由紧定螺钉、刀垫、销、楔块、刀片所组成。这种方式依靠销与楔块的挤压力将刀片紧固。其特点是：适合各种负前角刀片，有效前角的变化范围为－60°～＋180°。两面无槽壁，便于仿形切削或倒转操作时留有间隙。

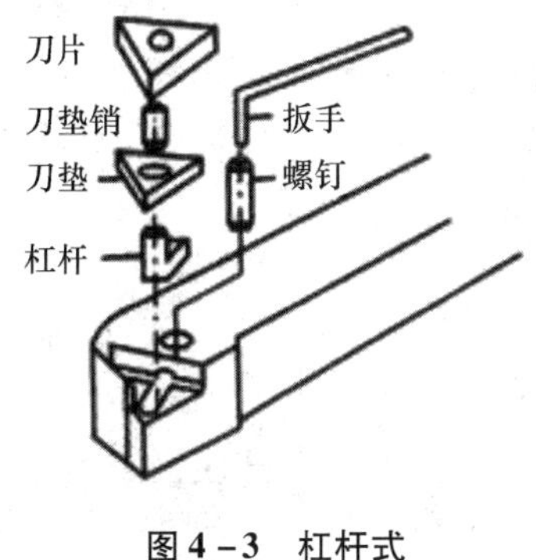

图4－3　杠杆式

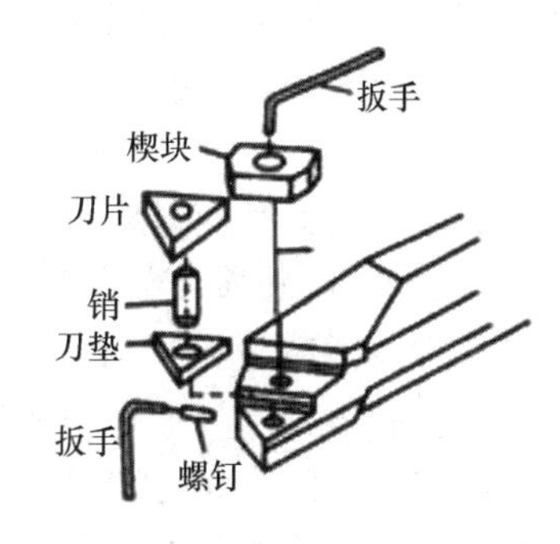

图4－4　楔块式

3）楔块夹紧式。楔块夹紧式的结构如图4－5所示，由紧定螺钉、刀垫、销、压紧楔块、刀片所组成。这种方式依靠销与楔块的压下力将刀片夹紧。其特点同楔块式，但切

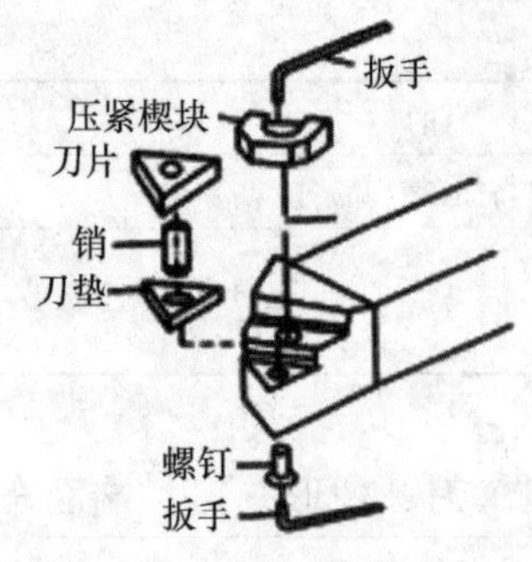

图4-5　楔块夹紧式

屑流畅度不如楔块式。此外还有螺栓上压式、压孔式、上压式等形式。

2. 刀片材料

刀具材料切削性能的优劣直接影响切削加工的生产率和加工表面的质量。刀具新材料的出现，往往能大大提高生产率，成为解决某些难加工材料的加工关键，并促使机床的发展与更新。

(1) 对刀具切削部分材料的要求。金属切削过程中，刀具切削部分受到高压、高温和剧烈的摩擦作用；当切削加工余量不均匀或切削断续表面时，刀具还受到冲击。为使刀具能胜任切削工作，刀具切削部分材料应具备以下切削性能：

1) 高硬度和耐磨性。刀具要从工件上切下切屑，其硬度必须大于工件的硬度。在室温下，刀具的硬度应在60HRC以上。刀具材料的硬度愈高，其耐磨性愈好。

2) 足够的强度与韧性。为使刀具能够承受切削过程中的压力和冲击，刀具材料必须具有足够的强度与韧性。

3) 高的耐热性与化学稳定性。耐热性是指刀具材料在高温条件下仍能保持其切削性能的能力。耐热性以耐热温度表示。耐热温度是指基本上能维持刀具切削性能所允许的最高温度。耐热性愈好，刀具材料允许的切削温度愈高。

化学稳定性是指刀具材料在高温条件下不易与工件材料和周围介质发生化学反应的能力，包括抗氧化和抗黏结能力。化学稳定性愈高，刀具磨损愈慢。耐热性和化学稳定性是衡量刀具切削性能的主要指标。

刀具材料除应具有优良的切削性能外，还应具有良好的工艺性和经济性。它们包括：①工具钢淬火变形要小，脱碳层要浅和淬硬性要好。②高硬材料磨削性能要好。③热轧成型的刀具高温塑性要好。④需焊接的刀具材料焊接性能要好。⑤所用刀具材料应尽可能是我国资源丰富、价格低廉的。

(2) 常用刀具材料。常用刀具材料有高速钢、硬质合金、陶瓷材料和超硬材料四类。

1) 高速钢。高速钢是一种含钨、钼、铬、钒等合金元素较多的合金工具钢，其碳的质量分数在1%左右。高速钢热处理后硬度为62~65HRC，耐热温度为550~600°C，抗弯强度约为3500MPa，冲击韧度约为每平方米0.3MJ。高速钢的强度与韧性好，能承受冲击，又易于刃磨，是目前制造钻头、铣刀、拉刀、螺纹刀具和齿轮刀具等复杂形状刀具的主要材料。高速钢刀具受耐热温度的限制，不能用于高速切削。

2) 硬质合金。硬质合金是由高硬度、高熔点的碳化钨（WC）、碳化钛（TiC）、碳化钽（TaC）、碳化铌（NbC）、粉末用钴（Co）黏结后压制、烧结而成。它的常温硬度为88~93HRA，耐热温度为800~1000℃，比高速钢硬、耐磨、耐热得多。因此，硬质合金刀具允许的切削速度比高速钢刀具大5~10倍。但它的抗弯强度只有高速钢的1/4~1/2，冲击韧度仅为高速钢的几十分之一。硬质合金性脆，怕冲击和震动。由于硬质合金刀具可以大大提高生产率，所以不仅绝大多数车刀、刨刀、面铣刀等采用了硬质合金，而且相当数量的钻头、铰刀、其他铣刀也采用了硬质合金。现在，就连复杂的拉刀、螺纹刀具和齿轮刀具也逐渐用硬质合金制造了。我国目前常用的硬质合金有三类：①钨钴类硬质合金。

由 WC 和 Co 组成，代号为 YG，接近于 ISO 的 K 类，主要用于加工铸铁、有色金属等脆性材料和非金属材料。常用牌号有 YG3、YG6 和 YG8。数字表示含 Co 的百分比，其余为含 WC 的百分比。硬质合金中 Co 起黏结作用，含 Co 愈多的硬质合金韧性愈好，所以 YG8 适于粗加工和断续切削，YG6 适于半精加工，YG3 适于精加工和连续切削。②钨钛钴类硬质合金。由 WC、TiC 和 Co 组成，代号为 YT，接近于 ISO 的 P 类。由于 TiC 比 WC 还要硬，耐磨、耐热，但是还要脆，所以 YT 类比 YG 类硬度和耐热温度更高，不过更不耐冲击和震动。因为加工钢时塑性变形很大，切屑与刀具摩擦很剧烈，切削温度很高，但是切屑呈带状，切削较平稳，所以 YT 类硬质合金适于加工钢料。钨钛钴类硬质合金常用牌号有 YT30、YT15 和 YT5。数字表示含 TiC 的百分比。所以 YT30 适于对钢料的精加工和连续切削，YT15 适于半精加工，YT5 适于粗加工和断续切削。③钨钛钽（铌）类硬质合金。由 YT 类中加入少量的 TaC 或 NbC 组成，代号为 YW，接近于 ISO 的 M 类。YW 类硬质合金的硬度、耐磨性、耐热温度、抗弯强度和冲击韧度均比 YT 类高一些，其后两项指标与 YG 类相仿。因此，YW 类既可加工钢，又可加工铸铁和有色金属，称为通用硬质合金。常用牌号有 YW1 和 YW2，前者用于半精加工和精加工，后者用于粗加工和半精加工。

现在硬质合金刀具上，常采用 TiC、C、TiN、$Al_2O_3$ 等高硬材料的涂层。涂层硬质合金刀具的寿命比不涂层的提高 2 ~ 10 倍。

3）陶瓷材料。陶瓷材料的硬度、耐磨性、耐热性和化学稳定性均优于硬质合金，但比硬质合金更脆，目前主要用于精加工。现用的陶瓷刀具材料有氧化铝陶瓷、金属陶瓷、氮化硅陶瓷（$Si_3N_4$）和 $Si_3N_4-Al_2O_3$ 复合陶瓷四种。20 世纪 80 年代以来，陶瓷刀具迅速发展，金属陶瓷、氮化硅陶瓷和复合陶瓷的抗弯强度和冲击韧度已接近硬质合金，可用于半精加工以及加切削液的粗加工。

4）超硬材料。人造金刚石是在高温高压下，借金属的触媒作用，由石墨转化而成。人造金刚石用于制造金刚石砂轮以及经聚晶后制成以硬质合金为基体的复合人造金刚石刀片作刀具使用。金刚石是自然界最硬的材料，有极高的耐磨性，刃口锋利，能切下极薄的切屑，但极脆，与铁系金属有很强的亲和力，不能用于粗加工，不能切削黑色金属。目前，人造金刚石主要用于磨料，磨削硬质合金，也可用于有色金属及其合金的高速精细车削和镗削。

立方氮化硼（CBN）是在高温高压下，由六方晶体氮化硼（又称白石墨）转化为立方晶体而成。立方氮化硼具有仅次于金刚石的极高的硬度和耐磨性，耐热温度高达1400 ~ 1500°C，与铁系金属在 1200 ~ 1300°C 时还不起化学反应。但在高温时与水易起化学反应，所以一般用于干切削。立方氮化硼用于精加工淬硬钢、冷硬铸铁、高温合金、热喷涂材料、硬质合金及其他难加工的材料。

3. 刀片的形状

刀片的主要参数及选择方法如下：

（1）刀尖角。刀尖角的大小决定了刀片的强度。在工件结构形状和系统刚性允许的前提下，应选择尽可能大的刀尖角。通常这个角度为 35° ~ 90°。

图 4 - 6 中 R 型圆刀片，在重切削时具有较好的稳定性，但易产生较大的径向力。

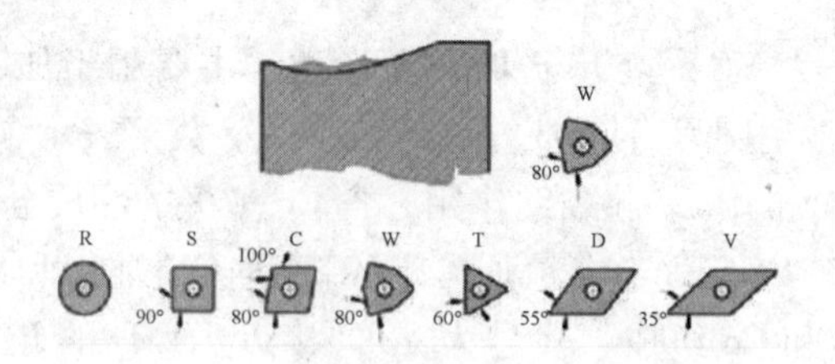


图 4－6　刀片形状

（2）刀片形状的选择。刀片形状主要依据被加工工件的表面形状、切削方法、刀具寿命和刀片的转位次数等因素选择。

正三角形刀片可用于主偏角为 60°或 90°的外圆车刀、端面车刀和内孔车刀。由于此刀片刀尖角小、强度差、耐用度低，故只宜用较小的切削用量。

正方形刀片的刀尖角为 90°，比正三角形刀片的 60°要大，因此其强度和散热性能均有所提高。这种刀片通用性较好，主要用于主偏角为 45°、60°、75°等的外圆车刀、端面车刀和镗孔刀。

正五边形刀片的刀尖角为 108°，其强度与耐用度高、散热面积大，但切削时径向力大，只宜在加工系统刚性较好的情况下使用。

菱形刀片和圆形刀片主要用于成型表面和圆弧表面的加工，其形状及尺寸可结合加工对象参照国家标准来确定。

## 二、数控车削加工的切削用量选择

数控车削加工中的切削用量包括背吃刀量 $a_p$、主轴转速 n 或切削速度 $v_c$（用于恒线速度切削）、进给速度 $V_f$ 或进给量 f。这些参数均应在机床给定的允许范围内选取，如图 4－7所示。

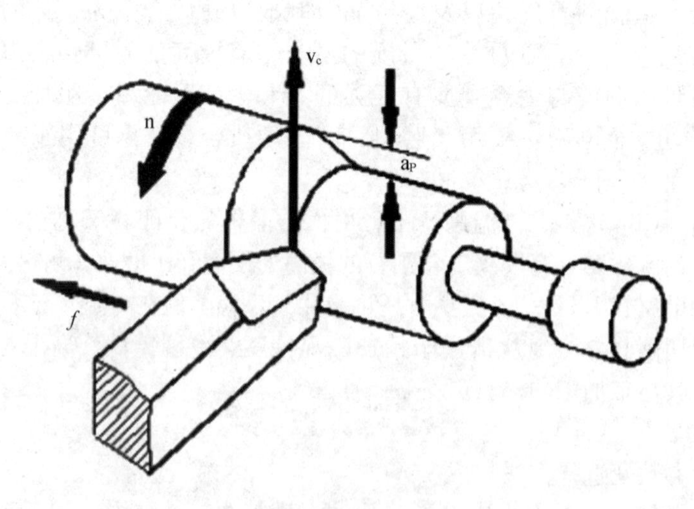


图 4－7　切削用量

1. 切削用量的选用原则

粗车时，应尽量保证较高的金属切除率和必要的刀具耐用度。

选择切削用量时应首先选取尽可能大的背吃刀量 $a_p$，其次根据机床动力和刚性的限制条件，选取尽可能大的进给量 f，最后根据刀具耐用度要求，确定合适的切削速度 $V_c$。增大背吃刀量 $a_p$ 可使走刀次数减少，增大进给量 f 有利于断屑。精车时，对加工精度和表面粗糙度要求较高，加工余量不大且较均匀。选择精车的切削用量时，应着重考虑如何保证加工质量，并在此基础上尽量提高生产率。因此，精车时应选用较小（但不能太小）的背吃刀量和进给量，并选用性能高的刀具材料和合理的几何参数，以尽可能提高切削速度。

2. 切削用量的选取方法

（1）背吃刀量的选择。粗加工时，除留下精加工余量外，一次走刀尽可能切除全部余量。也可分多次走刀。精加工的加工余量一般较小，可一次切除。在中等功率机床上，粗加工的背吃刀量可达 8 ~ 10mm；半精加工的背吃刀量取 0.5 ~ 5mm；精加工的背吃刀量取 0.2 ~ 1.5mm。

（2）进给速度（进给量）的确定。粗加工时，由于对工件的表面质量没有太高的要求，这时主要根据机床进给机构的强度和刚性、刀杆的强度和刚性、刀具材料、刀杆和工件尺寸以及已选定的背吃刀量等因素来选取进给速度。精加工时，则按表面粗糙度要求、刀具及工件材料等因素来选取进给速度。进给速度 $V_f$ 可以按公式 $V_f = f \times n$ 计算，式中 f 表示每转进给量，粗车时一般取 0.3 ~ 0.8mm/r；精车时常取 0.1 ~ 0.3mm/r；切断时常取 0.05 ~ 0.2mm/r。

（3）切削速度的确定。切削速度 $V_c$ 可根据已经选定的背吃刀量、进给量及刀具耐用度进行选取。实际加工过程中，也可根据生产实践经验和查表的方法来选取。粗加工或工件材料的加工性能较差时，宜选用较低的切削速度。精加工或刀具材料、工件材料的切削性能较好时，宜选用较高的切削速度。切削速度 $V_c$ 确定后，可根据刀具或工件直径（D）按公式 $n = 1000V_c/\pi D$ 来确定主轴转速 n（r/min）。在工厂的实际生产过程中，切削用量一般根据经验并通过查表的方式进行选取。

常用硬质合金或涂层硬质合金切削不同材料时的切削用量推荐值如表 4 - 3，表 4 - 4 所示为常用切削用量推荐表，供参考。

**表 4 - 3　硬质合金刀具切削用量推荐**

| 刀具材料 | 工件材料 | 粗加工 | | | 精加工 | |
|---|---|---|---|---|---|---|
| | | 切削速度（m/min） | 进给量（mm/r） | 背吃刀量（mm） | 切削速度（m/min） | 进给量（mm/r） |
| 硬质合金或涂层硬质合金 | 碳钢 | 220 | 0.2 | 3 | 260 | 0.1 |
| | 低合金钢 | 180 | 0.2 | 3 | 220 | 0.1 |
| | 高合金钢 | 120 | 0.2 | 3 | 160 | 0.1 |
| | 铸铁 | 80 | 0.2 | 3 | 120 | 0.1 |
| | 不锈钢 | 80 | 0.2 | 2 | 60 | 0.1 |
| | 钛合金 | 40 | 0.2 | 1.5 | 150 | 0.1 |
| | 灰铸铁 | 120 | 0.2 | 2 | 120 | 0.15 |
| | 球墨铸铁 | 100 | 0.2、0.3 | 2 | 120 | 0.15 |
| | 铝合金 | 1600 | 0.2 | 1.5 | 1600 | 0.1 |

表 4-4 常用切削用量推荐

| 工件材料 | 加工内容 | 背吃刀量 $a_p$(mm) | 切削速度 $v_c$ (m/min) | 进给量 f (mm/r) |
| --- | --- | --- | --- | --- |
| 碳素钢 σb>600MPa | 粗加工 | 5~7 | 60~80 | 0.2~0.4 |
| | 粗加工 | 2~3 | 80~120 | 0.2~0.4 |
| | 精加工 | 0.5~2 | 120~150 | 0.1~0.2 |
| 碳素钢 σb>600MPa | 钻中心孔 | | 500~800 (r/min) | 钻中心孔 |
| | 钻孔 | | 25~30 | 钻孔 |
| | 切断（宽度<5mm） | 70~110 | 0.1~0.2 | 切断（宽度<5mm） |
| 铸铁 HBS<200 | 粗加工 | | 50~70 | 0.2~0.4 |
| | 精加工 | | 70~100 | 0.1~0.2 |
| | 切断（宽度<5mm） | 50~70 | 0.1~0.2 | |
| | 切断（宽度<5mm） | 50~70 | 0.1~0.2 | 切断（宽度<5mm） |

3. 选择切削用量时的注意事项

（1）主轴转速。应根据零件上被加工部位的直径，并按零件和刀具的材料及加工性质等条件所允许的切削速度来确定。切削速度除了计算和查表选取外，还可根据实践经验确定，需要注意的是交流变频调速数控车床低速输出力矩小，因而切削速度不能太低。根据切削速度可以计算出主轴转速。

（2）车螺纹时的主轴转速数控车床加工螺纹时，因其传动链的改变，原则上其转速只要能保证主轴每转一周时，刀具沿主进给轴（多为 Z 轴）方向位移一个螺距即可。

在车削螺纹时，车床的主轴转速将受到螺纹的螺距 P（或导程）大小、驱动电机的升降频特性，以及螺纹插补运算速度等多种因素影响，故对于不同的数控系统，推荐不同的主轴转速选择范围。大多数经济型数控车床推荐车螺纹时的主轴转速 n（r/min）为：$n \leq (1200/P) - k$。其中，P 为被加工螺纹螺距，mm；k 为保险系数，一般取值为 80。

数控车床车螺纹时，会受到以下几方面的影响：

螺纹加工程序段中指令的螺距值，相当于以进给量 f（mm/r）表示的进给速度 $v_f$。如果将机床的主轴转速选择过高，其换算后的进给速度 $v_f$（mm/min）则必定大大超过正常值。

（1）刀具在其位移过程中始终都将受到伺服驱动系统升降频率和数控装置插补运算速度的约束，由于升降频率特性满足不了加工需要等原因，则可能因主进给运动产生出的“超前”和“滞后”而导致部分螺牙的螺距不符合要求。

（2）车削螺纹必须通过主轴的同步运行功能而实现，即车削螺纹需要有主轴脉冲发生器（编码器），当其主轴转速选择过高，通过编码器发出的定位脉冲（即主轴每转一周时所发出的一个基准脉冲信号）将可能因“过冲”（特别是当编码器的质量不稳定时）而导致工件螺纹产生乱纹（俗称“乱扣”）。

## 三、数控车削加工的装夹与定位

1. 用通用夹具装夹

（1）在三爪自定心卡盘上装夹。三爪自定心卡盘的三个卡爪是同步运动的，能自动

定心，一般不需找正。三爪自定心卡盘装夹工件方便、省时，自动定心好，但夹紧力较小，所以适用于装夹外形规则的中小型工件。三爪自定心卡盘可装成正爪或反爪两种形式。反爪用来装夹直径较大的工件。用三爪自定心卡盘装夹精加工过的表面时，被夹住的工件表面应包一层铜皮，以免夹伤工件表面。

数控车床多采用三爪自定心卡盘夹持工件，轴类工件还可使用尾座顶尖支持工件。数控车床主轴转速较高，为便于工件夹紧，多采用液压高速动力卡盘。这种卡盘在生产厂已通过了严格平衡检验，具有高转速（极限转速可达8000r/min以上）、高夹紧力（最大推拉力为2000～8000N）、高精度、调爪方便、通孔、使用寿命长等优点。通过调整油缸的压力，可改变卡盘的夹紧力，以满足夹持各种薄壁和易变形工件的特殊需要。还可使用软爪夹持工件，软爪弧面由操作者随机配制，可获得理想的夹持精度。为减少细长轴加工时的受力变形，提高加工精度，以及在加工带孔轴类工件内孔时，可采用液压自动定心中心架，其定心精度可达0.03mm。

（2）在两顶尖之间装夹。对于长度尺寸较大或加工工序较多的轴类工件，为保证每次装夹时的装夹精度，可用两顶尖装夹。两顶尖装夹工件方便，不需找正，装夹精度高，但必须先在工件的两端面钻出中心孔。该装夹方式适用于多工序加工或精加工。如图4－8所示。

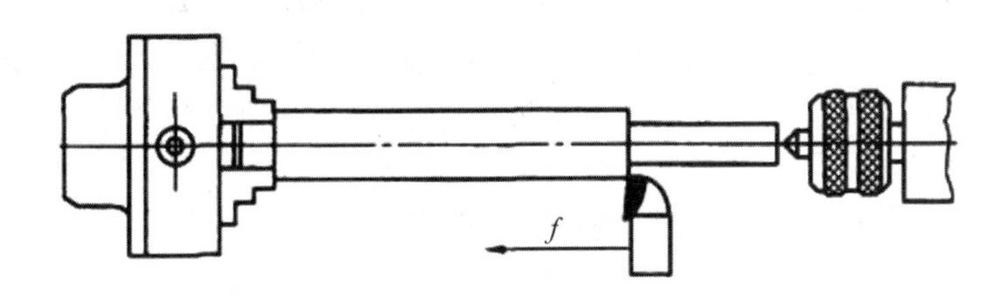


**图4－8　用工件的台阶限位**

用两顶尖装夹工件时须注意的事项：

1）前后顶尖的连线应与车床主轴轴线同轴，否则车出的工件会产生锥度误差。

2）尾座套筒在不影响车刀切削的前提下，应尽量伸出短些，以增加刚性，减少振动。

3）中心孔应形状正确，表面粗糙度值小。轴向精确定位时，中心孔倒角可加工成准确的圆弧形倒角，并以该圆弧形倒角与顶尖锋面的切线为轴向定位基准定位。

4）两顶尖与中心孔的配合应松紧合适。

（3）用卡盘和顶尖装夹。用两顶尖装夹工件虽然精度高，但刚性较差。因此，车削质量较大工件时要一端用卡盘夹住，另一端用后顶尖支撑。为了防止工件由于切削力的作用而产生轴向位移，必须在卡盘内装一限位支承，或利用工件的台阶限位。这种方法比较安全，能承受较大的轴向切削力，安装刚性好，轴向定位准确，所以应用比较广泛。

（4）用双三爪自定心卡盘装夹。对于精度要求高、变形要求小的细长轴类零件可采用双主轴驱动式数控车床加工，机床两主轴轴线同轴、转动同步，零件两端同时分别由三爪自定心卡盘装夹并带动旋转，这样可以减小切削加工时切削力矩引起的工件扭转变形。

2. 用找正方式装夹

（1）找正要求。找正装夹时必须将工件的加工表面回转轴线（同时也是工件坐标系 Z 轴）找正到与车床主轴回转中心重合。

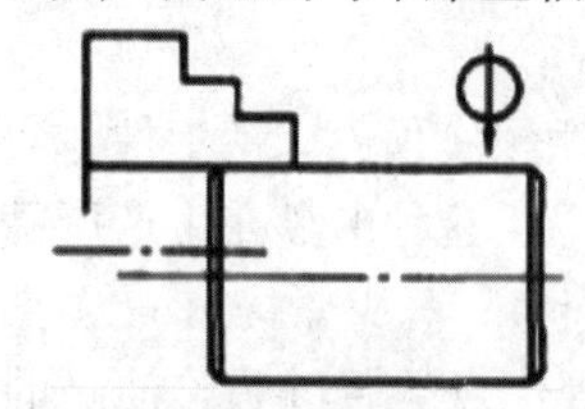
图 4－9　工件找正

（2）找正方法。与普通车床上找正工件相同，一般为打表找正。通过调整卡爪，使工件坐标系 Z 轴与车床主轴的回转中心重合。单件生产工件偏心安装时常采用找正装夹；用三爪自定心卡盘装夹较长的工件时，工件离卡盘夹持部分较远处的旋转中心不一定与车床主轴旋转中心重合，这时必须找正；又当三爪自定心卡盘使用时间较长，已失去应有精度，而工件的加工精度要求又较高时，也需要找正。如图 4－9 所示。

（3）装夹方式。一般采用四爪单动卡盘装夹。四爪单动卡盘的四个卡爪是各自独立运动的，可以调整工件夹持部位在主轴上的位置，使工件加工面的回转中心与车床主轴的回转中心重合，但四爪单动卡盘找正比较费时，只能用于单件小批生产。四爪单动卡盘夹紧力较大，所以适用于大型或形状不规则的工件。四爪单动卡盘也可装成正爪或反爪两种形式。

3. 其他类型的数控车床夹具

为了充分发挥数控车床的高速度、高精度和自动化的效能，必须有相应的数控夹具与之配合。数控车床夹具除了使用通用三爪自定心卡盘、四爪卡盘、顶尖、大批量生产中使用便于自动控制的液压、电动及气动卡盘、顶尖外，还有其他类型的夹具，它们主要分为用于轴类工件的夹具和用于盘类工件的夹具两大类。

（1）用于轴类工件的夹具。数控车床加工一些特殊形状的轴类工件（如异形杠杆）时，坯件可装卡在专用车床夹具上，夹具随同主轴一同旋转。用于轴类工件的夹具还有自动夹紧拨动卡盘、三爪拨动卡盘和快速可调万能卡盘等。如图 4－10 所示为实心轴加工所用的拨齿顶尖夹具，其特点是在粗车时可以传递足够大的转矩，以适应主轴高速旋转车削要求。

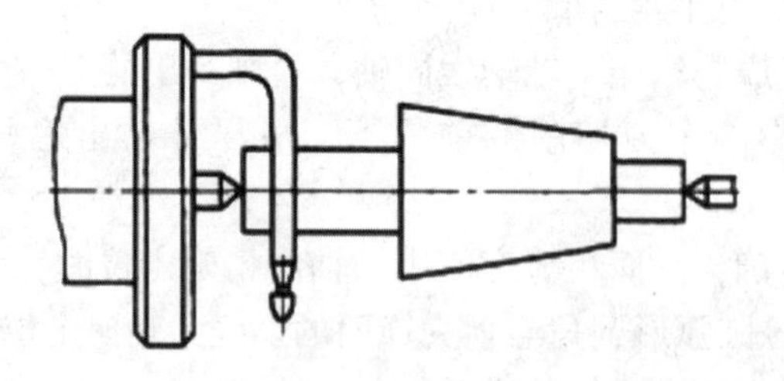
图 4－10　实心轴加工所用的拨齿顶尖夹具

（2）用于盘类工件的夹具。这类夹具适用在无尾座的卡盘式数控车床上。用于盘类工件的夹具主要有可调卡爪式卡盘和快速可调卡盘。

## 四、华中数控车削加工中的装刀与对刀

装刀与对刀是数控车床加工中极其重要并十分棘手的一项工作。对刀的好与差，将直接影响到加工程序的编制及零件的尺寸精度。通过对刀或刀具预调，还可以同时测定其各号刀的刀位偏差，有利于设定刀具补偿量。

（一）数控车刀的安装

（1）不能伸出刀架太长，应尽可能伸出短些。因为车刀伸出过长，刀杆刚性相对减弱，切削时在切削力的作用下，容易产生振动，使车出的工件表面不光洁。一般车刀伸出的长度不超过刀杆厚度的2倍。

（2）车刀刀尖的高低应对准工件中心。车刀安装得过高或过低都会引起车刀角度变化而影响切削。根据经验，粗车外圆时，可将车刀装得比工件中心稍微高一些；精车外圆时，可将车刀装得比工件中心稍微低一些。这要根据工件直径的大小来决定，无论装高或装低，一般不能超过工件直径的1%。以车削外圆（或横车）为例，当车刀刀尖高于工件轴线时，会使牙形半角产生误差。因此，正确地安装车刀是保证加工质量，减小刀具磨损，提高刀具使用寿命的重要步骤。

（3）装车刀用的垫片要平整，尽可能地用厚垫片以减少片数，一般只用2～3片。如垫片的片数太多或不平整，会使车刀产生振动，影响切削。使各垫片在刀杆正下方，前端与刀座边缘齐。

（4）车刀装上后，要紧固刀架螺钉，一般要紧固两个螺钉。紧固时，应轮换逐个拧紧。同时要注意，一定要使用专用扳手，不允许再加套管等，以免使螺钉受力过大而损伤。

（二）数控车削加工对刀

1. 数控车床手动试切对刀法的基本原理

在数控车削中，手动试切对刀法由于不需添置昂贵的对刀、检测等辅助设备，方法简单，而且加工铝棒、尼龙棒等软材质工件，即使高速断续切削，刀尖也不容易崩落，因此被广泛地应用于教学型数控车床。

数控机床的坐标系是唯一固定的，CRT显示的是切削刀刀位点的机床坐标，但为计算方便和简化编程，在编程时都需设定工件坐标系，它是以零件上的某一点为坐标原点建立起来的X－Z直角坐标系统。因此，对刀的实质是确定随编程变化的工件坐标系的程序原点在唯一的机床坐标系中的位置。手动试切对刀的对刀模式为“试切→测量→调整”。其原理如图4－11所示。

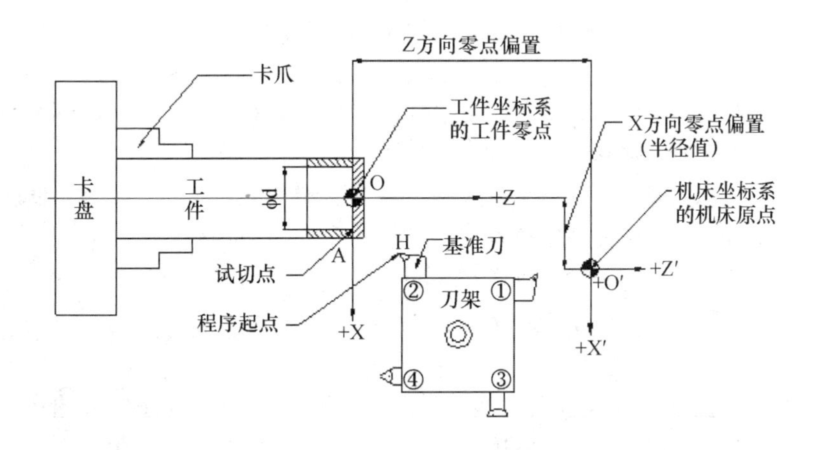


**图4－11　试切法加工示意图**

2. 手动试切——相对刀偏法对刀的基本步骤

手动试切对刀中，如果确定了一把基准刀，且在刀偏表中输入它的刀偏置为零，而且非基准刀相对于基准刀有一定的刀偏置，这种试切对刀方法叫相对刀偏法对刀，具体又分为 G92 指令对刀和 G54 指令对刀两种方法，如图 4－12 所示。使用这种对刀方法的程序结构形式具有以下特点：

```
%××××
G92 X_ Z_(或 G54 G90 G00 X_ Z_)
M06 T0202
……
T0200
M06 T0101
……
T0100
……
```

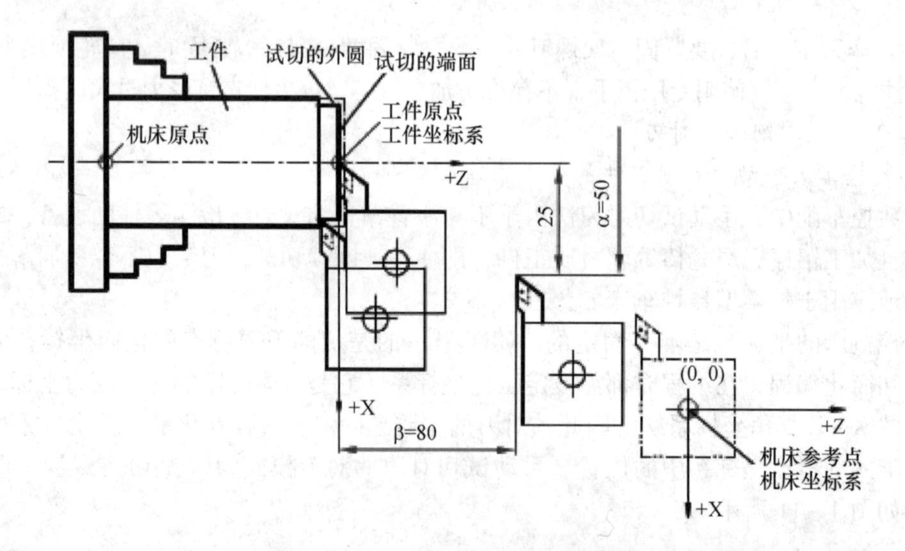


**图 4－12　G92 指令试切对刀示意图**

如图 4－13 所示，G54 指令对刀的步骤基本上与 G92 指令对刀相同，区别仅在于前者要将后者的步骤⑧与⑩分别修正为步骤⑧′与⑩′。

用 G92 指令对刀后基准刀刀位点恰好处于程序起点位置，这种对刀方便实习老师检查学生对刀的准确性和监控设备安全性，因此在教学实习应用更广泛。而 G54～G59 指令对刀需将工件零点的机床坐标输入到数控系统软件的零点偏置寄存器参数中，但加工前刀架不必处于程序起点位置，便于批量生产，在生产中应用更广泛。

小结：

（1）加工最大直径小于 30mm、长度为 L（小于 100mm）、程序原点选在零件的右端面中心、直径编程的工件，用 G92 X100 Z50 指令对刀的简要操作步骤。

1）装夹棒料，棒料伸出卡爪端面约（L＋50）mm。

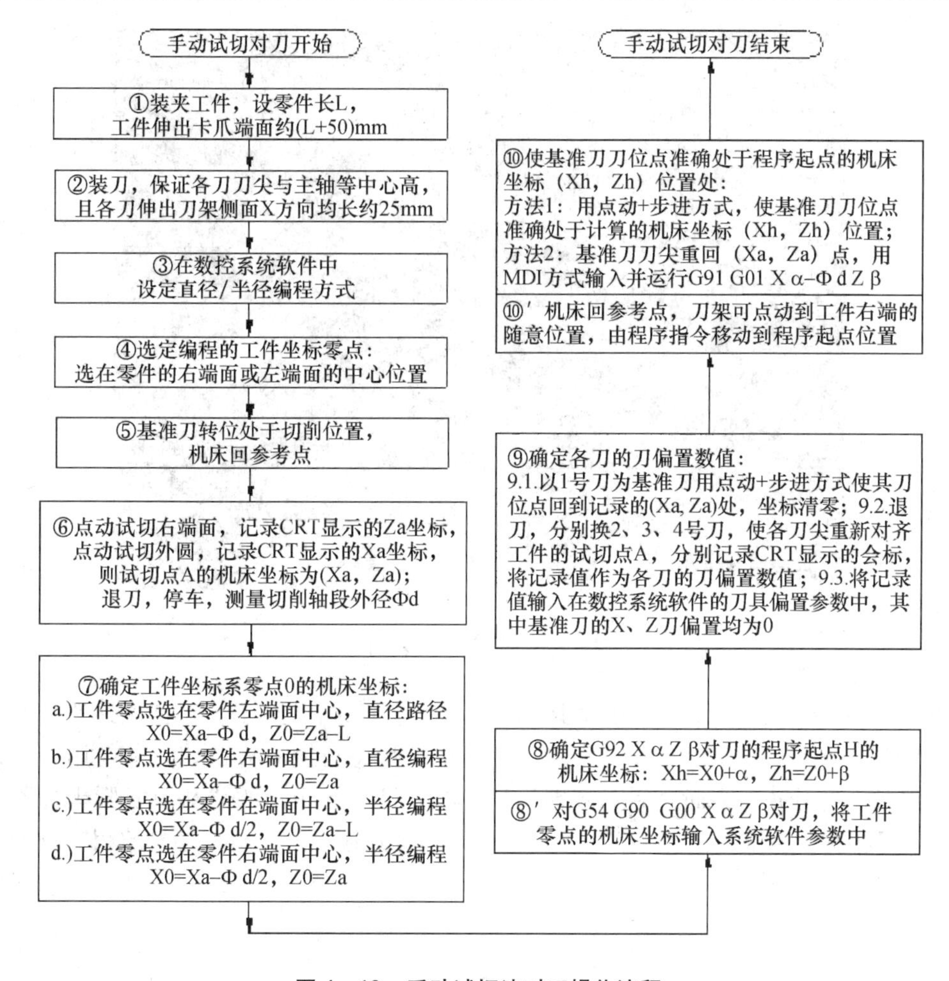


**图 4－13　手动试切法对刀操作流程**

2）装刀，保证各刀的刀位点与主轴等中心高。

3）在系统软件中设定为直径编程方式。

4）开机后，回参考点，将基准刀处于工作位置。

5）用点动方式［或为避免爬行用“MDI 运行（G91G00X－120Z－220）＋点动”］移动刀架到装夹的棒料右端面附近，在 MDI 功能子菜单下按 F2 键，进入刀偏数据设置方式；1、2、3、4 号刀的刀偏号分别为#0001、#0002、#0003、#0004，用▲▼移蓝色亮条到各刀对应的刀偏号位置，首先将刀偏号为#0000、#0001、#0002、#0003、#0004 的 X 偏置、Z 偏置的数据均修改为零；用▲▼移蓝色亮条到对准基准刀的刀偏号位置处，按 F5 键设置基准刀为标准刀具，所在行变成红色；用基准刀试切工件外径，记录试切点 A 的 X 机床坐标，按 F1“X 轴置零”，则 CRT 显示的“相对实际坐标”的 X 坐标为零；退刀停车，测量已切削轴段的直径 Φd；用标准刀具试切工件端面，记录试切点 A 的 Z 机床坐标，在图 4－14 界面按 F2“Z 轴置零”，则 CRT 显示的“相对实际坐标”的 Z 坐标为零；通过“点动＋步进”或 MDI 方式（G91G01 X－显示相对坐标 Z－显示相对坐标）使基准刀重新回到试切点［此时 CRT 显示的相对实际坐标为（0，0）］。

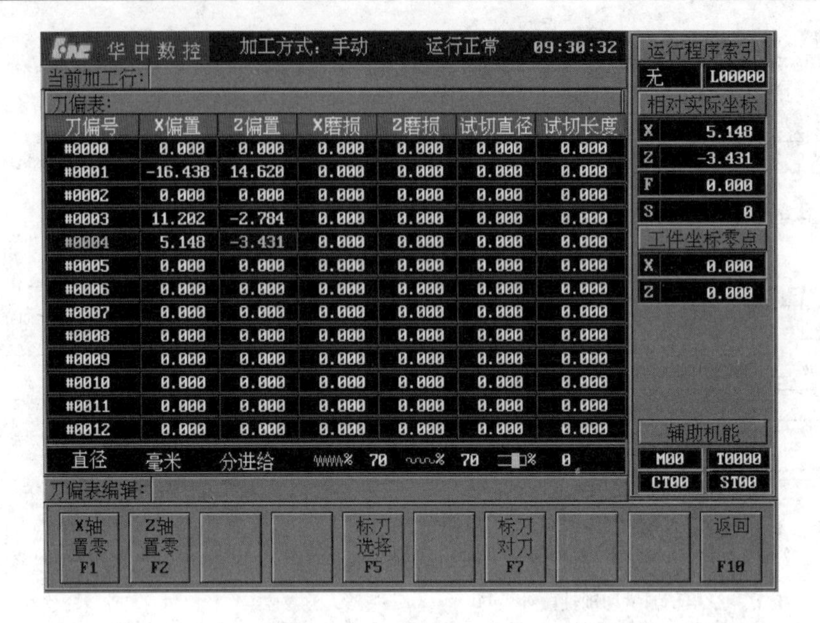


| 刀偏号 | X偏置 | Z偏置 | X磨损 | Z磨损 | 试切直径 | 试切长度 |
|---|---|---|---|---|---|---|
| #0000 | 0.000 | 0.000 | 0.000 | 0.000 | 0.000 | 0.000 |
| #0001 | -16.438 | 14.620 | 0.000 | 0.000 | 0.000 | 0.000 |
| #0002 | 0.000 | 0.000 | 0.000 | 0.000 | 0.000 | 0.000 |
| #0003 | 11.202 | -2.784 | 0.000 | 0.000 | 0.000 | 0.000 |
| #0004 | 5.148 | -3.431 | 0.000 | 0.000 | 0.000 | 0.000 |
| #0005 | 0.000 | 0.000 | 0.000 | 0.000 | 0.000 | 0.000 |
| #0006 | 0.000 | 0.000 | 0.000 | 0.000 | 0.000 | 0.000 |
| #0007 | 0.000 | 0.000 | 0.000 | 0.000 | 0.000 | 0.000 |
| #0008 | 0.000 | 0.000 | 0.000 | 0.000 | 0.000 | 0.000 |
| #0009 | 0.000 | 0.000 | 0.000 | 0.000 | 0.000 | 0.000 |
| #0010 | 0.000 | 0.000 | 0.000 | 0.000 | 0.000 | 0.000 |
| #0011 | 0.000 | 0.000 | 0.000 | 0.000 | 0.000 | 0.000 |
| #0012 | 0.000 | 0.000 | 0.000 | 0.000 | 0.000 | 0.000 |

图 4－14　相对刀偏法对刀的刀偏表

6）选择非基准刀的刀号，手动换刀，用键▲▼移蓝条到非基准刀具的位置，如图 4－15 所示，让非基准刀的刀尖分别在主轴转动状态目测对齐试切点 A（用“点动＋步进”方式，先对齐外圆面，后对齐端面），这时 CRT 上显示的“相对实际坐标”的数值就是该刀相对于基准刀的刀偏置 ΔX、ΔZ，分别将其输入到对应刀偏号的相应位置。

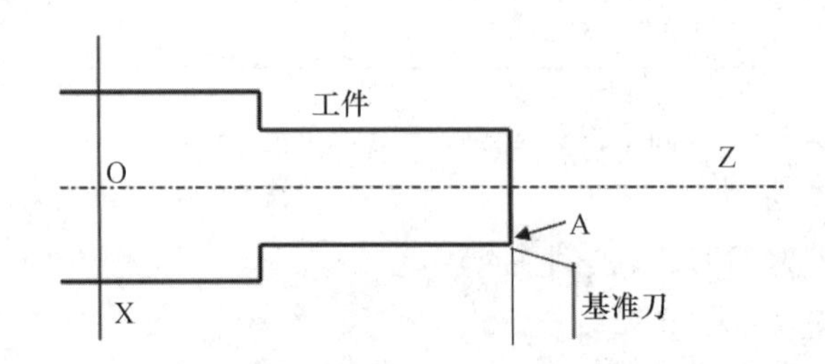


图 4－15　测量刀偏数据

7）点动＋步进方式（或先点动到附近再 MDI 运行 G53 G01 $X_A$ $Z_A$），重新让基准刀对准试切点［此时 CRT 显示坐标为（$X_A$，$Z_A$）］，在 MDI 方式下，运行程序：G91G00（或 G01）X（100－Φ d）Z50；则基准刀刀位点处于程序起点［工件坐标系坐标为（100，50）］的位置。

（2）加工最大直径小于 30mm、长度为 L（小于 100mm）、程序原点选在零件的右端面中心、直径编程的工件，用 G54 G90 G00 X100 Z50 指令对刀的简要操作步骤。

1）装夹棒料，棒料伸出卡爪端面约（L＋50）mm。

2）装刀，保证各刀的刀位点与主轴等中心高。

3）在系统软件中设定为直径编程方式。

4）开机后，基准刀在工作位置，回参考点。

5）用点动［或“MDI 运行（G91 G00X－120 Z－220）＋点动”］方式移动刀架到装

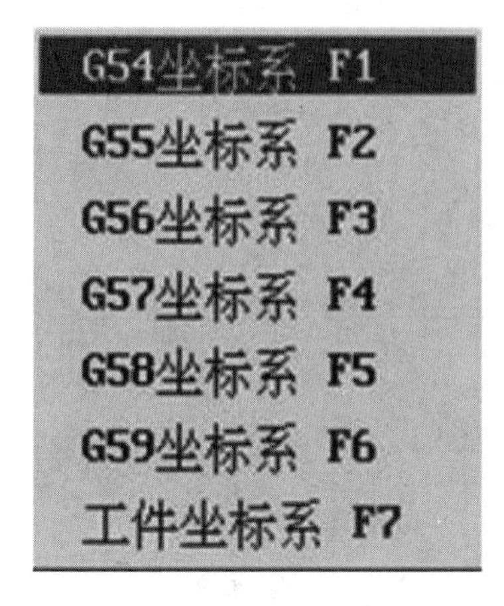


图 4－16　选择要设置的坐标系

夹的棒料右端面附近，在 MDI 功能子菜单下按 F2 键，进入刀偏数据设置方式，如图 4－14 所示；用▲▼移蓝色亮条到要设置为基准刀具的位置；按 F5 键设置标准刀具，蓝色亮条所在行变成红色；用标准刀具试切工件外径，然后沿着 Z 轴方向退刀；在刀偏数据的试切直径栏输入试切后工件的直径值；用标准刀具试切工件端面，然后沿着 X 轴方向退刀；在刀偏数据的试切长度栏输入工件坐标系 Z 轴零点到试切端面的有向距离；按 F7 键，弹出如图 4－16 所示菜单；用键▲▼移动蓝色亮条到设置的坐标系；按 Enter 键确认，设置完毕。

另外，还可以 MDI 手动输入坐标系数据，操作步骤如下：

在 MDI 功能子菜单下按 F4 键，进入坐标系手动数据输入方式，图形显示窗口首先显示 G54 坐标系数据。如图 4－17 所示。

图 4－17　MDI 方式下的坐标系设置

（1）按▲或▼键，选择要输入的坐标系数据：G54/G55/G56/G57/G58/G59 坐标系/当前工件坐标系等的偏置值（坐标系零点相对于机床零点的值），或当前相对值零点。

（2）在命令行输入工件零点的机床坐标，如在图 4－17 所示坐标系空栏输入“X0Z0”，并按 Enter 键，将设置 G54 坐标系的 X 及 Z 偏置值分别为 0、0。

（3）若输入正确，图形显示窗口相应位置将显示修改过的值，否则原值不变。

（4）各刀刀偏置的测定方法与 G92 指令对刀方法相同。

（5）基准刀转位到工作位置，重新进行回零操作。

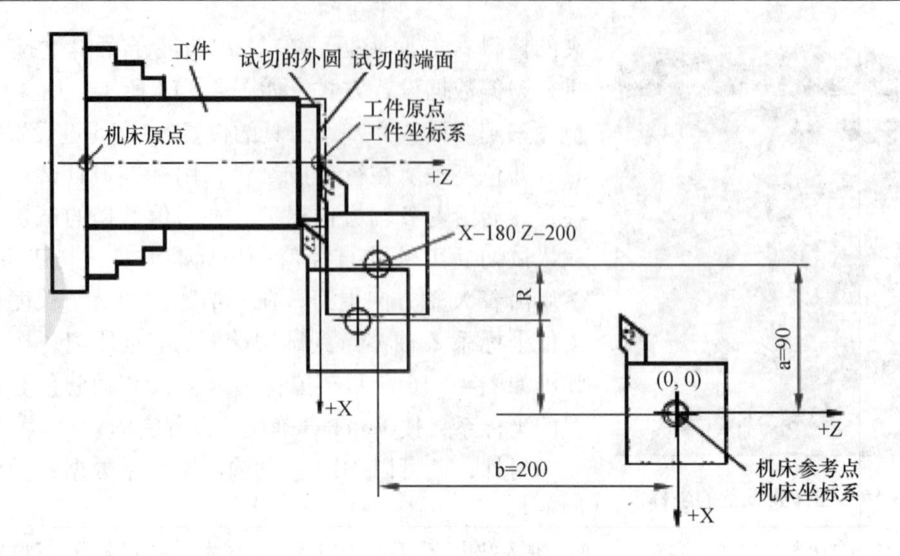


图 4-18　G54 ~ G59 指令试切对刀示意图

相对刀偏法对刀注意事项：

1）装刀时，各刀的刀位点应与主轴中心等高，装刀时用钢直尺测量刀尖到刀架台面的距离为 79.5 ~ 80mm。若二者等高，试切端面停车后，操作者用手摸端面应感觉平滑，看不到端面中心有尖点突出。若二者不等高，应细微调整垫片高度。

2）为便于对刀与监控设备安全，对最大直径小于 Φ30mm、长 50 ~ 60mm 的小回转体零件的编程可作统一约定：①工件右端面与卡爪端面之间的装夹长度近似为固定值 105mm。②刀具伸出刀架侧面的长度近似为固定值 25mm。③编程时统一规定：采用直径编程；工件零点 O 选在工件的右端面中心；用 G92 指令设定工件坐标系，程序起点 H 的工件坐标为（100，50），且其与程序终点、换刀点三点重合；设定 1 号刀为 90°外圆粗车刀，2 号刀为 90°外圆精车刀或 60°尖刀（对刀基准刀），3 号刀为 2.5 ~ 5mm 宽的切断刀，4 号刀为 60°螺纹刀；加工内表面的刀具刀号另定。其他尺寸的工件，设其最大直径为 ΦD，工件长为 L，则约定时只需改变条件①中工件伸长约为（L + 50）、条件③中程序起点的工件坐标为（ΦD + 70，50），其余条件可不变或根据具体情况作适当调整。

3）按上述条件装刀后，若 CRT 显示的非基准刀的 X 偏置在 ± 10mm 的范围之内（切断刀因刀头结构特殊可能例外），则刀偏置可能测量较正确，否则可能是测量方法不对或数控系统出现了“爬行”现象，需要重新测定刀偏置。

4）在刀偏数据的输入与修改之前，应先设置刀库数据，将各刀设定对应的刀偏号。

3. 手动试切——绝对刀偏法对刀的基本步骤

手动试切对刀中，如果没有确定一把刀作基准刀，且在刀偏表中每把切削刀都有刀偏置，这种手动试切对刀方法叫绝对刀偏法对刀。使用这种方法对刀的程序结构形式具有以下特点：

```
%××××
T0202(无 G92 或 G54 建立工件坐标系指令,无 M06 指令)
M03 S××××
G90(或 G91)G00 X_ Z_
```

……

T0101(无须取消上一把刀的刀补,就直接建立下一把刀的刀具补偿)

……

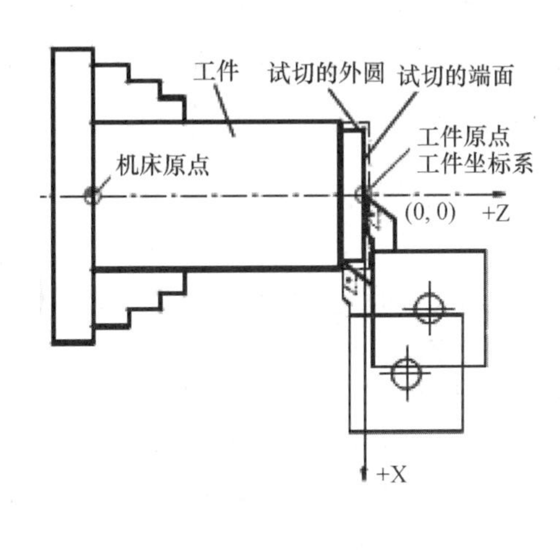


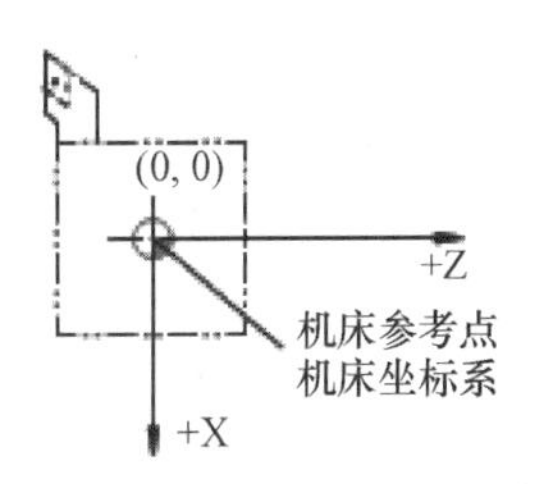


**图 4 – 19　T 指令试切对刀示意图**

对刀步骤（工件坐标系零点设在工件右端面中心）：

1）选择 1 号刀试切端面和外圆，分别记录试切点 A 点的 $Z_A$ 坐标和 $X_A$ 坐标（图 4 – 15标识的 A 点），退刀停车，测量试切轴段的直径尺寸，主轴正转，点动到 A 点附近再 MDI 运行“G53 G01 $X_A$ $Z_A$”，将 1 号刀刀尖按记录的坐标对齐 A 点。在图 4 – 20 刀偏表的#0001 刀偏号一栏中，输入试切直径（测量值）和试切长度 0（0 表示端面在工作坐标系的 Z 坐标为零）。

华中数控　加工方式：手动　运行正常　09:26:05

当前加工行：

刀偏表：

| 刀偏号 | X偏置 | Z偏置 | X磨损 | Z磨损 | 试切直径 | 试切长度 |
|---|---|---|---|---|---|---|
| #0001 | -227.214 | -246.980 | 0.000 | 0.000 | 28.800 | 0.000 |
| #0002 | -201.134 | -250.645 | 0.000 | 0.000 | 28.800 | 0.000 |
| #0003 | -200.826 | -254.945 | 0.000 | 0.000 | 28.800 | 0.000 |
| #0004 | -206.586 | -260.200 | 0.000 | 0.000 | 28.800 | 0.000 |
| #0005 | 0.000 | 0.000 | 0.000 | 0.000 | 0.000 | 0.000 |
| #0006 | 0.000 | 0.000 | 0.000 | 0.000 | 0.000 | 0.000 |
| #0007 | 0.000 | 0.000 | 0.000 | 0.000 | 0.000 | 0.000 |
| #0008 | 0.000 | 0.000 | 0.000 | 0.000 | 0.000 | 0.000 |
| #0009 | 0.000 | 0.000 | 0.000 | 0.000 | 0.000 | 0.000 |
| #0010 | 0.000 | 0.000 | 0.000 | 0.000 | 0.000 | 0.000 |
| #0011 | 0.000 | 0.000 | 0.000 | 0.000 | 0.000 | 0.000 |
| #0012 | 0.000 | 0.000 | 0.000 | 0.000 | 0.000 | 0.000 |
| #0013 | 0.000 | 0.000 | 0.000 | 0.000 | 0.000 | 0.000 |

直径　毫米　分进给　% 70　% 70　% 100

刀偏表编辑：

X轴置零 F1　Z轴置零 F2　X Z置零 F3　标刀选择 F5　返回 F10

运行程序索引：无 L00000

机床实际坐标：X -58.480　Z -251.790　F 0.000　S 0

工件坐标零点：X 0.000　Z 0.000

辅助机能：M00　T0000　CT01　ST02

**图 4 – 20　绝对刀偏法对刀的刀偏表**

2）选择2号刀，试切另一轴段，退刀停车，测量试切轴段的直径尺寸；主轴正转，点动+步进方式，将2号刀刀尖目测对齐端面上试切点。在图4－20刀偏表的#0002刀偏号一栏中，输入试切直径（测量值）和试切长度0。

3）3号刀（以切削刃右尖点对刀）及4号刀，与2号刀的对刀步骤相同。

注意：在刀偏表中只需要输入试切直径和试切长度，各刀的X、Z偏置随后自动产生。

### 五、数控车床的刀具补偿

1. 刀具补偿的概念及意义

刀具补偿：是补偿实际加工时所用的刀具与编程时使用的理想刀具或对刀时使用的基准刀具之间的偏差值，保证加工零件符合图纸要求的一种处理方法。

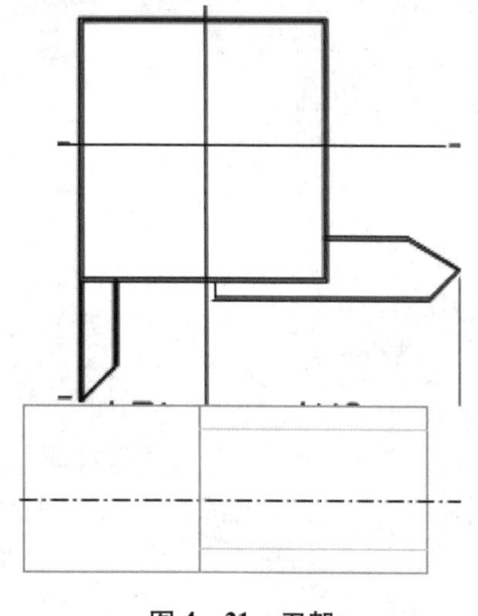

图4－21　刀架

（1）编程时，通常设定刀架上各刀在工作位时，其刀尖位置是一致的，但由于刀具的几何形状、安装不同，其刀尖位置不一致，相对于工件原点的距离不相同，如图4－21所示。

各刀设置不同的工件原点，各刀位置进行比较，设定刀具偏差补偿，可以使加工程序不随刀尖位置的不同而改变。

（2）刀具使用一段时间后会磨损，会使加工尺寸产生误差。如图4－22所示。将磨损量测量获得后进行补偿，可以不修改加工程序。

（3）数控程序一般是针对刀位点，按工件轮廓尺寸编制的，当刀尖不是理想点而是一段圆弧时，会造成实际切削点与理想刀位点的位置偏差。如图4－23所示。

对刀尖圆弧半径进行补偿，可以使按工件轮廓编程不受影响。

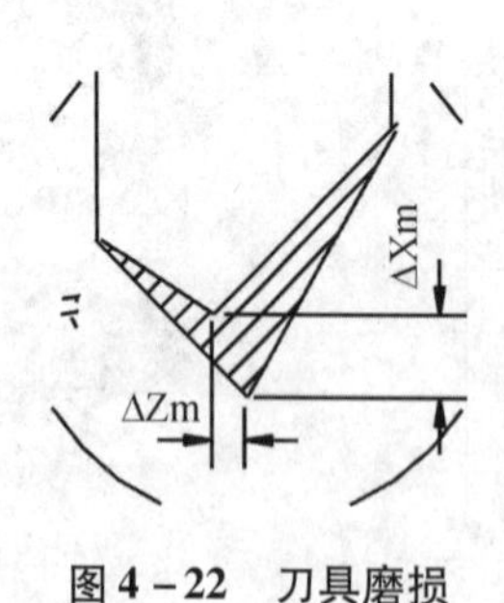


图4－22　刀具磨损

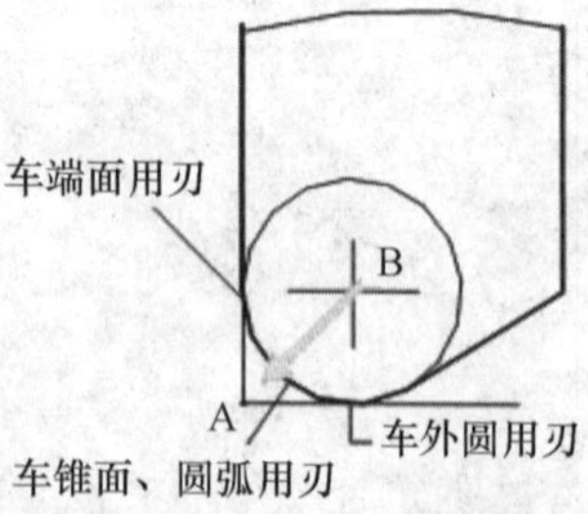

车端面用刃
B
A
车外圆用刃
车锥面、圆弧用刃

图4－23　刀尖圆弧半径偏差

2. 刀具补偿的种类

- 刀具补偿
  - 刀具的几何补偿（T××××实现）
    - 几何位置补偿
    - 磨损补偿
  - 刀尖圆弧半径补偿（G41、G42实现）

（1）几何位置补偿。刀具几何位置补偿是用于补偿各刀具安装好后，其刀位点（如刀尖）与编程时理想刀具或基准刀具刀位点的位置偏移的。如图4－24所示。

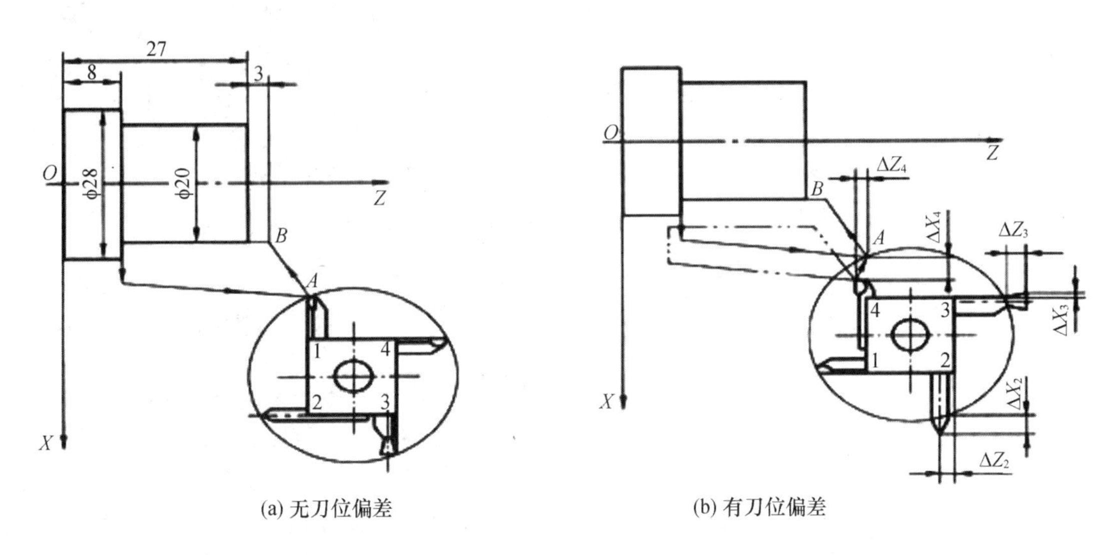

(a) 无刀位偏差　(b) 有刀位偏差

**图4－24　刀位偏差和刀具偏置补偿**

通常是在所用的多把车刀中选定一把车刀作基准车刀，对刀编程主要是以该车刀为准。

（2）磨损补偿。主要是针对某把车刀而言，当某把车刀批量加工一批零件后，刀具自然磨损后而导致刀尖位置尺寸的改变，此即为该刀具的磨损补偿。批量加工后，各把车刀都应考虑磨损补偿（包括基准车刀）。

（3）刀具几何补偿的合成。若设定的刀具几何位置补偿和磨损补偿都有效存在时，实际几何补偿将是这两者的矢量和。

$\Delta X=\Delta X_j+\Delta X_m$，$\Delta Z=\Delta Z_j+\Delta Z_m$

（4）刀具几何补偿的实现。刀具的几何补偿是通过引用程序中使用的T××××来实现的。

过程：将某把车刀的几何偏置和磨损补偿值存入相应的刀补地址中。当程序执行到含T××××程序行的内容时，即自动到刀补地址中提取刀偏及刀补数据。驱动刀架拖板进行相应的位置调整。T XX 00 取消几何补偿。

3. 刀尖圆弧半径补偿

（1）刀具半径补偿的目的。若车削加工使用尖角车刀，刀位点即为刀尖，其编程轨迹和实际切削轨迹完全相同。如图4－25所示。

若使用带圆弧头车刀（精车时），在加工锥面或圆弧面时，会造成过切或少切。

为了保证加工尺寸的准确性，必须考虑刀尖圆角半径补偿以消除误差，如图4－26所示。

由于刀尖圆弧通常比较小（常用r＝0.4～0.6mm），故粗车时可不考虑刀具半径补偿。

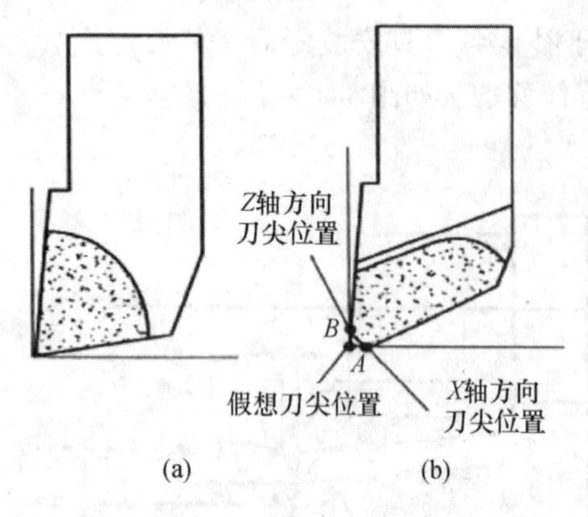


图 4-25　假想刀尖位置

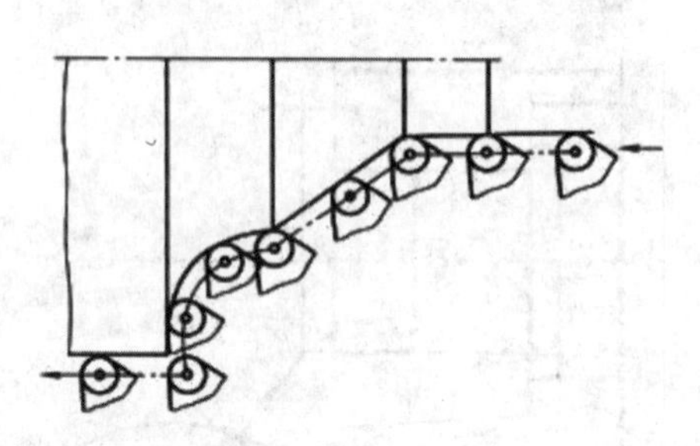

图 4-26　刀具圆弧半径补偿

（2）刀尖圆弧半径补偿的方法。当编制零件加工程序时，不需要计算刀具中心运动轨迹，只按零件轮廓编程；使用刀具半径补偿指令（G41、G42、G40）；在控制面板上手工输入刀具补偿值。

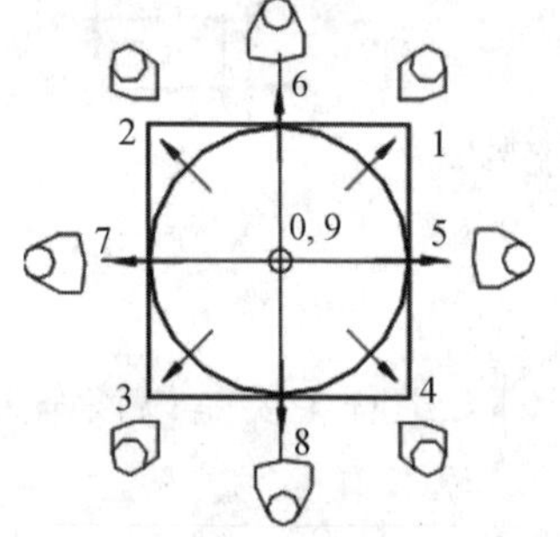


图 4-27　刀具补偿

执行刀补指令后，数控系统便能自动地计算出刀具中心轨迹，并按刀具中心轨迹运动。即刀具自动偏离工件轮廓一个补偿距离，从而加工出所要求的工件轮廓。

刀尖方位的设置：车刀形状很多，使用时安装位置也各异，由此决定刀尖圆弧所在位置；要把代表车刀形状和位置的参数输入数据库中；以刀尖方位码表示。从图 4-27 可知：若刀尖方位码设为 0 或 9 时，机床将以刀尖圆弧中心为刀位点进行刀补计算处理；当刀尖方位码设为 1~8 时，机床将以假想刀尖为刀位点，根据相应的代码方位进行刀补计算处理。

（3）刀具圆弧半径补偿指令。

1）格式：

G41/G42 G00/G01 X（U）_ Z（W）

G40 G00/G01 X（U）_ Z（W）

其中：

X、Z 为 G00/G01 的参数，即建立刀补或取消刀补的终点坐标值。G41 为刀具半径左补偿；G42 为刀具半径右补偿；G40 为取消刀具半径补偿。

2）刀尖圆弧半径补偿偏置方向的判别方法，如图 4-28 所示。

3）注意事项：

①G40、G41、G42 都是模态代码，可相互注销。

②G41/G42 不带参数，其补偿号（代表所用刀具对应的刀尖半径补偿值）由 T 代码指定。其刀尖圆弧补偿号与刀具偏置补偿号对应。

③在建立刀具半径补偿或撤销刀具半径补偿时，移动指令只能用 G01 或 G00，不能用 G02 或 G03。

④工件有锥度、圆弧时，必须在精车的前一程序段建立刀具半径补偿，一般在切入工件时的程序段建立半径补偿。

⑤必须在刀具补偿表中输入该刀具的刀尖半径值，作为刀尖半径补偿的依据。

⑥必须在刀具补偿表中输入该刀具的刀尖方位码，作为刀尖半径补偿的依据。

4）刀具半径补偿过程。刀具半径补偿由补偿开始、补偿进行、补偿撤销三个步骤组成，要注意补偿开始点和撤销点的位置，本示例中均为点（X0，Y0），通常补偿开始点与第一个补偿点（或撤销点与最后一个补偿点）间的距离大于刀具半径，以保证补偿的正常进行，并且不会损伤到加工的轮廓。如图 4－29 所示。

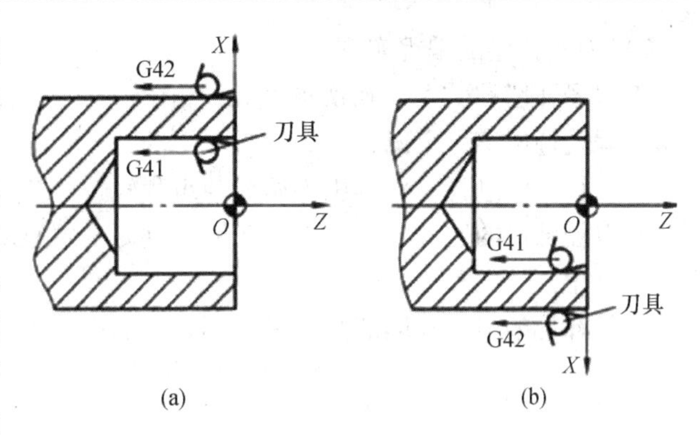


图 4－28　刀尖圆弧半径补偿偏置方向的判别

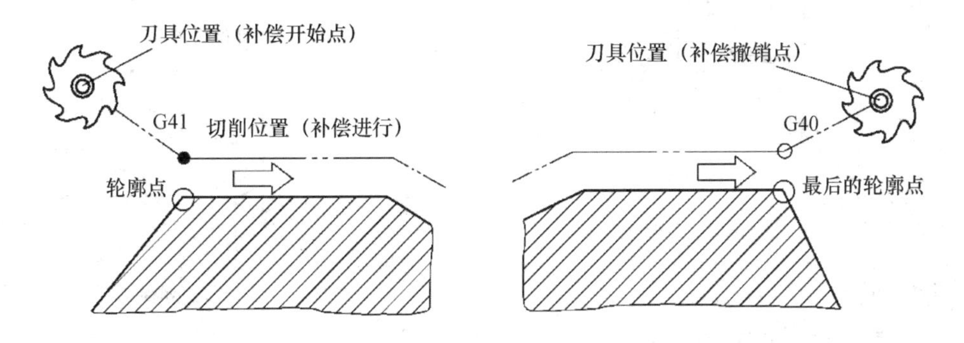


图 4－29　刀具半径补偿的过程

为了保证轮廓在补偿开始和撤销处的加工完好，刀具半径补偿开始与撤销时常增加一段刀具路径，一段直线或一段圆弧，使补偿在刀具进入加工轮廓前就已经建立，刀具能够切向切入轮廓，不会在轮廓上留下进退刀痕。如图 4－30 所示。

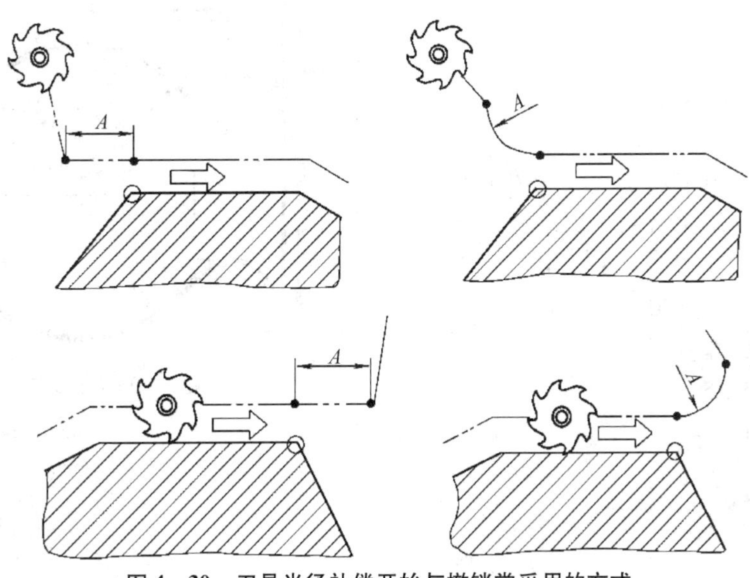


图 4－30　刀具半径补偿开始与撤销常采用的方式

5）刀具补偿的编程实现。

①刀径补偿的引入（初次加载），如图 4－31 所示。刀具中心从与编程轨迹重合过渡到与编程轨迹偏离一个偏置量的过程。

②刀径补偿进行。刀具中心始终与编程轨迹保持设定的偏置距离。

③刀径补偿的取消。如图 4－32 所示。刀具中心从与编程轨迹偏离过渡到与编程轨迹重合的过程。

刀径补偿的引入和取消必须是在不切削的空行程上。

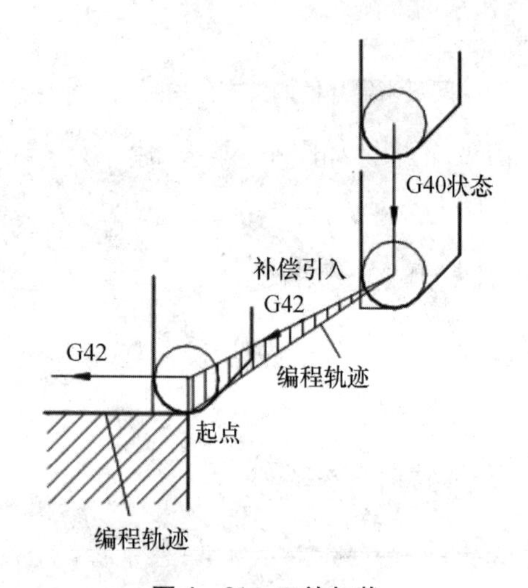


图 4－31　刀补加载

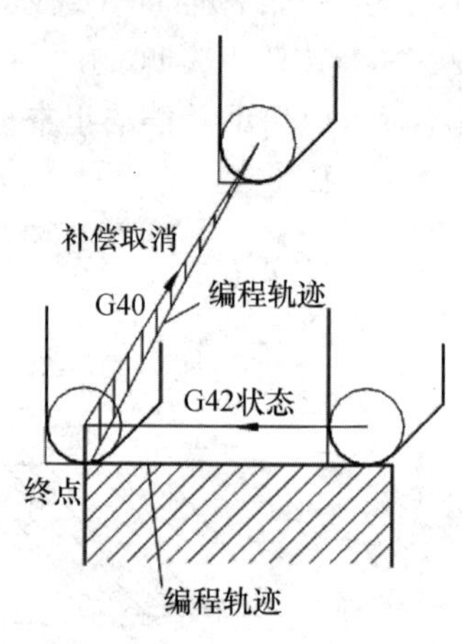


图 4－32　刀补卸载

例 1：编写如图所示工件加工程序。

```
O1111
N1   G50
     X40.0 Z10.0
N2   T0101
N3   M03 S400
N4   G00 X40.0 Z5.0
N5   G00 X0.0
N6   G42 G01 Z0 F60（加刀补）
N7   G03 X24.0 Z－24 R15
N8   G02 X26.0 Z－31.0 R5
N9   G40 G00 X30   （取消刀补）
N10   G00
      X45 Z5
N11   M30
```

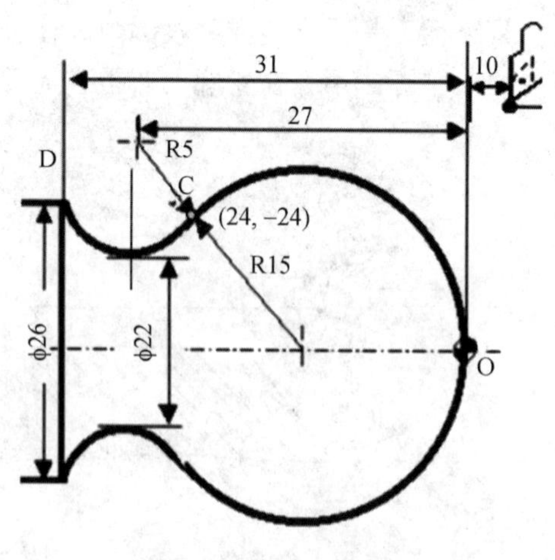


图 4－33　加工工件

## 任务试题

（1）叙述数控车削刀具及切削量选择原则。

（2）常用的数控车削加工工件装夹有哪些方式？其特点是什么？

（3）叙述数控车削对刀及装刀过程，应注意什么？

（4）叙述建立刀具补偿的意义。

（5）各种刀具补偿的实现方法是什么？

（6）G41、G42、G40 指令格式及注意事项是什么？

# 任务三 数控车床程序编制

## 任务目标

（1）熟悉 FANUC 数控系统车削加工常用的加工准备指令及其使用。

（2）熟悉数控车削单一、复合固定循环使用。

（3）熟悉数控车削螺纹切削及子程序使用。

## 基本概念

### 一、设定工件坐标系和工件原点

1. FANUC 系统确定工件坐标系有三种方法

第一种：通过对刀将刀偏值写入参数从而获得工件坐标系。这种方法操作简单，可靠性好，通过刀偏与机械坐标系紧密地联系在一起，只要不断电、不改变刀偏值，工件坐标系就会存在且不会变，即使断电，重启后回参考点，工件坐标系还在原来的位置。

第二种：用 G50 设定坐标系，对刀后将刀移动到 G50 设定的位置才能加工。对到时先对基准刀，其他刀的刀偏都是相对于基准刀的。

第三种：MDI 参数，运用 G54 ~ G59 可以设定六个坐标系，这种坐标系是相对于参考点不变的，与刀具无关。这种方法适用于批量生产且工件在卡盘上有固定装夹位置的加工。

2. FANUC 系统数控车床设置工件原点常用方法

（1）直接用刀具试切对刀。

1）用外圆车刀先试车一外圆，记住当前 X 坐标，测量外圆直径后，用 X 坐标减去外圆直径，所得值输入 Offset 界面的几何形状 X 值里。

2）用外圆车刀先试车一外圆端面，记住当前 Z 坐标，输入 Offset 界面的几何形状 Z 值里。

（2）用 G50 设置工件零点。

1）用外圆车刀先试车一外圆，测量外圆直径后，把刀沿 Z 轴正方向退点，切端面到中心（X 轴坐标减去直径值）。

2）选择 MDI 方式，输入 G50 X0 Z0，启动 START 键，把当前点设为零点。

3）选择 MDI 方式，输入 G0 X150 Z150，使刀具离开工件进刀加工。

4）这时程序开头：G50 X150 Z150……。

5）注意：用 G50 X150 Z150 时，起点和终点必须一致即 X150 Z150，这样才能保证重复加工不乱刀。

6）如用第二参考点 G30，即能保证重复加工不乱刀，这时程序开头 G30 U0 W0 G50 X150 Z150。

7）在 FANUC 系统里，第二参考点的位置在参数里设置，在 Yhcnc 软件里，按鼠标右键出现对话框，按鼠标左键确认即可。

3. 用工件移设置工件零点

（1）在 FANUC0－TD 系统的 Offset 里，有一工件移界面，可输入零点偏移值。

（2）用外圆车刀先试切工件端面，这时 Z 坐标的位置（如 Z200），直接输入偏移值里。

（3）选择“Ref”回参考点方式，按 X、Z 轴回参考点，这时工件零点坐标系即建立。

注意：这个零点一直保持，只有重新设置偏移值 Z0，才清除。

4. 用 G54～G59 设置工件零点

（1）用外圆车刀先试车一外圆，测量外圆直径后，把刀沿 Z 轴正方向退点，切端面到中心。

（2）把当前的 X 轴和 Z 轴坐标直接输入 G54～G59 里，程序直接调用如 G54 X50 Z50……。

注意：可用 G53 指令清除 G54～G59 工件坐标系。

## 二、加工准备类指令

FANUC 系统常用准备功能指令如表 4－5 所示。

**表 4－5 FANUC 系统常用准备功能指令**

| G 指令 | 组别 | 功能 | 程序格式及说明 |
| --- | --- | --- | --- |
| ▲G00 | 01 | 快速点定位 | G00 X（U）__Z（W）__; |
| G01 | | 直线插补 | G01 X（U）__Z（W）__F__ |
| G02 | | 顺时针方向圆弧插补 | G02 X（U）__Z（W）__R__F__; |
| G03 | | 逆时针方向圆弧插补 | G02 X（U）__Z（W）__I__K__F__; |
| G04 | 00 | 暂停 | G04 X__; 或 G04 U__; 或 G04 P__; |
| G20 | 06 | 英制输入 | G20; |
| G21 | | 米制输入 | G21; |
| G27 | 00 | 返回参考点检查 | G27 X__Z__; |
| G28 | | 返回参考点 | G28 X__Z__; |
| G30 | | 返回第 2、3、4 参考点 | G30 P3 X__Z__; 或 G30 P4 X__Z__; |
| G32 | 01 | 螺纹切削 | G32 X__Z__F__;（F 为导程） |
| G34 | | 变螺距螺纹切削 | G34 X__Z__F__K__; |
| ▲G40 | 07 | 刀尖半径补偿取消 | G40 G00 X（U）__Z（W）__; |
| G41 | | 刀尖半径左补偿 | G41 G01 X（U）__Z（W）__F__; |
| G42 | | 刀尖半径右补偿 | G42 G01 X（U）__Z（W）__F__; |
| G50 | 00 | 坐标系设定或主轴最大速度设定 | G50 X__Z__; 或 G50 S__; |
| G52 | | 局部坐标系设定 | G52 X__Z__; |
| G53 | | 选择机床坐标系 | G53 X__Z__; |

续表

| G 指令 | 组别 | 功能 | 程序格式及说明 |
|---|---|---|---|
| ▲G54 | 14 | 选择工件坐标系 1 | G54； |
| G55 | | 选择工件坐标系 2 | G55； |
| G56 | | 选择工件坐标系 3 | G56； |
| G57 | | 选择工件坐标系 4 | G57； |
| G58 | | 选择工件坐标系 5 | G58； |
| G59 | | 选择工件坐标系 6 | G59； |
| G65 | 00 | 宏程序调用 | G65 P__L__<自变量指定>； |
| G66 | 12 | 宏程序模态调用 | G66 P__L__<自变量指定>； |
| ▲G67 | | 宏程序模态调用取消 | G67； |
| G70 | 00 | 精车循环 | G70 P__Q__； |
| G71 | | 粗车循环 | G71 U__R__；<br>G71 P__Q__U__W__F__； |
| G72 | | 端面粗车复合循环 | G72 W__R__；<br>G72 P__Q__U__W__F__； |
| G73 | | 多重车削循环 | G73 U__W__R__；<br>G73 P__Q__U__W__F__； |
| G74 | | 端面深孔钻削循环 | G74 R__；<br>G74 X(U)__Z(W)__P__Q__R__F__； |
| G75 | 00 | 外径/内径钻孔循环 | G75 R__；<br>G75 X(U)__Z(W)__P__Q__R__F__； |
| G76 | | 螺纹切削复合循环 | G76 P__Q__R__；<br>G76 X(U)__Z(W)__R__P__Q__F__； |
| G90 | 01 | 外径/内径切削循环 | G90 X（U）__Z（W）__F__；<br>G90 X（U）__Z（W）__R__F__； |
| G92 | | 螺纹切削复合循环 | G92 X（U）__Z（W）__F；<br>G92 X（U）__Z（W）__R__F__； |
| G94 | | 端面切削循环 | G94 X（U）__Z（W）__F；<br>G94 X（U）__Z（W）__R__F__； |
| G96 | 02 | 恒线速度控制 | G96 S__； |
| ▲G97 | | 取消恒线速度控制 | G97 S__； |
| G98 | 05 | 每分钟进给 | G98 F__； |
| ▲G99 | | 每转进给 | G99 F__； |

注：①标▲的为开机默认指令。②00 组 G 代码都是非模态指令。③不同组的 G 代码能够在同一程序段中指定。如果同一程序段中指定了同组 G 代码，则最后指定的 G 代码有效。④G 代码按组号显示，对于表中没有列出的功能指令，请参阅有关厂家的编程说明书。

模态指令：一经指定就一直有效，直到被同组的 G 代码取消为止。

非模态指令：只在本程序段中有效，下一段程序需要时必须重写。

## 三、单一外形固定循环指令（G90、G94）

数控车削毛坯多为棒料，加工余量较大，需多次进给切除，此时可采用固定循环指令，缩短程序长度，节省编程时间。

单一固定循环 G90、G94，在一个程序段中完成如下循环：

（1）快速进刀—切削加工—切削退刀—快速退刀。

（2）循环完成后刀具回到循环起点。

1. 外径、内径车削循环（G90）

指令格式：

圆柱面车削循环：G90　X（U）_ Z（W）_ F_ 。如图 4－34 所示。

圆锥面车削循环：G90　X（U）_ Z（W）_ R_ F_ 。如图 4－35 所示。

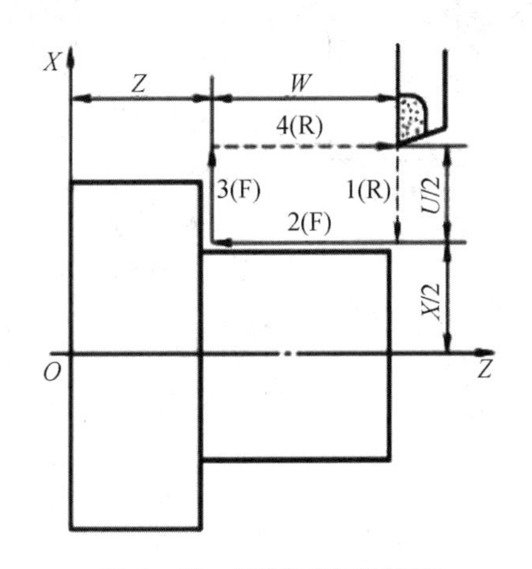


图 4－34　圆柱面车削循环

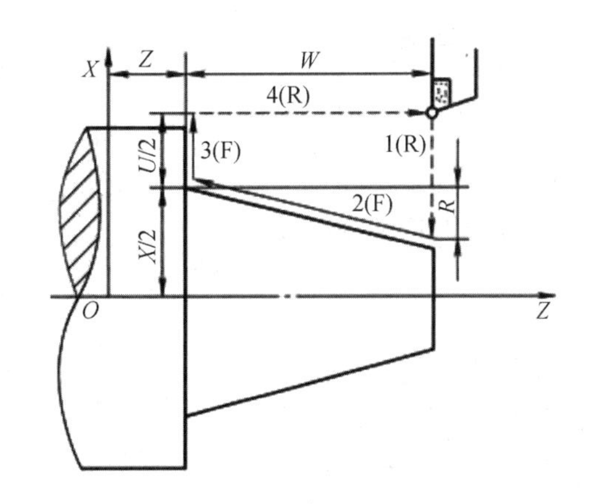


图 4－35　圆锥面车削循环

说明：

1）X、Z 为切削终点绝对坐标，U、W 为切削终点相对于循环起点坐标值的增量。

2）圆锥面车削循环中的 R 表示圆锥体大小端的差，即切削起点与切削终点在 X 轴上的绝对坐标的差值（半径值）。

3）G90 可用来车削外径，也可用来车削内径。

4）G90 是模态代码，可以被同组的其他代码（如 G00、G01 等）取代。

例 2：试用圆柱面切削循环 G90 指令编写如图 4－36 所示工件的加工程序，毛坯为 ϕ50mm 的棒料，只加工 ϕ30mm 外圆至要求尺寸。

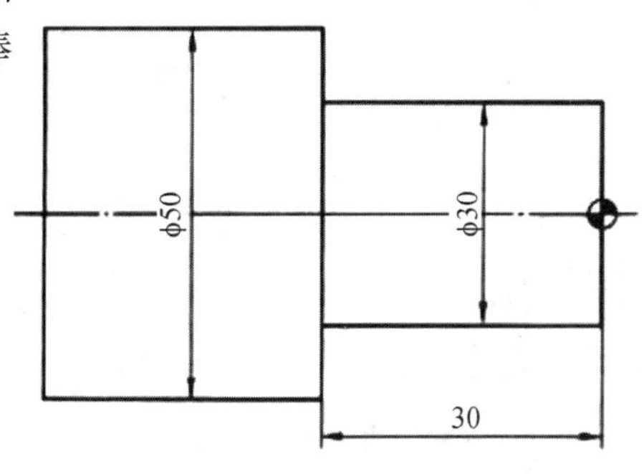


图 4－36　加工工件

```
O0005;
N10 T0101;
N20 M03 S600;
N30 G00 X52.0 Z2.0;
N40 G90 X46.0 Z-30.0 F120;
N50 X42.0;
N60 X38.0;
```

N70 X34.0;

N80 X30.5;

N90 X30.0 F60;

N100 G00 X100.0 Z100.0;

N110 M30;

例3：试用圆锥面切削循环 G90 指令编写如图 4-37 所示工件的加工程序，毛坯为 φ50mm 的棒料，只加工圆锥面至要求尺寸。

O0006;

N10 T0101;

N20 M03 S600;

N30 G42 G00 X52.0 Z0.0;

N40 G90 X50.0 Z-30.0 R-5.0 F120;

N60 X48.0;

N70 X44.0;

N80 X40.5;

N90 X40.0 F60;

N100 G40 G00 X100.0 Z100.0;

N110;

M30;

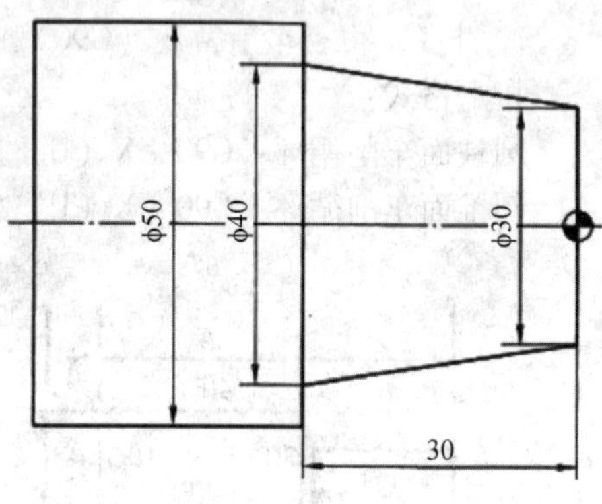


图 4-37　加工工件

2. 端面车削循环（G94）

指令格式：

直端面车削循环：G94 X（U）_ Z（W）_ F_ 。如图 4-38 所示。

锥端面车削循环：G94 X（U）_ Z（W）_ R_ F_ 。如图 4-39 所示。

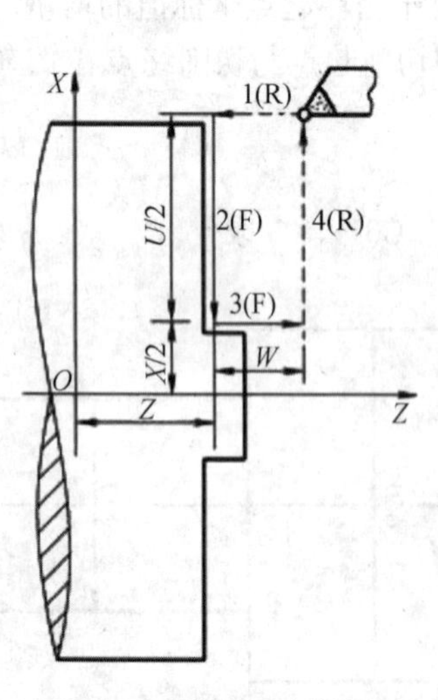


图 4-38　直端面车削循环

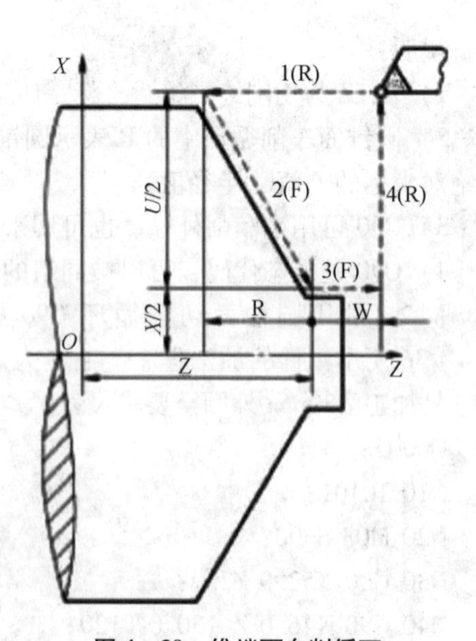


图 4-39　锥端面车削循环

说明：

（1）X、Z 为切削终点绝对坐标，U、W 为切削终点相对于循环起点坐标值的增量。

（2）锥端面车削循环中的 R 表示圆锥体大小端的差，即切削起点与切削终点在 Z 轴上的绝对坐标的差。

（3）G94 是模态代码，可以被同组的其他代码（G00、G01 等）取代。

（4）G90 常用于长轴类零件切削（X 向切削半径小于 Z 向切削长度），G94 一般用于盘类零件切削。

例 4：加工如图 4－40 所示零件。试利用端面切削单一循环指令编写其粗、精加工程序。

```
O0007;
N10 T0101;
N20 M03 S600;
N30 G00 X52.0 Z2.0;
N40 G94 X20.0Z－2.0 F100
N50 Z－4.0;
N60 Z－6.0;
N70 Z－7.5;
N80 Z－8.0 F50;
N90 G00 X100.0 Z100.0;
N100 M30;
```

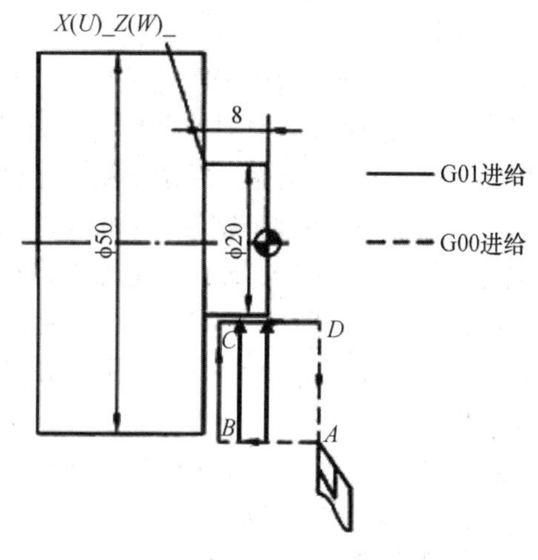


图 4－40　加工工件

例 5：试用斜端面切削循环 G94 指令编写如图 4－41 所示工件的加工程序，毛坯为 φ50mm 的棒料，只加工锥面至要求尺寸。

```
O0006;
N10 T0101;
N20 M03 S600;
N30 G00 X53.0 Z2.0;
N40 G94 X20.0 Z5.0 R－5.5 F100;
N50 Z3.0;
N60 Z1.0;
N70 Z－1.0;
N80 Z－3.0;
N90 Z－4.5;
N100 Z－5.0F50;
N110 G00 X100.0 Z100.0;
N120 M30;
```

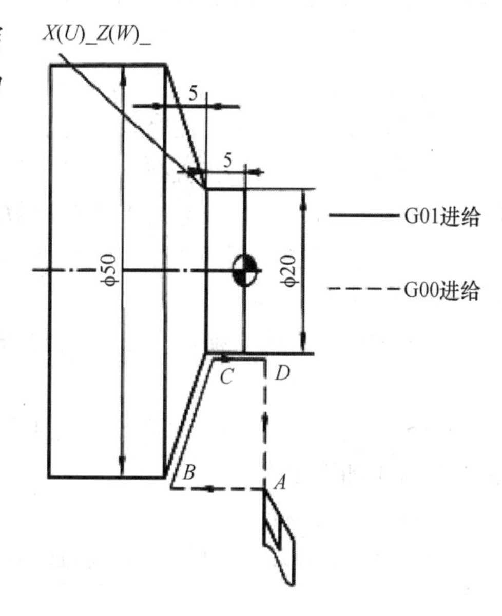


图 4－41　加工工件

## 四、复合固定循环指令（G71、G72、G73、G70）

这类循环功能主要在粗车和多次走刀车螺纹的情况下使用。

利用复合固定循环指令，只要编出最终走刀路线，给出每次切除的余量深度或循环的次数，机床即可自动地重复切削，直到工件完成为止。

1. 外径、内径粗加工循环指令（G71）

格式：G71　UΔd　Re；

G71　P ns　Q nf　UΔu　WΔw　F_ ；

N（ns）……；

……；

N（nf）……；

说明：

（1）G71 指令适用于圆柱毛坯粗车外径和圆筒毛坯粗车内径。程序段内要指定精加工程序段的顺序号、精加工余量、粗加工每次切深、F 功能等，系统会自动计算粗加工路线并完成加工，加工完成后留下精加工余量。

（2）格式中各地址字含义：ns——精加工第一个程序段的顺序号；nf——精加工最后一个程序段的顺序号；Δu——X 轴方向的精加工余量（直径值，加工外径 Δu > 0；加工内径 Δu < 0），一般取 0.2 ~ 0.5mm；Δw——Z 轴方向的精加工余量，一般取 0.1 ~ 0.3mm；Δd——粗加工每次切削的背吃刀量（即切削深度，半径值，无符号），一般取 2mm 或 3mm；e——每次切削循环的退刀量，一般取 1mm 或 2mm。如图 4 – 42 所示。

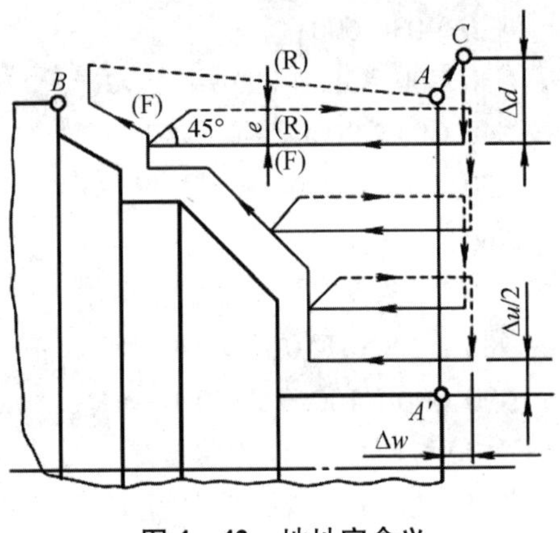

图 4 – 42　地址字含义

注意：

执行 G71 时，ns ~ nf 程序段仅用于计算粗车轮廓，程序段并未被执行。

执行 G71 指令时，包含在 ns ~ nf 程序段中的 F、S、T 功能都不起作用，只有 G71 程序段中或 G71 程序段前设定的 F 功能有效。

ns 程序段只能是不含 Z（W）指令字的 G00、G01 指令，否则报警。即只允许 X 轴移动，G00/G01 X（U）_ 。

加工零件的轮廓必须符合 X、Z 轴方向同时单调递增或单调递减，即不可以有内凹的轮廓外形。

例 6：如图 4 – 43 所示工件，试用 G71 指令编写粗加工程序。

O0001

G99 M03 S600；（主轴正转，转速 600 转/分）

T0101；

G00 X150. Z100. ；

X10 5.　Z5. ；

G71 U2R1 ；（每次切深 2mm，退刀 1mm，半径值）

G71 P1 Q2 U0. 5 W0. 2 F0. 5；（余量 X

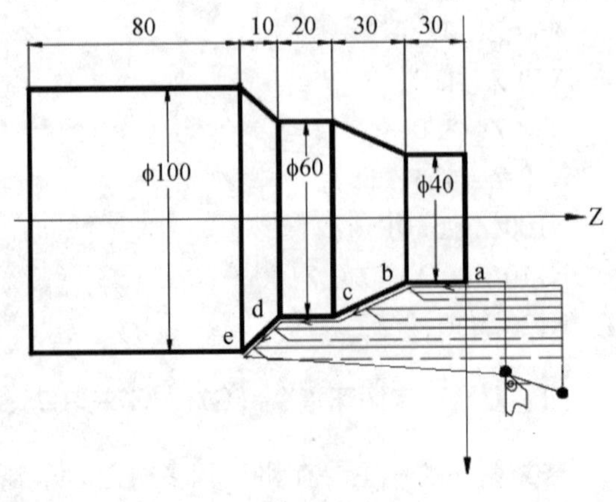

图 4 – 43　加工工件

方向 0.5mm，Z 方向 0.2mm）

N1 G00 X40. ;

G01 Z-30. F0.3；（a→b）

X60. W-30. ;（b→c）

W-20. ;（c→d）

N2 X100. W-10. ;（d→e）

G00 X150. Z100. ;

M05；

M30；

2. 端面粗车循环指令（G72）

格式：G72　WΔd　Re；

　　　G72　P ns　Q nf　UΔu　WΔw　F_ ；

说明：

（1）G71 指令、G72 指令适用于圆柱毛坯料端面方向的加工。

（2）与 G71 指令类似，不同之处就是刀具路径是按径向循环的，即其每次切削平行于 X 轴。

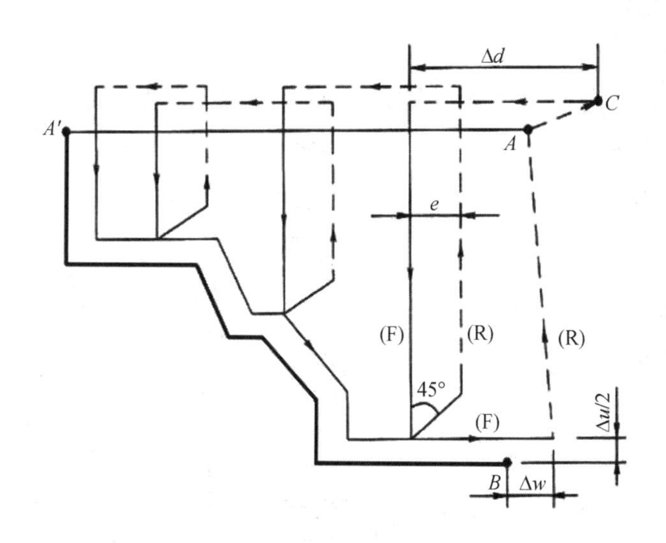


图 4-44　地址字含义

（3）ns 程序段只能是不含 X（U）指令字的 G00、G01 指令，否则报警。即只允许 Z 轴移动，G00/G01　Z（W）_ 。

例 7：编写如图 4-45 所示零件的加工程序，毛坯棒料直径为 φ75。要求切削循环起点在 A（80，1），切削深度为 1.2mm，退刀量为 1mm，X 方向精加工余量为 0.2mm，Z 方向精加工余量为 0.5mm。

O4011

G99 M03 S400；

T0 101；

```
G00 X80.0 Z1.0;
G72 W1.2 R1.0;
G72 P10 Q20 U0.2 W0.5 F0.3;
N10 G00 Z-50.0;
G01 X74.0 F0.1;
X54. 0 Z-40.0;
Z- 30.0
G02 X46.0
Z-26.0R4.0;G01 X30.0;
Z- 15.0;
X14.0;
G03 X10.0 Z- 13.0 R2.0;
G01 Z-2.0;
X6.0 Z0.0;N20 X0.0;
G70 P10 Q20 S800;
G00 X100.0 Z50.0;
M05;
M30;
```

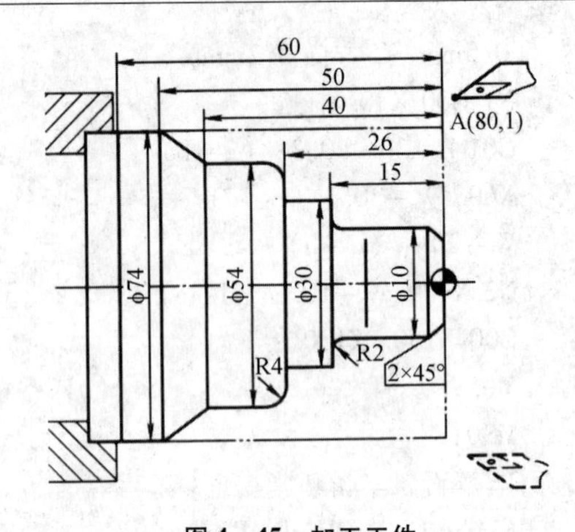


图 4-45　加工工件

例 8：编写如图 4-46 所示零件的加工程序。要求切削循环起点在 A（6，3），切削深度为 1.2mm，退刀量为 1mm，X 方向精加工余量为 0.2mm，Z 方向精加工余量为 0.5mm。

```
O2020
T0101;
G98 M03 S400;
G00 X6.0 Z3.0;
G72 W1.2 R1.0;
G72 P10 Q20 U-0.2 W0.5 F50.0;
N10 G00 G42 Z-61.0;
G01 X8.0 Z-60.0 F30.0;X12.0 Z-58.0
Z-47.0;
G03 X16.0
Z-45.0 R2.0;G01 X30.0;
Z-34.0;
X46.0;
G02 X54.0 W4.0 R4.0;
G01 Z-20.0;
X74.0 Z-10.0;
N20 Z0.0;
S800;
G70 P10 Q20;
```

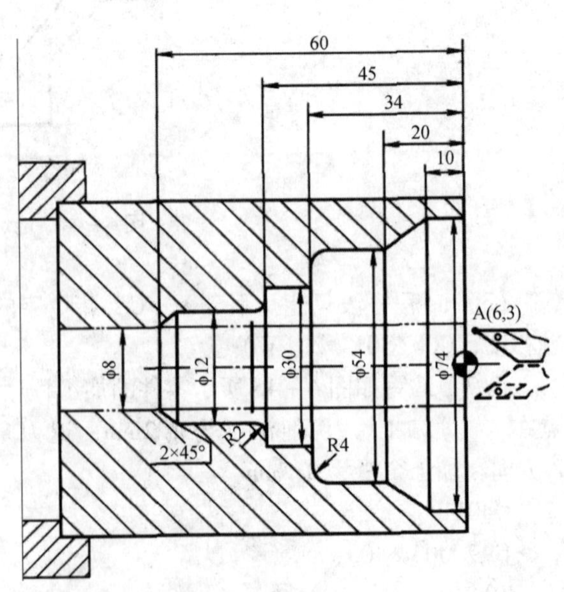


图 4-46　加工工件

G40 G00 Z50.0;

X100.0;

M05;

M30;

3. 固定形状粗车循环指令（G73）

格式：G73 UΔi　WΔk　R d;

G73Pns　Qnf　UΔu　WΔwF_ ;

N（ns）……;

……;

N（nf）……;

说明：

（1）G73 指令又称仿形循环，其刀具路径是按工件精加工轮廓进行循环的。

（2）格式中各地址字含义（见图 4－47）。ns——精加工第一个程序段的顺序号；nf——精加工最后一个程序段的顺序号；Δu——X 轴方向的精加工余量（直径值，加工外径 Δu＞0；加工内径 Δu＜0），一般取 0.2～0.5mm；Δw——Z 轴方向的精加工余量，一般取 0.1～0.3mm；Δi——X 轴方向的总退刀量（半径值），即总切削余量，单位 mm；Δk——Z 轴方向的总退刀量，单位 mm；d——重复加工的次数，如 R5 表示 5 次切削完成封闭切削循环。

注意：

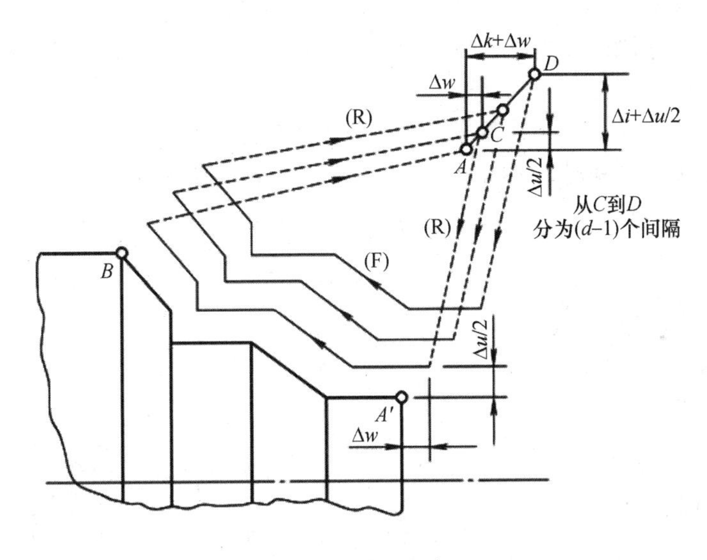


**图 4－47　地址字含义**

执行 G73 时，ns～nf 程序段仅用于计算粗车轮廓，程序段并未被执行。

执行 G73 指令时，包含在 ns～nf 程序段中的 F、S、T 功能都不起作用，只有 G71 程序段中或 G71 程序段前设定的 F 功能有效。

零件形状无单调性要求。

ns 程序段中对 X、Z 轴方向移动指令不作要求。

例9：已钻好直径30的孔，如图4－48所示，用G73编写程序。

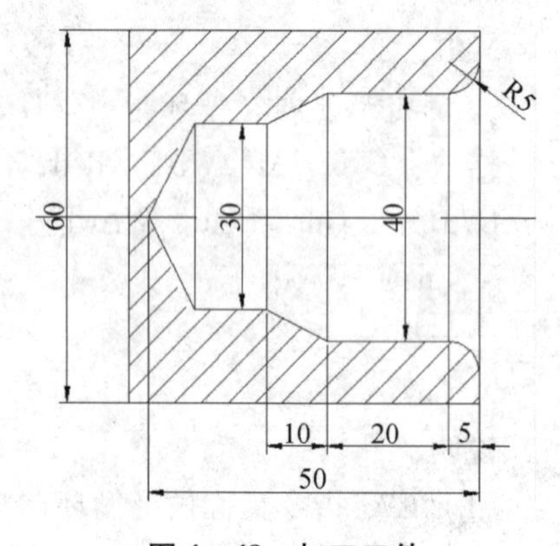

图4－48　加工工件

```
O0001
G99 M03 S600;
T0101;
G00 X28. Z2.;
G73 U－10. R5;
G73 P1 Q2 U－0.5 W0.3 F0.5;
N1 G00 X50.;
G01 Z0.;
G02 X40. Z－5. R5.;
G01 Z－25.;
X30. W－10.;
N2 G01 X28.;
G70 P1 Q2 S900 F0.1;
G00 X100. Z100.;
M05;
M30;
```

4. 精加工循环指令（G70）

格式：G70　P ns Qnf；

G70为执行G71、G72、G73粗加工循环以后的精加工循环。

在G70指令程序段内要给出精加工第一个程序段的序号ns和精加工最后一个程序段的序号nf。

刀具从起刀点沿着ns～nf程序段给出的精加工轨迹进行精加工。

执行G70精加工循环时，ns～nf程序段中的F、S、T指令有效。

```
,,,,,,G71/G72/G73……;
N_(ns)……  ┐
.F         │
 ·S        ├精加工路线程序段
 ·         │
N_(nf)……  ┘
……
G70　P(ns)Q(nf);
……
```

例10：已钻好直径10的孔，如图4－49所不。用G71、G70编写程序。

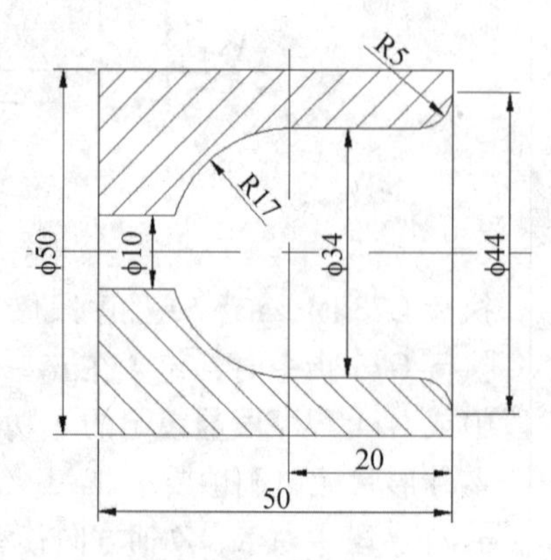

图4－49　加工工件

```
O0001
G99 M03 S600;
T0101;
G00 X8. Z2.;
G71 U2. R1.;
```

```
G71 P1 Q2 U-0.5 W0.3 F0.5;
N1 G00 X44.;
G01 Z0.;
G02 X34. Z-5. R5.;
G01 Z-20.;
G03 X0. Z-37. R17.;
N2 G01 X8.;
G70
P1 Q2 S900 F0.1;
G00 X100. Z100.;
M05;
M30;
```

## 五、螺纹切削（G92、G76）

### 1. 螺纹切削单一循环指令（G92）

该指令用于等螺距直螺纹、锥螺纹。

（1）格式：

1）直螺纹格式：

G92 X（U）Z（W）F

2）锥螺纹格式：

G92 X（U）Z（W）R　F

（2）说明：

1）X（U）、Z（W）是螺纹终点的绝对（相对）坐标。

2）F是螺纹螺距，导程=螺距×头数。如图4-50所示。

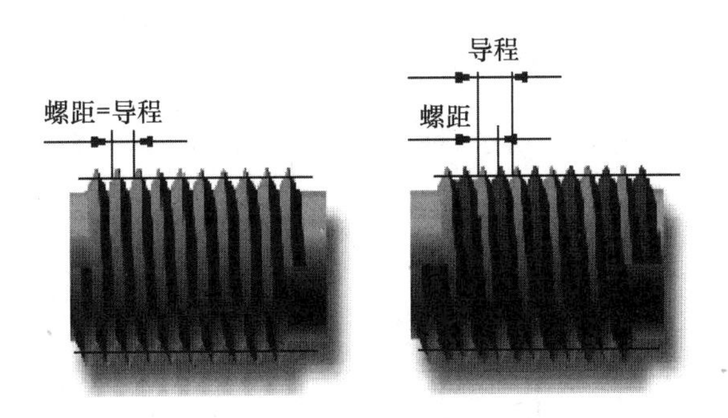


**图4-50　导程与螺距关系**

3）R是螺纹起点半径与终点半径之差，有正负号。

4）G92轨迹与G90直线车削循环类似。

5）刀具加工完停留位置。每加工完一个程序段，刀具都回到起点位置，再切削下一个程序段。如图4-51所示。

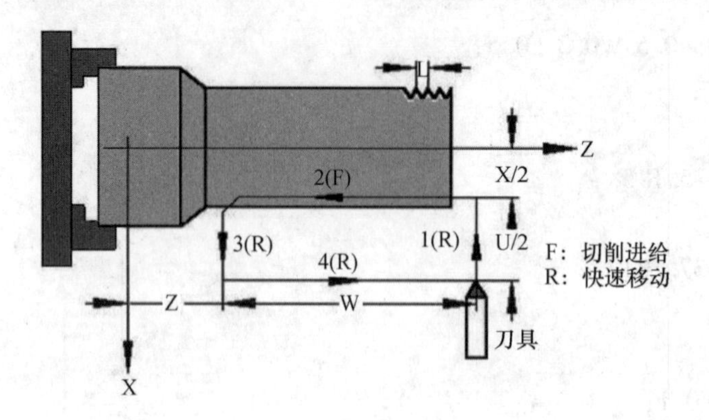


图 4－51　G92 螺纹循环切削

（3）常用螺纹切削的进给次数与背吃刀量，如表 4－6 所示。

表 4－6　常用螺纹切削的进给次数与背吃刀量（米制、双边，mm）

| 螺距 | | 1.0 | 1.5 | 2.0 | 2.5 | 3.0 | 3.5 | 4.0 |
|---|---|---|---|---|---|---|---|---|
| 牙深 | | 0.649 | 0.974 | 1.299 | 1.624 | 1.949 | 2.273 | 2.598 |
| 背吃刀量及切次数 | 1 次 | 0.7 | 0.8 | 0.9 | 1.0 | 0.2 | 1.5 | 1.5 |
| | 2 次 | 0.4 | 0.6 | 0.6 | 0.7 | 0.7 | 0.7 | 0.8 |
| | 3 次 | 0.2 | 0.4 | 0.6 | 0.6 | 0.6 | 0.6 | 0.6 |
| | 4 次 | | 0.16 | 0.4 | 0.4 | 0.4 | 0.6 | 0.6 |
| | 5 次 | | | 0.1 | 0.4 | 0.4 | 0.4 | 0.4 |
| | 6 次 | | | | 0.15 | 0.4 | 0.4 | 0.4 |
| | 7 次 | | | | | 0.2 | 0.2 | 0.4 |
| | 8 次 | | | | | | 0.15 | 0.3 |
| | 9 次 | | | | | | | 0.2 |

例 11：加工如图 4－52 所示螺栓零件，毛坯为 ϕ30mm 的棒料。

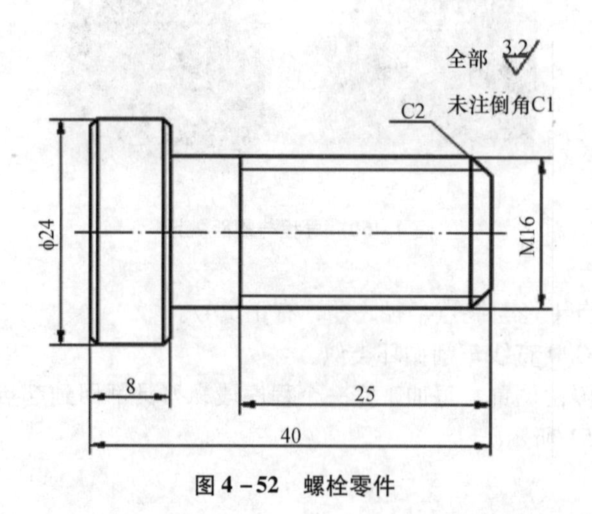


图 4－52　螺栓零件

已知：D＝16，P＝2，求外螺纹小径 $d_1$。

$d_1 = D - 1.3P = 16 - 1.3 \times 2 = 13.4$（mm）

```
O1192
……
M03 S200 T0202;
G0 X18 Z3 ;
G92 X15.1 Z-27 F2;(车螺纹)
X14.6;
X14.1;
X13.8;
X13.6;
X13.5;
X13.4;
G0
X100 Z100;
M5;
M0;
```

2. 螺纹固定循环指令（G76）

G76 指令较 G92 指令简捷，可节省程序设计与计算时间，只需指定一次有关参数，则螺纹加工过程自动进行。如图 4－53 所示为复合螺纹切削循环的刀具加工路线。

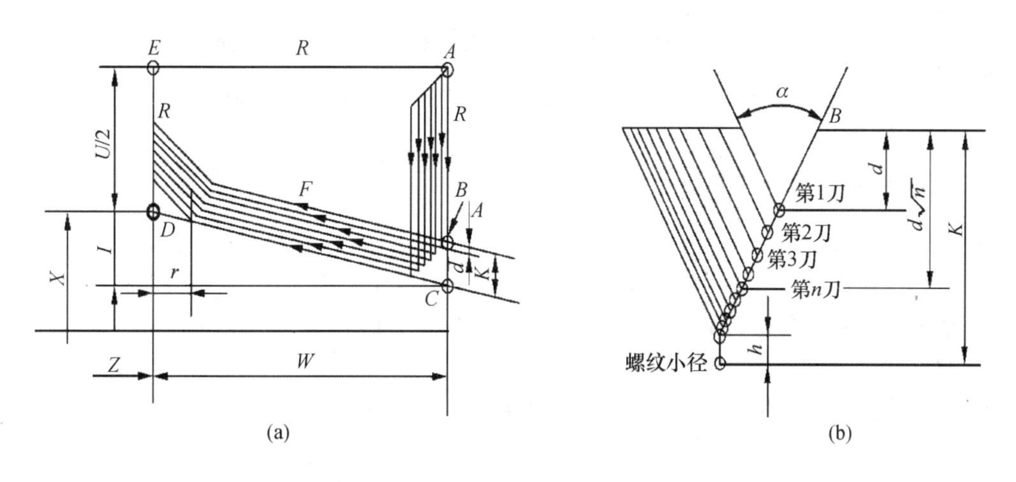


图 4－53　螺纹切削多次循环示例

指令格式：

G76 P（m）（r）（α）　Q（Δdmin）　R（d）;

G76　X（U）　Z（W）　R（i）P（k）Q（Δd）F（L）

说明：

m：精车重复次数，01～99，用两位数表示，该参数为模态量。

r：螺纹尾端倒角值，该值的大小可设置在 0.0～9.9L，系数应为 0.1 的整倍数，用 00～99 的两位整数来表示，其中 L 为导程，该参数为模态量。

α：刀尖角度，可从80°、60°、55°、30°、29°、0六个角度中选择，用两位整数来表示，该参数为模态量。

m、r、α用地址P同时指定，例如，m=2，r=1.2L，α=60°，表示为P021260。

Δdmin：最小车削深度，用半径编程指定，单位：微米。车削过程中每次的车削深度为（$\Delta d\sqrt{n}-\Delta d\sqrt{n-1}$），当计算深度小于此极限值时，车削深度锁定在这个值，该参数为模态量。

d：精车余量，用半径编程指定，单位：微米，该参数为模态量。

X（U）、Z（W）：螺纹终点绝对坐标或增量坐标。

i：螺纹锥度值，用半径编程指定。如果i=0则为直螺纹，可省略。

k：螺纹高度，用半径编程指定，单位：微米。

Δd：第一次车削深度，用半径编程指定，单位：微米。

L：螺纹的导程。

例12：用G76指令加工螺纹程序，如图4-54所示为零件轴上的一段直螺纹，螺纹高度为3.68mm，螺距为6mm，螺纹尾端倒角值为1.0L，刀尖角为60°，第一次车削深度1.8mm，最小车削深度0.1mm。

……

N15 G00 X80 Z2

N16 G76 P011060 Q100 R200

N17 G76 X60.64 Z-120 P3680 Q1800 F6

……

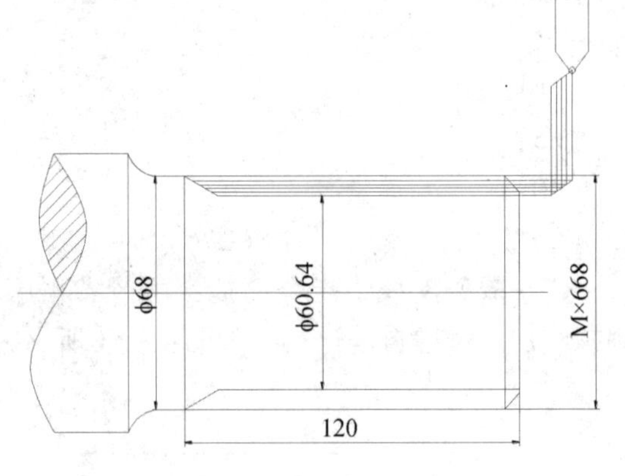

图4-54 加工工件

## 六、子程序

1. 子程序的概念

一组程序段在一个程序中多次出现，或者在几个程序中都要使用，我们将这样一组程序段单独加以命名，做成固定的程序，这组程序段称为子程序。

说明：

（1）子程序一般不可以作为独立的加工程序使用。只能通过主程序进行调用，实现加工中的局部动作。

（2）子程序结束后，能自动返回调用它的主程序中。

2. 子程序的调用格式

格式一：M98 P××××L××××；

例1：M98 P100 L5；

例2：M98 P100；

说明：

（1）P后面的四位数字为子程序号，L后面的数字表示重复调用次数，且P、L后面的四位数中前面的0可以省略不写。

（2）如只调用一次，则L及后面的数字可省略。

格式二：M98 P × × × × × × × ×

例3：M98 P50010；

例4：M98 P0500；

说明：

（1）地址P后面的八位数字中，前四位表示调用次数，后四位表示子程序号。

（2）调用次数前的0可以省略不写，但子程序号前的0不可省略。

3. 子程序的嵌套

为了进一步简化加工程序，可以允许子程序在调用另一个子程序，这一功能称为子程序的嵌套。

当主程序调用子程序时，该子程序被认为是一级子程序，FANUC O系统中的子程序允许4级嵌套。FANUC 0T/18T系统中，只能有2级嵌套。如图4－55所示。

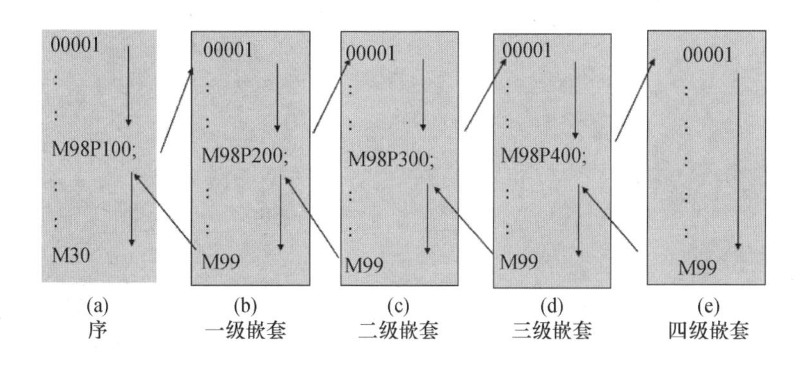


图4－55 子程序嵌套

例13：加工如图所示零件，已知毛坯直径φ32mm，长度为50mm，1号刀为外圆车刀，2号刀为切断刀，其宽度为2mm，其加工程序如下：

主程序：

```
O0010
N10 G50 X150.0 Z100.0
N20 G50 S1800
N30 G00 G96 S150 T0101
N40 M03
N50 M08
N60 X35.0 Z0
N70 G98 G01 X0. F100(车右端面)
N80 G00 Z2.0
N90 X30.0
N100 G01 Z-40.0 F100(车外圆)
N110 G00 X150.0 Z100.0 T0202
N120 X32.0 Z0
N130 M98 P0031008(切三槽)
```

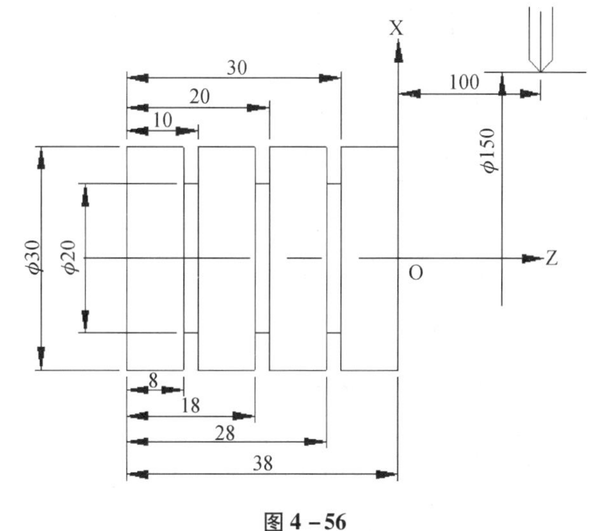


图4－56

```
N140 G00W -100
N150 G01 X0 F60(切断)
N160 G04 X2.0(暂停 2S)
N170 G00 X150. Z100.0
N180 M30
子程序:
O1008
N300 G00 W -10.0
N310 G98 G01U -12.0 F60
N320 G04 X1.0
N330 G00 U12.0
N340 M99
```

## 任务试题

综合练习，如图所示。

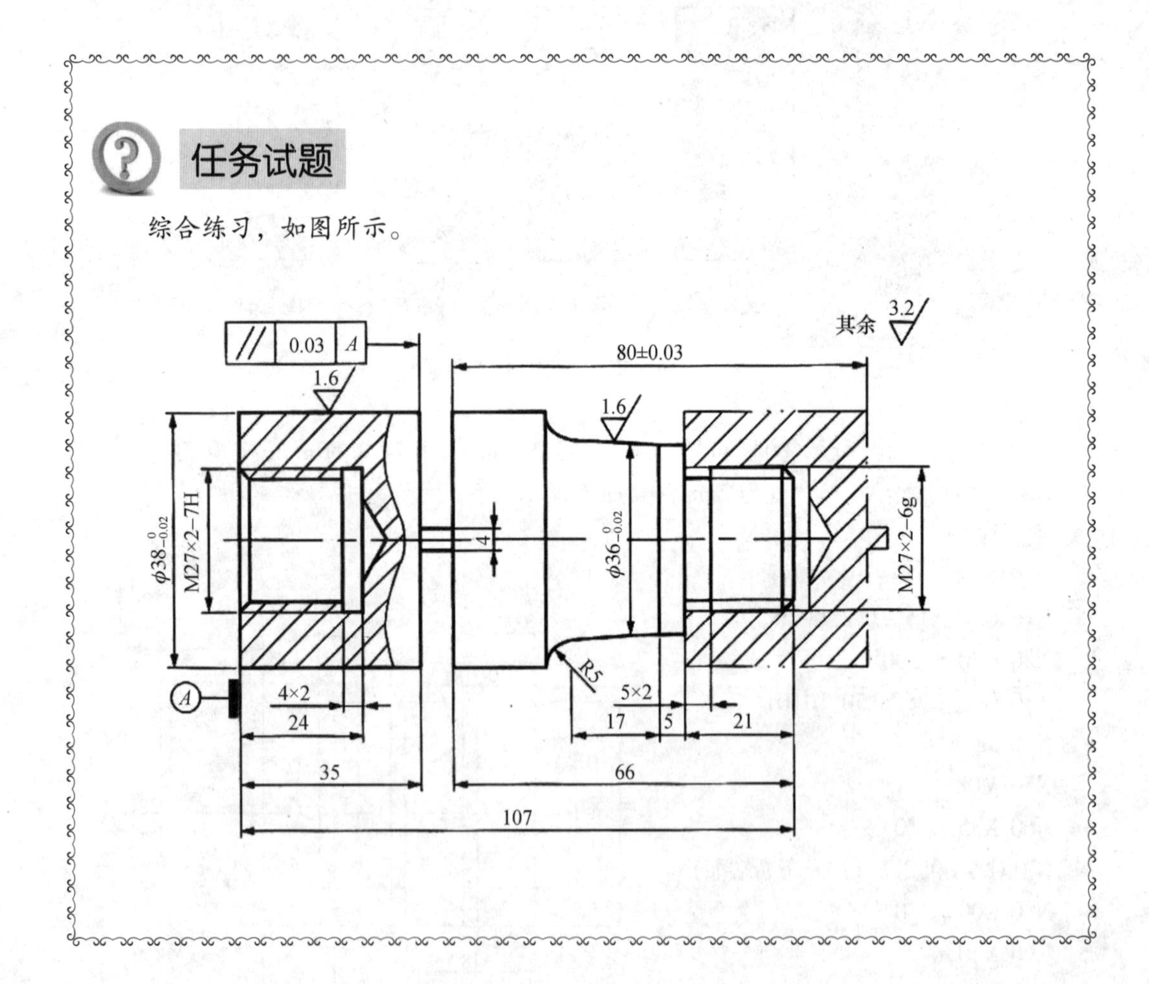

# 任务四　数控车床操作

## 任务目标

（1）熟悉FANUC数控系统车床操作。

（2）熟悉HNC21/22T数控系统车床操作。

（3）熟悉数控车床日常维护及安全操作。

## 基本概念

### 一、FANUC 0i系统数控车床的操作

（一）数控车床操作面板

数控车床操作面板是由CRT/MDI操作面板和用户操作键盘组成。对于CRT/MDI操作面板只要数控系统相同，都是相同的，对于用户操作面板，由于生产厂家不同而有所不同，主要是按钮和旋钮设置方面有所不同。

1. CRT/MDI操作面板

CRT/MDI操作面板是由CRT显示部分和MDI键盘构成，如图4－57所示。

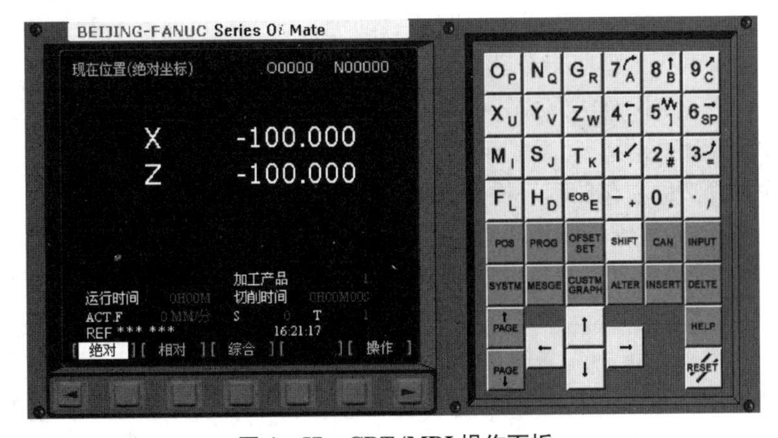


图4－57　CRT/MDI操作面板

2. 用户操作面板

用户操作面板的结构，如图4－58所示。

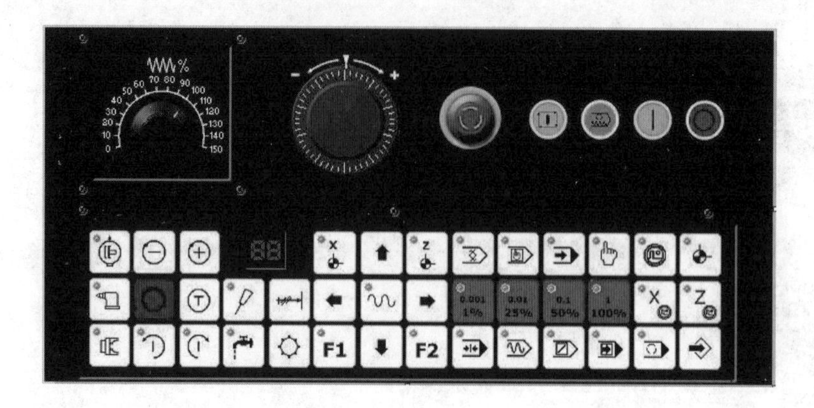

图 4－58　用户操作面板

3. 机床基本操作

这六个键是操作方式的选择键，用于选择机床的六种操作方式。任何情况下，仅能选择一种操作方式，被选择方式的指示灯亮。

（1）编辑（EDIT）方式。编辑方式是输入、修改、删除、查询、检索工件加工程序的操作方式。在输入、修改、删除程序操作前，将程序保护开关打开。在这种方式下，工件程序不能运行。

（2）手动数据输入（MDI）方式。MDI 方式主要用于两个方面：一是修改系统参数；二是用于简单的测试操作，即通过数控系统（CNC）键盘输入一段程序，然后按循环启动键执行。其操作步骤如下：

1）按 MDI 键，该键指示灯亮，进入 MDI 操作方式。

2）按 PROG 键。

3）按 PAGE 键，显示出左上方带 MDI 的画面。

4）通过 CNC 字符键盘输入数据的指令字，按 INPUT 键，在显示屏右半部分将显示出所输入的指令字。

5）待全部指令字输入完毕后，按循环启动键，该键指示灯亮，程序进入执行状态，执行完毕后，指示灯灭，程序指令随之删除。

（3）自动操作（AUTO）方式。自动操作方式是按照程序的指令控制机床连续自动加工的操作方式。自动操作方式所执行的程序在循环启动前已装入数控系统的存储器内，所以这种方式又称为存储程序操作方式。其基本步骤如下：

1）按自动操作方式键，选择自动操作方式。

2）选择要执行的程序。

3）按下循环启动键，自动加工开始。程序执行完毕，循环启动指示灯灭，加工循环结束。

（4）手动操作（JOG）方式。按下手动操作方式键，该键的指示灯亮，机床进入手动操作方式。这种方式下可以实现所有手动功能的操作，如主轴的手动操作，手动选刀，冷却液开关，X、Z 轴的点动等。

（5）手摇脉冲（HANDLE）进给方式。按下手摇脉冲键，该键的指示灯亮，机床处于手摇脉冲进给操作方式。操作者可以使用手轮（手摇脉冲发生器）控制刀架前后、左右移动。其速度快慢随意调节，非常适合近距离对刀等操作。其基本步骤如下：

1）根据需要选择手摇脉冲倍率×1、×10、×100中的一个按钮，被选的倍率指示灯亮，这样手轮每刻度当量值就得以确定。手摇脉冲倍率×1、×10、×100对应值分别是0.001mm、0.01mm和0.1mm。

2）选择手轮进给轴（X轴或Z轴）。

3）顺时针或逆时针方向摇手轮。

（6）返回参考点（ZRN）方式。按返回参考点键，键的指示灯亮，机床处于返回参考点方式操作方式。其基本步骤如下：

1）按返回参考点键，键的指示灯亮。

2）按下“+X”轴的方向选择按钮不松开，直到指示灯亮。

3）按下“+Z”轴的方向选择按钮不松开，直到指示灯亮。

（7）循环启动与进给暂停。

1）循环启动键在自动操作方式和手动数据输入方式（MDI）下都用它启动程序的执行。在程序执行期间，其指示灯亮。

2）进给暂停键在自动操作和MDI方式下，在程序执行期间，按下此键，其指示灯亮，程序执行被暂停。在按下循环启动键后，进给暂停键指示灯灭，程序继续执行。

（8）进给倍率调整开关。在程序运行期间，可以随时利用这个开关对程序中给定的进给速度进行调整，以达到最佳的切削效果。调节范围：0%～150%，但进给倍率开关正常不能放在零位。

（9）机床锁紧操作。按下此键，键的指示灯亮，机床锁紧状态有效。再按一次，键的指示灯灭，机床锁紧状态解除。

在机床锁紧状态下，手动方式的各轴移动操作（点动、手摇进给）只能是位置显示值变化，而机床各轴不动。但主轴、冷却、刀架照常工作。

在机床锁紧状态下，自动和MDI方式下的程序照常运行，位置显示值变化，而机床各轴不动。但主轴、冷却、刀架照常工作。

（10）试运行（空运行）操作。试运行操作是在不切削的条件下试验、检查新输入的工件加工程序的操作。为了缩短调试时间，在试运行期间进给速率被系统强制到最大值上。其操作步骤如下：

1）选择自动方式，调出要试验的程序。

2）按下试运行键，键上指示灯亮，机床试运行状态有效。

3）按下循环启动键，该键指示灯亮，试运行操作开始执行。

（11）程序段任选跳步操作。按下此键，键的指示灯亮，程序段任选跳步功能有效。再按一次，键的指示灯灭，程序段任选跳步功能无效。

在自动操作方式下，在程序段任选跳步功能有效期间，凡在程序段号N前冠有“/”符号（删节符号）的程序段，全部跳过不执行。但在程序段任选跳步功能无效期间，所有的程序段全部照常执行。

用途：在程序中编写若干特殊的程序段（如试切、测量、对刀等），将这些程序段号N前冠“/”符号，使用此程序段跳过功能可以控制机床有选择地执行这些程序段。

（12）单程序段操作。在自动方式下，按下此操作键，键的指示灯亮，单程序段功能有效。再按一下此键，其指示灯灭，单程序段功能撤销。在程序连续运行期间允许切换单程序段功能键。

在自动方式下单程序段功能有效期间，每按一次循环启动键，仅执行一段程序，执行完就停下来，再按下循环启动键，又执行下一段程序。

用途：主要用于测试程序。可根据实际情况，同时运行机床锁紧、程序段跳过功能的组合。

（13）紧急停止操作。在机床的操作面板上有一个红色蘑菇头急停按钮，如果发生危险情况，立即按下急停按钮，机床全部动作停止并且复位，该按钮同时自锁，当险情或故障排除后，将该按钮顺时针旋转一个角度即可复位。

（二）数控车床操作方法

1. 数控车床操作流程

（1）开机。开机的步骤如下：

1）合上数控车床电气柜总开关，机床正常送电。

2）接通操作面板电按钮，给数控系统上电。

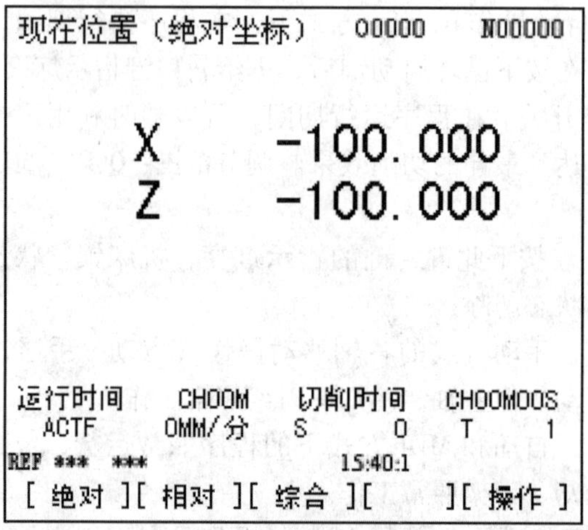

现在位置（绝对坐标） O0000 N00000

X -100.000
Z -100.000

运行时间 CHOOM 切削时间 CHOOMOOS
ACTF OMM/分 S 0 T 1
REF *** *** 15:40:1
[ 绝对 ][ 相对 ][ 综合 ][ ][ 操作 ]

图4-59 启动画面

（2）返回参考点操作。正常开机后，首先应完成返回参考点操作。因为机床断电后就失去对各坐标轴位置的记忆，所以接通电源后，必须让各坐标轴返回参考点。

机床返回参考点后，要通过手动操作（JOG）方式，分别按下“方向键”中X轴负向键和Z轴负向键，使刀具回到换刀位置附近。

（3）车床手动操作。通过数控车床面板的手动操作，可以完成主轴旋转、进给运动、刀架转位、冷却液开/关等动作，检查机床状态，保证机床正常工作。

（4）输入工件加工程序。选择编辑方式（EDIT）和功能键（PROG）进入加工程序编辑画面，按照系统要求完成加工程序的输入，并检查输入无误。

（5）刀具和工件装夹。根据加工要求，合理选择加工刀具，刀具安装时，要注意刀具伸出刀架的长度。选择合适工装夹具，完成工件的装夹，并用百分表等进行找正。

（6）对刀。手动选择各刀具，用试切法或对刀仪测量各刀的刀补，并置入程序规定的刀补单位，注意小数点和正负号。

根据加工程序需要，用 G50 或 G54 设定工件坐标系。

（7）程序校验。程序校验常用的方法有机床锁紧和机床空运行两种。

1）选择自动运行模式，按下机床锁紧和单步运行按钮，在按下循环启动按钮，这样可以逐步检查编辑输入的程序是否正确无误。

2）程序校验还可以在空运行状态下进行，但检查的内容与机床锁紧方式是有区别的。机床锁紧运行主要用于检查程序编制是否正确，程序有无编写格式错误等；而机床空运行主要用于检查刀具轨迹是否与要求相符。另外，在实际应用中通常还加上图形显示功能，在屏幕上绘出刀具的运动轨迹，对程序的校验非常有用。

（8）首件试切。程序校验无误后，装夹好工件，选自动方式，选择适当的进给率和快速倍率，按循环启动键，开始自动加工。首件试切时应选较低的快速倍率，并利用单步运行功能，可以减少程序和对刀错误引发的故障。

（9）工件加工。首件加工完成后测量各加工部位尺寸，修改各刀具的刀补值，然后加工第二件，确认无误后恢复快速倍率 100%，加工全部工件。

2. 数控车床对刀

数控车床车削加工过程中，首先要确定零件的加工原点，以建立准确的工件坐标系；其次要考虑刀具不同尺寸对加工影响，这些都需要通过对刀来解决。

（1）刀位点。刀位点是指在编制程序和加工时，用于表示刀具特征的点，也是对刀和加工的基准点。数控车刀的刀位点如图 4－60 所示。对于尖形刀具，刀位点一般为刀具刀尖，对于圆弧刀具刀位点在圆弧的圆心。

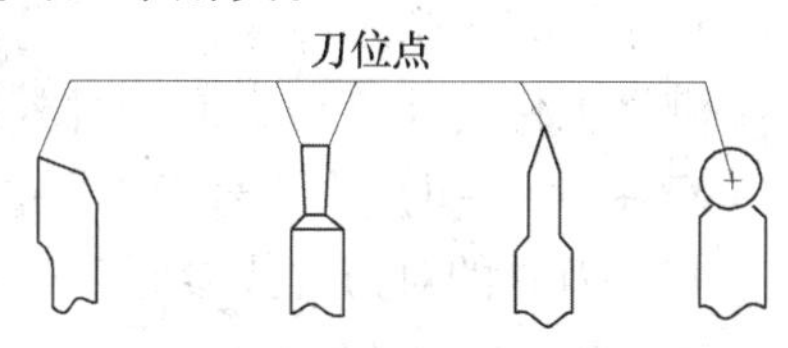


**图 4－60　数控车刀的刀位点**

（2）刀具补偿。刀具补偿包括刀具偏置（几何）补偿、刀具磨耗补偿、刀尖圆弧半径补偿。刀具补偿画面如图 4－61 所示。由于刀具的几何形状和安装位置不同产生的刀具补偿称为刀具偏置补偿，系统画面为“形状”。由刀尖磨损产生的刀具补偿称为刀具磨耗补偿，系统画面为“磨耗”。

（3）刀具偏置补偿。刀具偏置补偿可使加工程序不随刀尖位置不同而改变。刀具偏置补偿有两种形式，即相对补偿形式和绝对补偿形式。

1）相对补偿形式及其对刀。

①相对补偿形式。刀具偏置相对补偿形式如图 4－62 所示。在对刀时，通常先确定一把基准刀具，并以其刀尖位置 A 点为依据建立工件坐标系。当其他各把刀转到加工位置时，刀尖位置 B 相对于基准刀尖位置 A 就会出现偏置，原来建立的工件坐标系就不再适用，因此应对这些非基准刀具相对于基准刀具之间的偏置值 ΔX、ΔZ 进行补偿，使得刀尖从位置 B 移到位置 A。

②对刀方法。采用试切法对刀。设有三把刀具即外圆车刀、螺纹车刀和内孔镗刀。外圆车刀为 1 号刀，并作为基准刀具，螺纹车刀为 2 号刀，内孔镗刀为 3 号刀。

用 1 号刀车削工件右端面，车端面后，Z 向不能移动，沿 X 正向退出后置零。

用 1 号刀车削工件外圆，车外圆后，X 向不能移动，沿 Z 正向退出后置零。

让 1 号刀分别沿 X、Z 轴正向离开工件到换刀不碰刀位置，换 2 号刀。

让 2 号刀的刀尖与工件右端面对齐，并记录 CRT 显示器上 Z 轴的数据 Z2。

让 2 号刀的刀尖与工件已车的外圆对齐，并记录 CRT 显示器上 X 轴的数据 X2。

刀具补偿/几何　　O0000　N00000

| 番号 | X | Z | R | T |
|---|---|---|---|---|
| G001 | 0.000 | 0.000 | 0.000 | 0.000 |
| G002 | 0.000 | 0.000 | 0.000 | 0.000 |
| G003 | 0.000 | 0.000 | 0.000 | 0.000 |
| G004 | -220.000 | 140.000 | 0.000 | 0.000 |
| G005 | -232.000 | 140.000 | 0.000 | 0.000 |
| G006 | 0.000 | 0.000 | 0.000 | 0.000 |
| G007 | -242.000 | 140.000 | 0.000 | 0.000 |
| G008 | -238.464 | 139.000 | 0.000 | 0.000 |

现在位置（相对坐标）

U　-100.000　W　-100.000

>_

REF ***　***　15:40:1

[ 磨耗 ][ 形状 ][　][　]

图 4－61　刀具补偿画面

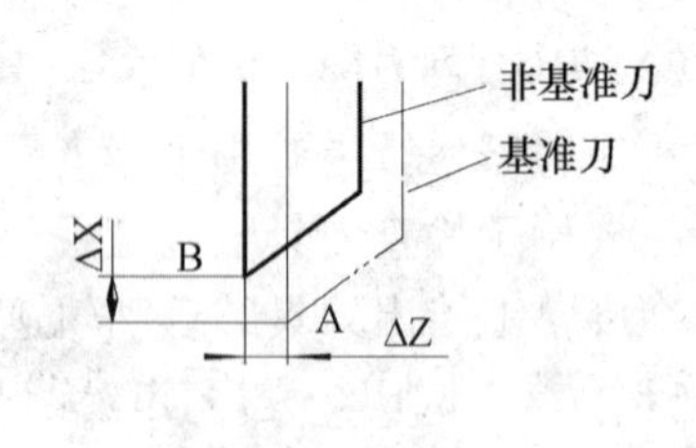


图 4－62　刀具偏置相对补偿形式

让 2 号刀分别沿 X、Z 轴正向离开工件。X2、Z2 的值即位 2 号刀的刀补值。

换 3 号刀，让 3 号刀的刀尖与工件右端面对齐，并记录 CRT 显示器上 Z 轴的数据 Z3。

让 3 号刀镗削工件内孔，并记录 CRT 显示器上 X 轴的数据 X3。

测量工件内孔直径 D 和工件外圆直径 d。

X3 +（D－d）为 3 号刀 X 轴的刀补，Z3 为 Z 轴刀补。

其他刀具的对刀方式参照 2 号、3 号刀的对刀即可。

2）绝对补偿形式及其对刀。

①绝对补偿形式。绝对补偿形式如图 4－63 所示。在机床回到参考点时，工件坐标系原点相对于刀架工作位置上各刀刀尖位置的有向距离。当执行刀具补偿时，各刀以此值设定的各自的加工坐标系。

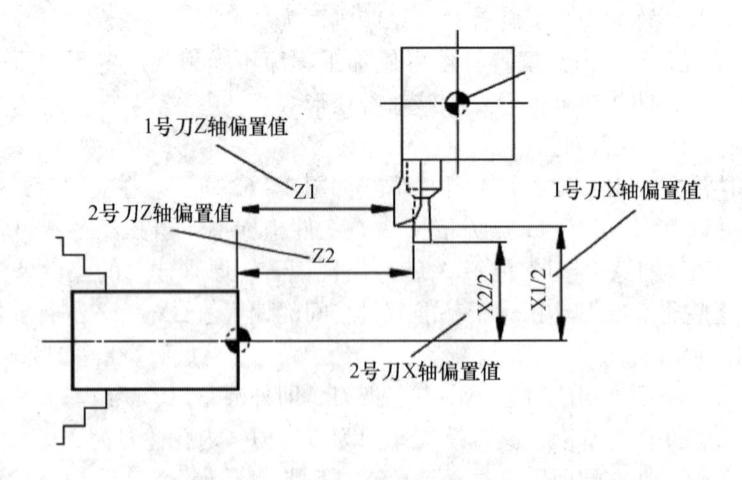


图 4－63　刀具偏置绝对补偿形式

②对刀方法。采用试切法对刀。设有三把刀具即外圆车刀、螺纹车刀和内孔镗刀。外圆车刀为 1 号刀，并作为基准刀具，螺纹车刀为 2 号刀，内孔镗刀为 3 号刀。

用 1 号刀车削工件右端面，车端面后，Z 向不能移动，沿 X 正向退出，在刀具偏置（几何）补偿画面，将光标放在番号 G001 行，在“ >”位置输入 Z0，再按软键盘上的“测量”，1 号刀 Z 向对刀完成。

用 1 号刀车削工件外圆，车外圆后，X 向不能移动，沿 Z 正向退出后主轴停转，测量出外圆直径（假设 ϕ39. 25mm），将光标放在番号 G001 行，在“ >”位置输入 X39. 25，再按软键盘上的“测量”，1 号刀 X 向对刀完成。

让 1 号刀分别沿 X 轴、Z 轴正向离开工件到换刀不碰刀位置，换 2 号刀。

让 2 号刀的刀尖与工件右端面对齐，如图 4 - 64 所示，将光标放在番号 G002 行，在“ >”位置输入 Z0，再按软键盘上的“测量”，2 号刀 Z 向对刀完成。

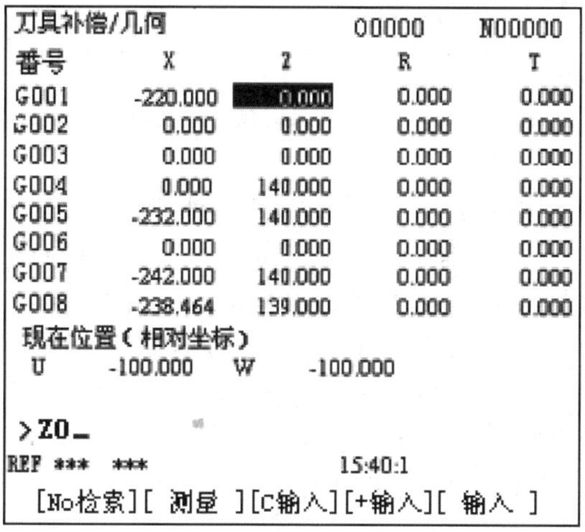

刀具补偿/几何　　O0000　N00000

| 番号 | X | Z | R | T |
|---|---|---|---|---|
| G001 | -220.000 | 0.000 | 0.000 | 0.000 |
| G002 | 0.000 | 0.000 | 0.000 | 0.000 |
| G003 | 0.000 | 0.000 | 0.000 | 0.000 |
| G004 | 0.000 | 140.000 | 0.000 | 0.000 |
| G005 | -232.000 | 140.000 | 0.000 | 0.000 |
| G006 | 0.000 | 0.000 | 0.000 | 0.000 |
| G007 | -242.000 | 140.000 | 0.000 | 0.000 |
| G008 | -238.464 | 139.000 | 0.000 | 0.000 |

现在位置（相对坐标）

U　-100.000　W　-100.000

>Z0_

REF ***　***　　15:40:1

[No检索][ 测量 ][C输入][+输入][ 输入 ]

图 4 - 64　刀具偏置（几何）补偿画面

让 2 号刀的刀尖与工件已车的外圆对齐，将光标放在番号 G002 行，在“ >”位置输入 X39. 25，再按软键盘上的“测量”，2 号刀 X 向对刀完成。

让 2 号刀分别沿 X 轴、Z 轴正向离开工件，换 3 号刀。

让 3 号刀的刀尖与工件右端面对齐，将光标放在番号 G003 行，在“ >”位置输入 Z0，再按软键盘上的“测量”，3 号刀 Z 向对刀完成。

让 3 号刀镗削工件内孔，X 向不能移动，沿 Z 正向退出后主轴停转，测量出内孔直径（假设 ϕ15. 58mm），将光标放在番号 G003 行，在“ >”位置输入 X15. 58，再按软键盘上的“测量”，3 号刀 X 向对刀完成。

其他刀具的对刀方式参照 2 号、3 号刀的对刀即可。

用这种方法对刀过程中实际上已经建立工件坐标系，所以就不必再用 G50 设定工件坐标系，在刀具与工件不干涉的前提下，刀架在任何位置都可以启动程序加工。

（4）刀具磨耗补偿。当刀具出现磨损或更换刀片后，可以对刀具进行磨损设置，刀具磨损设置画面如图 4 - 65 所示。

当刀具磨损后或工件加工尺寸有误差时，只要修改“刀具磨损设置”画面中的数值即可。一般可以分为以下两种情况：

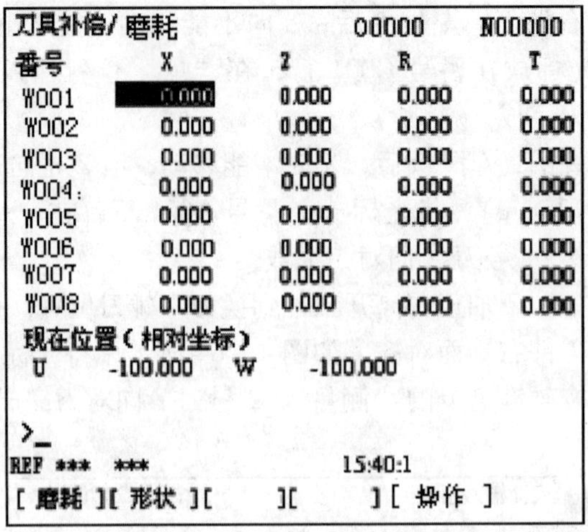

刀具补偿/磨耗　　O0000　　N00000

| 番号 | X | Z | R | T |
| --- | --- | --- | --- | --- |
| W001 | 0.000 | 0.000 | 0.000 | 0.000 |
| W002 | 0.000 | 0.000 | 0.000 | 0.000 |
| W003 | 0.000 | 0.000 | 0.000 | 0.000 |
| W004 | 0.000 | 0.000 | 0.000 | 0.000 |
| W005 | 0.000 | 0.000 | 0.000 | 0.000 |
| W006 | 0.000 | 0.000 | 0.000 | 0.000 |
| W007 | 0.000 | 0.000 | 0.000 | 0.000 |
| W008 | 0.000 | 0.000 | 0.000 | 0.000 |

现在位置（相对坐标）

U　-100.000　W　-100.000

>_

REF *** ***　　15:40:1

[ 磨耗 ][ 形状 ][　　][　　][ 操作 ]

图4-65　刀具磨损设置画面

1）当番号X、Z向原数值是0的情况：如工件外圆直径加工尺寸应为40mm，如果实际加工后测得尺寸为40.08mm，尺寸偏大0.08mm，则在刀具磨损设置画面所对应刀具补偿号，如1号刀具一般番号W001中的X向补偿值内输入“-0.08”。如果实际加工后测得尺寸为ϕ39.93mm，尺寸偏小0.07mm，则在刀具磨损设置画面所对应刀具补偿号，如1号刀具一般番号W001中的X向补偿值内输入“0.07”。

2）当番号X、Z向原数值不是0的情况：需要在原来数值的基础上进行累加，把累加后的数值输入。如果原来的X向补偿值中已有数值为“0.06”，则输入的数值为“-0.02”（或者“0.13”）。

当长度方向（Z向）尺寸有偏差时，修改方法与X向相同。

（5）刀尖圆弧半径补偿。

1）刀尖圆弧半径补偿的定义。在实际加工中，对于“尖头”车刀为了提高刀具的使用寿命，满足精加工的需要，常将刀尖磨成半径不大的圆弧，刀位点即为刀尖圆弧的圆心。

由于圆弧车刀的刀位点为刀头圆弧的圆心，为了确保工件的轮廓形状，加工时不允许刀具刀尖圆弧运动轨迹与被加工工件轮廓重合，而应与工件轮廓偏移一个半径值，这个偏移称为刀具圆弧半径补偿。

2）理想刀尖与刀尖圆弧半径。在理想状态下，一般将尖头车刀的刀位点假想成一个点，该点即为理想刀尖，在试切对刀时也以理想刀尖进行的。但实际车刀不是一个理想点，而是一段圆弧。如图4-66所示。

3）刀尖圆弧半径补偿对加工精度影响。用圆弧刀头的外圆车刀切削加工时，圆弧刀车刀对刀点分别是A点和B点，所形成的假想刀尖为P点。但在实际加工过程中，刀具切削点在刀头圆弧上变动，从而在加工过程中可能产生过切或少切的现象。如果利用圆弧刃车刀切削加工过程中不使用刀尖圆弧半径补偿功能，加工工件会出现如图4-67所示的几种误差情况。

①加工台阶面或端面时，对加工表面的尺寸和形状影响不大，但端面中心和台阶的清角处会产生残留。

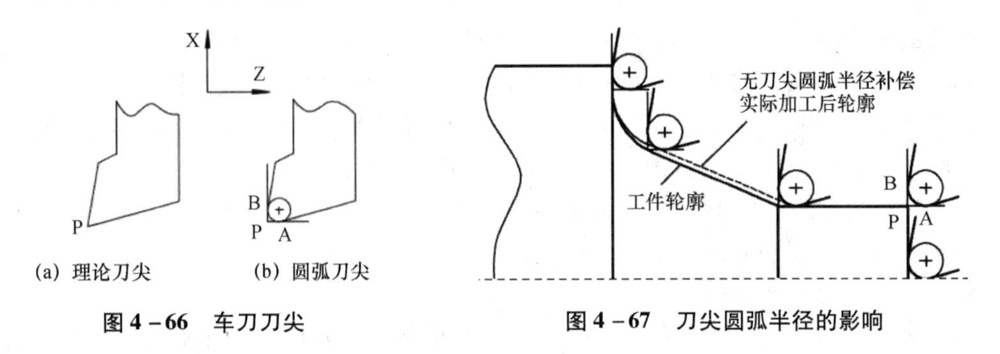


(a) 理论刀尖　(b) 圆弧刀尖

图 4－66　车刀刀尖

图 4－67　刀尖圆弧半径的影响

②加工圆锥面对锥度不会产生影响，但对圆锥大小端的尺寸有影响。若是外圆锥面，尺寸会变大；若是内圆锥面，尺寸会变小。

③加工圆弧面会对圆弧的圆度和半径有影响。对于凸圆弧，半径会变小，实际半径＝理论半径－刀尖圆弧半径，对于凹圆弧，半径会变大，实际半径＝理论半径＋刀尖圆弧半径。

4）刀尖圆弧半径补偿指令。

①刀尖圆弧半径补偿编程格式。刀尖圆弧半径补偿是通过 G41/G42/G40 代码及 T 代码指定的刀尖圆弧半径补偿号来建立和取消半径补偿。

②刀尖圆弧半径补偿偏置方向判断。当判断刀尖圆弧半径补偿偏置方向时，一定要沿着＋Y 向－Y 方向观察刀具所处的位置。如图 4－68（a）所示的后置刀架符合常规判断，一般不易出错，而如图 4－68（b）所示的前置刀架判断时比较容易出错，判断要特别注意，由于＋Y 方向向内，通常判断时可在图样上将工件、刀具及 X 轴同时绕 Z 轴旋转 180°后，在进行偏置方向的判断，此时＋Y 向外，刀补偏置方向就与后置刀架的判断方法相同。所以在编程时建议不论实际刀架是前置还是后置，编程时采用后置刀架即采用图样 Z 轴上半部分轮廓来判断编程比较简单。

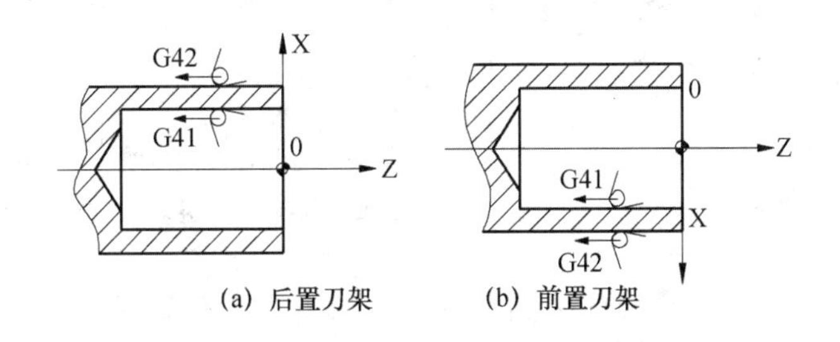


(a) 后置刀架　(b) 前置刀架

图 4－68　刀尖圆弧半径补偿的偏置方向判断

③注意事项。G41/G42 不带参数，其补偿号（代表所用刀具对应的刀尖半径补偿值）由 T 指令指定。刀尖圆弧补偿号与刀具偏置补偿号对应。

刀尖半径补偿的建立与取消只能用 G00/G01 指令。

注意前置刀架和后置刀架 G41/G42 的区别。

5）圆弧车刀刀沿位置点。数控车床采用刀尖圆弧半径进行加工时，如果刀尖的形状和切削时所处的位置（即刀沿位置）不同，那么刀具的补偿量和补偿方向也不同。

6）刀尖圆弧半径补偿参数设置。其设置方法如下：

①移动光标键选择与刀具补偿号对应的刀具半径参数。若1#刀选用1#补偿号，则将光标移到番号“G001”行的R参数位置，键入“1.4”后按“INPUT”键。

②移动光标键选择与刀具补偿号对应的刀沿位置号参数。如1#刀，则将光标移到番号“G001”行的T参数位置，键入“3”后按“INPUT”键。

③用同样的方法设置2#刀和3#刀的刀尖圆弧半径补偿参数，刀尖圆弧半径值分别是0.5mm和1mm，刀沿位置号分别是“8”和“2”。

3. 设定工件坐标系

（1）零点偏置。工件坐标系零点偏置实质上是通过对刀找出工件坐标系原点在机床坐标系中的绝对坐标值，并将这些值通过机床面板操作，输入到机床偏置存储器（参数）中，从而建立机床原点与工件原点之间的关系。

数控车床的机床坐标原点一般设在卡盘的端面和工件轴心线交点，若编程原点设在工件右端面与轴线的交点处，这两者之间有一个轴向距离，也就是有一个Z方向的偏移量。如图4－70所示。

1）零点偏置方法步骤。

①在MDI方式下，按功能键“MENU/OFSET”，进入相应画面后，按该画面“坐标系”对应软键盘，进入如图4－70所示画面。

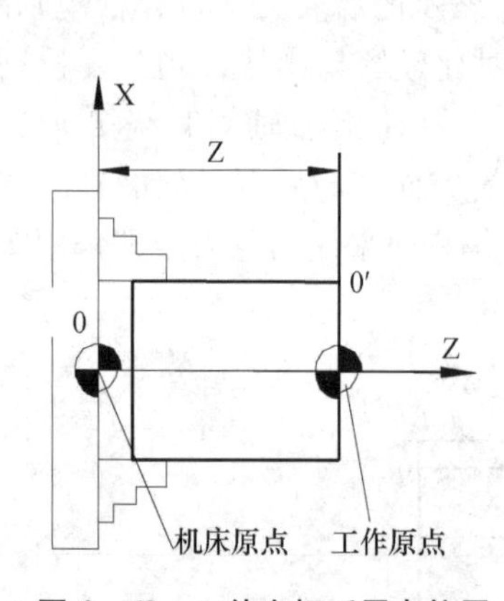


图4－69　工件坐标系零点偏置

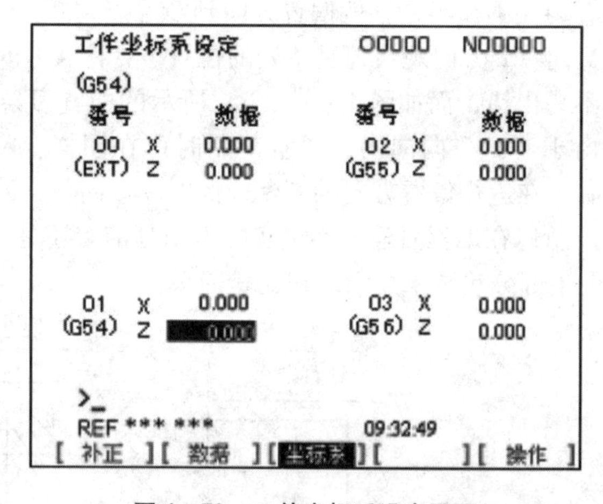


图4－70　工件坐标系设定画面

②利用“光标移动键”移动光标到G54位置（在其他位置时，将光标移到要设定位置），在键盘上按“Z”后，再按“INPUT”键，完成工件坐标系零点偏置设定。

2）零点偏置应用。在编程和加工过程中可以通过G54～G59指令对不同的坐标系进行选择。如图4－71所示。

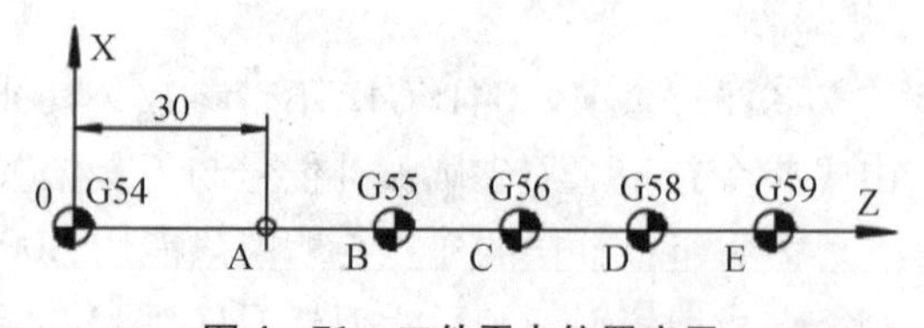


图4－71　工件零点偏置应用

3）零点偏置特点。通过零点偏置设置的工件坐标系，只要不对其进行修改、删除操作，该工件坐标系将永久保存，即使机床关机，其坐标系仍将保留。

（2）用G50设定工件坐标系。

1）G50 的编程格式。

G50　X　Z

X、Z 的值为刀具的当前位置相对于新设定的工件坐标系的新坐标值。如图 4－72 所示，若以工件右端面中心点设为工件原点，则 G50 XA Zb；若以工件左端面中心点设为工件原点，则 G50 XA ZB。

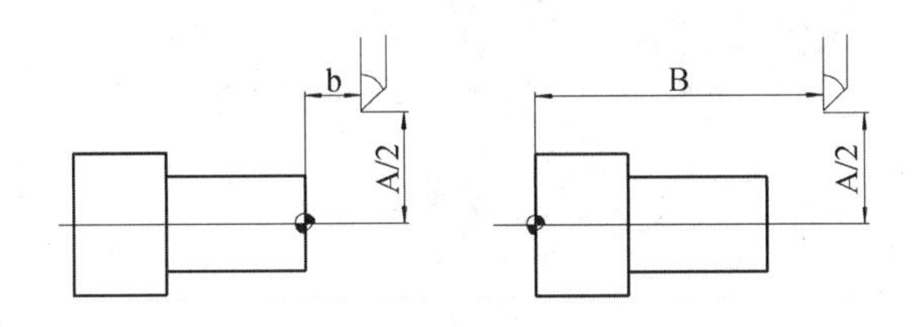


（a）工件右端面中心点设为工件原点（b）工件左端面中心点设为工件原点

**图 4－72　G50 设定工件坐标系**

2）设定工件坐标系方法。

①选定用基准刀（如外圆车刀 1#刀），手动用 1#刀切工件的外圆，然后沿 Z 轴正方向离开工件，X 向不能动，停车测量外圆直径。

②启动主轴，手动将 1#刀沿 Z 轴负方向移至工件的端面处。

③在 MDI 方式下，输入 G01 U（直径值），按循环启动按钮，切断面，或在“手摇脉冲”方式下，手动切至工件轴心。为减少对刀时不必要的计算，可按机床位置［POS］画面，使增量坐标 U、W 置为零。

④选择 MDI 方式，输入 G50 X0 Z0，启动循环按钮，把当前点设为零点，接着输入 G50 G00 X100 Z100，启动循环按钮，使刀具离开工件原点停在程序起刀点。这样以工件右端面中心点为工件原点的工件坐标系设定结束。

特别注意：设定好工件坐标系后，工件加工程序中的 G50 X100 Z100 要与 MDI 方式下 G50 G00 X100 Z100 数值一致，也就是说，在设定的坐标系中，刀具刀位点的位置与用 G50 规定的位置相符。当执行加工程序 G50 X100 Z100 语句，刀具不会移动，就是建立工件坐标系。

3）特点。

①采用 G50 设定的工件坐标系，不具有记忆功能，当机床关机后，设定的坐标系立即失效。

②在执行该指令前，必须将刀具刀位点先通过一定方式（如手动方式或 MDI 方式）准确移动到新坐标系指定的位置。

总之，用 G50 设定工件坐标系比较烦琐，并且可能影响定位精度，因此在实际编程加工中，建议不要采用 G50 来设定工件坐标系，而采用零点偏置（G54～G59）或刀具几何形状补偿功能来设定工件坐标系。

## 二、华中 HNC－21/22T 系统数控车床的操作

### （一）手动操作

机床手动操作主要由手持单元和机床控制面板共同完成。机床控制面板如图 4－73 所示。

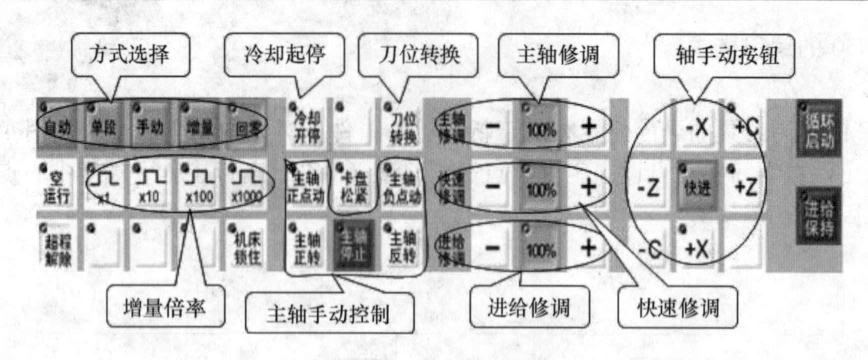


图 4－73　机床控制面板

1. 坐标轴移动

（1）点动进给。先按一下按键手动，然后按压要移动的坐标轴+X -X +Z -Z，坐标轴开始移动。同时按下 X、Z 方向按键，能同时手动连续移动 X、Z 坐标轴。

（2）点动快速移动。在点动进给时，若同时按下快进，则产生相应轴的快速移动。

（3）点动进给速度选择。按压进给修调或快速修调右侧的“100%”按键，进给或快速修调倍率被置为 100%。

按一下+，按修调倍率递增 5%；按一下-按钮，修调倍率递减 5%。

（4）增量进给。当手持单元的坐标轴选择波段开关置于“OFF”挡时，按下控制面板上的增量按键，系统处于增量进给方式；然后按下要移动的坐标轴+X -X +Z -Z使增量移动，同时按下 X、Z 方向按键，能同时增量移动 X、Z 坐标轴。

（5）增量值选择。增量进给的增量值由x1 x10 x100 x1000几个增量倍率按键控制。按一下其中一个，其余几个会失效。

（6）手摇进给。当手持单元的坐标轴选择波段开关置于“X”、“Z”时，按下控制面板上的增量按键，系统处于手摇进给方式，手摇进给方式每次只能增量进给 1 个坐标轴。

（7）手摇倍率选择。手摇进给的增量值（手摇脉冲发生器每转一格的移动量）由手持单元的增量倍率波段开关“×1”、“×10”、“×100”（单位 0.001）控制。

2. 手动机床动作控制

主轴正转：在手动方式下，按一下主轴正转按键，指示灯亮，主电机以机床参数设定的转速正转。

主轴反转：在手动方式下，按一下主轴反转按键，指示灯亮，主电机以机床参数设定的转速反转。

主轴停止：在手动方式下，按一下“主轴停止”按键，指示灯亮，主电机停止运转。

主轴点动：在手动方式下，可用主轴正点动、主轴负点动按键点动转动主轴。按压主轴正点动或主轴负点动按键，指示灯亮，主轴将产生正向或负向连续转动。松开主轴正点动或主轴负点动按键，指示灯灭，主轴即减速停止。

按下“换刀允许”键，“刀位转换”所选刀具，换到工作位上。“手动”、“增量”、“手摇”工作方式下该键有效。

刀位转换：在手动方式下，按一下刀位转换按键，转塔刀架转动一个刀位。

冷却启动与停止：在手动方式下，按一下冷却开停按键，冷却液开（默认值为冷却

液关），再按一下，又为冷却液关。如此循环。

卡盘松紧：在手动方式下，按一下卡盘松紧按键，松开工件（默认值为夹紧），可以进行更换工件操作。再按一下，又为夹紧工件，可以进行加工工件操作。如此循环。

（二）程序输入、运行和文件管理

1. 程序输入与文件管理

在软件操作界面下，按 F2 键进入编辑功能子菜单。可以对零件程序进行编辑、存储与传递以及对文件进行管理。如图 4－74 所示。

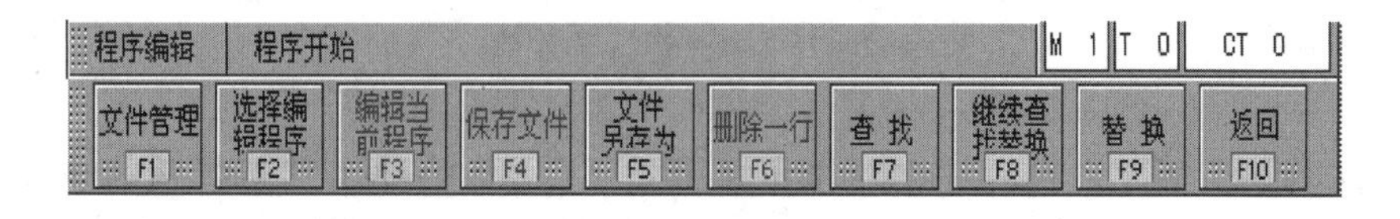


图 4－74　软件操作界面

（1）程序输入。在编辑功能子菜单下按“F1”键，弹出“文件管理”菜单，用光标移动键选中“新建文件”，然后按“回车”，也可以直接按快捷键“F2”。系统提示输入新建文件名，比如输入文件名“O1008”，再按“回车”键后，则进入编辑缓冲区，可以用 NC 键盘直接输入和编辑加工程序。

（2）选择编辑程序。磁盘程序为保存在电子盘、硬盘、软盘或网络路径上的文件。

（3）选择正在加工的程序。

1）在“选择编辑程序”菜单中，用▲▼选中“正在加工的程序”选项。

2）按 Enter 键，如果当前没有选择加工程序，将弹出如图 4－75 所示对话框，否则编辑器将调入“正在加工的程序”到编辑缓冲区。

3）如果该程序处于正在加工状态，编辑器会用红色亮条标记当前正在加工的程序，此时不能进行编辑。

4）停止该程序的加工，就可以进行编辑了。

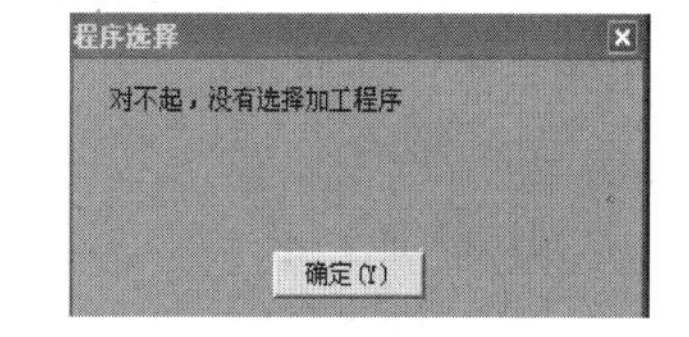


图 4－75　“程序选择”对话框

（4）读入串口程序。

1）在“选择编辑程序”菜单中，用▲▼选中“串口程序”选项。

2）按 Enter 键，系统提示“正在和发送串口数据的计算机联络”。

3）在上位计算机上执行 DNC 程序，按 Alt＋F，弹出文件子菜单。

4）用▲▼键选择“发送 DNC 程序”选项。按 Enter 键弹出要选择发送的 G 代码文件。

5）按 Enter 键，提示“正在和接收数据的 NC 装置联络”。

6）联络成功后，开始传送文件，上位计算机上有进度条显示传输文件的进度，并提示请稍等，正在通过串口发送文件，要退出请按 Alt＋E。

7）传输完毕，上位计算机上弹出对话框提示文件发送完毕，编辑器将调入串口程序到编辑缓冲区。

（5）串口发送。如果当前编辑的是串口程序，编辑完后，按 F4 键可将当前编辑程序通过串口回送上位计算机。

（6）保存程序。在编辑状态下，按“F4”键可对当前编辑程序进行存盘。

（7）文件管理。华中“世纪星”HNC－21T数控系统文件管理的操作方法类似于普通的个人计算机，请按照系统提示进行操作。

2. 程序运行

在软件操作界面下，按F1键进入程序运行子菜单（见图4－76）。

图4－76 程序运行子菜单

（1）选择运行程序。在程序运行子菜单下按F1键，将弹出“选择运行程序”子菜单，可选择磁盘程序、正在编辑的程序、DNC程序等三种类型的程序进行自动运行。

（2）DNC加工。

1）在“选择加工程序”菜单中，用▲▼选择“DNC程序”选项。

2）按Enter键，系统命令行提示“正在和发送串口数据的计算机联络”。

3）在上位计算机上执行DNC程序，弹出DNC程序主菜单。

4）按Alt＋C，在“设置”子菜单下设置好传输参数。

5）按Alt＋F，在“文件”子菜单下选择发送“DNC程序”命令。

6）按Enter键，弹出“请要选择发送的G代码文件”对话框。

7）选择发送的G代码文件。

8）按Enter键，提示“正在和接收数据的NC装置联络”。

9）联络成功后，开始传送文件，上位计算机上有进度条显示传输文件的进度，并提示请稍等，正在通过串口发送文件，要退出请按Alt＋E。

10）传输完毕，上位计算机上弹出对话框提示文件发送完毕。HNC－21T的命令行提示“DNC加工完毕”。

（3）程序启动、暂停、中止、再启动。

1）启动自动运行：系统调入零件加工程序，经校验无误后，可正式启动程序。

按一下机床控制面板上的自动按键，进入程序自动运行方式。

按一下机床控制面板上的循环启动按键，机床开始自动运行调入的零件加工程序。

2）暂停运行：在程序运行的过程中，需要暂停运行，可按下述操作。在程序运行子菜单下，按F7键弹出对话框，按N键则暂停程序运行，并保留当前运行程序的模态信息。

3）中止运行。在程序运行子菜单下，按F7键弹出对话框，按Y键则中止程序运行，并卸载当前运行程序的模态信息。

4）暂停后的再启动。在自动运行暂停状态下，按一下机床控制面板上的循环启动按键，系统将从暂停的状态重新启动，继续运行。

5）重新运行：在当前加工程序中止自动运行后，希望从程序头重新开始运行。在程序运行子菜单下，按F4键弹出对话框，按Y键光标将返回到程序头，按N键则取消重新运行。按一下机床控制面板上的循环启动按键，程序首行开始重新运行当前加工程序。

6）从任意行执行。在程序运行子菜单下，按F7键，然后按N键暂停程序运行。

用▲▼、PgUp PgDn键移动蓝色亮条到开始运行，此时蓝色亮条变为红色亮条。在程序运行子菜单下，按 F8 键弹出对话框，用▲▼键（或 F1、F2、F3）分别选择“从红色行开始运行”、“从指定行开始运行”和“从当前行开始运行”三个选项，进行程序重新执行。

7）加工断点保存与恢复。

一些大零件，其加工时间一般都会超过一个工作日，有时甚至需要好几天。如果能在零件加工一段时间后，保存断点（让系统记住此时的各种状态），切断电源，并在隔一段时间后，打开电源，恢复断点（让系统恢复上次中断加工时的状态），从而继续加工，可为用户提供极大的方便。

（三）MDI 操作和数据设置

1. 手动数据输入（MDI）运行

在主操作界面下，按 F4 键进入 MDI 功能子菜单。如图 4－77 所示。

**图 4－77　MDI 功能子菜单**

在 MDI 功能子菜单下按 F6，进入 MDI 运行方式，这时可以从 NC 键盘输入并执行一个 G 代码指令段，即“MDI”运行。自动运行过程，不能进入“MDI”方式。如图 4－78 所示。

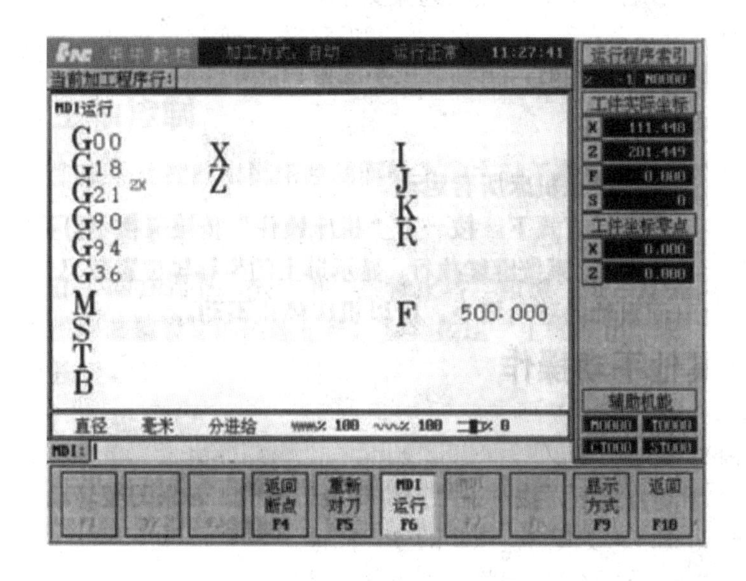


**图 4－78　MDI 功能子菜单**

（1）输入 MDI 指令段（最小单位是一个有效指令字）。可一次输入多个指令字的信息，也可每次输入一个指令字信息。

例如，输入“G00 X100 Z100”，可直接输入并按Enter键。显示窗口内关键字G、X、Z的值将分别变为00、100、100。

在输入命令时，如果发现输入错误，可用键BS ▶ ◀重新进行编辑。

（2）运行MDI指令段。在输入完一个MDI指令段后，按下循环启动，系统开始运行所输入的MDI指令。如果输入的MDI指令信息不完整或存在语法错误，系统不能运行MDI指令。

（3）修改某一程序段的值。在运行MDI指令段之前，如果要修改输入的某一指令字，可直接在命令行上输入相应的指令字符及数值。例如，输入“X100”并按Enter键后，希望X值变为109，可在命令行上输入“X109”并按Enter键。

（4）清楚当前输入的所有尺寸字数据。在输入MDI数据后，按F7键可清除当前输入的所有尺寸字数据，显示窗口内X、Z、I、K、R等字符后面的数据全部消失。此时可重新输入新的数据。

（5）停止当前正在运行的MDI指令。系统正在运行MDI指令时，按F7键可停止MDI运行。

2. 数据设置

（1）坐标系数据设置。在MDI功能子菜单下按F3键，进入坐标系手动数据输入方式。按PgUp或PgDn键，选择要输入的数据类型：G54/G55/G56/G57/G58/G59坐标系/当前工件坐标系等的偏置值（坐标系零点相对于机床零点的值），或当前相对值零点，然后在命令行输入所需数据按Enter键。在编辑过程中按Esc键可退出编辑。

（2）刀具库参数设置。

1）在MDI功能子菜单下按F1键，进行刀具库数据设置。

2）用▲ ▼ ▶ ◀或PgUp PgDn移动蓝色亮条选择要编辑的选项。

3）按Enter键，蓝色亮条所指刀具库的颜色和背景发生变化，同时有一光标在闪烁。

4）用▶ ◀或BS Del键进行编辑修改。修改完毕，按Enter键确认。

（3）刀具补偿参数的设置。

1）在MDI功能子菜单下按F2键，进行刀具库数据设置。

2）用▲ ▶ ◀或PgUp PgDn移动蓝色亮条选择要编辑的选项。

3）按Enter键，蓝色亮条所指刀具库的颜色和背景发生变化，同时有一光标在闪烁。

4）用▶ ◀或BS Del键进行编辑修改。修改完毕，按Enter键确认。

## 三、文明生产与安全操作技术

1. 安全操作基本注意事项

（1）工作时请穿好工作服、安全鞋，戴好工作帽及防护镜。注意：不允许戴手套操作机床。

（2）不要移动或损坏安装在机床上的警告标牌。

（3）不要在机床周围放置障碍物，工作空间应足够大。

（4）某一项工作如需要两人或多人共同完成，应注意相互间的协调一致。

（5）不允许采用压缩空气清洗机床、电气柜及NC单元。

2. 工作前的准备工作

（1）机床开始工作前要有预热，认真检查润滑系统工作是否正常（润滑油是否充足，冷却液是否充足），如机床长时间未开动，可先采用手动方式向各部分供油润滑。

（2）使用的刀具应与机床允许的规格相符，有严重破损的刀具要及时更换。

（3）调整刀具所用工具不要遗忘在机床内。

（4）大尺寸轴类零件的中心孔是否合适，中心孔如太小，工作中易发生危险。

（5）刀具安装好后应进行一两次空行程试切削。

（6）检查卡盘夹紧工作的状态。

（7）机床开动前，必须关好机床防护门。

3. 工作过程中的安全注意事项

（1）禁止用手接触刀尖和铁屑，铁屑必须要用铁钩子或毛刷来清理。

（2）禁止用手或其他任何方式接触正在旋转的主轴、工件或其他运动部位。

（3）禁止加工过程中测量工件、变速，更不能用棉丝擦拭工件，也不能清扫机床。

（4）车床运转中，操作者不得离开岗位，发现异常现象立即停车。

（5）经常检查轴承温度，过高时应找有关人员进行检查。

（6）在加工过程中，不允许打开机床防护门。

（7）严格遵守岗位责任制，机床由专人使用，他人使用须经实验管理人员同意。

（8）工件伸出车床 100mm 以外时，须在伸出位置设防护物。

（9）禁止进行尝试性操作。

（10）手动原点回归时，注意机床各轴位置要距离原点 100mm 以上，机床原点回归顺序为：首先 +X 轴，其次 +Z 轴。

（11）使用手轮或快速移动方式移动各轴位置时，一定要看清机床 X、Z 轴各方向“+、-”号标牌后再移动。移动时先慢转手轮观察机床移动方向无误后方可加快移动速度。

（12）编完程序或将程序输入机床后，须先进行图形模拟，准确无误后再进行机床试运行，并且刀具应离开工件端面 200mm 以上。

（13）程序运行注意事项：①对刀应准确无误，刀具补偿号应与程序调用刀具号符合。②检查机床各功能按键的位置是否正确。③光标要放在主程序头。④加注适量冷却液。⑤站立位置应合适，启动程序时，右手作按停止按钮准备，程序在运行当中手不能离开停止按钮，如有紧急情况立即按下停止按钮。

（14）加工过程中认真观察切削及冷却状况，确保机床、刀具的正常运行及工件的质量。关闭防护门以免铁屑、润滑油飞出。

（15）在程序运行中须暂停测量工件尺寸时，要待机床完全停止、主轴停转后方可进行测量，以免发生人身事故。

（16）关机时，要等主轴停转 3 分钟后方可关机。

（17）未经许可禁止打开电器箱。

（18）各手动润滑点必须按说明书要求润滑。

（19）修改程序的钥匙在程序调整完后要立即拿掉，不得插在机床上，以免无意改动程序。

（20）使用机床时，每日必须使用润滑油循环 0.5 小时，冬天时间可稍短一些，切削液要定期更换，一般 1～2 个月更换一次。

（21）机床若数天不使用，则每隔一天应对 NC 及 CRT 部分通电 2～3 小时。

4. 工作完成后的注意事项

（1）清除切屑、擦拭机床，使机床与环境保持清洁状态。

（2）注意检查或更换磨损的机床导轨上的油擦板。

（3）检查润滑油、冷却液的状态，及时添加或更换。

（4）依次关掉机床操作面板上的电源和总电源。

（5）打扫现场卫生，填写设备使用记录。

## 四、机床日常维护

（一）数控系统的维护

1. 严格遵守操作规程和日常维护制度

2. 应尽量减少数控柜和强电柜的开门次数

3. 定时清扫数控柜的散热通风系统

清扫的具体方法如下：

（1）拧下螺钉，拆下空气过滤器。

（2）在轻轻振动过滤器的同时，用压缩空气由里向外吹掉空气过滤器内的灰尘。

（3）过滤器太脏时，可用中性清洁剂（清洁剂和水的配方为5∶95）冲洗（但不可揉擦），然后置于阴凉处晾干即可。

4. 数控系统输入/输出装置的定期维护

（1）每天必须对光电阅读机的表面（包括发光体和受光体）、纸带压板以及纸带通道用沾有酒精的纱布进行擦拭。

（2）每周定时擦拭纸带阅读机的主动轮滚轴、压紧滚轴、导向滚轴等运动部件。

（3）每半年对导向滚轴、张紧臂滚轴等加注润滑油一次。

（4）一旦使用纸带阅读机完毕，就应将装有纸带的阅读机的小门关上，防止尘土落入。

5. 经常监视数控系统的电网电压

6. 定期更换存储用电池

7. 数控系统长期不用时的维护

（1）要经常给数控系统通电，特别是在环境湿度较大的梅雨季节更应如此。

（2）如果数控机床的进给轴和主轴采用直流电动机驱动，应将电刷从直流电动机中取出，以免由于化学腐蚀作用，使换向器表面腐蚀，造成换向性能变化，甚至使整台电动机损坏。

8. 备用电路板的维护

因此对所购的备用板应定期装到数控系统中通电运行一段时间，以防损坏。

9. 做好维修前的准备工作

（1）技术准备。

（2）工具准备。

（3）备件准备。

10. 主轴驱动系统的维护

（1）直流主轴驱动系统使用注意事项和日常维护。

1）安装驱动器的电柜必须密封。

2）使用前检查如下内容：①检查伺服单元和电动机的信号线、动力线等的连接是否正常，是否松动以及绝缘是否良好。②强电柜和电动机是否可靠接地。③电动机电刷的安装是否牢靠，电动机安装螺栓是否完全拧紧。

3）使用时检查如下内容：①检查速度指令与转速是否一致，负载指示是否正常。②是否有异常声音和异常振动。③轴承温度是否急剧上升等不正常现象。④电刷上是否有显著的火花发生痕迹。

4）对于工作正常的主轴驱动系统，应进行如下日常维护。

①电柜的空气过滤器每月应清扫一次。②电柜及驱动器的冷却风扇应定期检查。③建议操作人员每天都应注意主轴的旋转速度、异常振动、异常声音、通风状态、轴承温度、外表温度和异常臭味。④建议使用单位维护人员，每月应对电刷、换向器进行检查。⑤建议使用单位维护人员，每半年应对测速发电机、轴承、热管冷却部分、绝缘电阻进行检测。

**图 4-79　变频器外形结构**

（2）变频器使用注意事项和日常维护。

日常维护保养的具体内容：①记录运行数据和故障代码。②变频器日常检查。③变频器保养。

（二）进给驱动系统的维护

进给驱动系统的性能在一定程度上决定了数控系统的性能，直接影响加工工件的精度。

（1）直流伺服电动机的维护。

1）存放要求。

2）当机床长期不运行时的保养。

3）电动机的日常维护。①每天在机床运行时的维护检查。②定期维护。

（2）交流伺服电动机的维护。

1）交流伺服电动机常见的故障：①接线故障。②转子位置检测装置故障。③电磁制动故障。

2）交流伺服电动机故障判断方法：①用万能表或电桥测量电枢绕组的直流电阻，检查是否断路，并用兆欧表查绝缘是否良好。②将电动机与机械装置分离，用手转动电动机转子，正常情况下感觉有阻力，转一个角度后手放开，转子有返回现象；如果用手转动转子时能连续几圈并自由停止，说明该电动机已损坏；如果用手转不动或转动后无返回，说明电动机机械部分可能有故障。

（三）常见位置检测元件的维护

（1）光栅（见图4－80）。

图4－80 光栅的外形结构

1）防污。光栅尺由于直接安装于工作台和机床床身上，因此，极易受到冷却液的污染，从而造成信号丢失，影响位置控制精度。

2）防振。光栅拆装时要用静力，不能用硬物敲击，以免引起光学元件的损坏。

（2）光电脉冲编码器（见图4－81）。编码器的维护主要注意以下两个问题：①防振和防污。②连接松动。

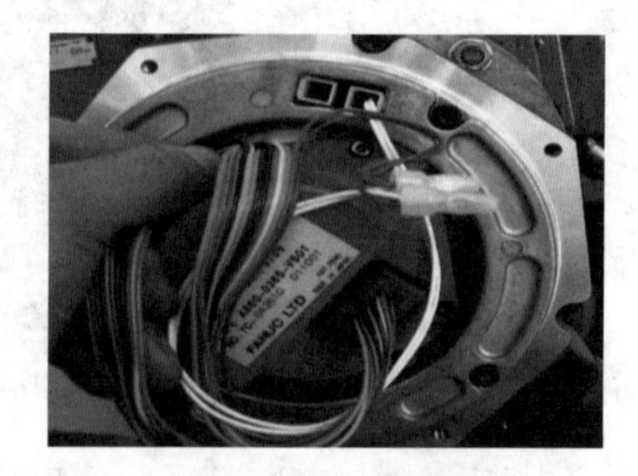

图4－81 内装编码器

（3）感应同步器（见图4－82）。

1）安装时，必须保持定尺和滑尺相对平行，且定尺固定螺栓不得超过尺面，调整间隙在0.09～0.15mm为宜。

2）不要损坏定尺表面耐切削液涂层和滑尺表面一层带绝缘层的铝箔，否则会腐蚀厚度较小的电解铜箔。

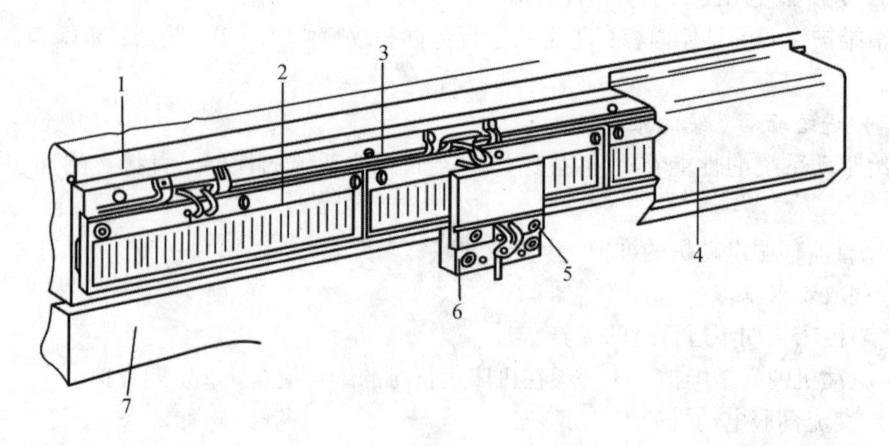


1—机床不动部件；2—定尺；3—定尺座；4—防护罩；5—滑尺；6—滑尺座；7—机床可动部件

图4－82 直线感应同步器安装结构

3）接线时要分清滑尺的 sin 绕组和 cos 绕组，其阻值基本相同，这两个绕组必须分别接入励磁电压。

（4）旋转变压器（见图 4－83）。

1）接线时，定子上有相等匝数的励磁绕组和补偿绕组，转子上也有相等匝数的 sin 绕组和 cos 绕组，但转子和定子的绕组阻值却不同，一般定子阻值稍大，有时补偿绕组自行短接或接入一个阻抗。

2）由于结构上与绕线转子异步电动机相似，因此，碳刷磨损到一定程度后要更换。

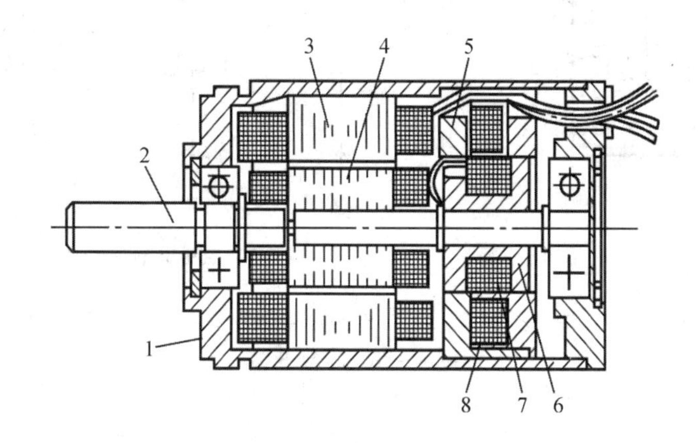


1—壳体；2—转子轴；3—转变压器定子；4—转变压器转子；
5—变压器定子；6—变压器转子；7—变压器一次绕组；8—变压器二次绕组

**图 4－83　无刷旋转变压器的结构**

（5）磁栅尺（见图 4－84）。

1）不能将磁性膜刮坏，防止铁屑和油污落在磁性标尺和磁头上，要用脱脂棉蘸无水酒精轻轻地擦其表面。

2）不能用力拆装和撞击磁性标尺和磁头，否则会使磁性减弱或使磁场紊乱。

3）接线时要分清磁头上激磁绕组和输出绕组，前者绕在磁路截面尺寸较小的横壁上，后者绕在磁路截面尺寸较大的竖杆上。

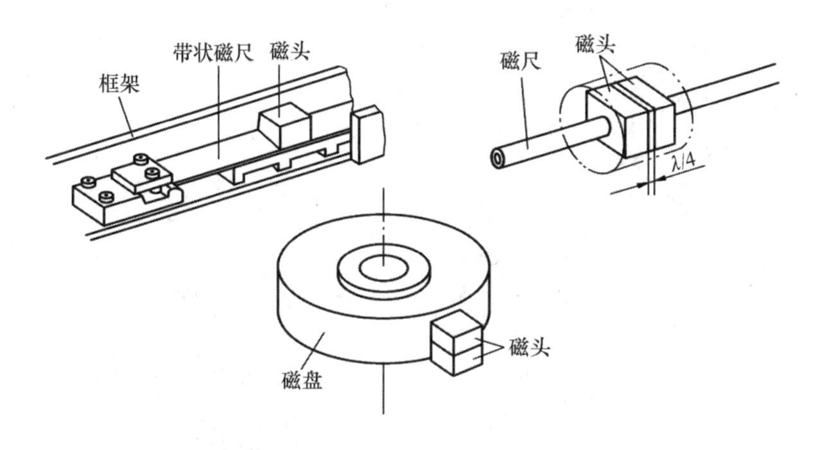


**图 4－84　带状、线状及圆形磁栅尺外形结构**

(四) 常见I/O元件的维护

(1) 控制开关(见图4-85)。

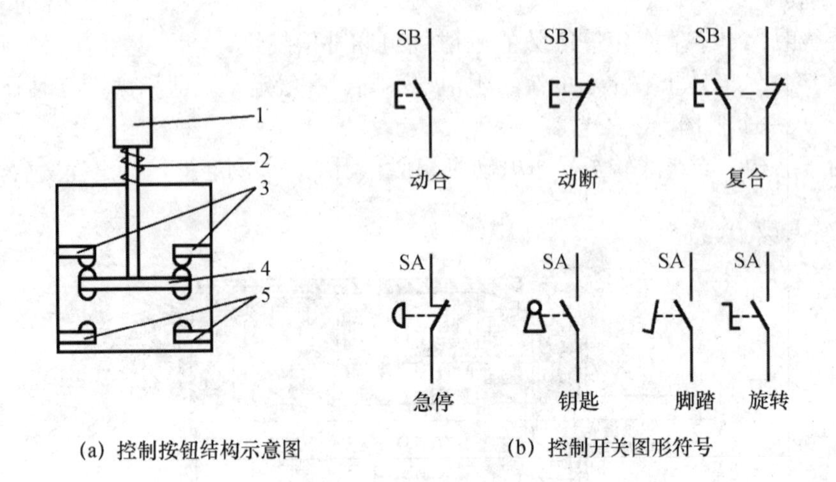


(a) 控制按钮结构示意图　(b) 控制开关图形符号

1—按钮帽；2—复位弹簧；3—动断触点；4—桥式动触点；5—动合触点

**图4-85　控制开关**

(2) 行程开关。

1) 直动式行程开关(见图4-86)。

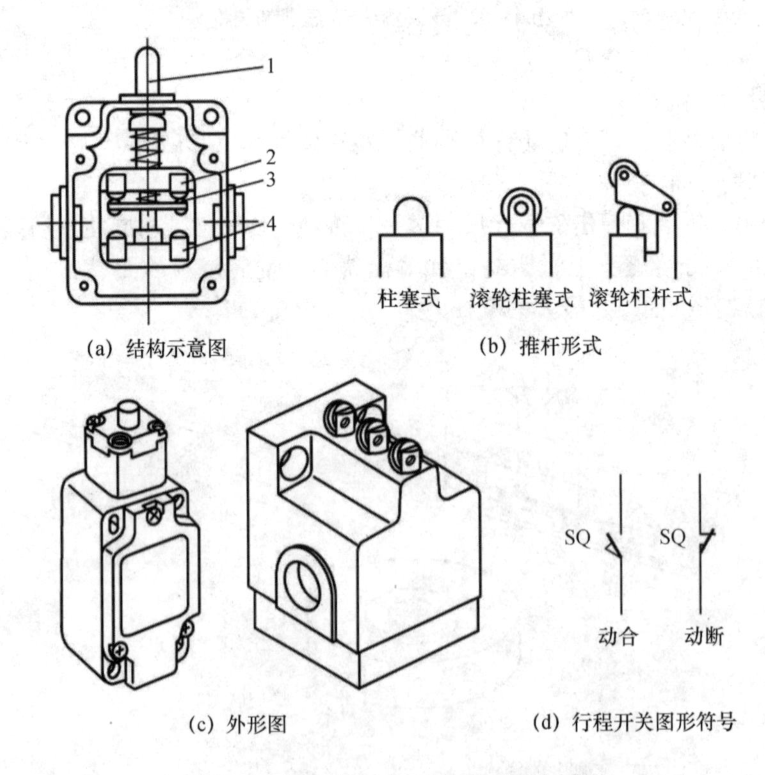


(a) 结构示意图　(b) 推杆形式

(c) 外形图　(d) 行程开关图形符号

1—推杆；2—动断触点；3—动触点；4—动合触点

**图4-86　直动式行程开关**

2）滚动式行程开关（见图4－87）。

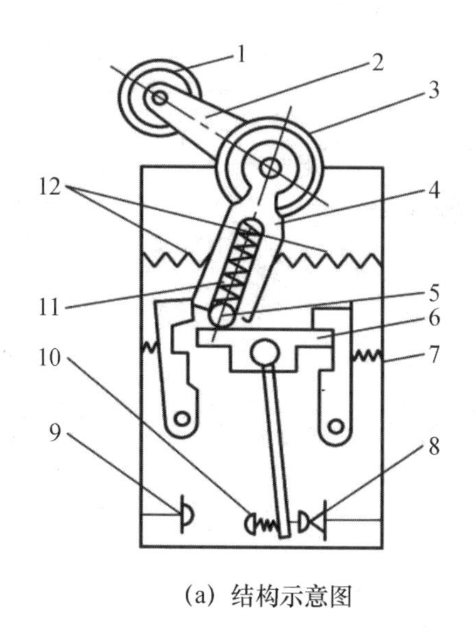


(a) 结构示意图

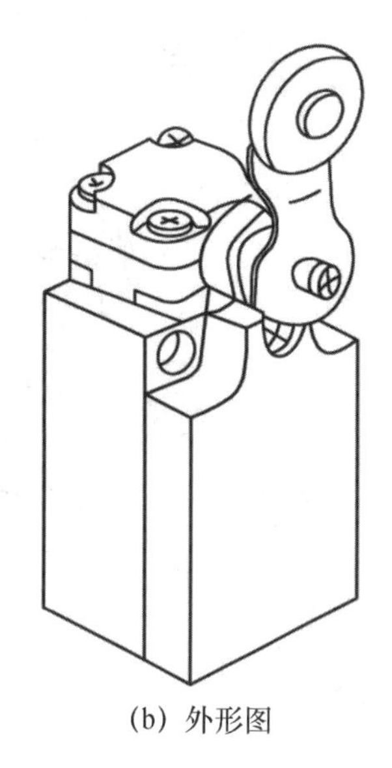

(b) 外形图

1—滚轮；2—上转臂；3—盘形弹簧；4—推杆；5—滚轮；6—擒纵杆；7—弹簧（a）；8—动断触点；9—动合触点；10—动触点；11—压缩弹簧；12—弹簧（b）

**图4－87　滚动式行程开关**

3）微动式的行程开关（见图4－88）。

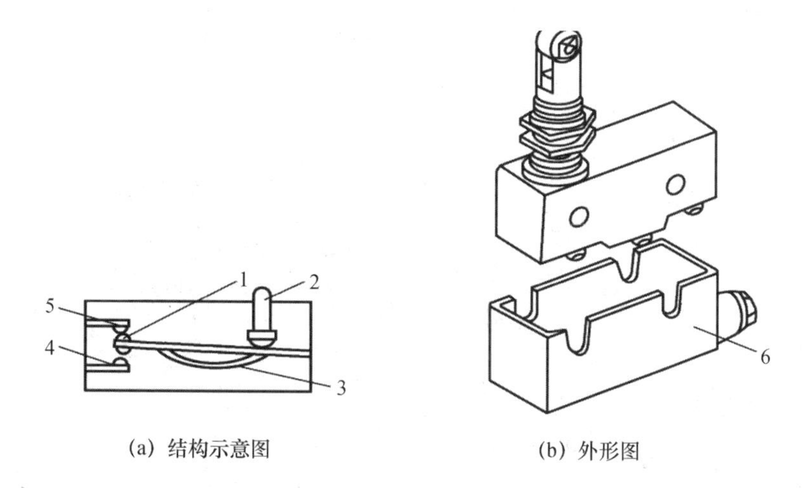


(a) 结构示意图　　(b) 外形图

1—动触点；2—推杆；3—弓簧片；4—动合触点；5—动断触点；6—外形盒

**图4－88　微动开关**

（3）接近开关。常用的接近开关有电感式、电容式、磁感式、光电式、霍尔式等。

1）电感式接近开关（见图 4-89）。

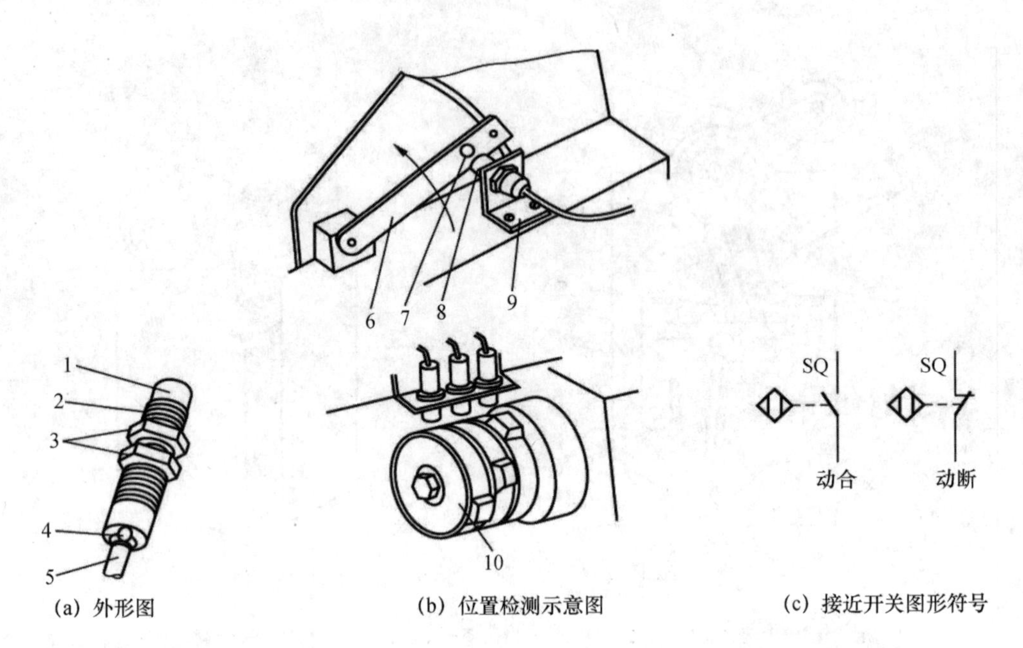


(a) 外形图　(b) 位置检测示意图　(c) 接近开关图形符号

1—检测头；2—螺纹；3—螺母；4—指示灯；5—信号输出及电源电缆；
6—运动部件；7—感应块；8—电感式接近开关；9—安装支架；10—轮轴感应盘

**图 4-89　电感式接近开关**

2）电容式接近开关。

3）磁感式接近开关（见图 4-90）。

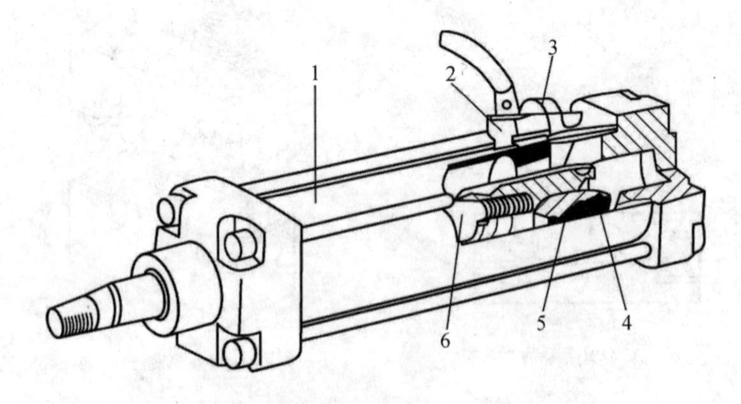


1—气缸；2—磁感应式接近开关；3—安装支架；
4—活塞；5—磁性环；6—活塞杆

**图 4-90　磁感应式接近开关**

4）光电式接近开关（见图4－91）。

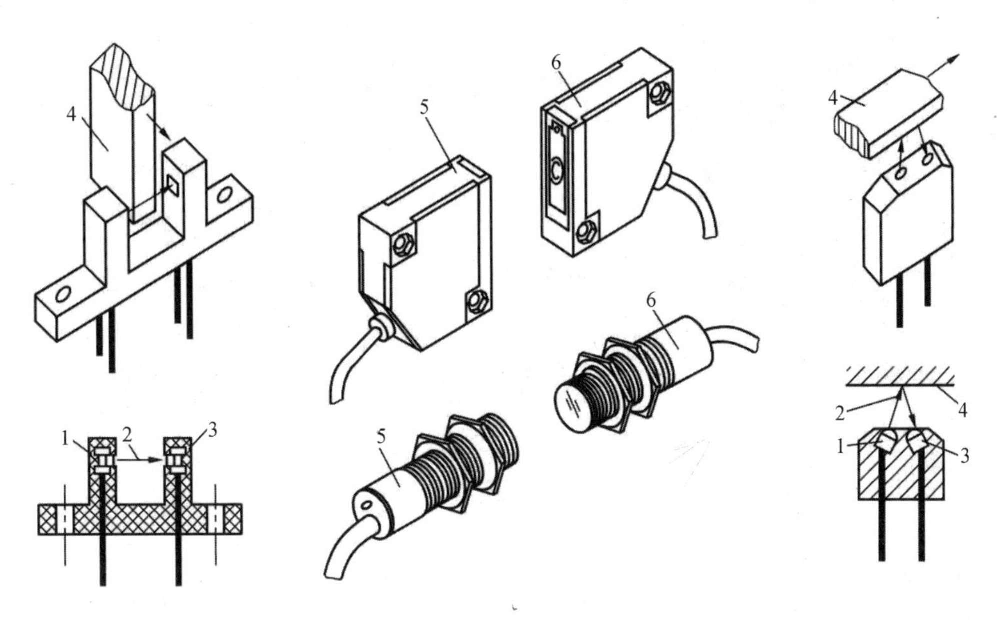


(a) 光电断续器外形及结构　(b) 遮断型光电开关外形　(c) 反射型光电开关外形及结构

1—发光二极管；2—红外光；3—光敏元件；4—被测物；5—发射器；6—接收器

**图4－91　光电式接近开关**

5）霍尔式接近开关（见图4－92）。

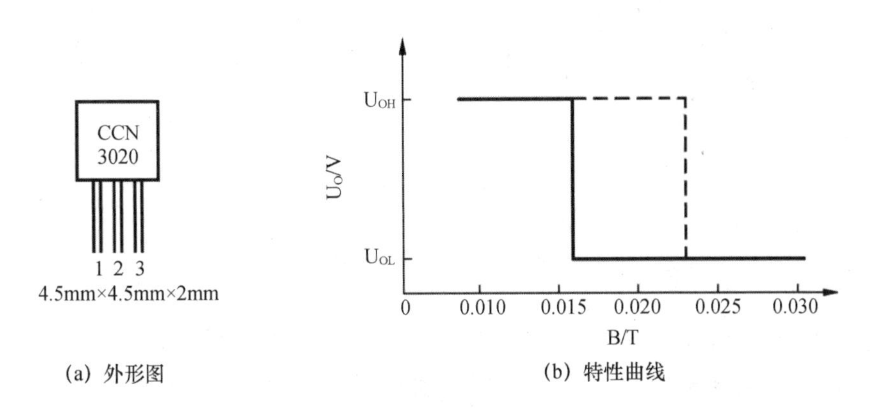


(a) 外形图　(b) 特性曲线

**图4－92　霍尔式接近开关**

（4）压力开关（见图4－93）。压力开关是利用被控介质，如液压油在波纹管或橡皮膜上产生的压力与弹簧的反力相平衡的原理所制成的一种开关。

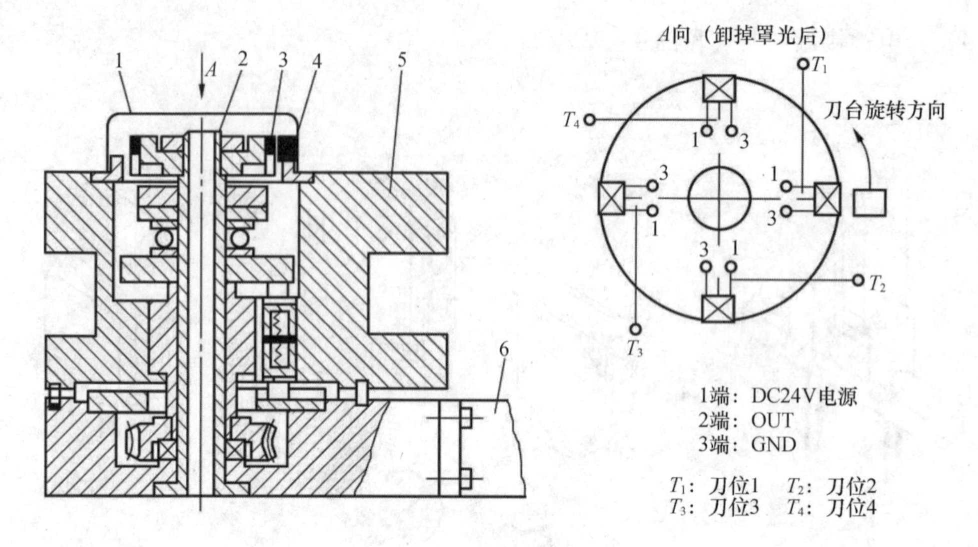


1—罩壳；2—定轴；3—霍尔集成电路；4—磁钢；5—刀台；6—刀架座

**图4－93 压力开关结构**

（5）温控开关。

（6）接触器（见图4－94）。

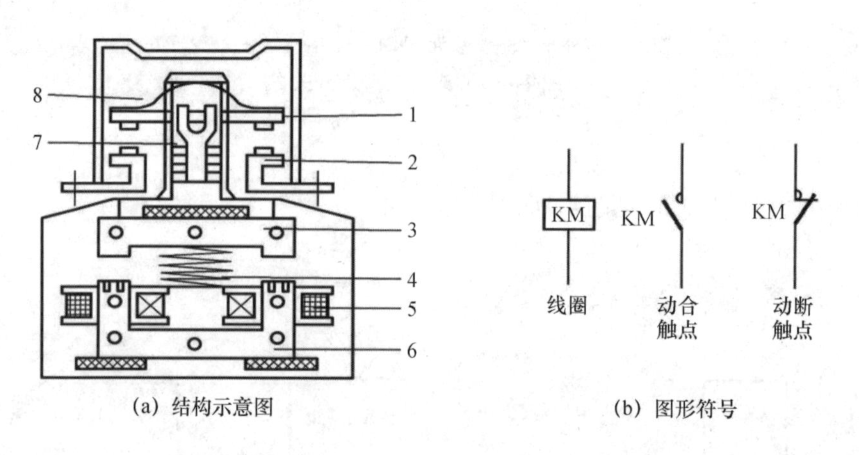


(a) 结构示意图 (b) 图形符号

1—动触桥；2—静触点；3—衔铁；4—缓冲弹簧；
5—电磁线圈；6—铁芯；7—触点弹簧；8—灭弧室

**图4－94 交流接触器**

对接触器的维护要求：

1）定期检查交流接触器的零件，要求可动部位灵活，紧固件无松动。

2）保持触点表面的清洁，不允许粘有油污。

3）接触器不允许在去掉灭弧罩的情况下使用，因为这样很容易发生短路事故。

4）若接触器已不能修复，应予更换。

接触器常见的故障：①线圈过热或烧损。②噪声大。③触点吸不上。④触点不释放。

（7）继电器。

继电器是一种根据外界输入的信号来控制电路中电流“通”与“断”的自动切换电

路。它主要用来反映各种控制信号，其触点通常接在控制电路中。继电器和接触器在结构和动作原理上大致相同，但前者在结构上体积小，动作灵敏，没有灭弧装置，触电的种类和数量也较多。

图 4－95　中间继电器示意图

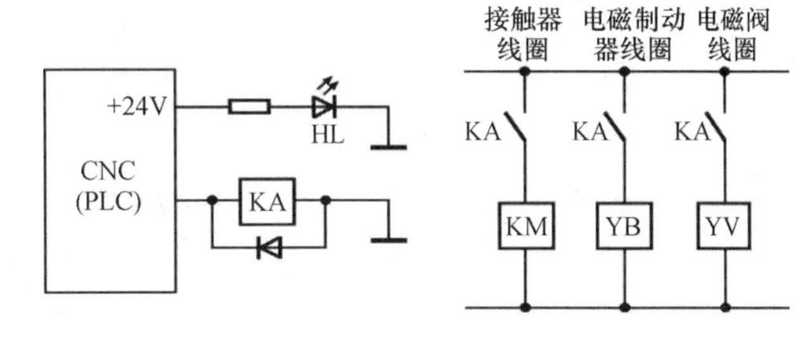


图 4－96　内装式 PLC 的输出控制

## 任务试题

（1）如何对数控系统进行日常维护？

（2）叙述 FANUC 和 HNC21/22T 数控车操作面板的组成及其使用。

（3）叙述 FANUC 和 HNC21/22T 数控车手动操作。

# 任务五　数控车床加工综合实训

## 任务目标

（1）掌握车削固定循环加工指令应用。

（2）掌握数控车床槽及螺纹加工指令应用。

（3）熟悉数控车床配合件加工。

## 基本概念

### 一、简单轴加工实训

如图4－97所示，毛坯为φ40×100的45钢，要求编制数控加工程序并完成零件的加工。

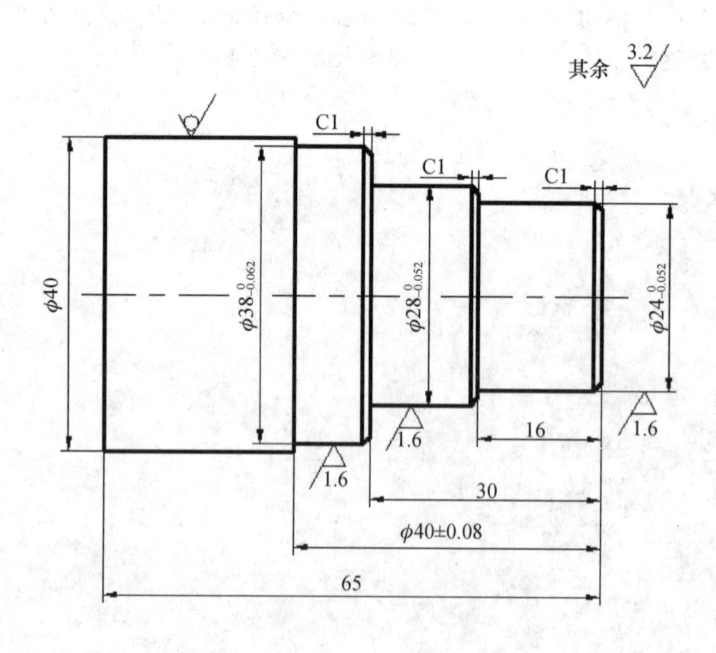


图4－97　台阶轴

1. 刀具卡片（见表4－7）

**表4－7　台阶轴数控加工刀具卡片**

| 产品名称或代号 | | | 零件名称 | | 零件图号 | | 程序编号 | |
|---|---|---|---|---|---|---|---|---|
| 工步号 | 刀具号 | 刀具规格名称 | | 数量 | 加工表面 | | 刀尖半径（mm） | 备注 |
| 1 | T01 | 90°硬质合金偏刀 | | 1 | 粗车外轮廓 | | 0.8 | |
| 2 | T02 | 90°硬质合金偏刀 | | 1 | 精车外轮廓 | | 0.2 | |
| 编制 | | | 审核 | | 批准 | | 共1页 | 第1页 |

2. 编制程序（见表4－8）

**表4－8　台阶轴加工程序**

| 程序号：O0010 | | |
|---|---|---|
| 程序段号 | 程序内容 | 说明 |
| N10 | M03 S600 T0101 | 主轴正转，换1号刀 |
| N20 | M08 | 冷却液开 |
| N30 | G00 X42 Z2 | 快速定位 |
| N40 | X38.5 Z0 | 定位 |
| N50 | G01 Z－40 F60 | 0 |
| N60 | G00 X42 | 退刀 |
| N70 | Z2 | |
| N80 | G90 X36.5 Z－30 F60 | 0 |
| N90 | X34.5 | 0 |
| N100 | X32.5 | 0 |
| N110 | X30.5 | 0 |
| N120 | X28.474 | 0 |
| N130 | G00 X29 Z2 | 快速定位 |
| N140 | G90 X26.474 Z－16 F60 | 0 |
| N150 | X24.474 | 0 |
| N160 | G00 X100 Z100 | 退刀到换刀点 |
| N170 | T0202 | 换二号刀 |
| N180 | G00 X42 Z2 | 定位 |
| N190 | X21.974 Z0 | 快速定位 |
| N200 | G01 X23.974 Z－1 F80 | 倒角 |
| N210 | Z－16 | 0 |
| N220 | X25.974 | 精车轴肩 |
| N230 | X27.974 Z－17 | 倒角 |
| N240 | Z－30 | 0 |
| N250 | X35.969 | 精车轴肩 |
| N260 | X37.969 Z－31 | 倒角 |
| N270 | Z－40 | 0 |
| N280 | G00 X100 Z100 | 快速退刀 |
| N290 | M09 | 冷却液关 |
| N300 | M30 | 程序结束 |

3. 实训评分（见表4－9）

**表4－9　台阶轴加工实训评分表**

| 工件编号 | | | | 总得分 | | | |
|---|---|---|---|---|---|---|---|
| 姓　名 | | | | | | | |
| 项目与分配 | | 序号 | 技术要求 | 配分 | 评分标准 | 检测记录 | 得分 |
| 工件加工评分（65%） | 轮廓尺寸 | 1 | $\phi38^{0}_{-0.062}$ | 12 | 超差0.01扣2分 | | |
| | | 2 | 40±0.08 | 12 | 超差0.01扣2分 | | |
| | | 3 | $\phi28^{0}_{-0.052}$ | 12 | 超差0.01扣2分 | | |
| | | 4 | $\phi24^{0}_{-0.052}$ | 12 | 超差0.01扣1分 | | |
| | | 5 | 长度16、30、65 | 10 | 超差0.01扣1分 | | |
| | | 6 | 倒角C1（三处） | 3 | 超差0.01扣1分 | | |
| | | 7 | Ra1.6μm | 4 | 错一处扣1分 | | |
| 程序与工艺（10%） | | 8 | 程序正确合理 | 10 | 不合理每处扣2分 | | |
| 机床操作（10%） | | 9 | 机床操作规范 | 5 | 出错一次扣2分 | | |
| | | 10 | 工件、刀具装夹 | 5 | 出错一次扣2分 | | |
| 安全文明生产，职业规范，遵守课堂纪律（15%） | | 11 | 安全文明操作，具有较强的职业意识，遵守机床操作规程，课堂表现良好 | 15 | 出现安全问题，课堂违纪，酌扣5~10分。如果问题严重，则倒扣分 | | |
| 其他 | | 12 | 工件完整，局部无缺陷（夹伤、过切等） | 倒扣 | 出现缺陷扣除总分，扣分不超过10分 | | |

## 二、较复杂轴类加工实训

1. 单一固定循环指令G90、G94编程加工实训

带槽的轴类零件加工如图4－98所示，毛坯为φ24×50的45钢，要求编制数控加工程序并完成零件的加工。

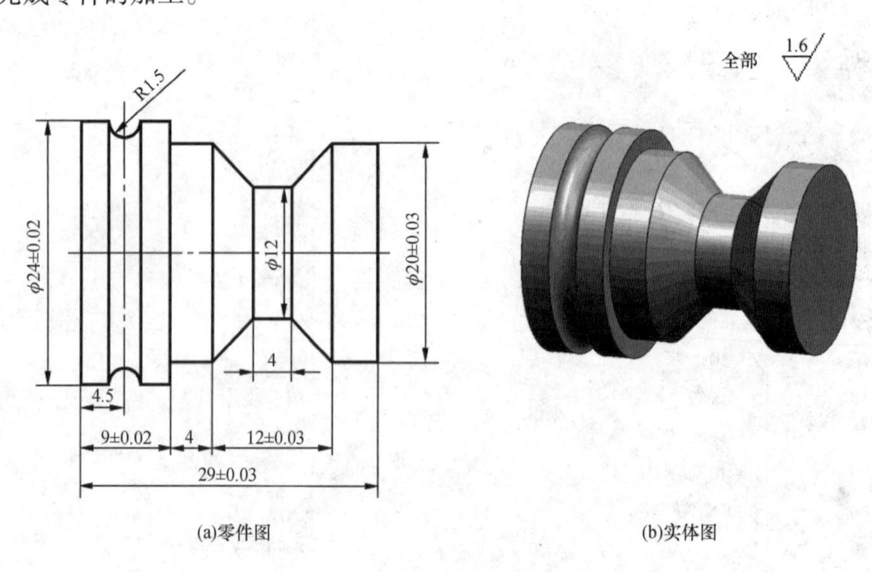


(a)零件图　(b)实体图

图4－98　带槽的轴类零件

（1）刀具卡片，如表 4－10 所示。

**表 4－10　带槽的轴类零件数控加工刀具卡片**

| 产品名称或代号 | | | 零件名称 | 零件图号 | 程序编号 | |
|---|---|---|---|---|---|---|
| 工步号 | 刀具号 | 刀具规格名称 | 数量 | 加工表面 | 刀尖半径（mm） | 备注 |
| 1 | T01 | 外圆车刀 | 1 | 零件整个外形 | | |
| 2 | T02 | 切断刀（刀宽 3mm） | 1 | 车 4×$\phi$12 槽 | | |
| 3 | T03 | 圆弧刀（刀宽等于圆弧直径） | 1 | 车 R1.5 圆弧槽 | | |
| 编制 | | 审核 | | 批准 | 共 1 页 | 第 1 页 |

（2）编制程序，如表 4－11 所示。

**表 4－11　带槽的轴类零件加工程序**

| 程序号：O1202 | | |
|---|---|---|
| 程序段号 | 程序内容 | 说明 |
| N10 | G50 X60 Z60 | 设置工件坐标系 |
| N20 | M03 S300 T0100 | 主轴正转，换 1#刀 |
| N30 | G00 X26 Z2 | |
| N40 | G90 X24.2 Z－29 F80 | 粗车 $\phi$20±0.03 第一刀 |
| N50 | X22 Z－20 | 粗车 $\phi$20±0.03 第二刀 |
| N60 | X20.2 | 粗车 $\phi$20±0.03 第三刀 |
| N70 | X20 F30 | 粗车 $\phi$20±0.03 第四刀 |
| N80 | X24 Z－29 | 粗车 $\phi$24 + 0.02 |
| N90 | G00 X60 Z60 | 快速定位 |
| N100 | T0202 | 换 2#刀 |
| N110 | G00 X22 Z－12 | 定位 |
| N120 | G94 X12.05 Z－12 F50 | 车 $\phi$12 两边的锥面 |
| N130 | X12 Z－11 F30 | |
| N140 | G94 X12 Z－12 R－3 F50 | |
| N150 | X24.474 | |
| N160 | R－5 F30 | |
| N170 | G01 X22 Z－11 F50 | |
| N180 | G94 X12 Z－11 R3 | |
| N190 | R5 F30 | |
| N200 | G00 X60 Z60 | 快速定位 |
| N210 | T0303 | 换 3#刀 |
| N220 | G00 X29 Z－24.5 | 定位 |
| N230 | G01 X24 Z－24.5 F30 | 车 R1.5 圆弧槽 |
| N240 | G00 X29 Z－24.5 | |
| N250 | G00 X60 Z60 | 快速退刀 |
| N260 | M30 | 程序结束 |

（3）实训评分，如表 4 – 12 所示。

**表 4 – 12　带槽的轴类零件加工实训评分表**

| 工件编号 | | | | 总得分 | | | |
|---|---|---|---|---|---|---|---|
| 姓　名 | | | | | | | |
| 项目与分配 | | 序号 | 技术要求 | 配分 | 评分标准 | 检测记录 | 得分 |
| 工件加工评分（65%） | 轮廓尺寸 | 1 | φ20 ±0. 03 | 12 | 超差 0. 01 扣 2 分 | | |
| | | 2 | φ24 ±0. 02 | 12 | 超差 0. 01 扣 2 分 | | |
| | | 3 | 9 ±0. 02 | 12 | 超差 0. 01 扣 2 分 | | |
| | | 4 | 12 ±0. 03 | 12 | 超差 0. 01 扣 1 分 | | |
| | | 5 | 29 ±0. 03 | 10 | 超差 0. 01 扣 1 分 | | |
| | | 6 | R1. 5 | 3 | 超差 0. 01 扣 1 分 | | |
| | | 7 | Ra1. 6μm | 4 | 错一处扣 1 分 | | |
| 程序与工艺（10%） | | 8 | 程序正确合理 | 10 | 不合理每处扣 2 分 | | |
| 机床操作（10%） | | 9 | 机床操作规范 | 5 | 出错一次扣 2 分 | | |
| | | 10 | 工件、刀具装夹 | 5 | 出错一次扣 2 分 | | |
| 安全文明生产，职业规范，遵守课堂纪律（15%） | | 11 | 安全文明操作，具有较强的职业意识，遵守机床操作规程，课堂表现良好 | 15 | 出现安全问题，课堂违纪，酌扣 5 ~ 10 分。如果问题严重，则倒扣分 | | |
| 其他 | | 12 | 工件完整，局部无缺陷（夹伤、过切等） | 倒扣 | 出现缺陷扣除总分，扣分不超过 10 分 | | |
| | | 13 | 按时完成 | 倒扣 | 不按时完成酌扣 5 ~ 10 分 | | |
| 检验员 | | | | 日期 | | | |

2. 圆弧指令 G02、G03 及复合固定循环指令 G71 编程加工实训

如图 4 – 99 所示的螺纹曲面轴，毛坯尺寸为 φ55 × 170，材料为 45 钢，无热处理要求，完成数控编程。

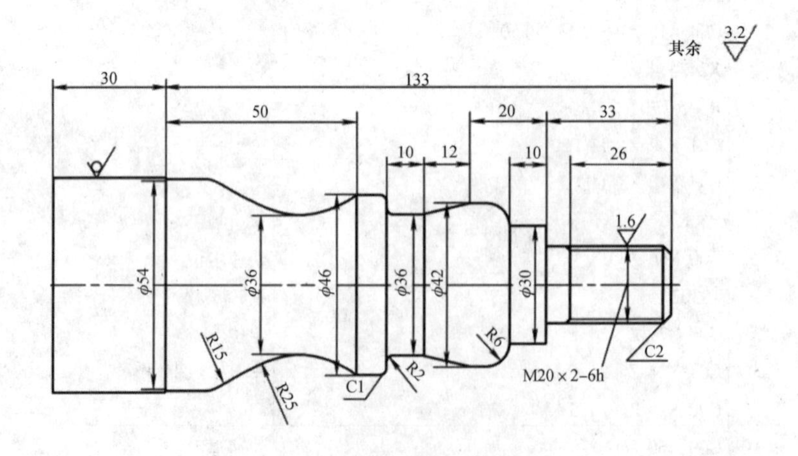


**图 4 – 99　螺纹曲面轴**

（1）刀具卡片，如表4－13所示。

表4－13 螺纹曲面轴数控加工刀具卡片

| 产品名称或代号 | | | 零件名称 | | 零件图号 | | 程序编号 | |
|---|---|---|---|---|---|---|---|---|
| 工步号 | 刀具号 | 刀具规格名称 | | 数量 | 加工表面 | | 刀尖半径（mm） | 备注 |
| 1 | T01 | 外圆端面车刀 | | 1 | 车端面 | | 0.4 | |
| 2 | T02 | 外圆粗车右偏刀，主偏角93°，副偏角57° | | 1 | 粗车外形 | | 0.4 | |
| 3 | T03 | 外圆精车右偏刀，主偏角93°，副偏角57° | | 1 | 精车外形轮廓 | | 0.2 | |
| 4 | T04 | 60°外螺纹车刀 | | 1 | 粗、精车外螺纹 | | | |
| 5 | T05 | 切断刀 B＝4 | | 1 | 切断 | | | |
| 编制 | | | 审核 | | 批准 | | 共1页 | 第1页 |

（2）编制程序，如表4－14所示。

表4－14 螺纹曲面轴加工程序

| 程序号：O0231 | | |
|---|---|---|
| 程序段号 | 程序内容 | 说明 |
| N10 | G98 G40 G21 | 换1#刀 |
| N20 | T0101 | |
| N30 | M03 S500 | 设定主轴转速，正转 |
| N40 | G00 X60 Z5 | 到循环起点 |
| N50 | G94 X0 Z1.5 F100 | 端面切削循环 |
| N60 | Z0 | 第二刀 |
| N70 | G00 X100 Z80 T0100 | 回换刀点 |
| N80 | T0202 | 换2#刀 |
| N90 | G00 X60 Z3 | 到循环起点 |
| N100 | G90 X52.6 Z－133 F100 | 外圆切削循环（精车留量0.6） |
| N110 | G01 X54 | 到循环起点 |
| N120 | G71 U1R1 | |
| N130 | G71 P20 Q40 U0.3 W0 F100 | 外圆粗车循环 |
| N140 | G01 X10 F100 | 精加工轮廓开始，到倒角延长线处 |
| N150 | X19.1 Z－2 | |
| N160 | Z－33 | |

续表

| 程序号：O0231 | | |
|---|---|---|
| 程序段号 | 程序内容 | 说明 |
| N170 | X30 Z－33 | |
| N180 | Z－43 | |
| N190 | G03 X42 Z－49 R6 | |
| N200 | G01 X42 Z－53 | |
| N210 | X36 Z－65 | |
| N220 | Z－73 | |
| N230 | G02 X40 Z－75 R2 | |
| N240 | G01 X44 | 退出加工表面，粗加工轮廓结束 |
| N250 | X46 Z－76 | |
| N260 | Z－83 | |
| N270 | G02 X46 Z－113 R25 | |
| N280 | G03 X52 Z－123.28 R15 | |
| N290 | G01 Z－133 | |
| N300 | X55 | |
| N310 | G00 X100 Z80 T0200 | |
| N320 | T0303 | 换3#刀 |
| N330 | G00 G42 X70 Z3 | 3#刀加入刀补 |
| N340 | G01 X10 F60 | 精加工外轮廓 |
| N350 | X19.1 Z－2 | |
| N360 | Z－33 | |
| N370 | X30 | |
| N380 | Z－43 | |
| N390 | G03 X42 Z－49 R6 | |
| N400 | G01 Z－53 | |
| N410 | X36 Z－65 | |
| N420 | Z－73 | |
| N430 | G02 X40 Z－75 R2 | |
| N440 | G01 X44 | |
| N450 | X46 Z－76 | |
| N460 | Z－83 | |
| N470 | G02 X46 Z－113 R25 | |
| N480 | G03 X52 Z－123.28 R15 | |
| N490 | G01 Z－133 | |
| N500 | X55 | |
| N510 | G00 G40 X100 Z80 T0300 | 回换刀点，去刀补 |
| N520 | M05 | 主轴停转 |
| N530 | T0404 | 换4#刀 |
| N540 | M03 S200 | 设定转速，正转 |

续表

| 程序号：O0231 | | |
|---|---|---|
| 程序段号 | 程序内容 | 说明 |
| N550 | G00 X30 Z5 | |
| N560 | G92 X19.2 Z-26 F2 | |
| N570 | X18.9 | |
| N580 | X18.85 | |
| N590 | X18.85 | |
| N600 | G00 X30 Z6 | 回换刀点，消除刀补 |
| N610 | G92 X19.2 Z-26 F2 | |
| N620 | X18.9 | |
| N630 | X18.85 | |
| N640 | X18.85 | |
| N650 | G00 G40 X100 Z80 T0400 | |
| N660 | T0100 | 换1#刀 |
| N670 | M30 | 主轴停、主程序结束并复位 |

（3）实训评分，如表4-15所示。

**表4-15　螺纹曲面轴加工实训评分表**

| 工件编号 | | | | 总得分 | | | |
|---|---|---|---|---|---|---|---|
| 姓　名 | | | | | | | |
| 项目与分配 | | 序号 | 技术要求 | 配分 | 评分标准 | 检测记录 | 得分 |
| 工件加工评分（65%） | 轮廓尺寸 | 1 | ϕ42、ϕ30 | 8 | 超差0.01扣2分 | | |
| | | 2 | ϕ36、ϕ46 | 8 | 超差0.01扣2分 | | |
| | | 3 | 10、12 | 8 | 超差0.01扣2分 | | |
| | | 4 | 20、50 | 8 | 超差0.01扣1分 | | |
| | | 5 | M20×2-6h | 12 | 超差0.01扣1分 | | |
| | | 6 | R15、R25、R6、R2 | 12 | 超差0.01扣1分 | | |
| | | 7 | C1、C2 | 4 | 超差0.01扣1分 | | |
| | | 8 | Ra1.6μm | 5 | 错一处扣1分 | | |
| 程序与工艺（10%） | | 9 | 程序正确合理 | 10 | 不合理每处扣2分 | | |
| 机床操作（10%） | | 10 | 机床操作规范 | 5 | 出错一次扣2分 | | |
| | | 11 | 工件、刀具装夹 | 5 | 出错一次扣2分 | | |
| 安全文明生产，职业规范，遵守课堂纪律（15%） | | 12 | 安全文明操作，具有较强的职业意识，遵守机床操作规程，课堂表现良好 | 15 | 出现安全问题，课堂违纪，酌扣5~10分。如果问题严重，则倒扣分 | | |
| 其他 | | 13 | 工件完整，局部无缺陷（夹伤、过切等） | 倒扣 | 出现缺陷扣除总分，扣分不超过10分 | | |
| | | 14 | 按时完成 | 倒扣 | 不按时完成酌扣5~10分 | | |
| 检验员 | | | | 日期 | | | |

3. 复合固定循环指令 G71 和 G72 编程加工实训

完成如图 4－100 所示工件加工，毛坯尺寸为 ϕ45mm 棒料，材料为 45 钢，要求切断（图示 A～E 点坐标需计算得到）。

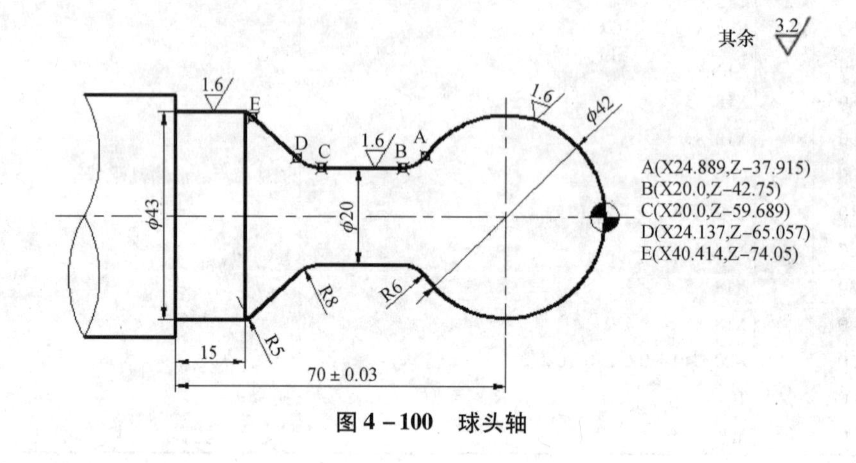


图 4－100　球头轴

（1）刀具卡片，如表 4－16 所示。

表 4－16　球头轴数控加工刀具卡片

| 产品名称或代号 | | | 零件名称 | | 零件图号 | 程序编号 | |
|---|---|---|---|---|---|---|---|
| 工步号 | 刀具号 | 刀具规格名称 | | 数量 | 加工表面 | 刀尖半径（mm） | 备注 |
| 1 | T01 | 90°硬质合金偏刀 | | 1 | 粗车外形 | 0.4 | |
| 2 | T02 | 切断刀（刀宽＝5mm） | | 1 | 切凹槽 | | |
| 3 | T03 | 成形刀，R4mm | | 1 | 精车圆球和凹槽 | | |
| 编制 | | 审核 | | | 批准 | 共 1 页 | 第 1 页 |

（2）编制程序，如表 4－17 所示。

表 4－17　球头轴加工程序

| 程序号：O0025 | | |
|---|---|---|
| 程序段号 | 程序内容 | 说明 |
| N10 | G40 G97 G99 S500 M03 T0101 | 去除圆弧余量 |
| N20 | G00 X47 Z2 | |
| N30 | G71 U2 R0.5 | |
| N40 | G71 P50 Q90 U0.4 W0.2 F0.2 | |
| N50 | G00 X0 | |
| N60 | G03 X42 Z－21 R21 | |
| N70 | G01 X43 | 车 ϕ43 外圆刀尺寸 |
| N80 | Z－96 | |
| N90 | X47 | |
| N100 | G01 X43 | |

续表

| 程序号：O0025 | | |
|---|---|---|
| 程序段号 | 程序内容 | 说明 |
| N110 | Z－91 | |
| N120 | G00 X47 | |
| N130 | X150 Z200 | |
| N140 | T0202 | |
| N150 | G00 X44 Z－53.72 | B点、C点Z向对称点Z－51.22减去2.5mm |
| N160 | G01 X20.4 F0.1 | |
| N170 | X44 | |
| N180 | G72 W2 R0.5 | |
| N190 | G72 P200 Q250 U0.4 W0.2 F0.15 | |
| N200 | Z－76 | |
| N210 | G01 X43 | |
| N220 | G02 X40.414 Z－74.05 R5 | E点 |
| N230 | G01 X24.137 Z－65.057 | D点 |
| N240 | G03 X20 Z－59.689 R8 | C点 |
| N250 | G01 Z－55 | 切凹槽余量 |
| N260 | T0203 | |
| N270 | Z－50 | |
| N280 | G72 W2 R0.5 | |
| N290 | G72 P300 Q340 U0.4 W－0.4 F0.15 | |
| N300 | G01 Z－21 | |
| N310 | X42 | |
| N320 | G03 X24.889 Z－37.915 R21 | A点 |
| N330 | G02 X20 Z－42.75 R6 | B点 |
| N340 | G01 Z－50 | |
| N350 | G00 X150 Z200 | |
| N360 | T0303 | |
| N370 | G00 Z10 | 精车圆球及凹槽 |
| N380 | G42 X0 | |
| N390 | G02 X0 Z0 R5 | 圆弧切入，无接刀痕迹 |
| N400 | G03 X24.889 Z－37.915 R21 | A点 |
| N410 | G02 X20 Z－42.75 R6 | B点 |
| N420 | G01 Z－59.689 | C点 |
| N430 | G02 X24.137 Z－65.057 R8 | D点 |
| N440 | G01 X40.414 Z－74.05 | E点 |
| N450 | G03 X43 Z－76R5 | |
| N460 | G02 X53 Z－81R5 | 圆弧切出，无接刀痕迹 |
| N470 | G01 G40 X100 | |
| N480 | Z100 | |
| N490 | M30 | |

（3）实训评分，如表4－18所示。

**表4－18　球头轴加工实训评分表**

| 工件编号 | | | | 总得分 | | | |
|---|---|---|---|---|---|---|---|
| 姓　名 | | | | | | | |
| 项目与分配 | | 序号 | 技术要求 | 配分 | 评分标准 | 检测记录 | 得分 |
| 工件加工评分（65%） | 轮廓尺寸 | 1 | φ42 | 8 | 超差0.01扣2分 | | |
| | | 2 | φ20 | 8 | 超差0.01扣2分 | | |
| | | 3 | φ43 | 8 | 超差0.01扣2分 | | |
| | | 4 | 15 | 8 | 超差0.01扣1分 | | |
| | | 5 | 70±0.03 | 8 | 超差0.01扣1分 | | |
| | | 6 | R6、R8、R5 | 8 | 超差0.01扣1分 | | |
| | | 7 | φ42 | 12 | 超差0.01扣1分 | | |
| | | 8 | Ra1.6μm | 5 | 错一处扣1分 | | |
| 程序与工艺（10%） | | 9 | 程序正确合理 | 10 | 不合理每处扣2分 | | |
| 机床操作（10%） | | 10 | 机床操作规范 | 5 | 出错一次扣2分 | | |
| | | 11 | 工件、刀具装夹 | 5 | 出错一次扣2分 | | |
| 安全文明生产，职业规范，遵守课堂纪律（15%） | | 12 | 安全文明操作，具有较强的职业意识，遵守机床操作规程，课堂表现良好 | 15 | 出现安全问题，课堂违纪，酌扣5~10分。如果问题严重，则倒扣分 | | |
| 其他 | | 13 | 工件完整，局部无缺陷（夹伤、过切等） | 倒扣 | 出现缺陷扣除总分，扣分不超过10分 | | |
| | | 14 | 按时完成 | 倒扣 | 不按时完成酌扣5~10分 | | |
| 检验员 | | | | 日期 | | | |

4. 复合固定循环指令G70和G71编程加工实训

加工如图4－101所示的螺纹轴零件。毛坯为φ52mm棒料，材料为45钢，工件不切断。

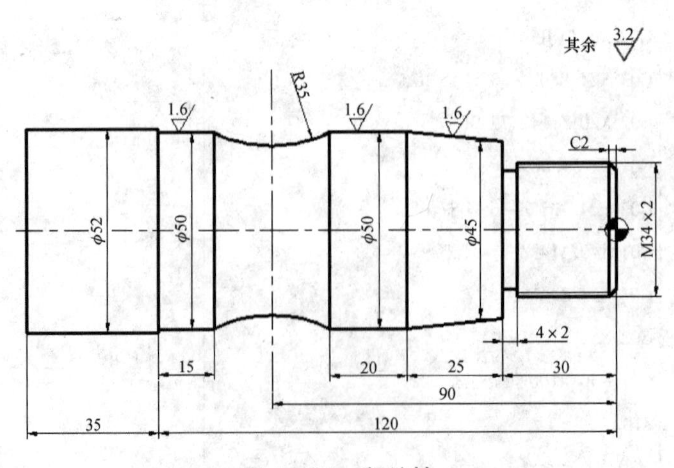


**图4－101　螺纹轴**

（1）刀具卡片，如表4－19所示。

**表4－19　螺纹轴数控加工刀具卡片**

| 产品名称或代号 | | | 零件名称 | 零件图号 | 程序编号 | |
|---|---|---|---|---|---|---|
| 工步号 | 刀具号 | 刀具规格名称 | 数量 | 加工表面 | 刀尖半径（mm） | 备注 |
| 1 | T01 | 外圆车刀 | 1 | 车外形 | 0.4 | |
| 2 | T02 | 外圆车刀 | 1 | 精车外形 | 0.2 | |
| 3 | T03 | 切断刀（刀宽＝4mm） | 1 | 切槽 | | |
| 4 | T04 | 60°外螺纹车刀 | 1 | 粗、精车外螺纹 | | |
| 编制 | | 审核 | | 批准 | 共1页 | 第1页 |

（2）编制程序，如表4－20所示。

**表4－20　螺纹轴加工程序**

| 程序号：O0231 | | |
|---|---|---|
| 程序段号 | 程序内容 | 说明 |
| N10 | G40　G97　G99　S500　M03　T0101 | 换1#刀，设定主轴转速，正转 |
| N20 | G00　X53.0　Z5.0　M08 | 到循环起点，冷却液开 |
| N30 | G71　U2.0　R0.5 | |
| N40 | G71　P50　Q120　U0.4　W0.2　F0.2 | 外圆粗车循环 |
| N50 | G00　G42　X0 | |
| N60 | G01　Z0　F0.15 | 精加工轮廓开始 |
| N70 | X33.8　C－2.0 | 平端面，倒角 |
| N80 | Z－30.0 | |
| N90 | X45.0 | 车外形 |
| N100 | X50.0　W－25.0 | |
| N110 | Z－120.0 | |
| N120 | G40　X53.0 | |
| N130 | G00　X150.0　Z200.0 | 换刀点 |
| N140 | T0202　S600 | 换2#刀 |
| N150 | G00　X53.0　Z5.0 | |
| N160 | G70　P10　Q20 | |
| N170 | G00　X150.0　Z200.0 | |
| N180 | T0303　S400 | 换3#刀 |
| N190 | G00　X48.0　Z－30.0 | |
| N200 | G01　X30.0　F0.15 | 切槽 |
| N210 | X48.0　F0.3 | |
| N220 | G00　X150.0　Z200.0 | |
| N230 | T0404 | 换4#刀 |

续表

| 程序号：O0231 | | |
|---|---|---|
| 程序段号 | 程序内容 | 说明 |
| N240 | G00　X36.0　Z5.0　F2.0 | |
| N250 | G92　X33.1　Z－28.0　F2.0 | |
| N260 | X32.5 | |
| N270 | X31.9 | |
| N280 | X31.5 | 切螺纹、切凹圆弧 |
| N290 | X31.4 | |
| N300 | G00　X54.0 | |
| N310 | Z－75.0 | |
| N320 | S500 | |
| N330 | M98　P041000 | 调用O1000子程序4次加工凹圆弧 |
| N340 | G00　X60 | |
| N350 | X150.0　Z200 | |
| N360 | G28　U0　W0　T0　M05 | |
| N370 | M30 | |
| N380 | O1000 | 子程序 |
| N390 | G1 U－1 F0.2 | |
| N400 | G02 U0 W－30.0 R35 | |
| N410 | U3 F0.5 | |
| N420 | W30 | |
| N430 | U－3 | |
| N440 | M99 | |

（3）实训评分，如表4－21所示。

**表4－21　螺纹轴加工实训评分表**

| 工件编号 | | | | 总得分 | | | |
|---|---|---|---|---|---|---|---|
| 姓　名 | | | | | | | |
| 项目与分配 | | 序号 | 技术要求 | 配分 | 评分标准 | 检测记录 | 得分 |
| 工件加工评分（65%） | 轮廓尺寸 | 1 | φ45 | 8 | 超差0.01扣2分 | | |
| | | 2 | φ50 | 8 | 超差0.01扣2分 | | |
| | | 3 | 25、30、4×2、15 | 8 | 超差0.01扣2分 | | |
| | | 4 | 20、50 | 8 | 超差0.01扣1分 | | |
| | | 5 | M34×2 | 12 | 超差0.01扣1分 | | |
| | | 6 | R35、C2 | 12 | 超差0.01扣1分 | | |
| | | 7 | 120 | 4 | 超差0.01扣1分 | | |
| | | 8 | Ra1.6μm | 5 | 错一处扣1分 | | |

续表

| 工件编号 | | | 总得分 | | | |
|---|---|---|---|---|---|---|
| 姓　名 | | | | | | |
| 项目与分配 | 序号 | 技术要求 | 配分 | 评分标准 | 检测记录 | 得分 |
| 程序与工艺（10%） | 9 | 程序正确合理 | 10 | 不合理每处扣 2 分 | | |
| 机床操作（10%） | 10 | 机床操作规范 | 5 | 出错一次扣 2 分 | | |
| | 11 | 工件、刀具装夹 | 5 | 出错一次扣 2 分 | | |
| 安全文明生产，职业规范，遵守课堂纪律（15%） | 12 | 安全文明操作，具有较强的职业意识，遵守机床操作规程，课堂表现良好 | 15 | 出现安全问题，课堂违纪，酌扣 5 ~ 10 分。如果问题严重，则倒扣分 | | |
| 其他 | 13 | 工件完整，局部无缺陷（夹伤、过切等） | 倒扣 | 出现缺陷扣除总分，扣分不超过 10 分 | | |
| | 14 | 按时完成 | 倒扣 | 不按时完成酌扣 5 ~ 10 分 | | |
| 检验员 | | | 日期 | | | |

### 三、槽及螺纹的加工实训

1. 槽的加工

（1）循环指令 G74 和 G75 编程加工实训。

完成如图 4 – 102 所示轴套零件外形面和内形腔的粗、精车（毛坯 φ95mm 棒料），材料为 45 钢。

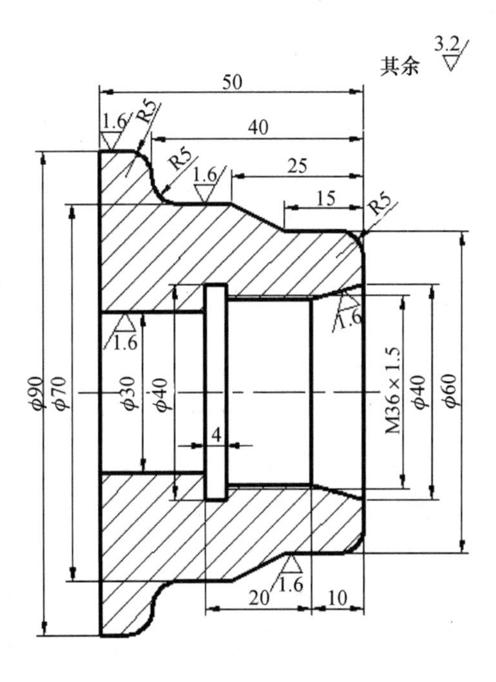


图 4 – 102　轴套

（2）刀具卡片，如表4-22所示。

**表4-22 轴套数控加工刀具卡片**

| 产品名称或代号 | | | 零件名称 | | 零件图号 | | 程序编号 | |
|---|---|---|---|---|---|---|---|---|
| 工步号 | 刀具号 | 刀具规格名称 | | 数量 | 加工表面 | | 刀尖半径（mm） | 备注 |
| 1 | T01 | 外圆车刀 | | 1 | 车外形 | | 0.4 | |
| 2 | T02 | 切断刀（刀宽4mm） | | 1 | 切断 | | 0 | |
| 3 | T03 | φ28mm 钻头 | | 1 | 钻孔 | | | |
| 4 | T04 | 90°镗孔刀 | | 1 | 粗、精镗孔 | | | |
| 5 | T05 | 内沟槽刀（刀宽4mm） | | 1 | 车退刀槽 | | | |
| 6 | T06 | 内螺纹车刀 | | 1 | 车内螺纹 | | | |
| 编制 | | | 审核 | | 批准 | | 共1页 | 第1页 |

（3）编制程序，如表4-23所示。

**表4-23 轴套加工程序**

程序号：O0004

| 程序段号 | 程序内容 | 说明 |
|---|---|---|
| N10 | G40 G97 G99 M03 S400 | |
| N20 | T0303 | 钻孔，钻头Φ28×100 |
| N30 | G00 X0 | |
| N40 | Z10 | |
| N50 | G74 R0.5 | |
| N60 | G74 Z-60 Q8000 F0.1 | |
| N70 | G01 Z30 | |
| N80 | G00 X100 | |
| N90 | T0101 | 换T01#刀 |
| N100 | G00 X95 Z5 | |
| N110 | G71 U2 R0.5 | |
| N120 | G71 P130 Q230 U0.4 W0.2 F0.2 | |
| N130 | G42 G00 X27 | |
| N140 | G01 Z0 F0.1 | |
| N150 | X50 | 车外形 |
| N160 | G03 X60 Z-5 R5 | |
| N170 | G01 Z-15 | |
| N180 | X70 Z-25 | |
| N190 | Z-35 | |
| N200 | G02 X80 Z-40 R5 | |
| N210 | G03 X90 Z-45 R5 | |
| N220 | G01 Z-54 | |
| N230 | G40 G01 X95 | 换T04#刀（内孔镗刀） |
| N240 | G70 P130 Q230 | |
| N250 | G00 X100 Z100 | |
| N260 | T0404 | |

续表

| 程序号：O0004 | | |
|---|---|---|
| 程序段号 | 程序内容 | 说明 |
| N270 | G00 X27 Z5 | |
| N280 | G71 U2 R0.5 | |
| N290 | G71 P300 Q360 U-0.4 W0.2 F0.2 | |
| N300 | G41 G00 X40 | |
| N310 | G01 Z0 F0.1 | 镗内孔 |
| N320 | X34.5 Z-10 | |
| N330 | Z-30 | |
| N340 | X30 | |
| N350 | Z-55 | |
| N360 | G40 X27 | |
| N370 | G70 P300 Q360 | |
| N380 | G00 X100 Z100 | |
| N390 | T0505 | 换T05#刀（内沟槽刀宽4mm） |
| N400 | G00 X26 | |
| N410 | Z5 | |
| N420 | G01 Z-30 F0.3 | |
| N430 | X40 F0.05 | 切退刀槽 |
| N440 | X26. F0.3 | |
| | G00 Z100 | |
| | X100 | |
| | T0606 | 换T06#刀（内螺纹刀） |
| | G00 X33 Z5 | |
| | G92 X34.85 Z-28 F1.5 | |
| | X35.45 | |
| | X35.85 | 车内螺纹 |
| | X36.0 | |
| | G00 X100. Z100 | |
| | T0202 | 换T02#刀（宽为4mm切断刀，左刀尖对刀） |
| | G00 X90 | |
| | Z-54 | |
| | G75 R0.5 | 切断 |
| | G75 X0 P8000 F0.1 | |
| | G01 W0.1 | |
| | X96 F0.5 | |
| | G00 X100 Z100 | |
| | M30 | |

（4）实训评分，如表 4 – 24 所示。

**表 4 – 24　轴套加工实训评分表**

| 工件编号 | | | 总得分 | | | |
|---|---|---|---|---|---|---|
| 姓　名 | | | | | | |
| 项目与分配 | 序号 | 技术要求 | 配分 | 评分标准 | 检测记录 | 得分 |
| 工件加工评分（65%） 轮廓尺寸 | 1 | φ40、φ60 | 8 | 超差 0.01 扣 2 分 | | |
| | 2 | φ30、φ70 | 8 | 超差 0.01 扣 2 分 | | |
| | 3 | 15、25、40 | 8 | 超差 0.01 扣 2 分 | | |
| | 4 | 10、20、4 | 8 | 超差 0.01 扣 1 分 | | |
| | 5 | M36 × 1.5 | 12 | 超差 0.01 扣 1 分 | | |
| | 6 | R5（三处） | 12 | 超差 0.01 扣 1 分 | | |
| | 7 | 50 | 4 | 超差 0.01 扣 1 分 | | |
| | 8 | Ra1.6μm | 5 | 错一处扣 1 分 | | |
| 程序与工艺（10%） | 9 | 程序正确合理 | 10 | 不合理每处扣 2 分 | | |
| 机床操作（10%） | 10 | 机床操作规范 | 5 | 出错一次扣 2 分 | | |
| | 11 | 工件、刀具装夹 | 5 | 出错一次扣 2 分 | | |
| 安全文明生产，职业规范，遵守课堂纪律（15%） | 12 | 安全文明操作，具有较强的职业意识，遵守机床操作规程，课堂表现良好 | 15 | 出现安全问题，课堂违纪，酌扣 5 ~ 10 分。如果问题严重，则倒扣分 | | |
| 其他 | 13 | 工件完整，局部无缺陷（夹伤、过切等） | 倒扣 | 出现缺陷扣除总分，扣分不超过 10 分 | | |
| | 14 | 按时完成 | 倒扣 | 不按时完成酌扣 5 ~ 10 分 | | |
| 检验员 | | | 日期 | | | |

2. 螺纹加工

（1）螺纹指令 G76 编程加工实训。

完成如图 4 – 103 所示梯形螺纹轴零件加工（毛坯 φ50 × 85 棒料），材料为 45 钢，编写切削程序，并输入加工。

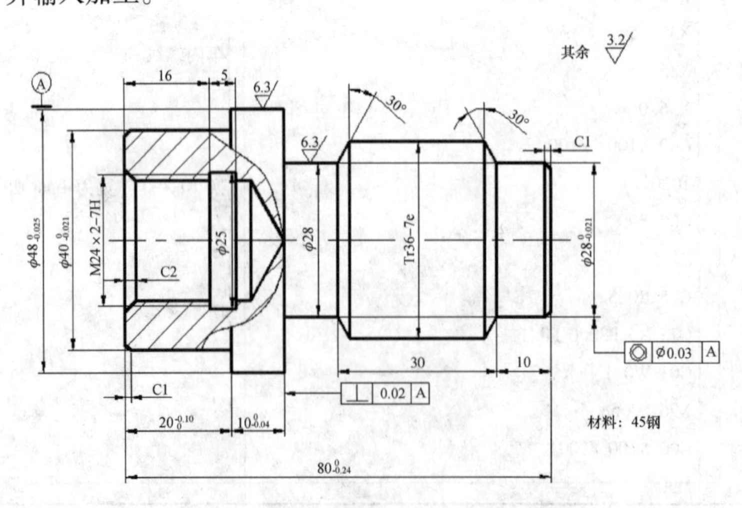


**图 4 – 103　梯形螺纹轴加工零件**

（2）刀具卡片，如表4－25所示。

**表4－25　梯形螺纹轴数控加工刀具卡片**

| 产品名称或代号 | | 零件名称 | | 零件图号 | | 程序编号 | |
|---|---|---|---|---|---|---|---|
| 先选用三爪卡盘夹持棒料，加工出工件左端内、外圆柱面形状，然后工件掉头，用软卡爪夹持工件已加工表面并加工出工件右端形状 | | | | | | | |

| 工步号 | 刀具号 | 刀具规格名称 | 数量 | 加工表面 | 刀尖半径（mm） | 备注 |
|---|---|---|---|---|---|---|
| 1 | T01 | 90°外圆车刀 | 1 | 端面及外圆表面 | 0.4 | |
| 2 | T02 | 车内孔刀 | 1 | 内圆柱表面 | | |
| 3 | T03 | 内切槽刀（刀宽3mm） | 1 | 内槽 | | |
| 4 | T04 | 内螺纹车刀 | 1 | 内螺纹 | | |
| 5 | T05 | 外切槽刀（刀宽3mm） | 1 | 外槽 | | |
| 6 | T06 | 梯形螺纹车刀 | 1 | 外螺纹 | | |
| 编制 | | 审核 | | 批准 | 共1页 | 第1页 |

（3）编制程序，如表4－26、表4－27所示。

**表4－26　梯形螺纹轴左端加工程序**

| 程序号：O2031 | | |
|---|---|---|
| 程序段号 | 程序内容 | 说明 |
| 工件左端加工 | | |
| N10 | T0101 | 换1#刀，外圆柱表面加工 |
| N20 | G98 M03 S600 | |
| N30 | G00 X52 Z2 | |
| N40 | G71 U1.5 R0.5 | |
| N50 | G71 P60 Q90 U0.5 W0.1 F100 | |
| N60 | G00 G42 X33.98 | |
| N70 | G01 X39.98 Z－1 F60 | |
| N80 | Z－20.05 | |
| N90 | X52 | |
| N100 | S1000 | |
| N110 | G70 P60 Q90 | |
| N120 | G00 G40 X100 Z50 | |
| N130 | T0202 | 换2#刀，螺纹顶径加工 |
| N140 | M03 S800 | |
| N150 | G00 X19 Z2 | |
| N160 | G90 X21.7 Z－22 F50 | |
| N170 | X22.07 | |
| N180 | G00 X100 Z80 | |

续表

| 程序号：O2031 | | |
|---|---|---|
| 程序段号 | 程序内容 | 说明 |
| N190 | T0303 | 换3#刀，内沟槽加工 |
| N200 | M03 S400 | |
| N210 | G00 X21 Z2 | |
| N220 | Z－19 | |
| N230 | G75 R0.5 | |
| N240 | G75 X25 Z－21 P1500 Q2000 F50 | |
| N250 | G00 Z2 | |
| N260 | G00 X100 Z50 | 换T04#刀，内螺纹加工 |
| N270 | T0404 | |
| N280 | M03 S500 | |
| N290 | G00 X21 Z2 | |
| N300 | G76 P020060 Q100 R200 | |
| N310 | G76 X24 Z－19 P1299 Q450 F2 | |
| N320 | G00 X100 Z50 | |
| N330 | M05 | |
| N340 | M30 | |

**表4－27 梯形螺纹轴右端加工程序**

| 程序号：O2032 | | |
|---|---|---|
| 程序段号 | 程序内容 | 说明 |
| 工件右端加工 | | |
| N10 | T0101 | 换1#刀，端面及外圆柱表面加工 |
| N20 | G98 M03 S600 | |
| N30 | G00 X52 Z7 | |
| N40 | G94 X－1.0 Z3.0 F100 | |
| N50 | Z1.0 | |
| N60 | Z0.0 | |
| N70 | G00 Z2.0 | |
| N80 | G71 U2.0 R0.5 | |
| N90 | G71 P100 Q160 U0.5 W0.1 F100 | |
| N100 | G00 G42 X21.989 | |
| N110 | G01 X27.989 Z－1 F60 | |
| N120 | Z－10 | |
| N130 | X35.67 Z－12.27 | 换2#刀，螺纹顶径加工 |
| N140 | Z－50 | |
| N150 | X47.978 | |

续表

| 程序号：O2032 | | |
|---|---|---|
| 程序段号 | 程序内容 | 说明 |
| N160 | Z-65 | |
| N170 | S1000 | |
| N180 | G70 P100 Q160 | |
| N190 | G00 G40 X100 Z50 | |
| N200 | T0202 | 换2#刀，外螺纹退刀槽加工 |
| N210 | M03 S400 | |
| N220 | G00 X38 Z-43 | |
| N230 | G75 R0.5 | |
| N240 | G75 X28 Z-50 P1500 Q1750 F50 | |
| N250 | G00 X35.67 Z-37.7 | |
| N260 | G01 X28 Z-40 | |
| N270 | Z-50 | |
| N280 | X50 | |
| N290 | G00 X100 Z50 | |
| N300 | T0303 | 换T03#刀，梯形螺纹加工 |
| N310 | M03 S500 | |
| N320 | G00 X38 Z-8 | |
| N330 | G76 P020030 Q100 R200 | |
| N340 | G76 X32.5 Z-44 P1750 Q500 F3 | |
| N350 | G00 X100 Z50 | |
| N360 | M05 | |
| N370 | M30 | |

（4）实训评分如表4-28所示。

**表4-28　梯形螺纹轴加工实训评分表**

| 工件编号 | | | | 总得分 | | | |
|---|---|---|---|---|---|---|---|
| 姓　名 | | | | | | | |
| 项目与分配 | | 序号 | 技术要求 | 配分 | 评分标准 | 检测记录 | 得分 |
| 工件加工评分（65%） | 轮廓尺寸 | 1 | $\phi 28^{0}_{-0.021}$ | 6 | 超差0.01扣2分 | | |
| | | 2 | $\phi 40^{0}_{-0.021}$ | 6 | 超差0.01扣2分 | | |
| | | 3 | $\phi 48^{0}_{-0.025}$ | 6 | 超差0.01扣2分 | | |
| | | 4 | $20^{0}_{-0.10}$、$10^{0}_{-0.04}$、$80^{0}_{-0.24}$ | 4 | 超差0.01扣1分 | | |
| | | 5 | Tr36-7e、M24×2-7H | 30 | 超差0.01扣1分 | | |
| | | 6 | C1（两处）、C2 | 4 | 超差0.01扣1分 | | |
| | | 7 | 垂直度、同轴度 | 4 | | | |
| | | 8 | Ra6.3μm | 5 | 错一处扣1分 | | |

续表

| 工件编号 | | | 总得分 | | | |
|---|---|---|---|---|---|---|
| 姓　名 | | | | | | |
| 项目与分配 | 序号 | 技术要求 | 配分 | 评分标准 | 检测记录 | 得分 |
| 程序与工艺（10%） | 9 | 程序正确合理 | 10 | 不合理每处扣2分 | | |
| 机床操作（10%） | 10 | 机床操作规范 | 5 | 出错一次扣2分 | | |
| | 11 | 工件、刀具装夹 | 5 | 出错一次扣2分 | | |
| 安全文明生产，职业规范，遵守课堂纪律（15%） | 12 | 安全文明操作，具有较强的职业意识，遵守机床操作规程，课堂表现良好 | 15 | 出现安全问题，课堂违纪，酌扣5～10分。如果问题严重，则倒扣分 | | |
| 其他 | 13 | 工件完整，局部无缺陷（夹伤、过切等） | 倒扣 | 出现缺陷扣除总分，扣分不超过10分 | | |
| | 14 | 按时完成 | 倒扣 | 不按时完成酌扣5～10分 | | |
| 检验员 | | | 日期 | | | |

## 四、配合件的加工实训

用数控车床完成如图4－104所示件一和件二的加工。此零件为配合件，件一与件二相配，零件材料为45钢，件一毛坯为φ50×100，件二毛坯为φ50×80，按图样要求完成零件节点、基点计算，设定工件坐标系，制订正确的工艺方案，选择合理的刀具和切削工艺参数，编制数控加工程序。

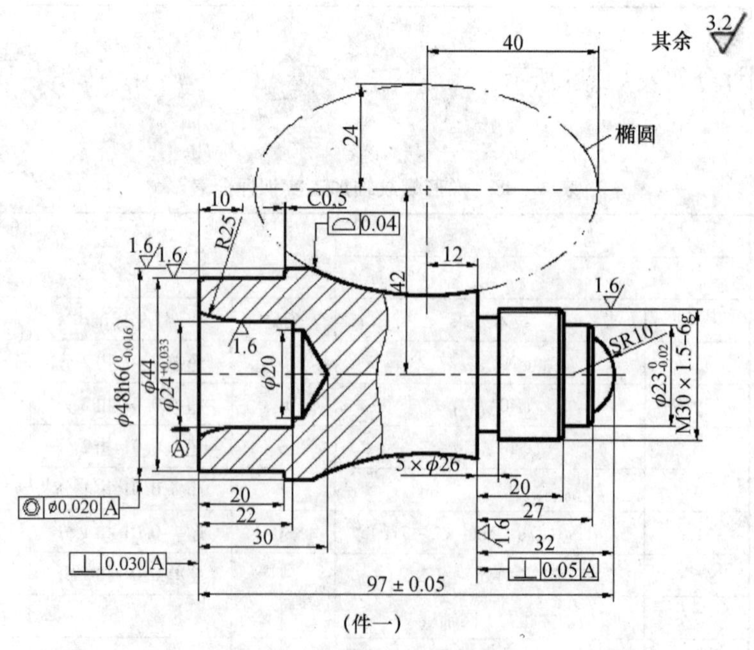


（件一）

图4－104　两件套零件配合

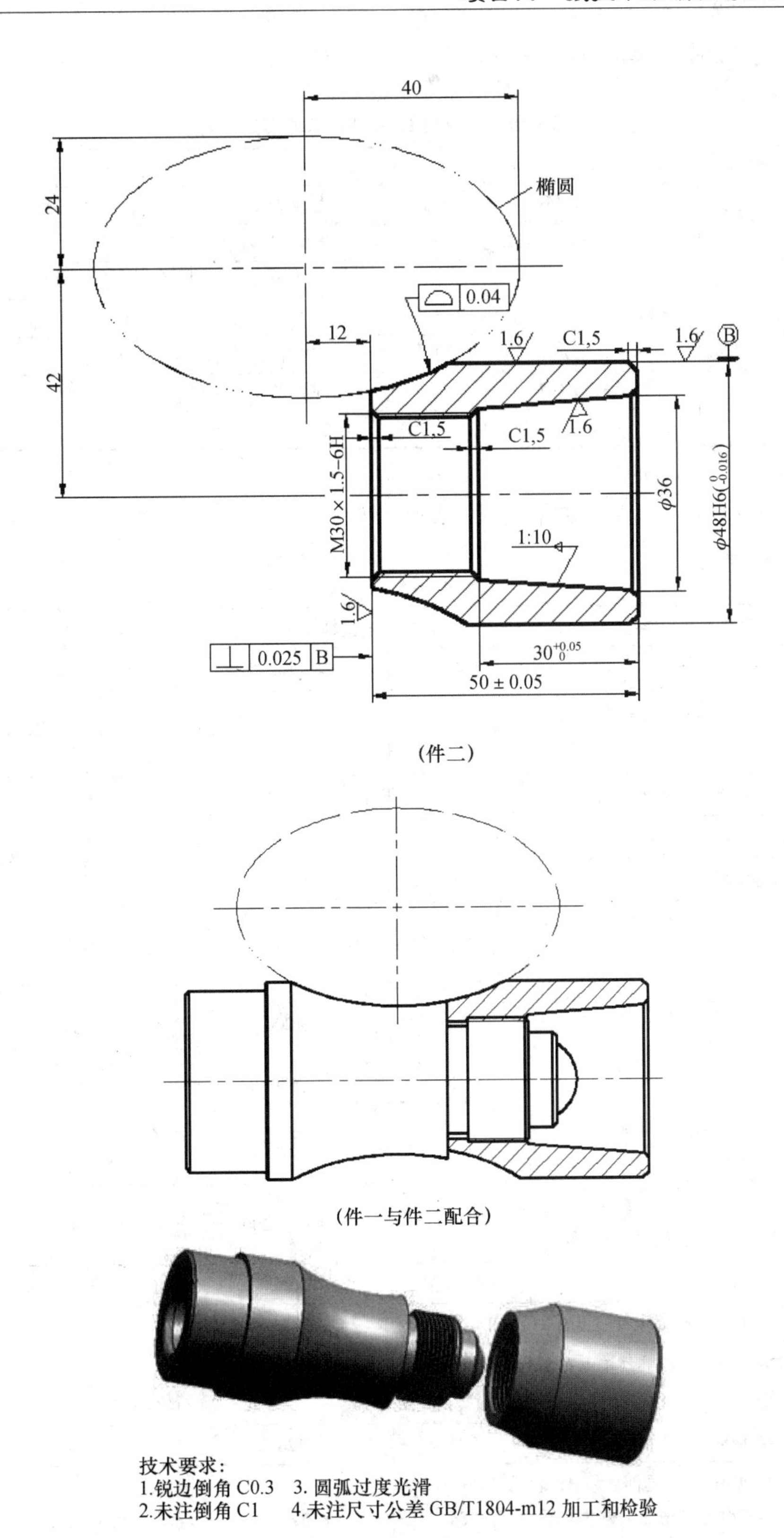


技术要求：
1.锐边倒角 C0.3　3. 圆弧过度光滑
2.未注倒角 C1　　4.未注尺寸公差 GB/T1804-m12 加工和检验

**图 4－104　两件套零件配合（续）**

（1）刀具卡片，如表4－29所示。

**表4－29　两件套配合数控加工刀具卡片**

| 产品名称或代号 | | | 零件名称 | | 零件图号 | | 程序编号 | |
|---|---|---|---|---|---|---|---|---|
| 工步号 | 刀具号 | 刀具规格名称 | | 数量 | 加工表面 | | 刀尖半径（mm） | 备注 |
| 1 | T01 | 93°菱形外圆机夹车刀 | | 1 | 车端面、外轮廓 | | 0.3 | |
| 2 | T02 | 60°外螺纹车刀 | | 1 | 车外螺纹 | | 0.2 | |
| 3 | T03 | 外切槽刀（刀宽5mm） | | 1 | 切退刀槽、切断 | | 0.3 | |
| 4 | T04 | 内孔车刀 | | 1 | 镗内孔 | | 0.3 | |
| 5 | T05 | 60°内螺纹车刀 | | 1 | 车内螺纹 | | 0.2 | |
| 编制 | | | 审核 | | 批准 | | 共1页 | 第1页 |

（2）数控加工工序卡，如表4－30所示。

**表4－30　数控加工工序卡**

| 工步号 | 工步内容 | 刀具号 | 主轴转速/(r/min) | 进给速度(mm/r) | 备注 |
|---|---|---|---|---|---|
| 1 | 粗车件一左端 ϕ48 | T01 | 800 | 0.3 | 自动 |
| 2 | 精车件一左端 ϕ48 | T01 | 1200 | 0.15 | 自动 |
| 3 | 钻孔至 ϕ20 | 中心钻及钻头 | | | 手动 |
| 4 | 用G71轮廓循环粗车内孔 | T04 | 900 | 0.3 | 自动 |
| 5 | 用G70轮廓循环精车内孔 | T04 | 1300 | 0.15 | 自动 |
| 6 | 车端面保证总长97mm | T01 | | | 手动 |
| 7 | 用G71轮廓循环粗车件一右端(不包括椭圆) | T01 | 800 | 0.3 | 自动 |
| 8 | 用G70轮廓循环粗车件一右端(不包括椭圆) | T01 | 1200 | 0.15 | 自动 |
| 9 | 车槽 ϕ26×5 | T03 | 600 | 0.08 | 自动 |
| 10 | 用G76螺纹复合循环加工M30×1.5外螺纹 | T02 | 700 | 1.5 | 自动 |
| 11 | 用G71粗加工件二左端外形，用G70循环精加工件二左端外形 | T01 | 800、1200 | 0.3、0.15 | 自动 |
| 12 | 钻孔至 ϕ27.5 | 中心钻及钻头 | | | 手动 |
| 13 | 精车内孔至 ϕ28.05 | T01 | 800 | 0.2 | 自动 |
| 14 | 用G76螺纹复合循环加工M30×1.5内螺纹 | T05 | 700 | 1.5 | 自动 |
| 15 | 掉头夹 ϕ48，车倒角 | T04 | 1200 | 0.15 | 自动 |
| 16 | 用G71循环粗加工件二右端内腔，用G70循环精加工件二右端内腔 | T04 | 800、1200 | 0.3、0.15 | 自动 |
| 17 | 组合件一、件二后加工椭圆 | T01 | 1200 | 0.2 | 自动 |

（3）编制程序，如表4－31、表4－32、表4－33、表4－34、表4－35所示。

**表4－31　两件套配合零件件一左端加工程序**

| 程序号：O3030 | | |
| --- | --- | --- |
| 程序段号 | 程序内容 | 说明 |
| 件一左端加工 | | |
| N10 | G54 | 设置工件坐标系原点在右端面 |
| N20 | M03 S800 | 主轴正转，转速为800r/min |
| N30 | T0101 | 换01号外圆机夹偏刀 |
| N40 | G00 X47 Z2 | 快速走到粗车始点（47，2） |
| N50 | G99 G01 Z－20 F0.3 | 粗车左端外轮廓 |
| N60 | G00 X52 | 退刀 |
| N70 | Z－2 | 退刀 |
| N80 | X38 | 进刀 |
| N90 | G01 X44 Z－1 F0.15 | 精车左端倒角 |
| N100 | Z－20 | 精车左端外轮廓 |
| N110 | G00 X150 | 沿X向快速退刀 |
| N120 | Z50 | 沿Z向快速退刀 |
| N130 | T0100 | 取消01号刀补 |
| N140 | T0404 | 换04号内孔刀 |
| N150 | G00 X18 Z2 | 快速走到内径粗车循环始点 |
| N160 | G71 U1 R0.3 | 粗车内轮廓 |
| N170 | G71 P180 Q210 U－0.5 W0.1 S800 F0.3 | |
| N180 | G01 X14.0871 F0.15 S1 300 | |
| N190 | Z0 | 精、粗车内轮廓 |
| N200 | G02 X12 Z－10 R25 | 沿Z向快速退刀 |
| N210 | G01 Z－22 | 沿X向快速退刀 |
| N220 | G70 P180 Q210 | |
| N230 | G00 Z100 | |
| N240 | X50 | |
| N250 | T0400 | 取消04号刀补 |
| N260 | M05 | 主轴停转 |
| N270 | M30 | 程序结束 |

表 4-32　两件套配合零件件一右端加工程序

| 程序号：O3031 | | |
|---|---|---|
| 程序段号 | 程序内容 | 说明 |
| 件一右端加工 | | |
| N10 | G54 | 设置工件坐标系原点在右端面 |
| N20 | M03 S800 | 主轴正转，转速为800r/min |
| N30 | T0101 | 换01#外圆机夹偏刀 |
| N40 | G00 X51 Z3 | 快速走到右端面粗车循环始点（X51，Z3） |
| N50 | G99 G94 X0 Z0 F0.2 | 端面循环 |
| N60 | G71 U1.5 R0.5 | 粗车外轮廓 |
| N70 | G71 P80 Q170 U0.5 W0.1 F0.3 | |
| N80 | G01 X0 Z0 F0.2 S1200 | |
| N90 | G03 X17.32 Z-5 R10 F0.15 | |
| N100 | G01 X21 F0.2 | |
| N110 | X23 Z-6 | |
| N120 | Z-12 | |
| N130 | X28 | |
| N140 | X30 Z-13 F0.2 | |
| N150 | Z-32 | |
| N160 | X38.22 | |
| N170 | X48 Z-70.46 | |
| N180 | G70 P80 Q170 | 精车外轮廓 |
| N190 | G00 X150 | 沿X向快速退刀 |
| N200 | Z50 | 沿Z向快速退刀 |
| N210 | T0100 | 取消01#刀补 |
| N220 | T0303 S600 | 换03#切槽刀（切刀宽5mm） |
| N230 | G00 Z-27 | 槽定位 |
| N240 | G00 X49 | 槽定位 |
| N250 | G01 X26 F0.08 | 切槽加工 |
| N260 | G00 X150 | 沿X向快速退刀 |
| N270 | Z50 | 沿Z向快速退刀 |
| N280 | T0300 | 取消03#刀补 |
| N290 | T0202 S700 | 换02#60°螺纹刀 |
| N300 | G00 X31 Z-11 | 快速走到螺纹切削循环始点（31.0，-11.0） |
| N310 | G76 P010060 Q50 R100 | 外螺纹切削循环 |
| N320 | G76 X28.05 Z-27.1 P975 Q150 F1.5 | |
| N330 | G00 X150 | 沿X向快速退刀 |
| N340 | Z50 | 沿Z向快速退刀 |
| N350 | T0200 | 取消02#刀补 |
| N360 | M05 | 主轴停转 |
| N370 | M30 | 程序结束 |

**表 4-33 两件套配合零件件二左端加工程序**

| 程序号：O3032 | | |
|---|---|---|
| 程序段号 | 程序内容 | 说明 |
| 件二左端加工 | | |
| N10 | G54 | 设置工件坐标系原点在右端面 |
| N20 | M03 S800 | 主轴正转，转速为800r/min |
| N30 | T0101 | 换01#外圆机夹偏刀 |
| N40 | G00 X51 Z2 | 快速走到右端面粗车循环始点（X51，Z2） |
| N50 | G99 G94 X0 Z0 F0.2 | 端面循环 |
| N60 | G99 G71 U1.5 R0.5 | 粗车外轮廓 |
| N70 | G71 P80 Q110 U0.5 W0.1 F0.3 | |
| N80 | G01 X38.22 F0.2 S1200 | |
| N90 | Z0 | |
| N100 | X48 Z-14.46 | |
| N110 | Z-52 | |
| N120 | G70 P80 Q110 | 精车外轮廓 |
| N130 | G00 X150 | 沿X向快速退刀 |
| N140 | Z50 | 沿Z向快速退刀 |
| N150 | T0100 | 取消01#刀补 |
| N160 | T0404 | 换04#内孔刀 |
| N170 | G00 X32 Z2 | 进刀 |
| N180 | G01 Z0 | 进刀 |
| N190 | X28 .05 Z-1.5 F0.2 | 精车倒角 |
| N200 | Z-30 | 精车内孔 |
| N210 | X27 | |
| N220 | G00 Z100 | 沿Z向快速退刀 |
| N230 | X50 | 沿X向快速退刀 |
| N240 | T0400 | 取消04#刀补 |
| N250 | T0505 | 换05#60°内螺纹车刀 |
| N260 | G00 X27 Z2 | |
| N270 | G76 P010060 Q50 R100 | 内螺纹切削循环 |
| N280 | G76 X30.0 Z-20.1 P975 Q150 F1.5 | |
| N290 | G00 Z150 | 沿Z向快速退刀 |
| N300 | X50 | 沿X向快速退刀 |
| N310 | M05 | 主轴停转 |
| N320 | M30 | 程序结束 |

**表 4－34　两件套配合零件件二右端加工程序**

| 程序段号 | 程序内容 | 说明 |
|---|---|---|
| 程序号：O3033 | | |
| 件二右端加工 | | |
| N10 | G54 | 设置工件坐标系原点在右端面 |
| N20 | M03 S800 | 主轴正转，转速为800r/min |
| N30 | T0404 | 换04#外圆机夹偏刀 |
| N40 | G00 X25 Z2 | 快速走到右端面粗车循环始点（X25，Z2） |
| N50 | G99 G71 U1 R0.5 | 粗车内轮廓 |
| N60 | G71 P70 Q110 U－0.5 W0.1 F0.3 | |
| N70 | G00 X38 | |
| N80 | Z0 | |
| N90 | X36 Z－1 F0.2 S1200 | |
| N100 | X33 Z－30 | |
| N110 | X27 | |
| N120 | G70 P70 Q110 | 精车内轮廓 |
| N130 | G00 Z150 | 沿Z向快速退刀 |
| N140 | X50 | 沿X向快速退刀 |
| N150 | T0400 | 取消04#刀补 |
| N160 | T0303 S600 | 换03#切断刀 |
| N170 | Z－97 | 进刀 |
| N180 | X51 | 进刀 |
| N190 | G01 X0 F0.08 | 切断 |
| N200 | G00 X150 | 沿X向快速退刀 |
| N210 | Z150 | 沿Z向快速退刀 |
| N220 | T0300 | 取消03#刀补 |
| N230 | M05 | 主轴停转 |
| N240 | M30 | 程序结束 |

**表 4－35　两件套配合零件椭圆加工主程序**

| 程序段号 | 程序内容 | 说明 |
|---|---|---|
| 程序号：O3033 | | |
| 椭圆加工主程序 | | |
| N10 | G54 | 设置工件坐标系原点 |
| N20 | | 位于椭圆垂直轴与主轴回转中心的交点 |
| N30 | G00 X70 Z2 | 定位 |

续表

| 程序号：O3033 | | |
|---|---|---|
| 程序段号 | 程序内容 | 说明 |
| N40 | #150 = 10. 00 | 设置最大切削余量 10mm |
| N50 | IF [#150 LT 1. 0] G0 T090 | 毛坯余量小于 1mm，则跳到 N90 程序段 |
| N60 | M98 P0006 | 调用椭圆子程序 |
| N70 | #150 = #150 - 2. 0 | 每次双边背吃刀量为 2mm |
| N80 | G0 T0 50 | 跳到 N50 程序段 |
| N90 | G00 X70. 0 Z2. 0 | 退刀 |
| N100 | S1200 F0. 2 | 精车转速设定 1200r/min，进给速度 0. 2mm/r |
| N110 | #150 = 0 | 设置毛坯余量为 0 |
| N120 | M98 P0006 | 调用椭圆子程序 |
| N130 | G00 X150 | 沿 X 向快速退刀 |
| N140 | Z50 | 沿 Z 向快速退刀 |
| N150 | T0100 | 取消 01 号刀补 |
| N160 | M05 | 主轴停转 |
| N170 | M30 | 程序结束 |

**表 4－36　两件套配合零件椭圆加工子程序**

| 程序号：O0006 | | |
|---|---|---|
| 程序段号 | 程序内容 | 说明 |
| 椭圆加工子程序 | | |
| N10 | #101 = 40 | 设置椭圆长半轴 |
| N20 | #102 = 24. 0 | 设置椭圆短半轴 |
| N30 | #103 = 26. 46 | Z 轴起始尺寸 |
| N40 | IF [#103 LT -26. 46] G0 T0 150 | 判断是否走到 Z 轴终点，是则跳转到 N150 程序段 |
| N50 | #104 = SQRT [#101 * #101 - #103 * #103] | |
| N60 | #105 = 24. 0 * #104/40. 0 | X 轴变量 |
| N70 | #105 = 24. 0 - [#105 - 18. 0] | 由于加工椭圆的凹陷部分，X 轴变量的转换 |
| N80 | G01 X [2. 0 * #105 + #150] Z [#103 - 26. 46] | 椭圆插补 |
| N90 | #103 = #103 - 0. 5 | Z 轴步距为每次进刀 0. 5mm |
| N100 | G0 T0 40 | 跳转到 N40 程序段 |
| N110 | G00 X70. 0 Z2. 0 | 退刀 |
| N120 | M99 | 返回主程序 |

（4）实训评分，如表4－37所示。

**表4－37　两件套配合零件加工实训评分表**

| 工件编号 | | | | 总得分 | | | |
|---|---|---|---|---|---|---|---|
| 姓　名 | | | | | | | |
| 项目与分配 | | 序号 | 技术要求 | 配分 | 评分标准 | 检测记录 | 得分 |
| 工件加工评分（65%） | 轮廓尺寸 | 1 | $\phi 48^{0}_{-0.016}$ | 4 | 超差0.01扣2分 | | |
| | | 2 | $\phi 24_{0}^{+0.033}$ | 4 | 超差0.01扣2分 | | |
| | | 3 | $\phi 23^{0}_{-0.02}$ | 4 | 超差0.01扣2分 | | |
| | | 4 | 97±0.05、50±0.05 | 4 | 超差0.01扣1分 | | |
| | | 5 | M30×1.5－6g、M30×1.5－6H | 20 | 超差0.01扣1分 | | |
| | | 6 | 倒角（三处）、SR10 | 6 | 超差0.01扣1分 | | |
| | | 7 | 椭圆 | 10 | 超差0.01扣1分 | | |
| | | 8 | 锥度1:10 | 4 | 超差0.01扣1分 | | |
| | | 9 | 5×φ26槽 | 4 | 超差0.01扣1分 | | |
| | | 10 | Ra1.6μm | 5 | 错一处扣1分 | | |
| 程序与工艺（10%） | | 11 | 程序正确合理 | 10 | 不合理每处扣2分 | | |
| 机床操作（10%） | | 12 | 机床操作规范 | 5 | 出错一次扣2分 | | |
| | | 13 | 工件、刀具装夹 | 5 | 出错一次扣2分 | | |
| 安全文明生产，职业规范，遵守课堂纪律（15%） | | 14 | 安全文明操作，具有较强的职业意识，遵守机床操作规程，课堂表现良好 | 15 | 出现安全问题，课堂违纪，酌扣5～10分。如果问题严重，则倒扣分 | | |
| 其他 | | 15 | 工件完整，局部无缺陷（夹伤、过切等） | 倒扣 | 出现缺陷扣除总分，扣分不超过10分 | | |
| | | 16 | 按时完成 | 倒扣 | 不按时完成酌扣5～10分 | | |
| 检验员 | | | | 日期 | | | |

## 任务试题

（1）编写下图所示台阶轴零件加工程序，材料为45钢，毛坯尺寸：φ54×200mm。

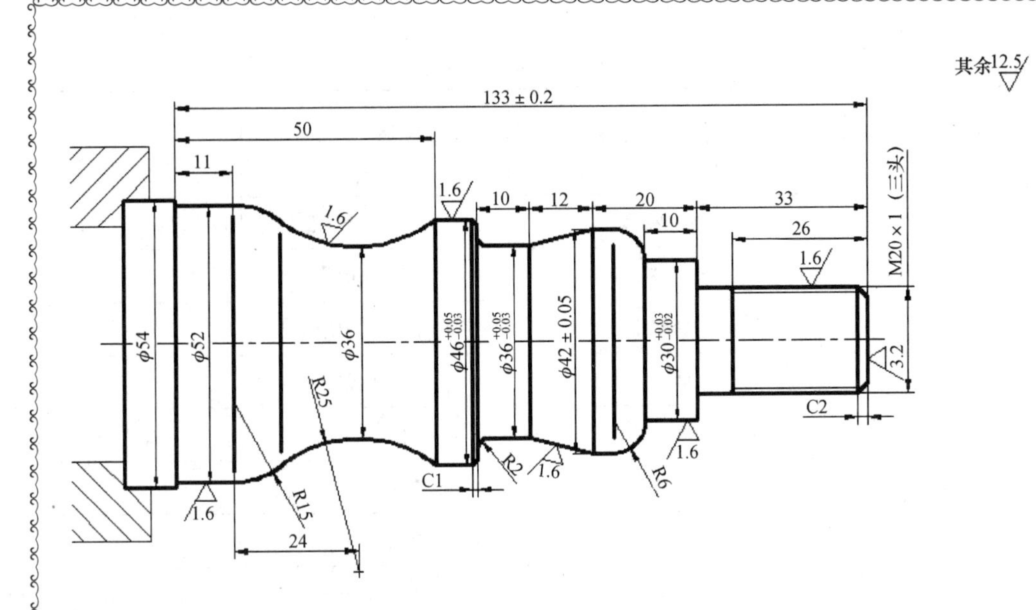


(2) 编写下图所示两件套零件，材料为 45 钢，毛坯尺寸：件一为 ϕ50 ×52，件二为 ϕ40 ×58 棒材。

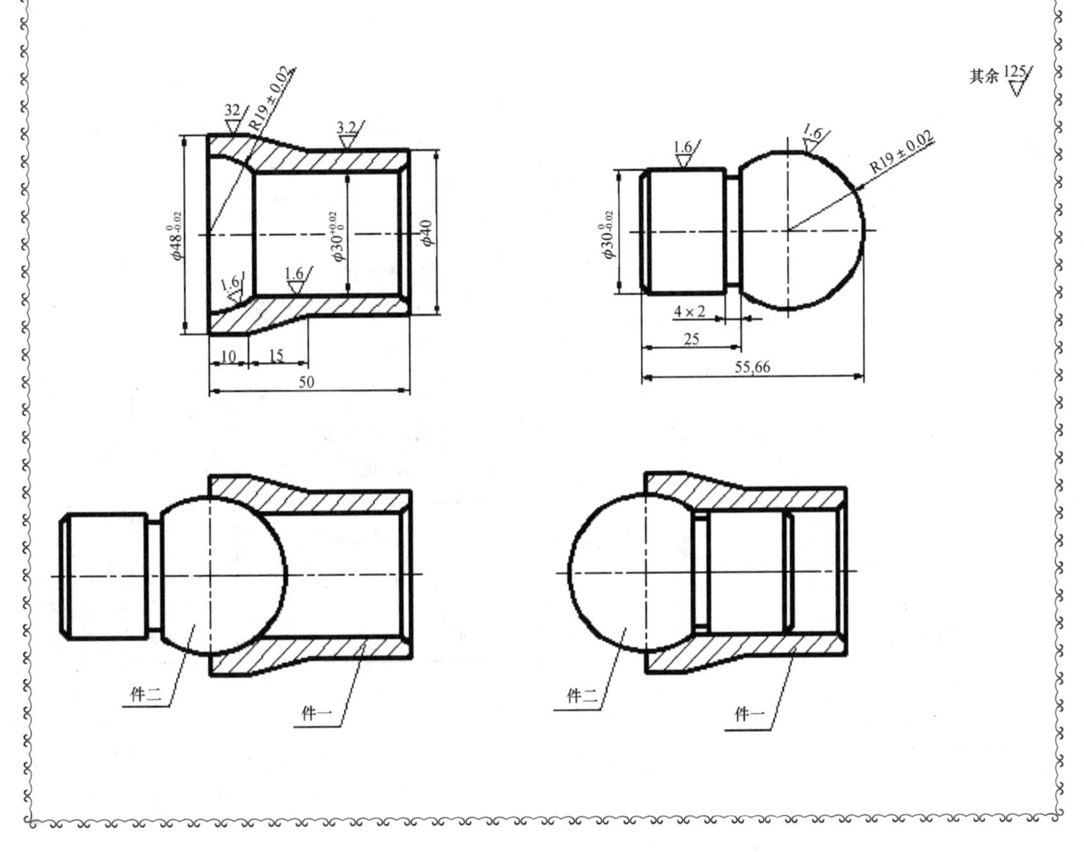

**台阶轴加工实训评分表**

<table>
<tr><td colspan="2">工件编号</td><td colspan="2"></td><td colspan="2" rowspan="2">总得分</td><td colspan="2" rowspan="2"></td></tr>
<tr><td colspan="2">姓　名</td><td colspan="2"></td></tr>
<tr><td colspan="2">项目与分配</td><td>序号</td><td>技术要求</td><td>配分</td><td>评分标准</td><td>检测记录</td><td>得分</td></tr>
<tr><td rowspan="10">工件加工评分（65%）</td><td rowspan="10">轮廓尺寸</td><td>1</td><td>$\phi30^{+0.03}_{-0.02}$</td><td>4</td><td>超差 0.01 扣 2 分</td><td></td><td></td></tr>
<tr><td>2</td><td>$\phi36^{+0.05}_{-0.03}$</td><td>4</td><td>超差 0.01 扣 2 分</td><td></td><td></td></tr>
<tr><td>3</td><td>$\phi46^{+0.05}_{-0.03}$</td><td>4</td><td>超差 0.01 扣 2 分</td><td></td><td></td></tr>
<tr><td>4</td><td>42 ±0.05、133 ±0.2</td><td>4</td><td>超差 0.01 扣 1 分</td><td></td><td></td></tr>
<tr><td>5</td><td>M20 ×1（三头）</td><td>20</td><td>超差 0.01 扣 1 分</td><td></td><td></td></tr>
<tr><td>6</td><td>倒角：C2、C1，倒圆角：R6、R2</td><td>6</td><td>超差 0.01 扣 1 分</td><td></td><td></td></tr>
<tr><td>7</td><td>圆弧：R15、R25</td><td>10</td><td>超差 0.01 扣 1 分</td><td></td><td></td></tr>
<tr><td>8</td><td>螺纹长度 26，φ36</td><td>4</td><td>超差 0.01 扣 1 分</td><td></td><td></td></tr>
<tr><td>9</td><td>长度：10（两处）、20、50、12</td><td>4</td><td>超差 0.01 扣 1 分</td><td></td><td></td></tr>
<tr><td>10</td><td>Ra1.6μm</td><td>5</td><td>错一处扣 1 分</td><td></td><td></td></tr>
<tr><td colspan="2">程序与工艺（10%）</td><td>11</td><td>程序正确合理</td><td>10</td><td>不合理每处扣 2 分</td><td></td><td></td></tr>
<tr><td colspan="2" rowspan="2">机床操作（10%）</td><td>12</td><td>机床操作规范</td><td>5</td><td>出错一次扣 2 分</td><td></td><td></td></tr>
<tr><td>13</td><td>工件、刀具装夹</td><td>5</td><td>出错一次扣 2 分</td><td></td><td></td></tr>
<tr><td colspan="2">安全文明生产，职业规范，遵守课堂纪律（15%）</td><td>14</td><td>安全文明操作，具有较强的职业意识，遵守机床操作规程，课堂表现良好</td><td>15</td><td>出现安全问题，课堂违纪，酌扣 5 ~ 10 分。如果问题严重，则倒扣分</td><td></td><td></td></tr>
<tr><td colspan="2" rowspan="2">其他</td><td>15</td><td>工件完整，局部无缺陷（夹伤、过切等）</td><td>倒扣</td><td>出现缺陷扣除总分，扣分不超过 10 分</td><td></td><td></td></tr>
<tr><td>16</td><td>按时完成</td><td>倒扣</td><td>不按时完成酌扣 5 ~ 10 分</td><td></td><td></td></tr>
<tr><td colspan="2">检验员</td><td colspan="2"></td><td>日期</td><td colspan="2"></td><td></td></tr>
</table>

## 两件套加工实训评分表

<table>
<tr><td colspan="2">工件编号</td><td colspan="2"></td><td colspan="2" rowspan="2">总得分</td><td colspan="2" rowspan="2"></td></tr>
<tr><td colspan="2">姓　名</td><td colspan="2"></td></tr>
<tr><td colspan="2">项目与分配</td><td>序号</td><td>技术要求</td><td>配分</td><td>评分标准</td><td>检测记录</td><td>得分</td></tr>
<tr><td rowspan="10">工件加工评分（65%）</td><td rowspan="10">轮廓尺寸</td><td>1</td><td>$\phi30_{0}^{+0.02}$（件一）</td><td>4</td><td>超差0.01扣2分</td><td></td><td></td></tr>
<tr><td>2</td><td>$\phi48_{-0.02}^{+0}$（件一）</td><td>4</td><td>超差0.01扣2分</td><td></td><td></td></tr>
<tr><td>3</td><td>R19 ±0.02（件一、件二）</td><td>20</td><td>超差0.01扣2分</td><td></td><td></td></tr>
<tr><td>4</td><td>$\phi30_{-0.02}^{0}$（件二）</td><td>4</td><td>超差0.01扣1分</td><td></td><td></td></tr>
<tr><td>5</td><td>50（件一）</td><td>4</td><td>超差0.01扣1分</td><td></td><td></td></tr>
<tr><td>6</td><td>55.66（件二）</td><td>6</td><td>超差0.01扣1分</td><td></td><td></td></tr>
<tr><td>7</td><td>$\phi40$（件一）</td><td>4</td><td>超差0.01扣1分</td><td></td><td></td></tr>
<tr><td>8</td><td>4×2（件二）</td><td>4</td><td>超差0.01扣1分</td><td></td><td></td></tr>
<tr><td>9</td><td>长度：10、15（件一）、25（件二）</td><td>10</td><td>超差0.01扣1分</td><td></td><td></td></tr>
<tr><td>10</td><td>Ra3.5μm（件一）<br>Ra1.6μm（件一、件二）</td><td>5</td><td>错一处扣1分</td><td></td><td></td></tr>
<tr><td colspan="2">程序与工艺（10%）</td><td>11</td><td>程序正确合理</td><td>10</td><td>不合理每处扣2分</td><td></td><td></td></tr>
<tr><td colspan="2" rowspan="2">机床操作（10%）</td><td>12</td><td>机床操作规范</td><td>5</td><td>出错一次扣2分</td><td></td><td></td></tr>
<tr><td>13</td><td>工件、刀具装夹</td><td>5</td><td>出错一次扣2分</td><td></td><td></td></tr>
<tr><td colspan="2">安全文明生产，职业规范，遵守课堂纪律（15%）</td><td>14</td><td>安全文明操作，具有较强的职业意识，遵守机床操作规程，课堂表现良好</td><td>15</td><td>出现安全问题，课堂违纪，酌扣5～10分。如果问题严重，则倒扣分</td><td></td><td></td></tr>
<tr><td colspan="2" rowspan="2">其他</td><td>15</td><td>工件完整，局部无缺陷（夹伤、过切等）</td><td>倒扣</td><td>出现缺陷扣除总分，扣分不超过10分</td><td></td><td></td></tr>
<tr><td>16</td><td>按时完成</td><td>倒扣</td><td>不按时完成酌扣5～10分</td><td></td><td></td></tr>
<tr><td colspan="2">检验员</td><td colspan="2"></td><td>日期</td><td></td><td></td><td></td></tr>
</table>

项目五

# 数控铣床编程与加工操作

## 任务一 数控铣床加工的特点

### 任务目标

（1）熟悉数控铣床加工的对象。

（2）掌握数控铣床加工的特点。

（3）熟悉数控铣床加工编程时的注意事项。

### 基本概念

**一、数控铣床加工的对象**

数控铣床进行铣削加工主要是以零件的平面、曲面为主，还能加工孔、内圆柱面和螺纹面。它可以使各个加工表面的形状及位置获得很高的精度。

1. 平面类零件

平面类零件的被加工表面平行、垂直于水平面或加工面与水平面的夹角为定角的零件，称为平面类零件。

对于平面垂直于坐标轴的面，其加工方法与普通铣床的加工方法一样。对斜面的加工方法可采用：

（1）将斜面垫平加工，这是在零件不大或夹具容易实现零件的加工情况下进行。

（2）用行切法加工，如图5－1所示，这样会留有行与行之间的残留余量，最后要由钳工修锉平整，飞机上的整体壁板零件经常用这个方法加工。

（3）用五坐标数控铣床的主轴摆角后加工，不留残留余量，效果最好。如图5－2所

示。对于斜面是正面台和斜肋板的表面，可采用成型铣刀加工，也可用五坐标数控铣床加工，但不经济。

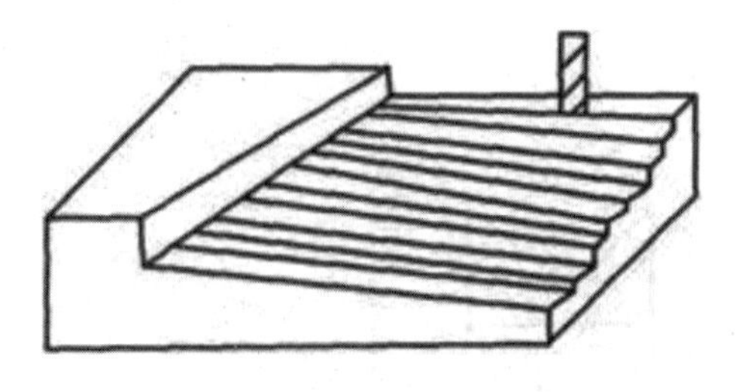

图 5－1　行切法加工斜面

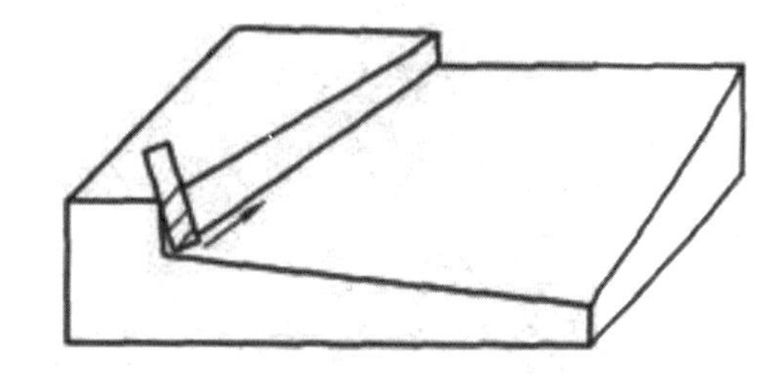

图 5－2　主轴摆角加工斜面

2. 变斜角类零件

零件被加工表面与水平面夹角呈连续变化的零件，称为变斜角类零件。这类零件一般为飞机上的零部件，如飞机的大梁、桁架框等，以及与之相对应的检验夹具和装配支架上的零件。

飞机上的变斜角梁缘条如图 5－3 所示，该零件共分为三段，从第②肋到第⑤肋的斜角 α 由 3°10′均匀变到 2°32′，从第⑤肋到第⑨肋再均匀变为 1°20′，从第⑨肋到第⑫肋均匀变为 0°。

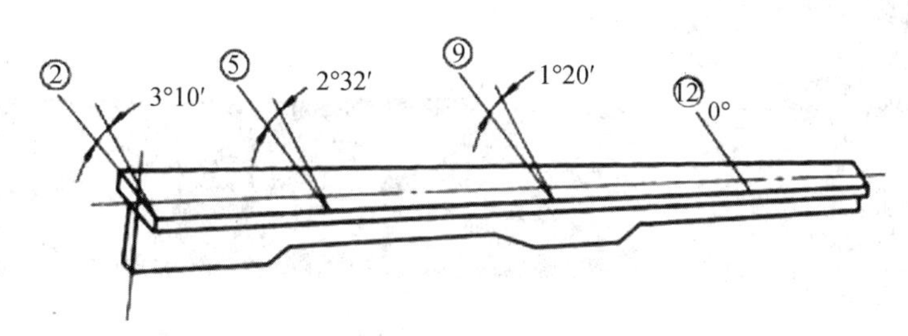


图 5－3　飞机上的变斜角梁缘条

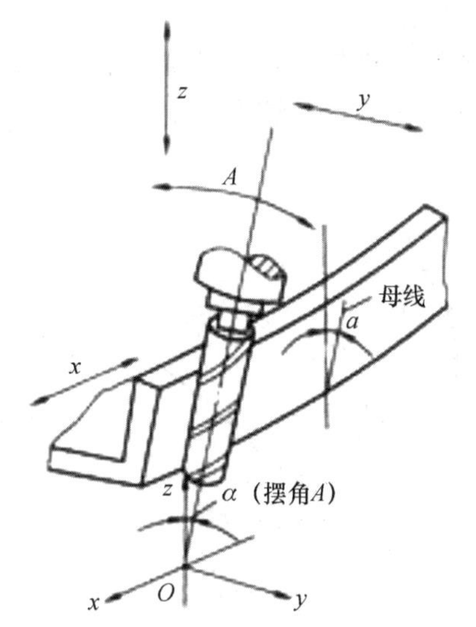


图 5－4　四坐标数控铣床加工变斜角零件

变斜角零件不能展开成为平面，在加工中被加工面与铣刀的圆周母线瞬间接触。用五坐标数控铣床进行主轴摆角加工，也可用三坐标数控铣床进行行切法加工。

（1）对曲率变化较小的变斜角面，用 x、y、z 和 A 四坐标联动的数控铣床加工。如图 5－4 所示为用立铣刀直线插补方式加工的情况。

（2）对曲率变化较大的变斜角面，用 x、y、z 和 A、B 五坐标联动的数控铣床加工，如图 5－5 所示。也可以用鼓形铣刀采用三坐标方式铣削加工，所留刀痕用钳工修锉抛光去除，如图 5－6 所示。

3. 曲面类零件

零件被加工表面为空间曲面的零件，称为曲面类零件。曲面可以是公式曲面，如抛物面、双曲面等，也可以是列表曲面，如图 5－7 所示。

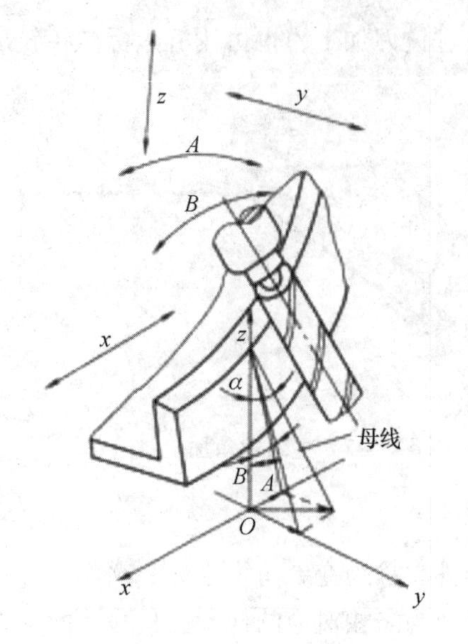


图 5－5 五坐标数控铣床加工变斜角零件

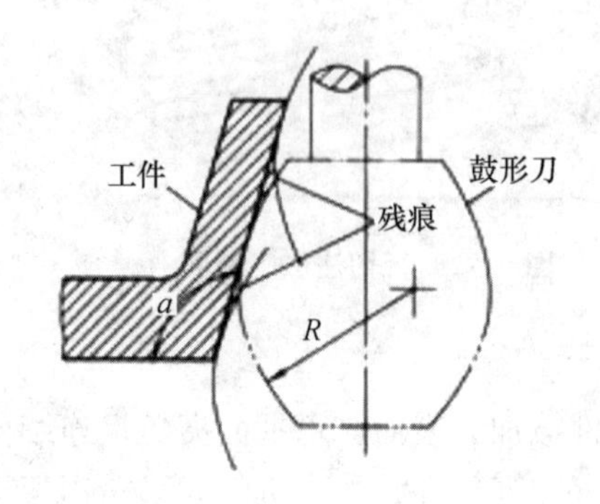


图 5－6 用鼓形铣刀分层铣削变斜角面

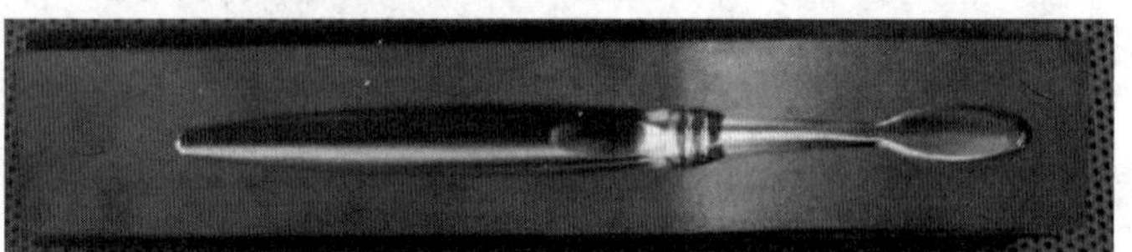

图 5－7 空间曲面零件

曲面类零件的被加工表面不能展开为平面；铣削加工时，被加工表面与铣刀始终是点对点相接触。用三坐标数控铣床加工时，一般采用行切法用球头铣刀铣削加工，如图5－8所示。

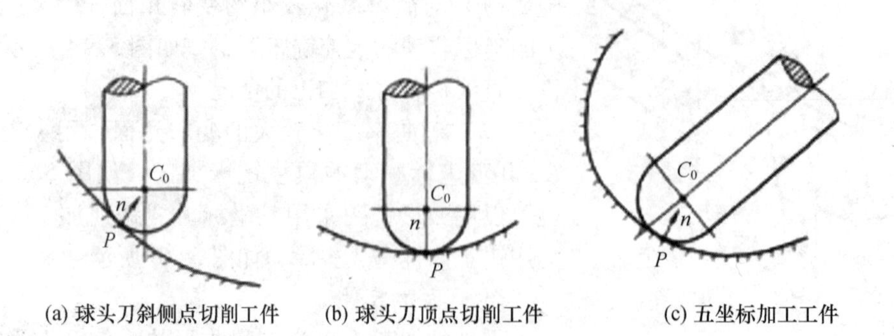


(a) 球头刀斜侧点切削工件　(b) 球头刀顶点切削工件　(c) 五坐标加工工件

图 5－8 球头刀加工曲面类零件

4. 孔类零件

孔类零件上都有多组不同类型的孔，一般有通孔、盲孔、螺纹孔、台阶孔、深孔等。在数控铣床上加工的孔类零件，一般是孔的位置要求较高的零件，如圆周分布孔、行列均布孔等，如图5-9所示。其加工方法一般为钻孔、扩孔、铰孔、镗孔、锪孔、攻螺纹等。

图5-9 孔类零件

## 二、数控铣床加工的特点

数控铣削加工除了具有普通铣床加工的特点外，还有如下特点：

（1）零件加工的适应性强、灵活性好，能加工轮廓形状特别复杂或难以控制尺寸的零件，如模具类零件、壳体类零件等。

（2）能加工普通机床无法加工或很难加工的零件，如用数学模型描述的复杂曲线零件以及三维空间曲面类零件。

（3）能加工一次装夹定位后，需进行多道工序加工的零件。

（4）加工精度高、加工质量稳定可靠。

（5）生产自动化程序高，可以减轻操作者的劳动强度。有利于生产管理自动化。

（6）生产效率高。

（7）从切削原理上讲，无论端铣还是周铣都属于断续切削方式，而不像车削那样连续切削，因此对刀具的要求较高，具有良好的抗冲击性、韧性和耐磨性。在干式切削状况下，还要求有良好的红硬性。

## 三、数控铣床编程时应注意的问题

（1）了解数控系统的功能及规格。不同的数控系统在编写数控加工程序时，在格式及指令上是不完全相同的。

（2）熟悉零件的加工工艺。

（3）合理选择刀具、夹具及切削用量、切削液。

（4）编程尽量使用子程序。

（5）程序零点的选择要使数据计算得简单。

## 任务试题

(1) 数控铣床加工的对象主要有哪些？其加工特点是什么？

(2) 数控铣床与普通铣床加工的区别是什么？

(3) 数控铣床孔加工有哪些方法？其特点是什么？

(4) 数控铣床加工编程的注意事项是什么？

# 任务二　数控铣加工的刀具补偿功能指令

## 任务目标

掌握数控铣加工刀具半径补偿指令、长度补偿的应用。

## 基本概念

在数控铣床上，由于程序所控制的刀具刀位点的轨迹和实际刀具切削刃口切削出的形状并不重合，它们在尺寸大小上存在一个刀具半径和刀具长短的差别，为此就需要根据实际加工的形状尺寸算出刀具刀位点的轨迹坐标，据此来控制加工。

刀具半径补偿：补偿刀具半径对工件轮廓尺寸的影响。

刀具长度补偿：补偿刀具长度方向尺寸的变化。

人工预刀补：人工计算刀补量进行编程。

机床自动刀补：数控系统具有刀具补偿功能。

### 一、刀具半径补偿（G40、G41、G42）

1. 刀具半径补偿的作用

在数控铣床上进行轮廓铣削时，由于刀具半径的存在，刀具中心轨迹与工件轮廓不重合。

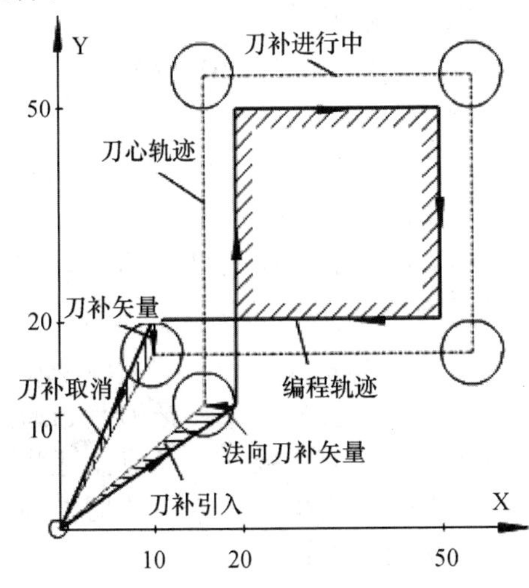

图 5－10　刀具半径补偿的过程

人工计算刀具中心轨迹编程，计算相当复杂，且刀具直径变化时必须重新计算，修改程序。

当数控系统具备刀具半径补偿功能时，数控编程只需按工件轮廓进行，数控系统自动计算刀具中心轨迹，使刀具偏离工件轮廓一个半径值，即进行刀具半径补偿。

2. 刀具半径补偿的过程（见图 5－10）。

刀具半径补偿分为以下三步：

（1）刀补的建立。在刀具从起点接近工件时，刀心轨迹从与编程轨迹重合过渡到与编程轨迹偏离一个偏置量的过程。

（2）刀补进行。刀具中心始终与变成轨迹

相距一个偏置量直到刀补取消。

（3）刀补取消。刀具离开工件，刀心轨迹要过渡到与编程轨迹重合的过程。

3. 刀具半径补偿指令

刀具半径补偿 G41、G42、G40 格式：

$$\text{执行刀}\begin{Bmatrix} G17 \\ G18 \\ G19 \end{Bmatrix} \begin{Bmatrix} G41 \\ \\ G42 \end{Bmatrix} \begin{Bmatrix} G00 \\ \\ G01 \end{Bmatrix} \begin{Bmatrix} X\_\_ \ Y\_\_ \\ X\_\_ \ Z\_\_ \\ Y\_\_ \ Z\_\_ \end{Bmatrix} D\_\_$$

$$\text{取消刀补 G40} \quad X\_\_ \ Z\_\_ \begin{Bmatrix} G00 \\ G01 \end{Bmatrix} \begin{Bmatrix} X\_\_ \ Y\_\_ \\ X\_\_ \ Z\_\_ \end{Bmatrix}$$

X、Y、Z 值是建立补偿直线段的终点坐标值；D 为刀补号地址，用 D00 ~ D99 来指定，它用来调用内存中刀具半径补偿的数值。

指令的几点说明：

（1）G41 刀径左补偿，G42 刀径右补偿，如图 5－11 所示。

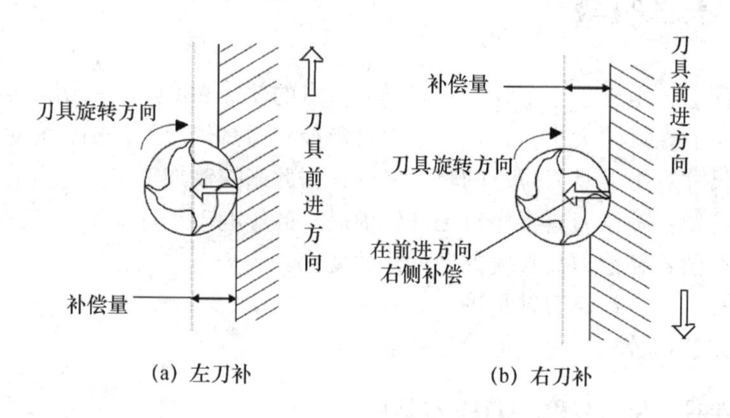


(a) 左刀补　　(b) 右刀补

**图 5－11　刀具补偿方向**

刀补位置的左右应是顺着编程轨迹前进的方向进行判断的。G40 为取消刀补。

（2）在进行刀径补偿前，必须用 G17 或 G18、G19 指定刀径补偿是在哪个平面上进行。平面选择的切换必须在补偿取消的方式下进行，否则将报警。

（3）刀补的引入和取消要求应在 G00 或 G01 程序段，不要在 G02/G03 程序段上进行。

（4）当刀补数据为负值时，则 G41、G42 功效互换。

（5）G41、G42 指令不要重复规定，否则会产生一种特殊的补偿。

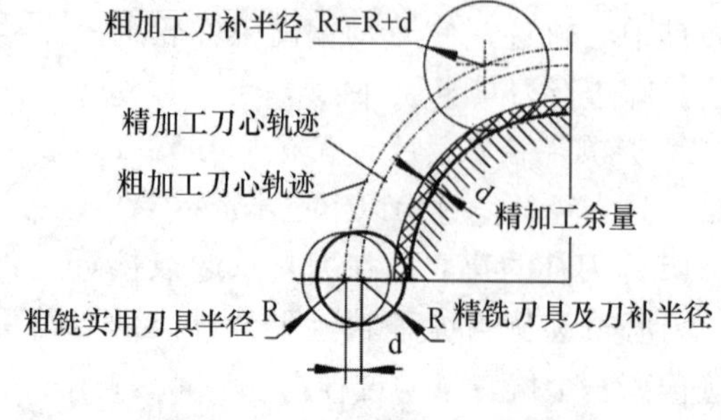


**图 5－12　刀具半径补偿应用**

（6）G40、G41、G42 都是模态代码，可相互注销。

4. 刀具半径补偿应用

利用同一个程序、同一把刀具，通过设置不同大小的刀具补偿半径值而逐步减少切削余量的方法来达到粗、精加工的目的，如图 5－12 所示。

例 1：刀具半径补偿，如图 5－13 所示。

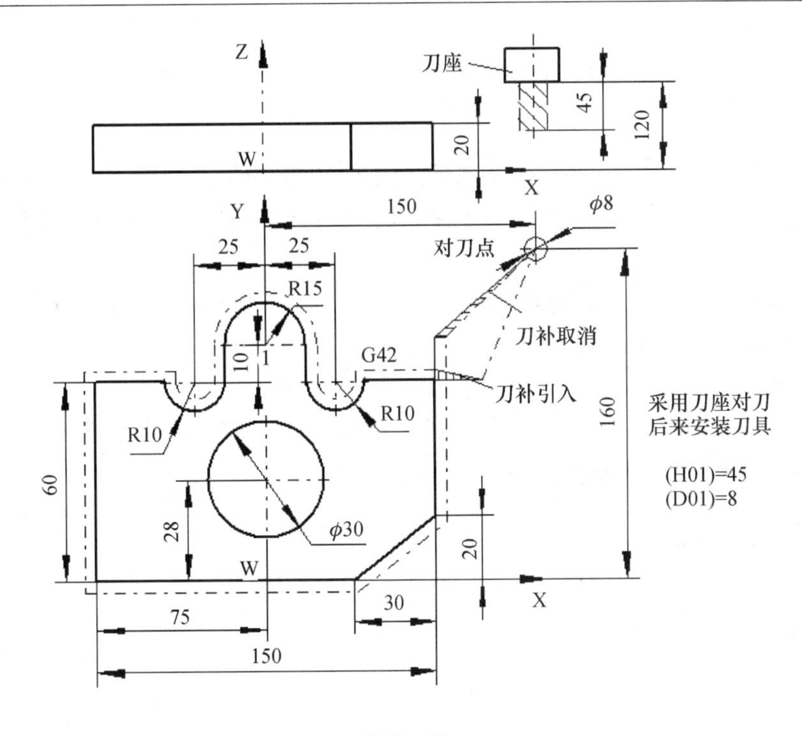


图 5－13

程序：

O0004

G90 G54 X150 Y160 建立工件坐标系

Z120

G00 X100 Y60 绝对值方式，快进到 X＝100，Y＝60

G42 G01 X75 D01 F100 刀径补偿引入，插补至 X＝75，Y＝60

X35 直线插补至 X＝35，Y＝60

G02 X15 R10 顺圆插补至 X＝15，Y＝60

G01 Y70 直线插补至 X＝15，Y＝70

G03 X－15 R15 逆圆插补至 X＝－15，Y＝70

G01 Y60 直线插补至 X＝－15，Y＝60

G02 X－35 R10 顺圆插补至 X＝－35，Y＝60

G01 X－75 直线插补至 X＝－75，Y＝60

G09 Y0 直线插补至 X＝－75，Y＝0 处

G01 X45.0 直线插补至 X＝45，Y＝45

X75.0 Y20.0 直线插补至 X＝75，Y＝20

Y65.0 直线插补至 X＝75，Y＝65，轮廓切削完毕

G40 G00 X100.0 Y60.0 取消刀补，快速退至（100，60）的下刀处

G49 Z120.0 快速抬刀至 Z＝120 的对刀点平面

X150.0 Y160.0 快速退刀至对刀点

M05 M30 主轴停，程序结束，复位

## 二、刀具长度补偿（G43、G44、G49）

1. 刀具长度补偿的作用

用于刀具轴向（Z 向）的补偿；使刀具在轴向的实际位移量比程序给定值增加或减少一个偏置量；刀具长度尺寸变化时，可以在不改动程序的情况下，通过改变偏置量达到加工尺寸。

利用该功能，还可在加工深度方向上进行分层铣削，即通过改变刀具长度补偿值的大小，通过多次运行程序而实现。

2. 刀具长度补偿的方法

将不同长度刀具通过对刀操作获取差值；通过 MDI 式将刀具长度参数输入刀具参数表；执行程序中刀具长度补偿指令。

3. 刀具长度补偿指令

格式 $\begin{Bmatrix} G43 \\ G44 \end{Bmatrix}$ $\begin{Bmatrix} G00 \\ G01 \end{Bmatrix}$ Z __ H __

G49 $\begin{Bmatrix} G00 \\ G01 \end{Bmatrix}$ Z __

（1）G43 刀具长度正补偿，G44 刀具长度负补偿，G49 取消刀长补偿，G43、G44、G49 均为模态指令。

（2）Z 为指令终点位置，H 为刀补号地址，用 H00 ~ H99 来指定，它用来调用内存中刀具长度补偿的数值，如图 5 - 14 所示。

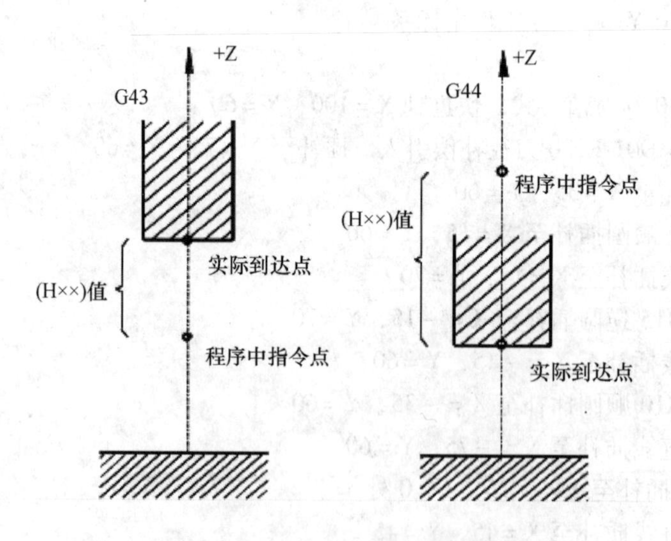


**图 5 - 14　调整刀具长度补偿的数值**

执行 G43 时（刀具长时，离开刀工件补偿）：

$Z_{实际值} = Z_{指令值} + (H\times\times)$

执行 G44 时（刀具短时，趋近工件补偿）：

$Z_{实际值} = Z_{指令值} - (H\times\times)$

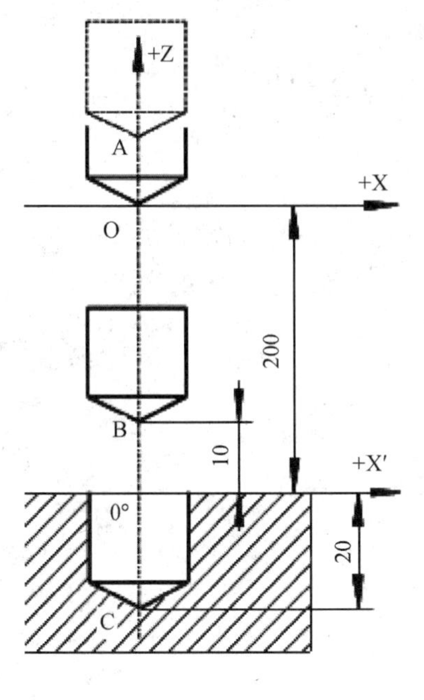


图 5－15

其中（H××）是指××寄存器中的补偿量，其值可以是正值也可以负值。当刀长补偿量取负值时，G43和G44的功效将互换。

例2：如图5－15所示。

设（H02）＝200mm时：

N1 G54 X0 Y0 Z0　设定当前点0为程序零点

N2 G90 G00 G44 Z10 H02 指定点A，实到点B

N3 G01 Z－20　　　　实到点C

N4 Z10　　　　　　　实际返回点B

N5 G00 G49 Z0　　　实际返回点0

使用G43、G44相当于平移了Z轴原点：

即将坐标原点0平移到了0'，后续程序中的Z坐标均相对于0'进行计算。使用G49时则又将Z轴原点平移回到了0点。

在机床上有时可用提高Z轴位置的方法来校验运行程序。

例3：数控铣床刀具长度补偿，如图5－16所示。

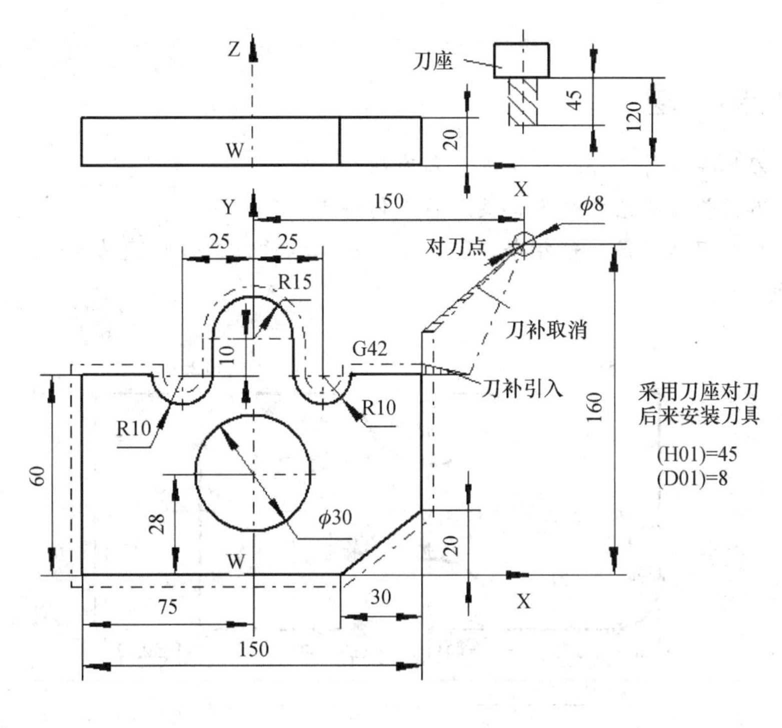


图 5－16

程序：

O0004

G54 X150 Y160 Z120 建立工件坐标系

G90 G00 X100.0 Y60　　　　绝对值方式，快进到X＝100，Y＝60

G43 Z－2.0 H01 S100 M03 指令高度 Z＝－2，实际到达高 Z＝－43 处
G42 G01 X75.0 D01 F100 刀径补偿引入，插补至 X＝75，Y＝60
X35 直线插补至 X＝35，Y＝60
G02 X15 R10 顺圆插补至 X＝15，Y＝60
G01 Y70 直线插补至 X＝15，Y＝70
G03 X－15.0 R15 逆圆插补至 X＝－15，Y＝70
G01 Y60 直线插补至 X＝－15，Y＝60
G02 X－35 R10 顺圆插补至 X＝－35，Y＝60
G01 X－75 直线插补至 X＝－75，Y＝60
G09 Y0 直线插补至 X＝－75，Y＝0 处
G01 X45 直线插补至 X＝45，Y＝45
X75.0 Y20 直线插补至 X＝75，Y＝20
Y65 直线插补至 X＝75，Y＝65，轮廓切削完毕
G40 G00 X100 Y60 取消刀补，快速退至（100，60）的下刀处
G49 Z120 快速抬刀至 Z＝120 的对刀点平面
X150 Y160 快速退刀至对刀点
M05 M30 主轴停，程序结束，复位

## 任务试题

（1）刀具半径补偿指令有哪些？各有何特点？

（2）刀具长度补偿指令有哪些？各有何特点？

（3）利用刀具半径补偿指令编制下图的加工程序，工件厚度为 5mm，采用刀为直径 12 的立铣刀。

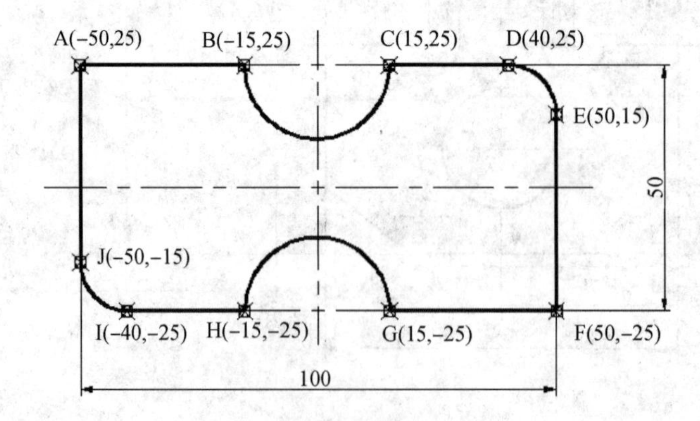


（4）对图示零件钻孔。按理想刀具进行的对刀编程，现测得实际刀具比理想刀具短 8mm，若设定（H01）＝8mm，（H02）＝8mm。

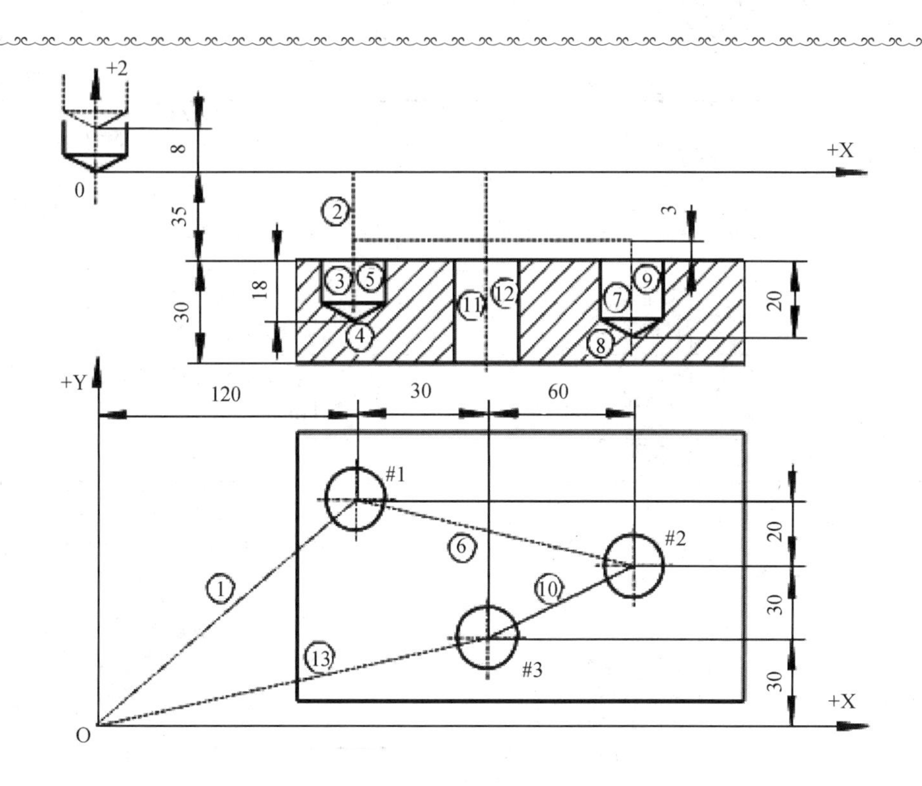


**刀具半径补偿及钻孔加工实训评分表**

| 工件编号 | | | | 总得分 | | | |
|---|---|---|---|---|---|---|---|
| 姓　名 | | | | | | | |
| 项目与分配 | | 序号 | 技术要求 | 配分 | 评分标准 | 检测记录 | 得分 |
| 工件加工评分（55%） | 轮廓尺寸 | 1 | 100×50（工件长宽） | 5 | 超差 0.01 扣 2 分 | | |
| | | 2 | 各坐标点位置正确（刀具半径补偿加工） | 15 | 超差 0.01 扣 2 分 | | |
| | | 3 | 钻#1、#2、#3 孔 | 15 | 超差 0.01 扣 2 分 | | |
| | | 4 | 孔的位置 20、30（两处）、60 | 6 | 超差 0.01 扣 1 分 | | |
| | | 5 | 孔深度 18、20 | 6 | 超差 0.01 扣 1 分 | | |
| | | 6 | 工件表面粗糙度按 Ra3.2μm，工件内孔表面粗糙度按 Ra1.6μm | 8 | 错一处扣 1 分 | | |
| 程序与工艺（20%） | | 7 | 程序正确合理 | 20 | 不合理每处扣 2 分 | | |
| 机床操作（10%） | | 8 | 机床操作规范 | 5 | 出错一次扣 2 分 | | |
| | | 9 | 工件、刀具装夹 | 5 | 出错一次扣 2 分 | | |
| 安全文明生产，职业规范，遵守课堂纪律（15%） | | 10 | 安全文明操作，具有较强的职业意识，遵守机床操作规程，课堂表现良好 | 15 | 出现安全问题，课堂违纪，酌扣 5～10 分。如果问题严重，则倒扣分 | | |

续表

<table>
<tr><td>工件编号</td><td colspan="2"></td><td colspan="2" rowspan="2">总得分</td><td rowspan="2"></td><td rowspan="2"></td></tr>
<tr><td>姓　名</td><td colspan="2"></td></tr>
<tr><td>项目与分配</td><td>序号</td><td>技术要求</td><td>配分</td><td>评分标准</td><td>检测记录</td><td>得分</td></tr>
<tr><td rowspan="2">其他</td><td>11</td><td>工件完整，局部无缺陷（夹伤、过切等）</td><td>倒扣</td><td>出现缺陷扣除总分，扣分不超过10分</td><td></td><td></td></tr>
<tr><td>12</td><td>按时完成</td><td>倒扣</td><td>不按时完成酌扣5～10分</td><td></td><td></td></tr>
<tr><td>检验员</td><td colspan="2"></td><td>日期</td><td colspan="3"></td></tr>
</table>

## 任务三　固定循环

孔加工是最常见的零件结构加工之一，孔加工工艺内容广泛，包括钻削、扩孔、铰孔、锪孔、攻丝、镗孔等孔加工工艺方法。

在 CNC 铣床和加工中心上加工孔时，孔的形状和直径由刀具选择来控制，孔的位置和加工深度则由程序来控制。

圆柱孔在整个机器零件中起着支撑、定位和保持装配精度的重要作用。因此，对圆柱孔有一定的技术要求。孔加工的主要技术要求有：

（1）尺寸精度：配合孔的尺寸精度要求控制在 IT6 ~ IT8，精度要求较低的孔一般控制在 IT11。

（2）形状精度：孔的形状精度，主要是指圆度、圆柱度及孔轴心线的直线度，一般控制在孔径公差以内。对于精度要求较高的孔，其形状精度应控制在孔径公差的 1/3 ~ 1/2。

（3）位置精度：一般有各孔距间误差，各孔的轴心线对端面的垂直度允差和平行度允差等。

（4）表面粗糙度：孔的表面粗糙度要求一般为 Ra12.5 ~ 0.4μm。

加工一个精度要求不高的孔很简单，往往只需一把刀具一次切削即可完成；对精度要求高的孔则需要几把刀具多次加工才能完成；加工一系列不同位置的孔需要计划周密、组织良好的定位加工方法。对给定的孔或孔系加工，选择适当的工艺方法显得非常重要。

### 任务目标

（1）熟悉 FANUC 0i 孔加工的固定循环。

（2）熟悉华中 HNC－22M 孔加工的固定循环。

### 基本概念

#### 一、FANUC 0i 的孔加工固定循环

（一）孔加工的固定循环功能

1. 孔的固定循环功能概述

（1）孔加工指令。孔加工的固定循环指令如表 5－1 所示。

表 5-1　孔加工固定循环及动作一览表

| G 代码 | 加工动作（-Z 方向） | 孔底动作 | 退刀动作（+Z 方向） | 用途 |
|---|---|---|---|---|
| G73 | 间歇进给 | | 快速进给 | 高速深孔加工 |
| G74 | 切削进给 | 暂停、主轴正转 | 切削进给 | 攻左旋螺纹 |
| G76 | 切削进给 | 主轴准停 | 快速进给 | 精镗 |
| G80 | | | | 取消固定循环 |
| G81 | 切削进给 | | 快速进给 | 钻孔 |
| G82 | 切削进给 | 暂停 | 快速进给 | 钻、镗阶梯孔 |
| G83 | 间歇进给 | | 快速进给 | 深孔加工 |
| G84 | 切削进给 | 暂停、主轴反转 | 切削进给 | 攻右旋螺纹 |
| G85 | 切削进给 | | 切削进给 | 镗孔 |
| G86 | 切削进给 | 主轴停 | 快速进给 | 镗孔 |
| G87 | 切削进给 | 主轴正转 | 快速进给 | 反镗孔 |
| G88 | 切削进给 | 暂停、主轴停 | 手动 | 镗孔 |
| G89 | 切削进给 | 暂停 | 切削进给 | 镗孔 |

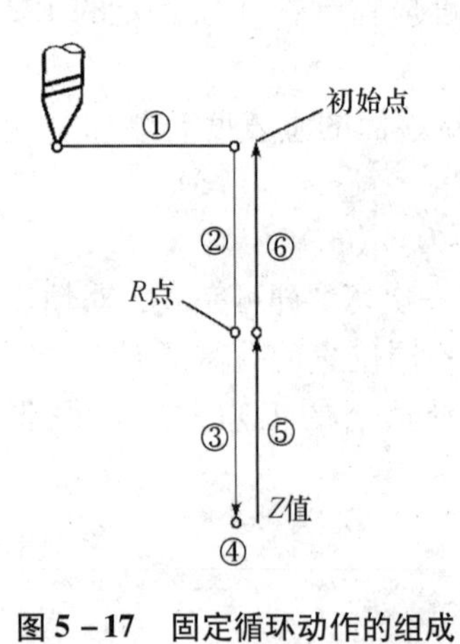

图 5-17　固定循环动作的组成

（2）固定循环的动作组成。固定循环一般由六个动作组成（见图 5-17）。

（3）孔加工固定循环通用格式：

【G90/G91】【G98/G99】【G73 ~ G89】X ~ Y ~ Z ~ R ~ Q ~ P ~ F ~ K ~；

其中，

X、Y——孔加工定位位置。

R——R 点平面所在位置。

Z——孔底平面的位置。

Q——当有间隙进给时，刀具每次加工深度；在精镗或反镗孔循环中为退刀量。

P——指定刀具在孔底的暂停时间，数字不加小数点，以 ms 作为时间单位。

F——孔加工切削进给时的进给速度。

K——指定孔加工循环的次数。

孔加工循环的通用格式表达了孔加工所有可能的运动，如图 5-18（a）所示，这些动作应由孔加工循环格式中相应的指令字描述。

孔加工动作与孔加工固定循环通用格式中的指令字一一对应，如表 5-2 所示。

表 5-2　孔加工动作及固定循环格式中的指令字

| | |
|---|---|
| （1）G17 平面快速定位 | 给定孔中心定位位置——X，Y 值 |
| （2）Z 向快速进给到 R 点 | 给定开始工进的起始位置——R 值 |
| （3）Z 轴切削进给，进行孔加工 | 给定工进的终止位置，孔底——Z 值；给定孔进给加工时信息——F，Q 值 |
| （4）孔底部的动作 | 给定刀具在孔底的暂停时间——P 值 |
| （5）Z 轴退刀到 R 点 | 给定返回 R 平面模式——G99 |
| （6）Z 轴快速回到起始位置 | 给定返回初始平面模式——G98 |

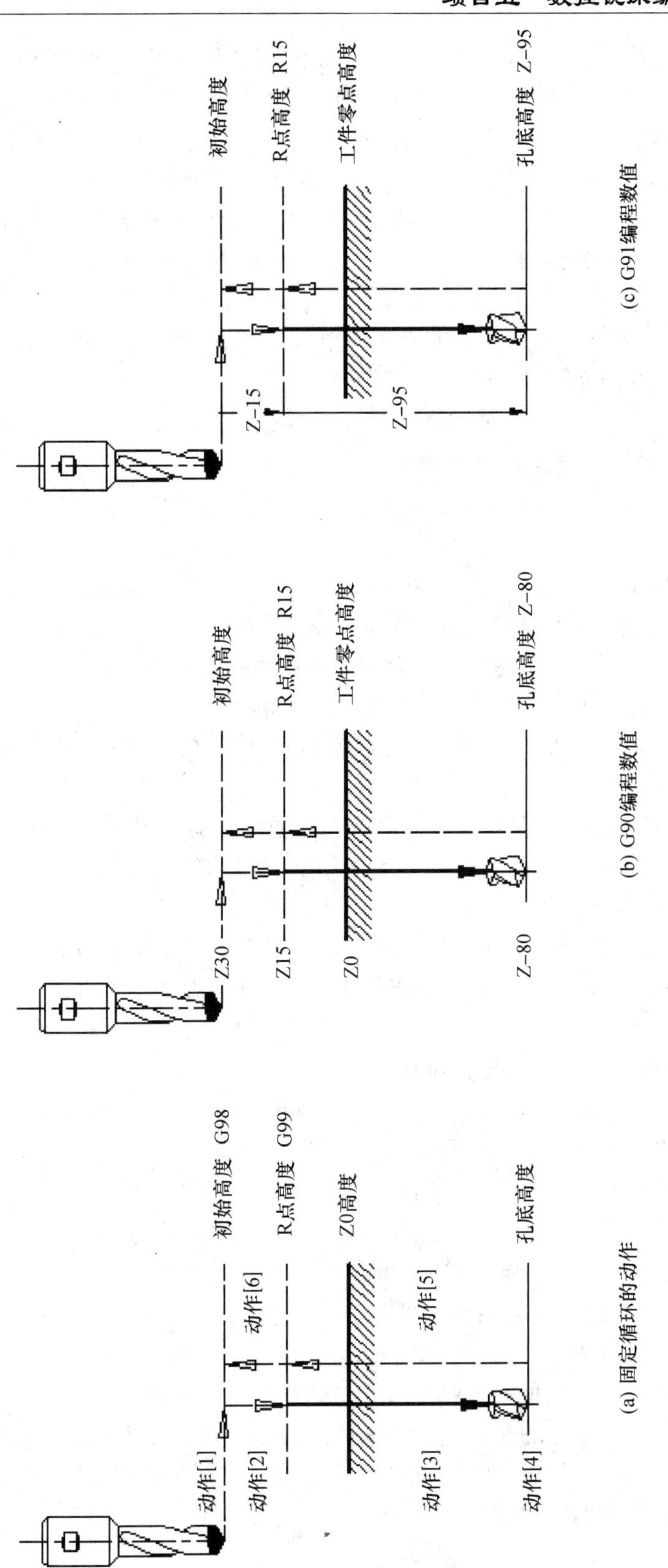


(a) 固定循环的动作　(b) G90编程数值　(c) G91编程数值

**图 5－18　孔加工的六个运动及 G90 或 G91 时的坐标计算方法**

并不是每一种孔加工循环的编程都要用到孔加工循环的通用格式的所有代码。以上格式中，除K代码外，其他所有代码都是模态代码，只有在循环取消才被清除，因此这些指令一经指定，在后面的重复加工中不必重新指定。取消孔加工循环采用代码G80。另外，如在孔加工循环中出现01组的G代码，则孔加工方式也会自动取消。

（4）数据形式（G90/G91）。固定循环指令中地址R与地址Z的数据指定与G90或G91的方式选择有关。如图5－18（b）所示，选择G90方式时，R与Z一律取相对Z向零点的绝对坐标值。

如图5－18（c）所示，选择G91方式时，则R是指自初始面到R面的距离，Z是指自R点所在面到孔底平面的Z向距离。

X、Y地址的数据指定与G90或G91的方式选择也有关。G91模式下的X、Y数据值是相对前一个孔的X、Y方向的增量距离。

（5）返回点平面指令（G98/G99）。由G98或G99决定刀具在返回时到达的平面，如图5－18（a）所示。

如用G98时，则返回到初始平面，返回面高度由初始点的Z值指定。

如用G99时，则返回时到达R点平面，返回面高度由R值指定。

G98和G99代码只用于固定循环，它们的主要作用就是在孔之间运动时绕开障碍物。障碍物包括夹具、零件的突出部分、未加工区域以及附件等。

采用固定循环进行孔系加工时，一般不用返回到初始平面，只有在全部孔加工完成后，或孔之间存在凸台或夹具等干涉件时，才回到初始平面。

（6）固定循环中的Z向高度位置及选用。在孔加工运动过程中，刀具运动涉及Z向坐标的三个高度位置：初始平面高度，R平面高度，切削深度。孔加工工艺设计时，要对这三个高度位置进行适当选择。

1）初始平面高度。初始平面是为安全点定位及安全下刀而规定的一个平面。安全平面的高度应能确保它高于所有的障碍物。当使用同一把刀具加工多个孔时，刀具在初始平面内的任意点定位移动应能保证刀具不会与夹具、工件凸台等发生干涉，特别防止快速运动中切削刀具与工件、夹具和机床的碰撞。

2）R平面高度。R平面为刀具切削进给运动的起点高度，即从R平面高度开始刀具处于切削状态。由R平面指定Z轴的孔切削起点的坐标。

对于所有的循环都应该仔细地选择R平面的高度，通常选择在Z0平面上方（1～5mm）处。考虑到批量生产时，同批工件的安装变换等原因可能引起Z0平面高度变化的因素，如果有必要，对R点高度设置进行调整。

3）切削深度。固定循环中必须包括切削深度，达到这一深度时刀具将停止进给。在循环程序段中以Z地址来表示深度，Z值表示切削深度的终点。

编程中，固定循环中的Z值一定要使用通过精确计算得出的Z向深度，Z向深度计算必须考虑的因素有：图样标注的孔的直径和深度；绝对或增量编程方法；切削刀具类型和刀尖长度；加工通孔时的工件材料厚度和加工盲孔时的全直径孔深要求；工件上方间隙量和加工通孔时在工件下方的间隙量等。

2. 固定循环

（1）高速深孔往复排屑钻。

格式：G73　X　Y　Z　R　QF

动作示意如图 5－19 所示，其中，－－> 表示快速进给，⟶表示切削进给。

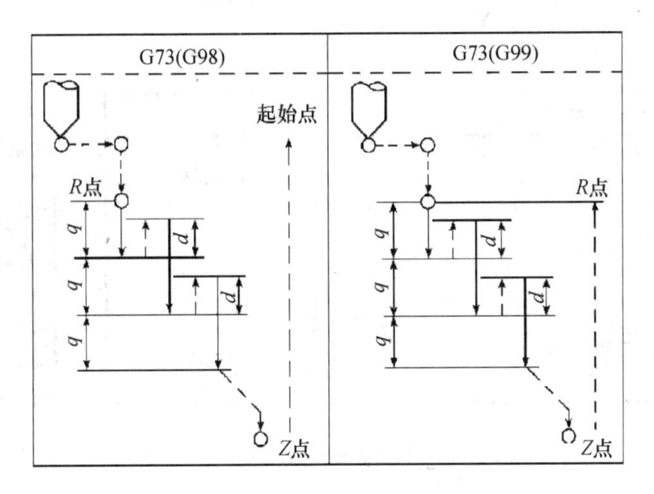


图 5－19　G73 循环

（2）攻左旋螺纹。

格式：G74　X　Y　Z　R　F　P

动作示意如图 5－20 所示。

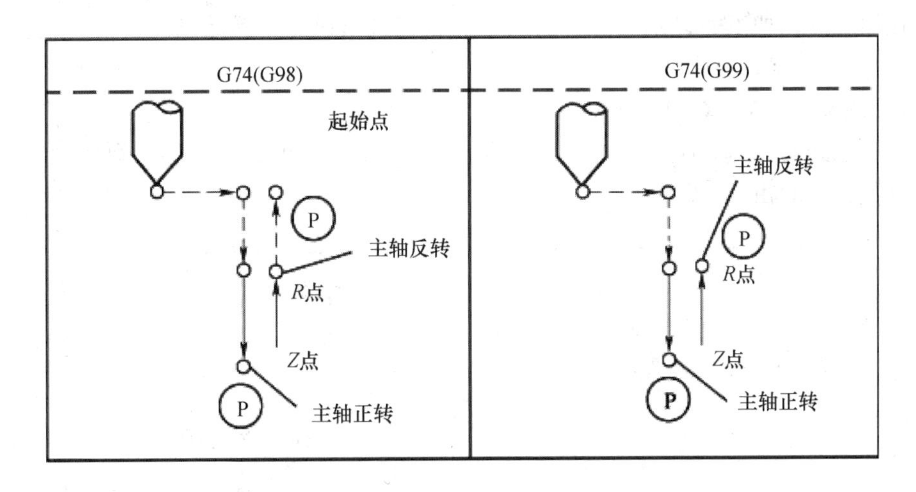


图 5－20　G74 循环

注意：在 G74 指定攻左旋螺纹时，进给率调整无效。即使用进给暂停，在返回动作结束之前循环不会停止。

（3）精镗。

格式：G76　X　Y　Z　R　Q　P_ F

动作示意如图 5－21 所示。

说明：平移量用 Q 指定。Q 值是正值，如果指定负值则负号无效。平移方向可用参数 RD1（No. 5101#4）、RD2（No. 5101#5）设定如下方向之一：

G17（XY 平面）：＋X、－X、＋Y、－Y

G18（ZX 平面）：+Z、-Z、+X、-X

G19（YZ 平面）：+Y、-Y、+Z、-Z

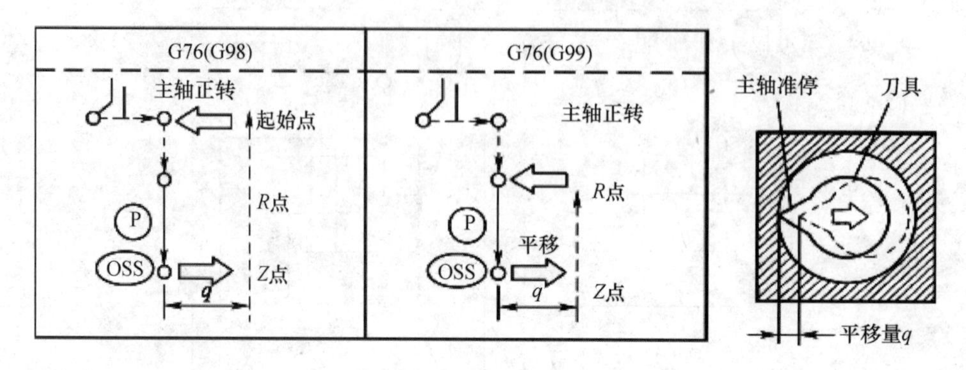


图 5-21　G76 循环

（4）钻孔（G81）。

格式：G81　X　Y　Z　R　F;

动作示意如图 5-22 所示。G81 指令 X、Y 轴定位，快速进给到 R 点。接着 R 点到 Z 点进行孔加工。孔加工完，则刀具退到 R 点，快速进给返回到起始点。

（5）钻孔（G82）。

格式：G82 X　Y　Z　R　P　F;

动作示意如图 5-23 所示。与 G81 相同，只是刀具在孔底位置执行暂停及光切后退回。以改善孔底的粗糙度和精度。

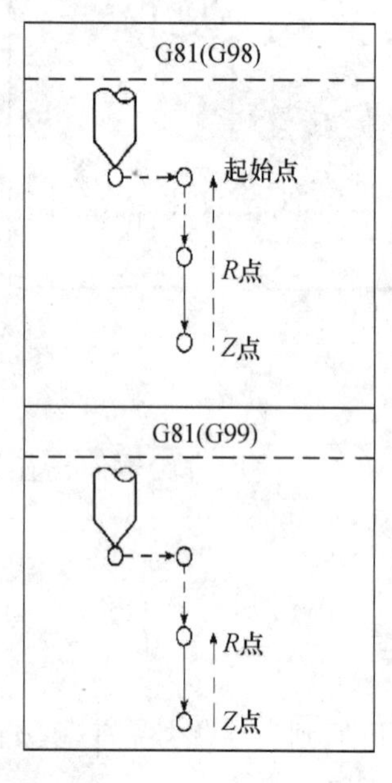


图 5-22　G81 循环

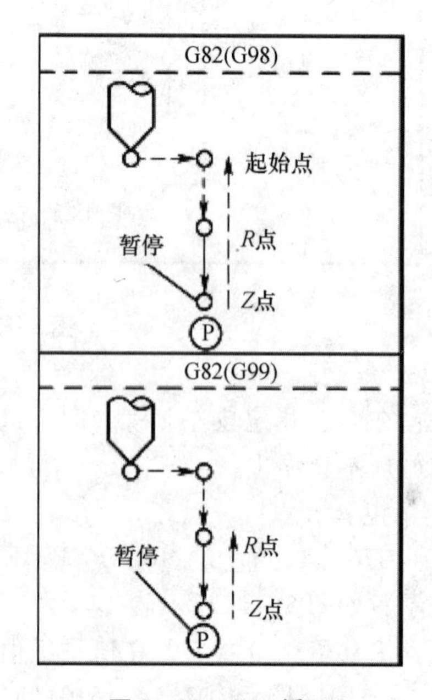


图 5-23　G82 循环

（6）深孔排屑（G83）。

格式：G83　X　Y　Z　Q_ R_ F;

动作示意如图5－24所示。以上指令指定钻深孔循环。Q是每次切削量，用增量值指定。在第二次及以后切入执行时，在切入到d mm（或in）的位置，快速进给转换成切削进给。指定的Q值是正值。如果指令负值，则负号无效。d值用参数（No. 5115）设定。

（7）攻右旋螺纹。

格式：G84　X　Y　Z　R　F　P;

动作示意如图5－25所示。

注意：在G84指定的攻螺纹循环中，进给率调整无效，即使使用进给暂停，在返回动作结束之前不会停止。

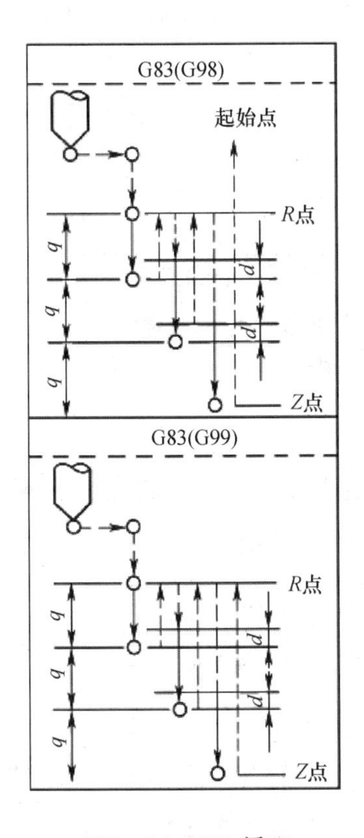


图5－24　G83循环

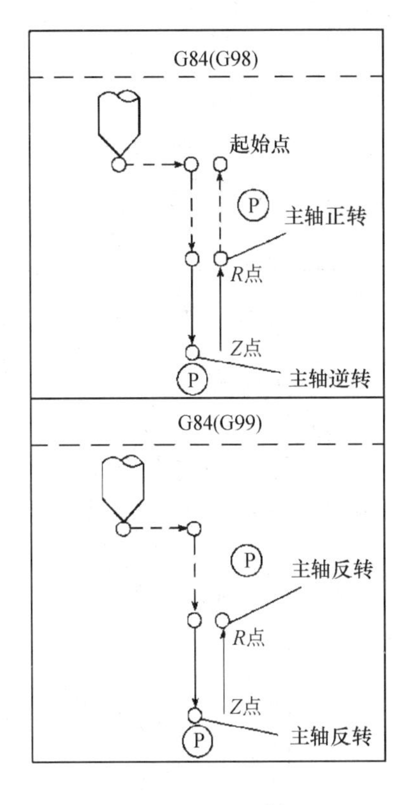


图5－25　G84循环

（8）镗削（G85）。

格式：G85　X　Y　Z　R　F;

与G81类似，但返回行程中，从Z→R段为切削进给，如图5－26所示。

（9）镗削（G88）。

格式：G88　X　Y　Z　R　P　F;

G88指令X、Y轴定位后，以快速进给移动到R点。接着由R点进行钻孔加工。钻孔加工完，则暂停后停止主轴，以手动由Z点向R点退出刀具。

由R点向起始点，主轴正转快速进给返回，如图5－27所示。

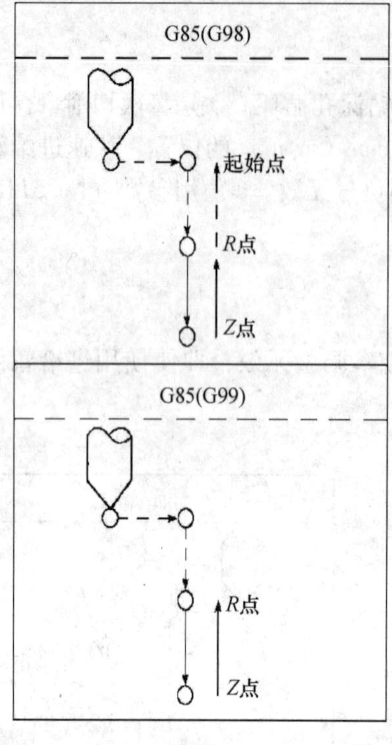


图 5－26 G85 循环

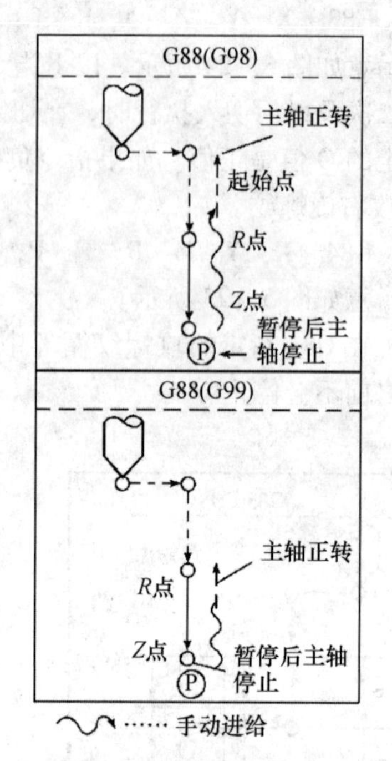


图 5－27 G88 循环

（10）镗削（G86）。

格式：G86 X Y Z R F;

G86 与 G81 类似，但进给到孔底后，主轴停转，返回到 R 点（G99 方式）或初始点（G98）后主轴再重新启动，如图 5－28 所示。

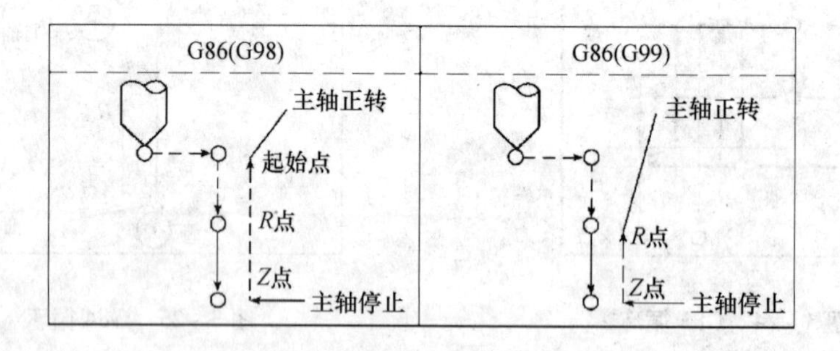


图 5－28 G86 循环

（11）反镗（G87）。

格式：G87 X Y Z R Q F;

刀具沿 X 及 Y 轴定位后，主轴准停。主轴让刀以快速进给率在孔底位置定位（R 点），主轴正转。沿 Z 轴的方向到 Z 点进行加工。在这个位置，主轴再度准停，刀具退出，如图 5－29 所示。

（12）镗削（G89）。

格式：G89 X Y Z R P F;

G89 与 G85 类似，从 Z→R 为切削进给，但在孔底时有暂停动作，如图 5－30 所示。

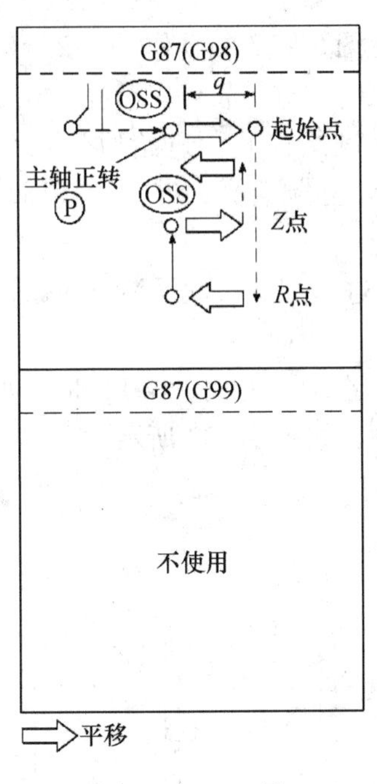

**图 5－29　G87 循环**

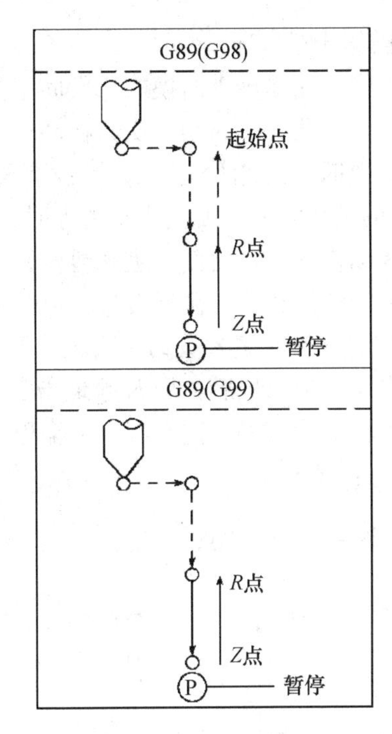


**图 5－30　G89 循环**

3. 孔的固定循环取消（G80）

取消固定循环（G73、G74、G76、G81～G89），以后执行其他指令。R 点、Z 点也取消（即增量指令 R＝0、Z＝0），其他孔加工信息也全部取消。

4. 使用孔的固定循环信息注意事项

（1）在固定循环指定前，必须用辅助功能（M 代码）使主轴旋转。

（2）如果程序段包含 X、Y、Z、R 等信息，固定循环钻孔，否则不执行钻孔。

（3）在钻孔的程序段，指定钻孔信息 Q、P。如果在不执行钻孔的程序段中指定这些信息，不保存为模态信息。

（4）当主轴旋转控制使用在固定循环（G74、G84、G86）时，孔位置（X、Y）间距很短时或起始点位置到 R 点位置很短，在进行孔加工时，主轴可能没有达到正常转速。在这个时候，必须在每个钻孔动作间插入一个暂停指令（G04）使时间延长。此时，不用 K 指定重复次数，如图 5－31 所示。

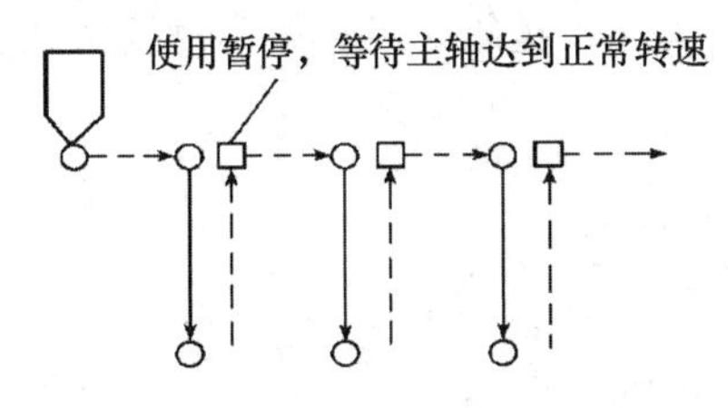


**图 5－31　G04 在孔的固定循环中的应用**

（5）如果在同一程序段指定 G 为 G00～G03 时，执行取消（#表示 0～3，××表示固定循环码）。

G#G××XYZRQFPK；（执行固定循环）

G××G#XYZRQFPK；（X、Y、Z 按 G#移动，R、P、Q 被忽视，F 被记忆）

（6）固定循环指令和辅助功能在同一程序段中，在定位前执行 M 功能。进给次数指定（K）时，只在初次送出 M 码，以后不送出。

（7）在固定循环模式中刀具半径补偿无效。

（8）在固定循环模式指定刀具长度补偿（G43、G44、G49）时，当刀具位于 R 点时生效。

（9）操作注意事项。

单步进给：在单步进给模式执行固定循环时，在图5－17的动作①、②、③结束时停止，所以钻一个孔必须启动三次。在动作①及②结束时，进给暂停灯会亮。在动作⑥结束后有重复次数时，进给暂停，如果没有重复次数，进给停止。进给暂停：在固定循环G74、G84的动作③～⑤使用进给暂停时，进给暂停灯立刻会亮，继续运行到动作⑥后停止。如果在动作⑥时再度使用进给暂停，会立刻停止。

进给率调整：在固定循环G74、G84的动作中，进给率调整假设为100%。

5. 固定循环中重复次数的使用方法

在固定循环指令最后，用K地址指定重复次数。在增量方式（G91）时，如果有孔距相同的若干相同孔，采用重复次数来编程是很方便的，如图5－32所示。

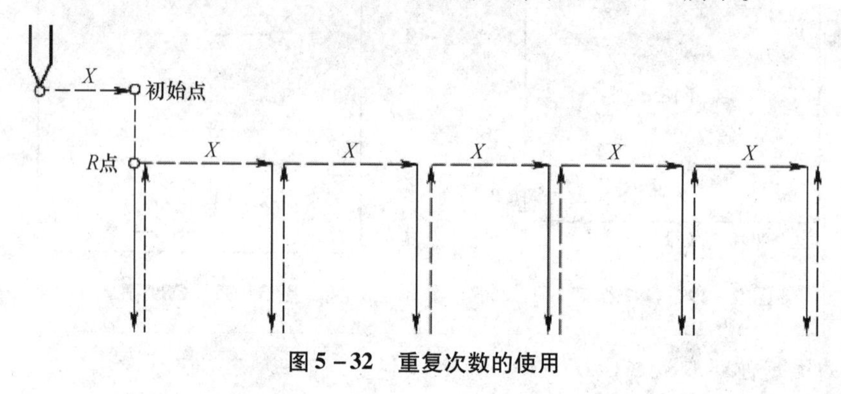


图5－32 重复次数的使用

（二）刚性模式的固定循环

1. 概要

刚性模式用于主轴上装有光电编码器的机床，其主轴旋转运动与攻丝进给运动严格匹配，当主轴旋转一周时，丝锥进给一个导程，因此，不需像固定模式攻螺纹那样使用浮动丝锥夹头，可进行高速、高精度攻螺纹。

2. 指令格式

格式：G74/G84X __ Y __ Z __ R __ P __ F __ K __；

说明：G74为攻左旋螺纹；G84为攻右旋螺纹；X、Y为攻丝位置；Z为攻丝底部的位置；R为R点的位置；P为攻丝底部的暂停时间；F为切削进给速度；K为重复次数。

刚性模式的指令有三种方法格式：

（1）M29在G84（或G74）前指令的方法：

M29S __

G74/G84X __ Y __ Z __ R __ P __ F __ K __

……

G80

（2）M29和G84（或G74）在同一程序段指令的方法：

G74/G84X __ Y __ Z __ R __ P __ F __ K __ M29S __

……

G80

（3）以G84（或G74）刚性攻丝G代码的方法：

设定参数G84（No. 5200#O）为1

G74/G84X __ Y __ Z __ R __ P __ F __ K __

……

G80

说明：

(1) 使用进给速度（mm/min）时，其导程为进给速度除以主轴转速；使用进给量（mm/r）时，进给量即为导程。

(2) S 指令必须在主轴最高转速参数 TPSML（No.5241）、TPSMM（No.5242）、TPSMX（No.5243）设定值以下。若超过此值，则在 G84 或 G74 的程序段产生 P/S 报警（No.200）。

(3) F 指令必须在切削进给速度上限值（以参数 EDMX（No.1422）设定）以下。若超过上限值，则产生 P/S 报警（No.011）。

(4) 不可在 M29 和 G84、G74 间写入坐标轴移动指令。否则会出现 P/S 报警（No.203、No.204）。

3. 攻右旋螺纹循环（G84）/攻左旋螺纹循环（G74）

刚性模式的 G84/G74 指令，在 X、Y 轴定位后，以快速进给移动到 R 点，再由 R 点到 Z 点攻螺纹。攻螺纹完后暂停，主轴停止。停止后主轴再反转，退刀到 R 点，主轴停止，再以快速进给退到起始点。如图 5-33 所示。

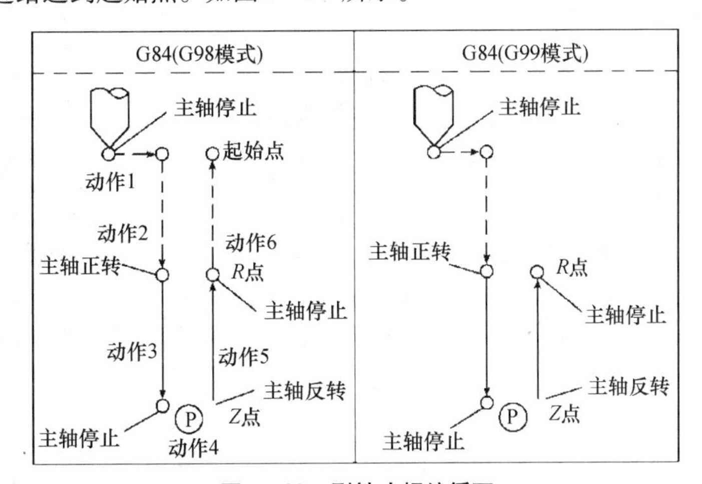


**图 5-33　刚性攻螺纹循环**

4. 刚性攻螺纹中的进给（见表 5-3）。

**表 5-3　F 的单位**

| | 米制输入 | 英制输入 | 附注 |
|---|---|---|---|
| G94 | 1mm/min | 0.01in/min | 可用小数点 |
| G95 | 0.01mm/r | 0.0001in/r | 可用小数点 |

5. 深孔刚性攻螺纹循环

深孔攻螺纹循环指令为固定攻螺纹指令的格式，加上每次切入量 Q。

(1) 高速深孔攻螺纹循环设定参数 PCP（No.5200#5）=0 时，动作如图 5-34 所示。

(2) 深孔攻螺纹循环设定参数 PCP（No.5200#5）=1时，动作如图 5-35 所示。

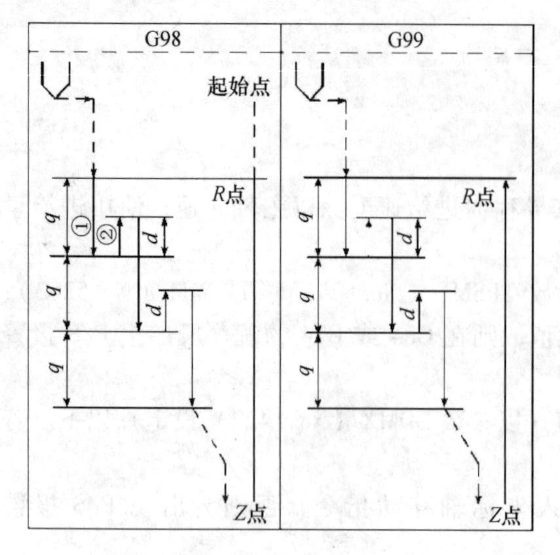


图 5-34　高速深孔刚性攻螺纹循环（d = 退刀量）

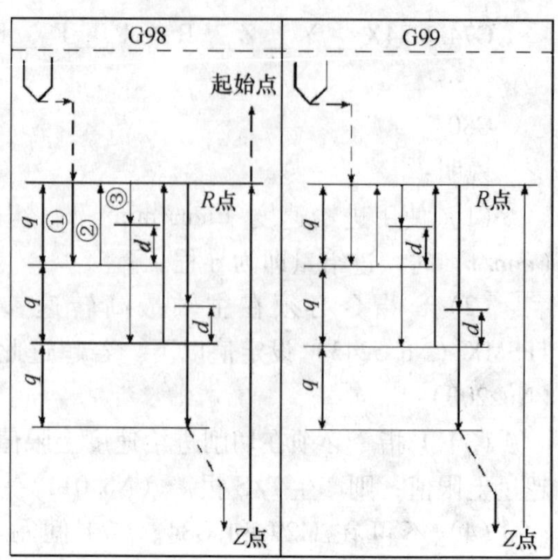


图 5-35　深孔刚性攻螺纹循环

（3）指令格式：

M29S ____;

G74/G84X __ Y __ Z __ R __ P __ F __ K __;

……

G80

说明：

1）深孔攻螺纹循环的切削开始距离、高速深孔攻螺纹循环的退刀量 d，可在参数（No. 5213）设定。

2）深孔攻螺纹循环随攻螺纹循环中的 Q 指令而有效，但若指令 Q0，则不进行深孔攻螺纹循环。

例 4：加工如图 5-36 所示四个孔工件，工件坐标系已设定。试用固定循环 G81 或 G82 指令编写孔加工程序。

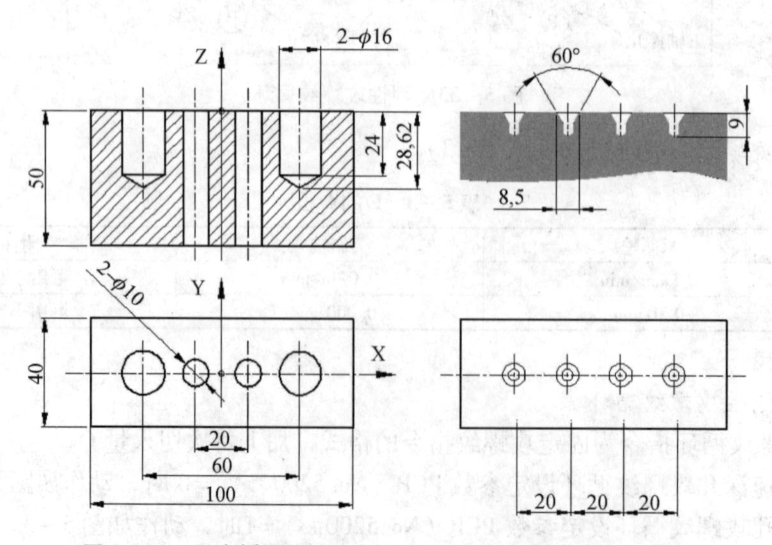


图 5-36　固定循环 G81、G82、G73、G83 指令应用示意图

孔加工设计如下：

1）引正孔：ϕ4 中心孔钻打引正孔，用 G82 加工循环——T01。

2）钻孔：用 ϕ10 麻花钻头钻通孔，用 G81 孔加工循环——T02。

3）钻孔：用 ϕ16 麻花钻头钻盲孔，用 G82 孔加工循环——T03。

孔加工程序编制如下：

```
O6301;
(T01—ϕ4 中心孔钻打引正孔)
G21 G17 G40 G80 T01
T01 M06 S1200 M03
G90 G54 G00 X-30 Y0
G43 Z50 H01 M08
G99 G82 R5 Z-9.0 P100 F35
X-10 X10
X30
G80 Z50 M09
G49 G28 M05
M01;
(T02—ϕ10 麻花钻头钻通孔)
T02 M06 S650 M03
G90 G54 G00 X-10 Y0;
G43 Z50 H02 M08
G99 G81 R5 Z-55 F55
X10
G80 Z50 M09
G49 G28 M05
M01
(T03—用 ϕ16 麻花钻头钻盲孔)
T03 M06 S300 M03
G90 G54 G00 X-30 Y0
G43 Z50 H03 M08
G99 G82 R5 Z-29 P100 F40
X30
G80 Z50 M09
G49 G28 M05
M30
```

## 二、华中 HNC-22M 的孔加工固定循环

数控加工中某些加工动作循环已经典型化，例如钻孔镗孔的动作是孔位平面定位、快速引进工作进给、快速退回等一系列典型的加工动作已经预先编好程序存储在内存中，可用称为固定循环的一个 G 代码程序段调用，从而简化编程工作。孔加工固定循环指令有

G73、G74、G76、G80、G89，通常由下述6个动作构成（见图5－37）。

（1）X、Y轴定位。

（2）定位到R点（定位方式取决于上次是G00还是G01）。

（3）孔加工。

（4）在孔底的动作。

（5）退回到R点（参考点）。

（6）快速返回到初始点。

固定循环的数据表达形式可以用绝对坐标（G90）和相对坐标（G91）表示。如图5－38所示，其中图5－38（a）是采用G90的表示，图5－38（b）是采用G91的表示。

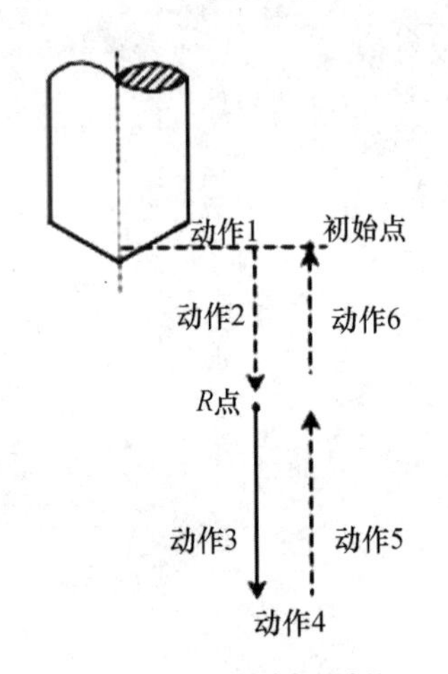


图5－37　固定循环动作

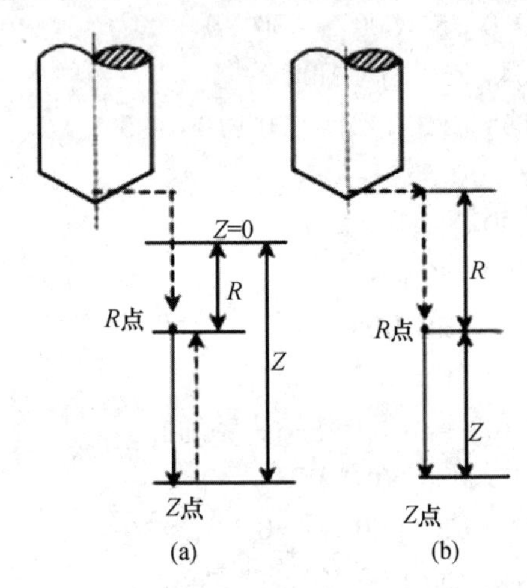


图5－38　固定循环的数据形式

实线—切削进给；虚线—快速进给固定循环的程序格式包括数据形式返回点平面孔加工方式、孔位置数据、孔加工数据和循环次数数据形式（G90或G91），在程序开始时就已指定，因此，在固定循环程序格式中可不注出固定循环的程序，格式如下：

$$\begin{Bmatrix} G98 \\ G99 \end{Bmatrix} G\_\ X\_\ Y\_\ Z\_\ R\_\ Q\_\ P\_\ I\_\ J\_\ K\_\ F\_\ L\_$$

说明：

G98：回初始平面；

G99：返回R点平面；

G_ ：固定循环代码G73、G74、G76和G81～G89之一；

X、Y：加工起点到孔位的距离（G91）或孔位坐标（G90）；

R：初始点到R点的距离（G91）或R点的坐标（G90）；

Z、R：点到孔底的距离（G91）或孔底坐标（G90）；

Q：每次进给深度（G73/G83）；

I、J：刀具在轴反向位移增量（G76/G87）；

P：刀具在孔底的暂停时间；

F：切削进给速度；

L：固定循环的次数。

G73、G74、G76和G81～G89ZRPFQIJK是模态指令，G80、G01～G03等代码可以取

消固定循环。

1. G73：高速深孔加工循环

格式：$\begin{Bmatrix} G98 \\ G99 \end{Bmatrix}$G73X __ Y __ Z __ R __ Q __ P __ I __ J __ K __ F __ L __

说明：

Q：每次进给深度；

K：每次退刀距离；

G73：用于 Z 轴的间歇进给使深孔加工时容易排屑减少退刀量，可以进行高效率的加工。

注意：Z、K、Q 移动量为零时该指令不执行。

例 5：使用 G73 指令编制如图 5－39 所示深孔加工程序：设刀具起点距工件上表面 42mm，距孔底 80mm。在距工件上表面 2mm 处（R 点）由快进转换为工进，每次进给深度 10mm，每次退刀距离 5mm。

```
%0073
G92 X0 Y0 Z80
G00 G90 G98 M03 S600
G73 X100 R40 P2 Q－10 K5 Z0 F200 G00
X0 Y0 Z80
M05
M30
```

2. G74：反攻丝循环

格式：$\begin{Bmatrix} G98 \\ G99 \end{Bmatrix}$G74X __ Y __ Z __ R __ Q __ P __ I __ J __ K __ F __ L __

G74：攻反螺纹时主轴反转到孔底时主轴正转然后退回。

注意：

（1）攻丝时速度倍率进给保持均不起作用。

（2）R 应选在距工件表面 7mm 以上的地方。

（3）如果 Z 的移动量为零，该指令不执行。

例 6：使用 G74 指令编制如图 5－40 所示反螺纹攻丝加工程序：设刀具起点距工件上表面 48mm，距孔底 60mm。

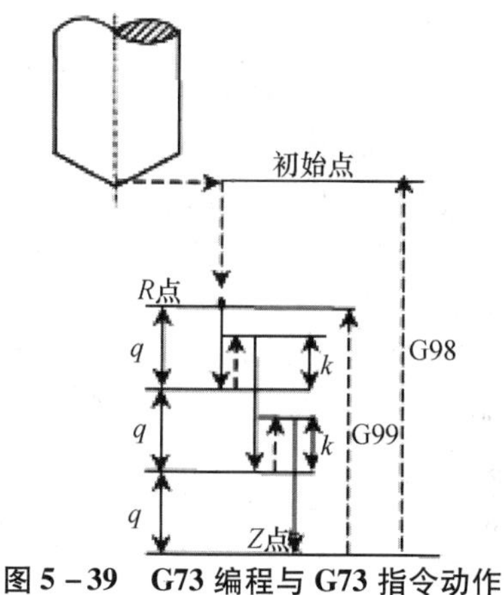

**图 5－39 G73 编程与 G73 指令动作**

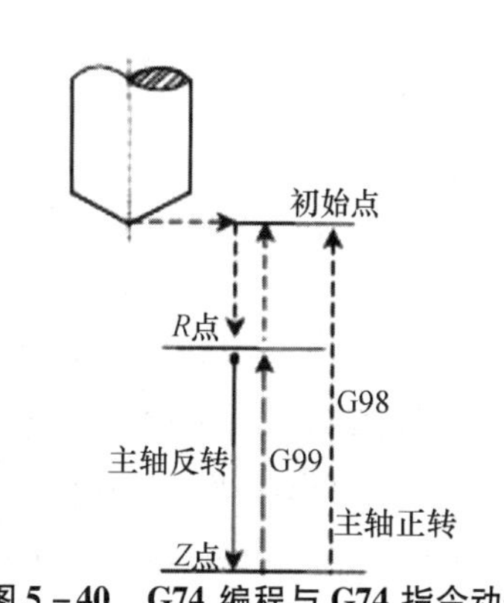

**图 5－40 G74 编程与 G74 指令动作**

```
%0074
G92 X0 Y0 Z60
G91 G00 F200 M04 S500
G98 G74 X100 R-40 P4 G90 Z0
G0 X0 Y0 Z60
M05
M30
```

3. G76：精镗循环

格式：$\begin{Bmatrix} G98 \\ G99 \end{Bmatrix}$G76X __ Y __ Z __ R __ Q __ P __ I __ J __ K __ F __ L __

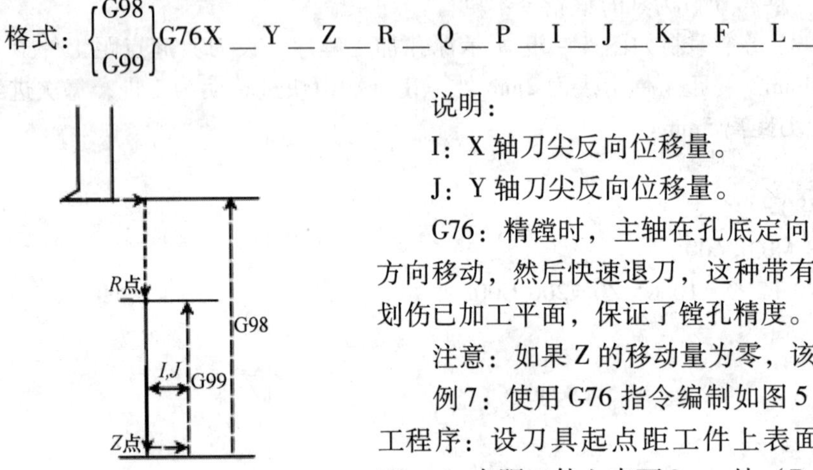

图 5-41　G76 编程与 G76 指令动作

说明：

I：X 轴刀尖反向位移量。

J：Y 轴刀尖反向位移量。

G76：精镗时，主轴在孔底定向停止后向刀尖反方向移动，然后快速退刀，这种带有让刀的退刀不会划伤已加工平面，保证了镗孔精度。

注意：如果 Z 的移动量为零，该指令不执行。

例 7：使用 G76 指令编制如图 5-41 所示精镗加工程序：设刀具起点距工件上表面 42mm，距孔底 50mm，在距工件上表面 2mm 处（R 点）由快进转换为工进。

```
%0076
G92 X0 Y0 Z50
G00 G91 G99 M03 S600
G76 X100 R-40 P2 I-6 Z-10 F200
G00 X0 Y0 Z40
M05
M30
```

4. G81：钻孔循环（中心钻）

格式：$\begin{Bmatrix} G98 \\ G99 \end{Bmatrix}$G81X __ Y __ Z __ R __ Q __ P __ I __ J __ K __ F __ L __

G81：钻孔动作循环，包括 XY 坐标定位快进工进和快速返回等动作。

注意：如果 Z 的移动量为零，该指令不执行。

例 8：使用 G81 指令编制如图 5-42 所示钻孔加工程序：设刀具起点距工件上表面 42mm，距孔底 50mm，在距工件上表面 2mm（R 点）由快进转换为工进。

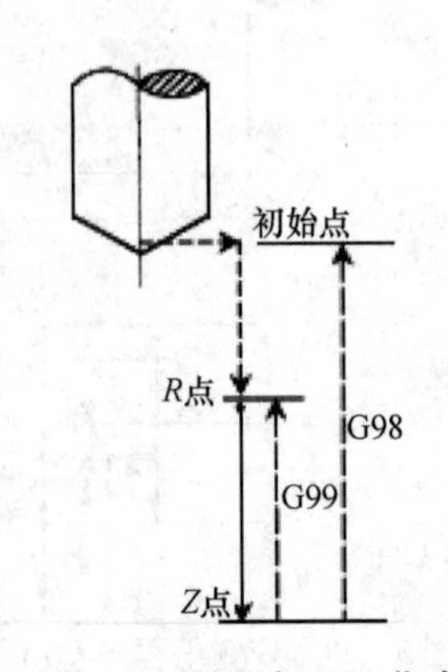

图 5-42　G81 编程与 G81 指令动作

%0081
G92 X0 Y0 Z50 G00
G90 M03 S600
G99 G81 X100 R10 Z0 F200
G90 G00 X0 Y0 Z50
M05
M30

5. G82：带停顿的钻孔循环

格式：$\begin{Bmatrix}G98\\G99\end{Bmatrix}$G82X ＿ Y ＿ Z ＿ R ＿ Q ＿ P ＿ I ＿ J ＿ K ＿ F ＿ L ＿

G82 指令除了要在孔底暂停外，其他动作与 G81 相同。暂停时间由地址 P 给出，G82 指令主要用于加工盲孔以提高孔深精度。

注意：如果 Z 的移动量为零，该指令不执行。

6. G83：深孔加工循环

格式：$\begin{Bmatrix}G98\\G99\end{Bmatrix}$G83X ＿ Y ＿ Z ＿ R ＿ Q ＿ P ＿ I ＿ J ＿ K ＿ F ＿ L ＿

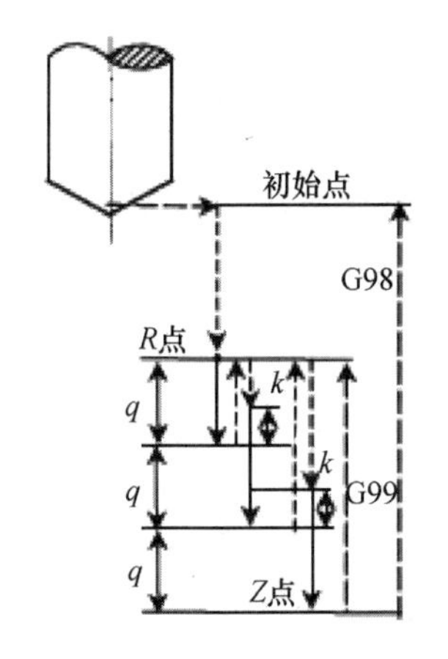

图 5－43　G83 编程与 G83 指令动作

说明：

Q：每次进给深度。

K：每次退刀后再次进给时由快速进给转换为切削进给时距上次加工面的距离。

注意：Z、K、Q 移动量为零时，该指令不执行。

例 9：使用 G83 指令编制如图 5－43 所示深孔加工程序：设刀具起点距工件上表面 42mm，距孔底 80mm，在距工件上表面 2mm 处（R 点）由快进转换为工进，每次进给深度 10mm，每次退刀后再由快速进给转换为切削进给时距上次加工面的距离 5mm。

%0083
G92 X0 Y0 Z80
G00 G99 G91 F200
M03 S500
G83 X100 G90 R40 P2 Q－10 K5 Z0
G90 G00 X0 Y0 Z80
M05
M30

7. G84：攻丝循环

格式：$\begin{Bmatrix}G98\\G99\end{Bmatrix}$G84X ＿ Y ＿ Z ＿ R ＿ Q ＿ P ＿ I ＿ J ＿ K ＿ F ＿ L ＿

G84 攻螺纹时从 R 点到 Z 点主轴正转在孔底暂停后主轴反转然后退回。

注意：

（1）攻丝时速度倍率、进给保持均不起作用。

（2）R 应选在距工件表面 7mm 以上的地方。

（3）如果 Z 的移动量为零，该指令不执行。

例 10：使用 G84 指令编制如图 5－44 所示螺纹攻丝加工程序：设刀具起点距工件上表面 48mm，距孔底 60mm，在距工件上表面 8mm 处（R 点）由快进转换为工进。

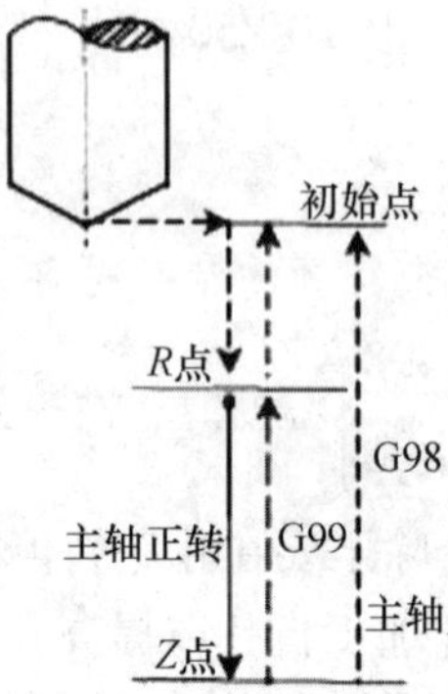

```
%0084
G92 X0 Y0 Z60
G90 G00 F200 M03 S600
G98 G84 X100 R20 P10 G91 Z－20
G00 X0 Y0
M05
M30
```

图 5－44　G84 编程与 G84 指令动作

8. G85：镗孔循环

G85 指令与 G84 指令相同，但在孔底时主轴不反转。

9. G86：镗孔循环

G86 指令与 G81 相同，但在孔底时主轴停止，然后快速退回。

注意：

（1）如果 Z 的移动位置为零该指令不执行。

（2）调用此指令之后主轴将保持正转。

10. G87：反镗循环

格式：$\begin{Bmatrix} G98 \\ G99 \end{Bmatrix}$G87X＿Y＿Z＿R＿Q＿P＿I＿J＿K＿F＿L＿

说明：

I：X 轴刀尖反向位移量。

J：Y 轴刀尖反向位移量。

G87 指令动作循环，描述如下：

（1）在 X、Y 轴定位。

（2）主轴定向停止。

（3）在 X、Y 方向分别向刀尖的反方向移动 I、J 值。

（4）定位到 R 点（孔底）。

（5）在 X、Y 方向分别向刀尖方向移动 I、J 值。

（6）主轴正转。

（7）在 Z 轴正方向上加工至 Z 点。

（8）主轴定向停止。

（9）在 X、Y 方向分别向刀尖反方向移动 I、J 值。

（10）返回到初始点（只能用 G98）。

（11）在 X、Y 方向分别向刀尖方向移动 I、J 值。

（12）主轴正转。

注意：如果 Z 的移动量为零，该指令不执行。

例 11：使用 G87 指令编制如图 5－45 所示反镗加工程序：设刀具起点距工件上表面 40mm，距孔底（R 点）80mm。

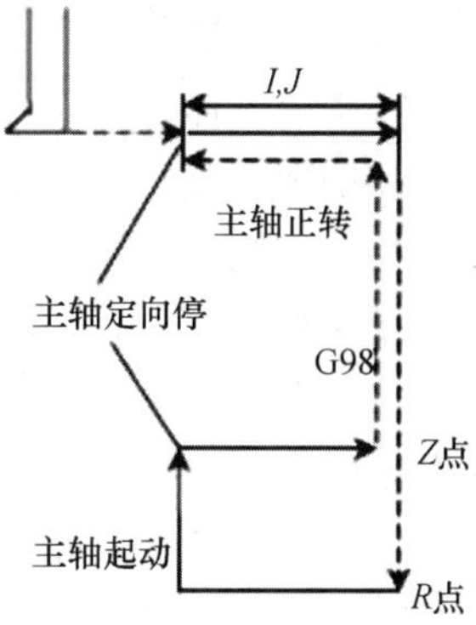

```
%0087
G92 X0 Y0 Z80
G00 G91 G98 F300
G87 X50 Y50 I－5 G90 R0 P2 Z40
G00 X0 Y0 Z80 M05
M30
```

**图 5－45　G87 编程与 G87 指令动作**

11. G88：镗孔循环

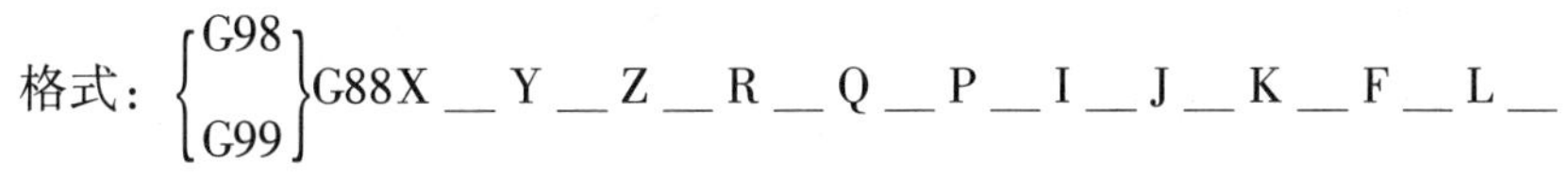

格式：$\begin{Bmatrix} G98 \\ G99 \end{Bmatrix}$G88X＿Y＿Z＿R＿Q＿P＿I＿J＿K＿F＿L＿

G88 指令动作描述如下：

（1）在 X、Y 轴定位。

（2）定位到 R 点。

（3）在 Z 轴方向上加工至 Z 点孔底。

（4）暂停后主轴停止。

（5）转换为手动状态手动将刀具从孔中退出。

（6）返回到初始平面。

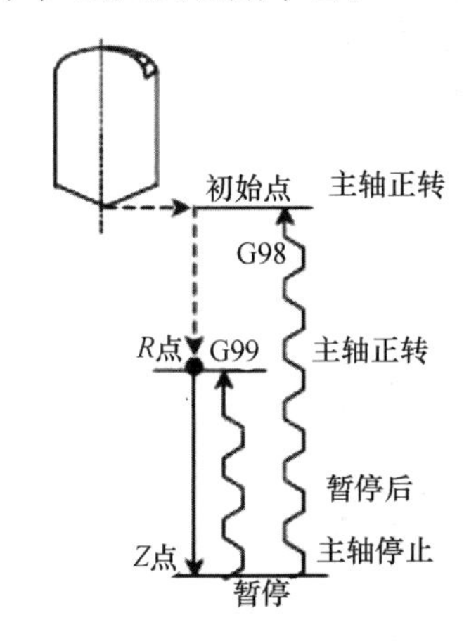


**图 5－46　G88 编程与 G88 指令动作**

（7）主轴正转。

注意：如果 Z 的移动量为零，该指令不执行。

例 12：使用 G88 指令编制如图 5－46 所示镗孔加工程序：设刀具起点距 R 点 40mm，距孔底 80mm。

```
%0088
G92 X0 Y0 Z80 M03
S600
G90 G00 G98 F200
G88 X60 Y80 R40 P2 Z0
G00 X0 Y0 M05
M30
```

12. G89：镗孔循环

G89 指令与 G86 指令相同，但在孔底有暂停。

注意：如果 Z 的移动量为零，G89 指令不执行。

13. G80：取消固定循环

该指令能取消固定循环，同时 R 点和 Z 点也被取消。

使用固定循环时应注意以下几点：

（1）在固定循环指令前应使用 M03 或 M04 指令使主轴回转。

（2）在固定循环程序段中 X、Y、Z、R 数据应至少指令一个才能进行孔加工。

（3）在使用控制主轴回转的固定循环（G74、G84、G86）中，如果连续加工一些孔间距比较小或者初始平面到 R 点平面的距离比较短的孔时，会出现在进入孔的切削动作前主轴还没有达到正常转速的情况，遇到这种情况时，应在各孔的加工动作间插入 G04 指令以获得时间。

（4）当用 G00 ~ G03 指令注销固定循环时，若 G00 ~ G03 指令和固定循环出现在同一程序段，按后出现的指令运行。

（5）在固定循环程序段中如果指定了 M，则在最初定位时送出 M 信号，等待 M 信号完成才能进行孔加工循环。

## 任务试题

（1）FANUC 0i 数控铣常用的孔加工指令有哪些？其加工特点是什么？

（2）华中 HNC－22M 数控铣常用的孔加工指令有哪些？其加工特点是什么？

（3）用华中 HNC－22M 数控铣孔加工下图所示零件，材料为 45 钢，编写加工程序。

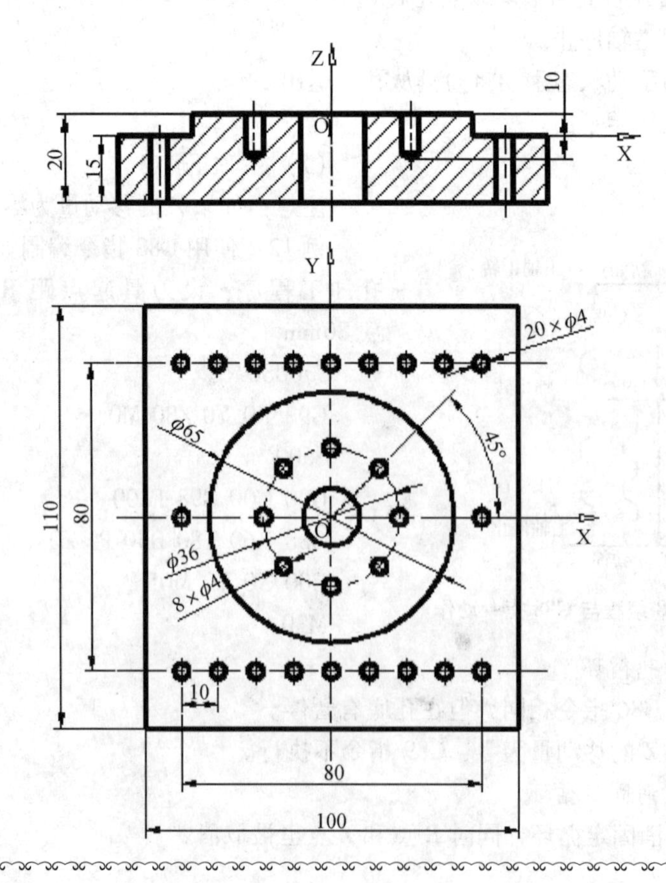

## 孔加工实训评分表

<table>
<tr><td colspan="2">工件编号</td><td colspan="2"></td><td colspan="2" rowspan="2">总得分</td><td rowspan="2"></td><td rowspan="2"></td></tr>
<tr><td colspan="2">姓 名</td><td colspan="2"></td></tr>
<tr><td colspan="2">项目与分配</td><td>序号</td><td>技术要求</td><td>配分</td><td>评分标准</td><td>检测记录</td><td>得分</td></tr>
<tr><td rowspan="7">工件加工评分（65%）</td><td rowspan="7">轮廓尺寸</td><td>1</td><td>20 × ϕ4</td><td>20</td><td>超差 0.01 扣 2 分</td><td></td><td></td></tr>
<tr><td>2</td><td>8 × ϕ4</td><td>8</td><td>超差 0.01 扣 2 分</td><td></td><td></td></tr>
<tr><td>3</td><td>ϕ65</td><td>5</td><td>超差 0.01 扣 2 分</td><td></td><td></td></tr>
<tr><td>4</td><td>工件长 100 × 工件宽 110</td><td>6</td><td>超差 0.01 扣 1 分</td><td></td><td></td></tr>
<tr><td>5</td><td>孔中心距 80 × 80，10</td><td>10</td><td>超差 0.01 扣 1 分</td><td></td><td></td></tr>
<tr><td>6</td><td>孔深度 10、5</td><td>6</td><td>超差 0.01 扣 1 分</td><td></td><td></td></tr>
<tr><td>7</td><td>工件表面粗糙度按 Ra3.2μm，工件内孔表面粗糙度按 Ra1.6μm</td><td>10</td><td>错一处扣 1 分</td><td></td><td></td></tr>
<tr><td colspan="2">程序与工艺（10%）</td><td>8</td><td>程序正确合理</td><td>10</td><td>不合理每处扣 2 分</td><td></td><td></td></tr>
<tr><td colspan="2" rowspan="2">机床操作（10%）</td><td>9</td><td>机床操作规范</td><td>5</td><td>出错一次扣 2 分</td><td></td><td></td></tr>
<tr><td>10</td><td>工件、刀具装夹</td><td>5</td><td>出错一次扣 2 分</td><td></td><td></td></tr>
<tr><td colspan="2">安全文明生产，职业规范，遵守课堂纪律（15%）</td><td>11</td><td>安全文明操作，具有强的质量意识，遵守机床操作规程，课堂表现良好</td><td>15</td><td>出现安全问题，课堂违纪，酌扣 5 ~ 10 分。如果问题严重，则倒扣分</td><td></td><td></td></tr>
<tr><td colspan="2" rowspan="2">其他</td><td>12</td><td>工件完整，局部无缺陷（夹伤、过切等）</td><td>倒扣</td><td>出现缺陷扣除总分，扣分不超过 10 分</td><td></td><td></td></tr>
<tr><td>13</td><td>按时完成</td><td>倒扣</td><td>不按时完成酌扣 5 ~ 10 分</td><td></td><td></td></tr>
<tr><td colspan="2">检验员</td><td colspan="2"></td><td>日期</td><td colspan="3"></td></tr>
</table>

# 任务四 数控铣床的操作

## 任务目标

(1) 熟悉 FANUC series 0i Mate – MD 系统的数控铣床操作。

(2) 熟悉华中 HNC – 22M 系统的数控铣床操作。

## 基本概念

### 一、FANUC – 0iMD 系统的数控铣床操作

1. FANUC – 0i MD 数控系统简介

FANUC 0i Mate – MD 数控系统面板由系统操作面板和机床控制面板两部分组成。

(1) 系统操作面板。系统操作面板包括 CRT 显示区和 MDI 编辑面板。如图 5 – 47 所示。

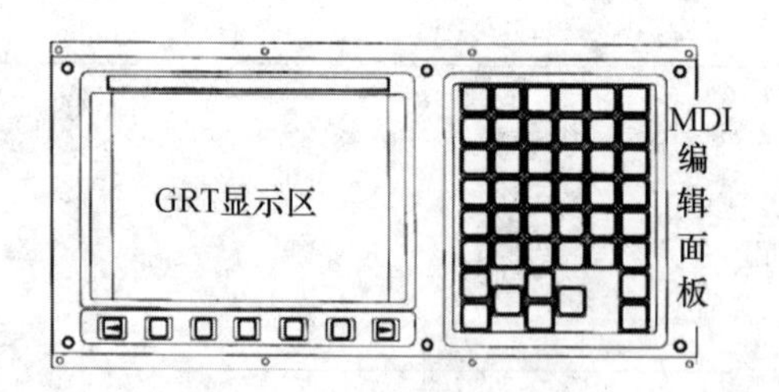


图 5 – 47 FANUC – 0i MD 数控系统 CRT/MDI 面板

1) CRT 显示区。位于整个机床面板的左上方。包括显示区和屏幕相对应的功能软键（见图 5 – 48）。

2) 编辑操作面板（MDI 编辑面板）。一般位于 CRT 显示区的右侧。MDI 面板上键的位置（见图 5 – 49）和各按键的名称及功能如表 5 – 4 和表 5 – 5 所示。

(2) 机床控制面板。FANUC series 0i Mate – MD 数控系统的控制面板通常在 CRT 显示区的下方（见图 5 – 50），各按键（旋钮）的名称及功能如表 5 – 6 所示，常用指令代码如表 5 – 7 所示。

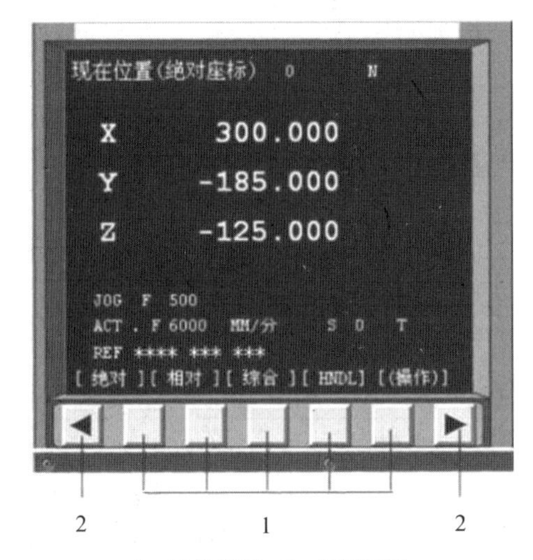


1—功能软键；2—扩展软键

**图 5－48 FANUC 0i Mate－MD 数控系统 CRT 显示区**

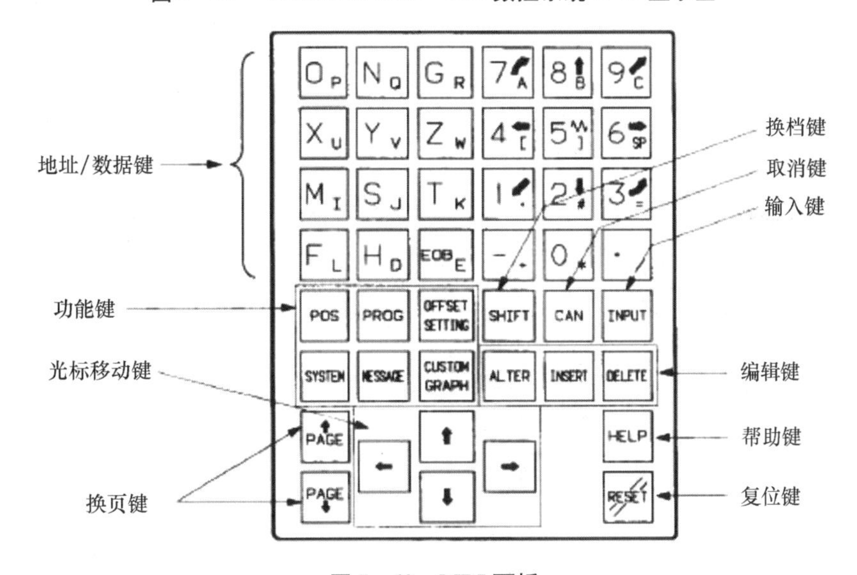


**图 5－49 MDI 面板**

**表 5－4 FANUC 0i MD 系统 MDI 面板上主功能键与功能说明**

| 序号 | 按键符号 | 名称 | 功能说明 |
|---|---|---|---|
| 1 | POS | 位置显示键 | 显示刀具的坐标位置 |
| 2 | PROG | 程序显示键 | 在 Edit 模式下显示存储器内的程序；在 MDI 模式下，输入和显示 MDI 数据；在 AOTO 模式下，显示当前待加工或者正在加工的程序 |
| 3 | OFFSET SETTING | 参数设定/显示键 | 设定并显示刀具补偿值，工件坐标系以及宏程序变量 |
| 4 | SYSTEN | 系统显示键 | 系统参数设定与显示，以及自诊断功能数据显示等 |

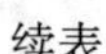
续表

| 序号 | 按键符号 | 名称 | 功能说明 |
| --- | --- | --- | --- |
| 5 | MESSAGE | 报警信息显示键 | 系统参数设定与显示，以及自诊断功能数据显示等 |
| 6 | CUSTOM GRAPH | 图形显示键 | 显示刀具轨迹等图形 |

**表 5－5　FANUC 0i MD 系统 MDI 面板上其他按键与功能说明**

| 序号 | 按键符号 | 名称 | 功能说明 |
| --- | --- | --- | --- |
| 1 | RESET | 复位键 | 用于所有操作停止或解除报警，CNC 复位 |
| 2 | HELP | 帮助键 | 系统相关的帮助信息 |
| 3 | DELETE | 删除键 | 在 Edit 模式下，删除已输入的字及 CNC 中存在的程序 |
| 4 | INPUT | 输入键 | 加工参数等数值的输入 |
| 5 | CAN | 取消键 | 清除输入缓冲器中的文字或者符号 |
| 6 | INSERT | 插入键 | 在 Edit 模式下，在光标后输入的字符 |
| 7 | ALTER | 替换键 | 在 Edit 模式下，替换光标所在位置的字符 |
| 8 | SHIFT | 上档键 | 用于输入处在上档位置的字符 |
| 9 | PAGE↑ PAGE↓ | 光标翻页键 | 向上或者向下翻页 |

续表

| 序号 | 按键符号 | 名称 | 功能说明 |
| --- | --- | --- | --- |
| 10 | 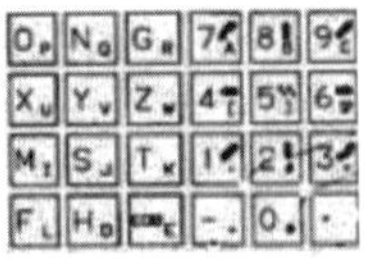 | 程序编辑键 | 用于 NC 程序的输入 |
| 11 | 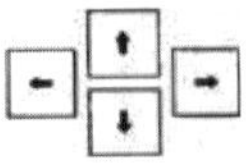 | 光标移动键 | 用于改变光标在程序中的位置 |

图 5-50 FANUC series 0i Mate-MD 数控系统的控制面板

表 5-6 FANUC series 0i Mate-MD 数控系统的控制面板各按键及功能

| 序号 | 按键旋钮符号 | 按键旋钮名称 | 功能说明 |
| --- | --- | --- | --- |
| 1 |  | 系统电源开关 | 按下左边绿色键，机床系统电源开；按下右边红色键，机床系统电源关 |
| 2 | 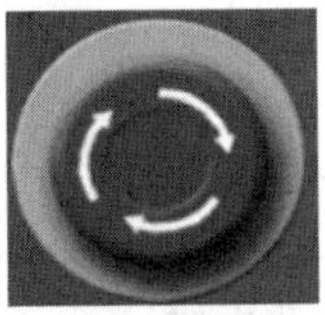 | 急停按键 | 紧急情况下按下此按键，机床停止一切的运动 |
| 3 |  | 循环启动键 | 在 MDI 或者 MEM 模式下，按下此键，机床自动执行当前程序 |
| 4 |  | 进给倍率旋钮 | 以给定的 F 指令进给时，可在 0~150% 的范围内修改进给率。JOG 方式时，亦可用其改变 JOG 速率 |

续表

| 序号 | 按键旋钮符号 | 按键旋钮名称 | 功能说明 |
|---|---|---|---|
| 5 |  | 机床的工作模式 | （1）DNC：DNC 工作方式<br>（2）EDIT：编辑方式<br>（3）MEM：自动方式<br>（4）MDI：手动数据输入方式<br>（5）JOG：手动进给方式<br>（6）MPG：手轮进给方式<br>（7）ZRN：手动返回机床参考零点方式 |
| 6 | 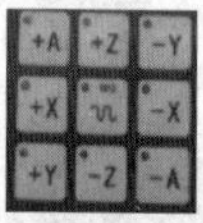 | 轴进给方向键 | 在 JOG 或者 RAPID 模式下，按下某一运动轴按键，被选择的轴会以进给倍率的速度移动，松开按键则轴停止移动 |
| 7 | 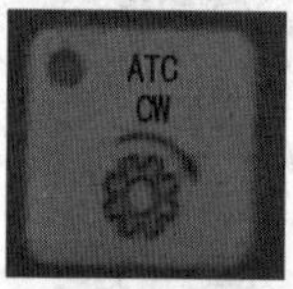 | 主轴顺时针旋转键 | 按下此键，主轴顺时针旋转 |
| 8 |  | 主轴逆时针旋转键 | 按下此键，主轴逆时针旋转 |
| 9 |  | 选择停止开关键 | 在 MEM 模式下，此键 ON 时（指示灯亮），程序中的 M01 有效，此键 OFF 时（指示灯灭），程序中 M01 无效 |
| 10 |  | 空运行开关键 | 在 MEM 模式下，此键 ON 时（指示灯亮），程序以快速方式运行；此键 OFF 时（指示灯灭），程序以 F 所指令的进给速度运行 |
| 11 |  | 单段执行开关键 | 在 MEM 模式下，此键 ON 时（指示灯亮），每按一次循环启动键，机床执行一段程序后暂停；此键 OFF 时（指示灯灭），每按一次循环启动键，机床连续执行程序段 |
| 12 |  | 冷却液开关键 | 按此键可以控制冷却液的打开或者关闭 |
| 13 |  | 机床润滑键 | 按一下此键，机床会自动加润滑油 |
| 14 |  | 机床照明开关键 | 此键 ON 时，打开机床的照明灯；此键 OFF 时，关闭机床照明灯 |

表 5-7　FANUC series 0i Mate-MD 数控系统常用指令代码

| 代码 | 组别 | 功能 | 代码 | 组别 | 功能 |
|---|---|---|---|---|---|
| G00 | 1 | 快速点定位 * | G54 | 13 * 2/3 | 选择工件坐标系 1 * |
| G01 | | 直线插补 | G54.1 | | 选择附加工件坐标系 |
| G02 | | 顺时针圆弧插补（CW） | G55 | | 选择工件坐标系 2 |
| G03 | | 逆时针圆弧插补（CCW） | G56 | | 选择工件坐标系 3 |
| G04 | 0 | 暂停（Dwell） | G57 | | 选择工件坐标系 4 |
| G09 | | 精确定位 | G58 | | 选择工件坐标系 5 |
| G10 | | 可编程数据输入 | G59 | | 选择工件坐标系 6 |
| G11 | | 可编程数据输入方式取消 | G60 | 00/01 | 单方向定位 |
| G15 | 17 | 极坐标系指令取消 * | G61 | 15 | 准确停止方式 |
| G16 | | 极坐标系指令生效 | G62 | | 自动拐角倍率 |
| G17 | 2 | XY 平面选择 * | G63 | | 攻丝方式 |
| G18 | | XZ 平面选择 | G64 | | 连续切削方式 |
| G19 | | YZ 平面选择 | G65 | 0 | 宏指令调用 |
| G20 | 6 | 英制输入 | G66 | 10 | 宏指令模态调用 |
| G21 | | 公制输入 * | G67 | | 宏指令模态调用取消 |
| G22 | 4 | 存储行程检测功能有效 | G68 | 16 | 坐标旋转/三维坐标转换 |
| G23 | | 存储行程检测功能无效 | G69 | | 坐标旋转取消/三维坐标转换取消 * |
| G25 | 24 | 主轴速度波动监测功能无效 | G73 | 9 | 排屑钻孔循环（高速深孔钻循环） |
| G26 | | 主轴速度波动监测功能有效 | G74 | | 左旋攻丝循环 |
| G27 | 0 | 返回参考点检查 | G76 | | 精镗循环 |
| G28 | | 返回参考点 | G80 | | 固定循环取消/外部操作功能取消 |
| G29 | | 从参考点返回 | G81 | | 钻孔循环、点钻循环或外部操作功能 |
| G30 | | 返回第二参考点 | G82 | | 钻孔循环或忽镗循环 |
| G32 | 1 | 螺纹切削 | G83 | | 排屑钻孔循环（深孔钻循环） |
| G40 | 7 | 刀具半径补偿取消 * | G84 | | 攻丝循环 |
| G41 | | 刀具半径左补偿 | G85 | | 镗孔循环 |
| G42 | | 刀具半径右补偿 | G86 | | 镗孔循环 |
| G43 | 8 | 正向刀具长度补偿 | G87 | | 背镗循环 |
| G44 | | 负向刀具长度补偿 | G88 | | 镗孔循环 |
| G45 | 0 | 刀具偏置值增加 | G89 | | 镗孔循环 |
| G46 | | 刀具偏置值减小 | G90 | 3 | 绝对值指令 * |
| G47 | | 2 倍刀具偏置值 | G91 | | 增量值指令 |
| G48 | | 1/2 倍刀具偏置值 | G92 | 0 | 设定工件坐标系或最高主轴速度钳制 |
| G49 | | 刀具长度补偿取消 * | G94 | 5 | 每分进给 * |
| G50 | 11 | 比例缩放取消 * | G95 | | 每转进给 |
| G51 | | 比例缩放有效 | G96 | 13 | 恒线速度控制 |
| G50.1 | 22 | 取消可编程镜像 | G97 | | 恒线速度控制取消 * |
| G51.1 | | 设置可编程镜像 | G98 | 10 | 固定循环返回到初始平面 * |
| G52 | 0 | 设置局部坐标系 | G99 | | 固定循环返回到 R 平面 |
| G53 | | 选择机床坐标系 | | | |

注：（1）“*”为开机时系统的起始设定功能，即默认值，如 G40、G49、G80 等。

（2）属于“00 组群”的 G 代码为非模态 G 代码；“00 组群”以外的 G 代码为模态 G 代码。

（3）在同一程序段中，同一组群的 G 代码仅能设定一个。若重复设定，则以最后一个 G 代码有效。

2. 机床操作

（1）开机。在操作机床前必须检查机床是否正常，并使机床通电，开机顺序如下：

1）开机床总电源。

2）开机床稳压器电源。

3）开机床电源。

4）开数控系统电源（按控制面板上的 POWER ON 按钮）。

5）把系统急停键旋起。

（2）机床手动返回参考点。CNC 机床上有一个确定的机床位置的基准点，这个点叫做参考点。通常机床开机以后，第一件要做的事情就是使机床返回到参考点位置。如果没有执行返回参考点就操作机床，机床的运动将不可预料。行程检查功能在执行返回参考点之前不能执行。机床的误动作有可能造成刀具机床本身和工件的损坏，甚至伤害到操作者。所以机床接通电源后必须正确的使机床返回参考点。机床返回参考点有手动返回参考点和自动返回参考点两种方式。一般情况下都是使用手动返回参考点。

手动返回参考点就是用操作面板上的开关或者按钮将刀具移动到参考点位置。具体操作如下：

1）先将机床工作模式旋转到方式。

2）按机床控制面板上的 +Z 轴，使 Z 轴回到参考点（指示灯亮）。

3）再按 +X 轴和 +Y 轴，两轴可以同时进行返回参考点。

自动返回参考点就是用程序指令将刀具移动到参考点。

例如，执行程序：G91G28Z0；（Z 轴返回参考点）

X0Y0；（X　Y 轴返回参考点）

注意：为了安全起见，一般情况下机床回参考点时，必须先使 Z 轴回到机床参考点后才可以使 X、Y 返回参考点。X、Y、Z 三个坐标轴的参考点指示灯亮起时，说明三条轴分别回到了机床参考点。

（3）关机。关闭机床顺序步骤如下：

1）首先按下数控系统控制面板的急停按钮。

2）按下 POWER OFF 按钮关闭系统电源。

3）关闭机床电源。

4）关闭稳压器电源。

5）关闭总电源。

注：在关闭机床前，尽量将 X、Y、Z 轴移动到机床的大致中间位置，以保持机床的重心平衡。同时也方便下次开机后返回参考点时，防止机床移动速度过大而超程。

（4）手动模式操作。手动模式操作有手动连续进给和手动快速进给两种。在手动连续（JOG）方式中，按住操作面板上的进给轴（+X +Y +Z 或者 -X -Y -Z），会使刀具沿着所选轴的所选方向连续移动。JOG 进给速度可以通过进给速率按钮进行调整。

在快速移动（RIPID）模式中，按住操作面板上的进给轴及方向，会使刀具以快速移动的速度移动。RIPID 移动速度通过快速速率按钮进行调整。手动连续进给（JOG）操作的步骤如下：

1）按下手动连续（JOG）选择开关。

2）通过进给轴（+X、+Y、+Z 或者 -X、-Y、-Z），选择将要使刀具沿其移动的

轴和方向。按下相应的按钮时，刀具以参数指定的速度移动。释放按钮，移动停止。快速移动进给（RIPID）的操作与JOG方式相同，只是移动的速度不一样，其移动的速度跟程序指令G00的一样。

注意：手动进给和快速进给时，移动轴的数量可以是X、Y、Z中的任意一个轴，也可以是X、Y、Z三个轴中的任意两个轴一起联动，甚至是三个轴一起联动，这个是根据数控系统参数设置而定的。

（5）手轮模式操作。在FANUC 0i Mate－MD数控系统中，手轮是一个与数控系统以数据线相连的独立个体。它由控制轴旋钮移动量旋钮和手摇脉冲发生器组成（见图5－51）。

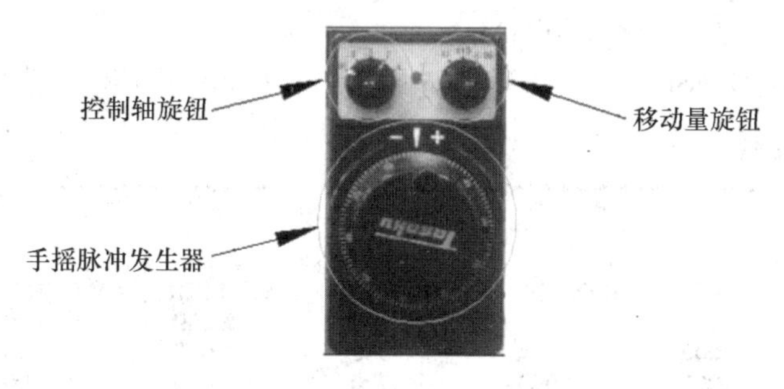


图5－51　手轮

在手轮进给方式中，刀具可以通过旋转机床操作面板上的手摇脉冲发生器微量移动。手轮旋转一个刻度时，刀具移动的距离根据手轮上的设置有三种不同的移动距离，分别为0.001mm、0.01mm、0.1mm。具体操作如下：

1）将机床的工作模式拧到手轮（MPG）模式。

2）在手轮中选择要移动的进给轴，并选择移动一个刻度移动轴的移动量。

3）旋转手轮的转向向对应的方向移动刀具，手轮转动一周时刀具的移动相当于100个刻度的对应值。

注意：手轮进给操作时，一次只能选择一个轴的移动。手轮旋转操作时，请按每秒5转以下的速度旋转手轮。如果手轮旋转的速度超过了每秒5转，刀具有可能在手轮停止旋转后还不能停止下来或者刀具移动的距离与手轮旋转的刻度不相符。

（6）手动数据输入（MDI模式）。在MDI方式中，通过MDI面板，可以编制最多10行的程序并被执行，程序的格式和普通程序一样。MDI运行使用于简单的测试操作，如检验工件坐标位置、主轴旋转等一些简短的程序。MDI方式中编制的程序不能被保存，运行完MDI上的程序后，该程序会消失。

使用MDI键盘输入程序并执行的操作步骤如下：

1）将机床的工作方式设置为MDI方式。

2）按下MDI操作面板上的“PROG”功能键选择程序屏幕。通过系统操作面板输入一段程序，如使主轴转动程序输入：S1000 M03。

3）按下EOB键，再按下INPUT键，则程序结束符号被输入。

4）按循环启动按钮，则机床执行之前输入好的程序。如S1000 M03，该程序段的意思是主轴顺时针旋转1000r/min。

（7）程序创建和删除。

1）程序的创建：首先进入EDIT编辑方式，然后按下PROG键，输入地址键O，输入要创建的程序号，如O0001，最后按下“INSERT”键，输入的程序号被创建。然后再按编制好的程序输入相应的字符和数字，再按下INPUT键，程序段内容被输入。

2）程序的删除：让系统处于EDIT方式，按下功能键“PROG”，显示程序显示画面，输入要删除的程序名：如O0001；再按下“DELETE”键，则程序O0001被删除。如果要删除存储器里的所有程序则输入0~9999，再按下“DELETE”键即可。

（8）刀具补偿参数的输入。刀具长度补偿量和刀具半径补偿量由程序中的H或者D代码指定。H或者D代码的值可以显示在画面上，并借助画面进行设定。设定和显示刀具补偿值的步骤如下：

1）按下功能键“OFFSET/SETTING”。

2）按下软键“OFFSET”或者多次按下“OFFSET/SETTING”键直到显示刀具补偿画面（见图5-52）。

OFFSET　　　O0001 N00000

| NO. | GEOM(H) | WEAR(H) | GEOM(D) | WEAR(D) |
|---|---|---|---|---|
| 001 | | 0.000 | 0.000 | 0.000 |
| 002 | -1.000 | 0.000 | 0.000 | 0.000 |
| 003 | 0.000 | 0.000 | 0.000 | 0.000 |
| 004 | 20.000 | 0.000 | 0.000 | 0.000 |
| 005 | 0.000 | 0.000 | 0.000 | 0.000 |
| 006 | 0.000 | 0.000 | 0.000 | 0.000 |
| 007 | 0.000 | 0.000 | 0.000 | 0.000 |
| 008 | 0.000 | 0.000 | 0.000 | 0.000 |

ACTUAL POSITION (RELATIVE)

X　0.000　　Y　0.000

Z　0.000

> _

MDI **** *** ***　　16:05:59

[OFFSET] [SETING] [WORK] [　　] [(OPRT)]

图5-52　H和D补偿的显示界面

3）通过页面键和光标键将光标移到要设定和改变补偿值的地方，或者输入补偿号码。

4）要设定补偿值，输入一个值并按下软键“INPUT”。要修改补偿值，输入一个将要加到当前补偿值的值（负值将减小当前的值），并按下“+INPUT”。或者输入一个新值，并按下“INPUT”键。

（9）程序自动运行操作。机床的自动运行也称为机床的自动循环。确定程序及加工参数正确无误后，选择自动加工模式，按下数控启动键运行程序，对工件进行自动加工。程序自动运行操作如下：

1）按下“PROG”键显示程序屏幕。

2）按下地址键“O”以及用数字键输入要运行的程序号，并按下“OSRH”键。

3）按下机床操作面板上的循环启动键（CYCLESTART）。所选择的程序会启动自动运行，启动键的灯会亮。当程序运行完毕后，指示灯会熄灭。在中途停止或者暂停自动运行时，可以按下机床控制面板上的暂停键（FEEDHOLD），暂停进给指示灯亮，并且循环指示灯熄灭。执行暂停自动运行后，如果要继续自动执行该程序，则按下循环启动键（CYCLESTART），机床会接着之前的程序继续运行。

要终止程序的自动运行操作时，可以按下 MDI 面板上的“RESET”键，此时自动运行被终止，并进入复位状态。当机床在移动过程中，按下复位键“RESET”时，机床会减速直到停止。

3. 刀具安装

（1）刀柄。数控铣床/加工中心上用的立铣刀和钻头大多采用弹簧夹套装夹方式安装在刀柄上的，刀柄由主柄部、弹簧夹套、夹紧螺母组成，如图 5-53 所示。

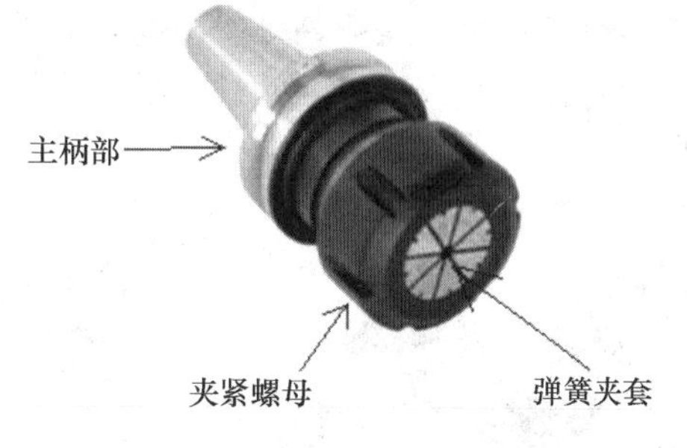


图 5-53 刀柄的结构

（2）铣刀的装夹。铣刀安装顺序：

1）把弹簧夹套装置在夹紧螺母里。

2）将刀具放进弹簧夹套里边。

3）将前面做的刀具整体放到与主刀柄配合的位置上并用扳手将夹紧螺母拧紧使刀具夹紧。

4）将刀柄安装到机床的主轴上。

由于铣刀使用时处于悬臂状态，在铣削加工过程中，有时会出现立铣刀从刀夹中逐渐伸出，甚至完全掉落，致使工件报废的现象，一般是因为刀夹内孔与立铣刀刀柄外径之间存在油膜，造成夹紧力不足。立铣刀出厂时通常都涂有防锈油，如果切削时使用非水溶性切削油，弹簧夹套内孔也会附着一层雾状油膜，当刀柄和弹簧夹套上都存在油膜时，弹簧夹套很难牢固夹紧刀柄，在加工中立铣刀就容易松动掉落。所以在立铣刀装夹前，应先将立铣刀柄部和弹簧夹套内孔用清洗液清洗干净，擦干后再进行装夹。

当立铣刀的直径较大时，即使刀柄和刀夹都很清洁，还是可能发生掉刀事故，这时应选用带削平缺口的刀柄和相应的侧面锁紧方式。

立铣刀夹紧后可能出现的另一问题是加工中立铣刀在刀夹端口处折断，其原因一般是刀夹使用时间过长，刀夹端口部已磨损成锥形。

4. 对刀

在加工程序执行前，调整每把刀的刀位点，使其尽量重合某一理想基准点，这一过程称为对刀。对刀的目的是通过刀具或对刀工具确定工件坐标系与机床坐标系之间的空间位置关系，并将对刀数据输入到相应的存储位置。它是数控加工中最重要的工作内容，其准确性将直接影响零件的加工精度。对刀分为 XY 向对刀和 Z 向对刀。

（1）对刀方法。根据现有条件和加工精度要求选择对刀方法，可采用试切法对刀、寻边器对刀、机内对刀仪对刀、自动对刀等。其中试切法对刀精度较低，加工中常用寻边器和 Z 向设定器对刀，效率高，能保证对刀精度。

（2）对刀工具。

1）寻边器。寻边器主要用于确定工件坐标系原点在机床坐标系中的 X、Y 值，也可以测量工件的简单尺寸。

寻边器有偏心式和光电式等类型，如图 5-54 所示。其中以偏心式较为常用。偏心式寻边器的测头一般为 10mm 和 4mm 两种的圆柱体，用弹簧拉紧在偏心式寻边器的测杆上。光电式寻边器的测头一般为 10mm 的钢球，用弹簧拉紧在光电式寻边器的测杆上，碰到工件时可以退让，并将电路导通，发出光讯号。通过光电式寻边器的指示和机床坐标位置可得到被测表面的坐标位置。

2）Z 轴设定器。Z 轴设定器主要用于确定工件坐标系原点在机床坐标系的 Z 轴坐标，或者说是确定刀具在机床坐标系中的高度。

Z 轴设定器有光电式和指针式等类型，如图 5－55 所示。通过光电指示或指针判断刀具与对刀器是否接触，对刀精度一般可达 0.005mm。Z 轴设定器带有磁性表座，可以牢固地附着在工件或夹具上，其高度一般为 50mm 或 100mm。

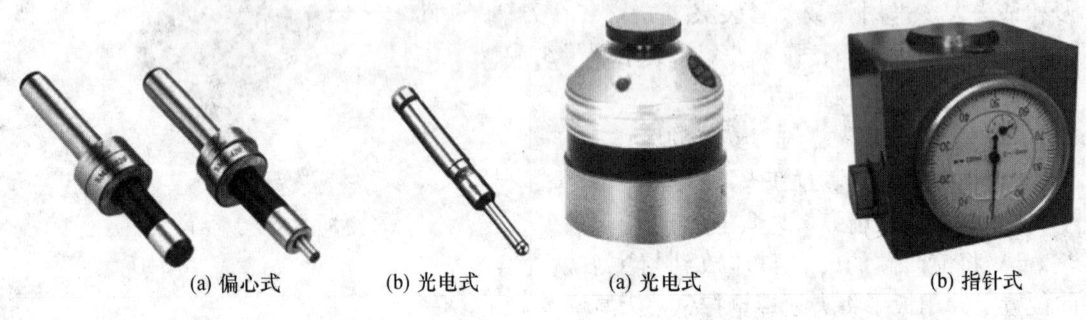

(a) 偏心式　(b) 光电式　(a) 光电式　(b) 指针式

图 5－54　寻边器　　图 5－55　Z 轴设定器

（3）对刀实例。以精加工过的零件毛坯，如图 5－56 所示，采用寻边器对刀，其详细步骤如下：

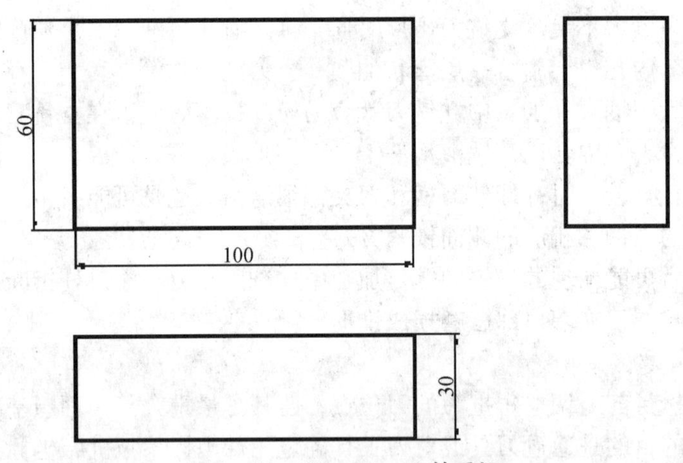


图 5－56　100×60×30 的毛坯

1）X、Y 向对刀。

①将工件通过夹具装在机床工作台上，装夹时，工件的四个侧面都应留出寻边器的测量位置。

②快速移动工作台和主轴，让寻边器测头靠近工件的左侧。

③改用手轮操作，让测头慢慢接触到工件左侧，直到目测寻边器的下部侧头与上固定端重合，将机床坐标设置为相对坐标值显示，按 MDI 面板上的按键 X，然后按下 INPUT，此时当前位置 X 坐标值为 0。

④抬起寻边器至工件上表面之上，快速移动工作台和主轴，让测头靠近工件右侧。

⑤改用手轮操作，让测头慢慢接触到工件右侧，直到目测寻边器的下部侧头与上固定端重合，记下此时机械坐标系中的 X 坐标值，若测头直径为 10mm，则坐标显示为 110.000。

⑥提起寻边器，然后将刀具移动到工件的 X 中心位置，中心位置的坐标值 110.000÷

2 = 55，然后按下 X 键，按 INPUT 键，将坐标设置为 0，查看并记下此时机械坐标系中的 X 坐标值。此值为工件坐标系原点 W 在机械坐标系中的 X 坐标值。

⑦同理可测得工件坐标系原点 W 在机械坐标系中的 Y 坐标值。

2）Z 向对刀。

①卸下寻边器，将加工所用刀具装上主轴。

②准备一支直径为 10mm 的刀柄（用以辅助对刀操作）。

③快速移动主轴，让刀具端面靠近工件上表面低于 10mm，即小于辅助刀柄直径。

④改用手轮微调操作，使用辅助刀柄在工件上表面与刀具之间的地方平推，一边用手轮微调 Z 轴，直到辅助刀柄刚好可以通过工件上表面与刀具之间的空隙，此时的刀具断面到工件上表面的距离为一把辅助刀柄的距离——10mm。

⑤在相对坐标值显示的情况下，将 Z 轴坐标“清零”，将刀具移开工件上方，然后将 Z 轴坐标向下移动 10mm，记下此时机床坐标系中的 Z 值，此时的值为工件坐标系原点 W 在机械坐标系中的 Z 坐标值。

3）将测得的 X、Y、Z 值输入机床工件坐标系存储地址中（一般使用 G54 ~ G59 代码存储对刀参数）。

（4）注意事项。在对刀过程中需注意以下问题：

1）根据加工要求采用正确的对刀工具，控制对刀误差。

2）在对刀过程中，可通过改变微调进给量来提高对刀精度。

3）对刀时需小心谨慎操作，尤其要注意移动方向，避免发生碰撞危险。

4）对 Z 轴时，微量调节的时候一定要使 Z 轴向上移动，避免向下移动时使刀具辅助刀柄和工件相碰撞，造成损坏刀具，甚至出现危险。

5）对刀数据一定要存入与程序对应的存储地址，防止因调用错误而产生严重后果。

（5）刀具补偿值的输入和修改。根据刀具的实际尺寸和位置，将刀具半径补偿值和刀具长度补偿值输入到与程序对应的存储位置。

需注意的是，补偿的数据正确性、符号正确性及数据所在地址正确性都将威胁到加工，从而导致撞车危险或加工件报废。

## 二、华中 HNC - 22M 系统的数控铣床操作

### （一）数控系统面板功能

1. 数控系统外观结构（见图 5 - 57）

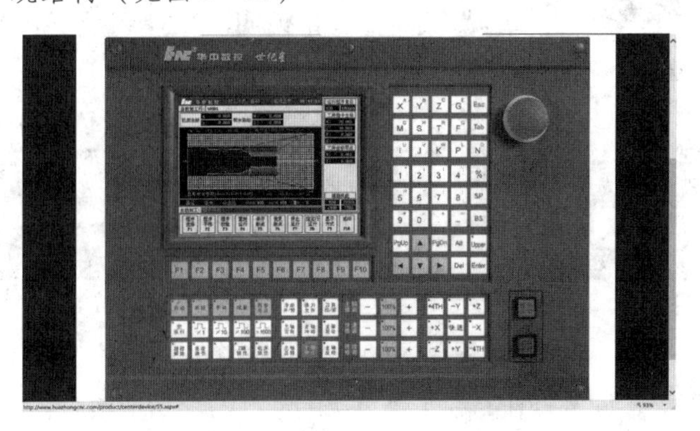

图 5 - 57　HNC - 22M 数控系统外观

2. 软件操作界面

如图 5－58 所示，软件操作界面主要由图形显示窗口、倍率修调、菜单命令条、运行程序索引、选定坐标系下的坐标值、工件坐标零点、辅助机能、当前加工程序行、当前加工方式系统运行状态及当前时间等组成。

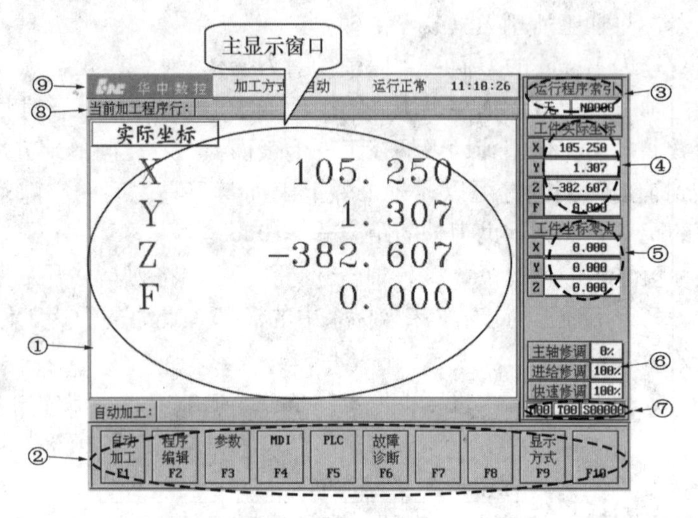


图 5－58　HNC－22M 数控系统软件界面

图 5－59　MDI 键盘

3. MDI 键盘

如图 5－59 所示，标准化的字母数字式 MDI 键盘类似于计算机的键盘，只是键的布局不同，其中大部分键具有上挡键功能，当“Upper”键有效时（指示灯亮），输入的是上挡键值。MDI 键盘主要用于零件程序的编辑、参数输入、MDI 操作等。

4. 软件菜单功能

操作界面中最重要的一块是菜单命令条，系统功能的操作主要通过菜单命令条中的功能键 F1～F10 来完成。由于每个功能包括不同的操作，菜单采用层次结构，即在主菜单下选择一个菜单项后，数控装置会显示该功能下的子菜单，用户可根据该子菜单的内容选择所需的操作。

（1）菜单命令条说明。数控系统屏幕的下方就是菜单命令条（见图 5－60）。

图 5－60　菜单命令条

由于每个功能包括不同的操作，在主菜单条上选择一个功能项后，菜单条会显示该功能下的子菜单。例如，按下主菜单条中的“自动加工”后，就进入自动加工下面的子菜单条。

每个子菜单条的最后一项都是“返回”项，按该键就能返回上一级菜单。

（2）快捷键说明。这些是快捷键，这些键的作用和菜单命令条是一样的。在菜单命令条及弹出菜单中，每一个功能项的按键上都标注了 F1、F2 等字样，表明要执行该项操作也可以通过按下相应的快捷键来执行。如图 5－61 所示。

**图 5－61　快捷键**

5. 机床操作键说明（见表 5－8）

**表 5－8　机床操作键说明**

| 名称 | 功能说明 |
| --- | --- |
| 急停键 | 用于锁住机床。按下急停键，机床立即停止运动。急停键抬起后，该键下方有阴影，见图（a），急停键按下时，该键下方没有阴影，见图（b） |
| 循环启动/保持 | 在自动和 MDI 运行方式下，用来启动和暂停程序 |
| 方式选择键 | 用来选择系统的运行方式。<br>自动：按下该键，进入自动运行方式<br>单段：按下该键，进入单段运行方式<br>手动：按下该键，进入手动连续进给运行方式<br>增量：按下该键，进入增量运行方式<br>回参考点：按下该键，进入返回机床参考点运行方式<br>方式选择键互锁，当按下其中一个时（该键左上方的指示灯亮），其余各键失效（指标灯灭） |

续表

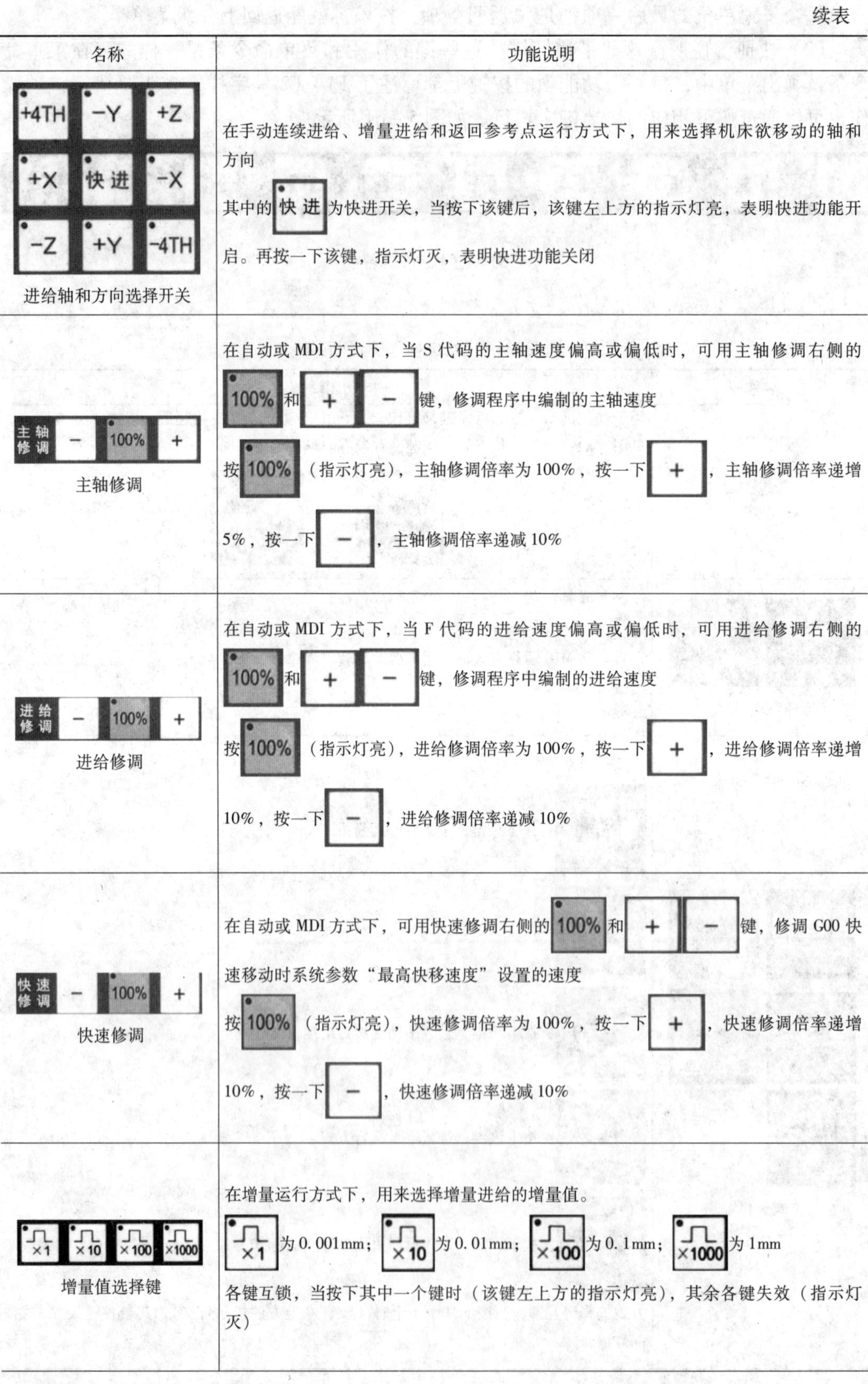

| 名称 | 功能说明 |
| --- | --- |
| +4TH -Y +Z<br>+X 快进 -X<br>-Z +Y -4TH<br>进给轴和方向选择开关 | 在手动连续进给、增量进给和返回参考点运行方式下，用来选择机床欲移动的轴和方向<br>其中的 快进 为快进开关，当按下该键后，该键左上方的指示灯亮，表明快进功能开启。再按一下该键，指示灯灭，表明快进功能关闭 |
| 主轴修调 − 100% +<br>主轴修调 | 在自动或 MDI 方式下，当 S 代码的主轴速度偏高或偏低时，可用主轴修调右侧的 100% 和 + − 键，修调程序中编制的主轴速度<br>按 100%（指示灯亮），主轴修调倍率为 100%，按一下 + ，主轴修调倍率递增 5%，按一下 − ，主轴修调倍率递减 10% |
| 进给修调 − 100% +<br>进给修调 | 在自动或 MDI 方式下，当 F 代码的进给速度偏高或偏低时，可用进给修调右侧的 100% 和 + − 键，修调程序中编制的进给速度<br>按 100%（指示灯亮），进给修调倍率为 100%，按一下 + ，进给修调倍率递增 10%，按一下 − ，进给修调倍率递减 10% |
| 快速修调 − 100% +<br>快速修调 | 在自动或 MDI 方式下，可用快速修调右侧的 100% 和 + − 键，修调 G00 快速移动时系统参数“最高快移速度”设置的速度<br>按 100%（指示灯亮），快速修调倍率为 100%，按一下 + ，快速修调倍率递增 10%，按一下 − ，快速修调倍率递减 10% |
| ×1 ×10 ×100 ×1000<br>增量值选择键 | 在增量运行方式下，用来选择增量进给的增量值。<br>×1 为 0. 001mm；×10 为 0. 01mm；×100 为 0. 1mm；×1000 为 1mm<br>各键互锁，当按下其中一个键时（该键左上方的指示灯亮），其余各键失效（指示灯灭） |

续表

| 名称 | 功能说明 |
| --- | --- |
| 主轴正转 主轴停止 主轴反转<br>主轴旋转键 | 用来开启和关闭主轴。<br>按下主轴正转键，主轴正转；按下主轴停止键，主轴停转；按下主轴反转键，主轴反转 |
| 换刀允许<br>刀位转换器 | 在手动方式下，按一下该键，刀架转动一个刀位 |
| 空运行<br>空运行 | 在自动方式下，按下该键（指示灯亮），程序中编制的进给率被忽略，坐标轴以最快速度移动 |
| 超程解锁<br>超程解除 | 当机床运动到达行程极限时，会出现超程，系统会发出警告声音，同时紧急停止。要退出超程状态，可按下“超程解除”键（指示灯亮），再按与刚才相反方向的坐标轴键 |
| 程序跳段<br>程序跳段 | 自动加工时，系统可跳过某些指定的程序段，如在某程序段首加上“/”，且面板上按下该开关，则在自动加工时，该程序段被跳过不执行；而当释放此开关时，“/”不起作用，该段程序被执行 |
| 机床锁住<br>机床锁住 | 用来禁止机床坐标轴移动，显示屏上坐标轴仍会发生变化，但机床停止不动 |
| 选择停 | 选择停 |

**表5－9　HNC－22M准备功能一览表**

| G代码 | 组 | 功能 | 参数后续地址字 |
| --- | --- | --- | --- |
| G00 | 01 | 快速定位 | X，Y，Z，4TH |
| G01 | | 直线插补 | 同上 |
| G02 | | 顺圆插补 | X，Y，ZI，JK，R |
| G03 | | 逆圆插补 | 同上 |
| G04 | 00 | 暂停 | p |
| G07 | 16 | 虚轴指定 | X，Y，Z，4TH |
| G09 | 00 | 准停校验 | |

续表

| G代码 | 组 | 功能 | 参数后续地址字 |
|---|---|---|---|
| G17 | 02 | XY平面选择 | X，Y |
| G18 | | ZX平面选择 | X，Z |
| G19 | | YZ平面选择 | Y，Z |
| G20 | 08 | 英寸输入 | |
| G21 | | 毫米输入 | |
| G22 | | 脉冲当量 | |
| G24 | 03 | 镜像开 | X，Y，Z，4TH |
| G25 | | 镜像关 | |
| G28 | 00 | 返回到参考点 | X，Y，Z，4TH |
| G29 | | 由参考点返回 | |
| G40 | 09 | 刀具半径补偿取消 | |
| G41 | | 左刀补 | D |
| G42 | | 右刀补 | D |
| G43 | 10 | 刀具长度正向补偿 | H |
| G44 | | 刀具长度负向补偿 | |
| G49 | | 刀具长度补偿取消 | |
| G50 | | 缩放关 | X，Y，Z，P |
| G51 | | 缩放开 | |
| G52 | | 局部坐标系设定 | X，Y，Z，4TH |
| G53 | | 直接机床坐标系编程 | |
| G54 | 11 | 工件坐标系1选择 | |
| G55 | | 工件坐标系2选择 | |
| G56 | | 工件坐标系3选择 | |
| G57 | | 工件坐标系4选择 | |
| G58 | | 工件坐标系5选择 | |
| G59 | | 工件坐标系6选择 | |
| G60 | 00 | 单方向定位 | X，Y，Z，4TH |
| G61 | 12 | 精确停止校验方式 | |
| G64 | | 连续方式 | |
| G65 | 00 | 子程序调用 | P，A，Z |
| G68 | 05 | 旋转变换 | X，Y，Z，P |
| G69 | | 旋转取消 | |
| G73 | 06 | 深孔钻削循环 | X，Y，Z，P，QR，I，J，K |
| G74 | | 逆攻丝循环 | |
| G76 | | 精镗循环 | |
| G80 | | 固定循环取消 | |
| G81 | | 定心钻循环 | |
| G82 | | 钻孔循环 | |
| G83 | | 深钻孔循环 | |
| G84 | | 攻丝循环 | |
| G85 | | 镗孔循环 | |

续表

| G代码 | 组 | 功能 | 参数后续地址字 |
|---|---|---|---|
| G86 | | 镗孔循环 | |
| G87 | | 反镗循环 | |
| G88 | | 镗孔循环 | |
| G89 | | 镗孔循环 | |
| G90 | 13 | 绝对值编程 | |
| G91 | | 增量值编程 | |
| G92 | 00 | 工件坐标系设定 | X，Y，Z，4TH |
| G94 | 14 | 每分钟进给 | |
| G95 | | 每转进给 | |
| G98 | 15 | 固定循环返回起始点 | |
| G99 | | 固定循环返回到R点 | |

注：(1) 4TH指的是X、Y、Z之外的第4轴，可用A、B、C等命名。

(2) 00组中的G代码是非模态的，其他组的G代码是模态的。

### (二) 上电、关机、急停等基本操作

1. 上电

(1) 检查机床状态是否正常。

(2) 检查电源电压是否符合要求，接线是否正确。

(3) 按下急停按钮。

(4) 机床上电。

(5) 数控上电。

(6) 检查风扇电机运转是否正常。

(7) 检查面板上的指示灯是否正常。

接通数控装置电源后，HNC－21M自动运行系统软件，此时液晶显示器显示系统上电屏幕（软件操作界面），工作方式为“急停”。

2. 复位

系统上电进入软件操作界面时，系统初始模式显示为“急停”，为使控制系统运行，需顺时针旋转操作面板右上角的“急停”按钮使系统复位，并接通伺服电源，系统默认进入“手动”方式，软件操作界面的工作方式变为“手动”。

3. 返回机床参考点

控制机床运动的前提是建立机床坐标系，为此系统接通电源复位后，首先应进行机床各轴回参考点操作。方法如下：

(1) 如果系统显示的当前工作方式不是回零方式，按一下控制面板上面的“回零”按键，确保系统处于“回零”方式。

(2) 根据X轴机床参数“回参考点方向”，按一下“＋X”（“回参考点方向”为“＋”）或“－X”（“回参考点方向”为“－”）按键，X轴回到参考点后，“＋X”或“－X”按键内的指示灯亮。

(3) 用同样的方法使用“＋Y”、“－Y”、“＋Z”、“－Z”、“＋4TH”、“－4TH”按

键，可以使 Y 轴、Z 轴、4TH 轴回参考点。

所有轴回参考点后即建立了机床坐标系。

注意：

（1）回参考点时应确保安全，在机床运行方向上不会发生碰撞，一般应选择 Z 轴先回参考点，将刀具抬起。

（2）在每次电源接通后，必须先完成各轴的返回参考点操作，然后再进入其他运行方式，以确保各轴坐标的正确性。

（3）同时使用多个相容（“+X”与“-X”不相容，其余类同）的轴向选择按键，每次能使多个坐标轴返回参考点。

（4）在回参考点前，应确保回零轴位于参考点的“回参考点方向”相反侧（如 X 轴的回参考点方向为负，则回参考点前应保证 X 轴当前位置在参考点的正向侧）；否则应手动移动该轴直到满足此条件。

（5）回参考点过程中，若出现超程，请按住控制面板上的“超程解除”按键向相反方向手动移动该轴，使其退出超程状态。

4. 急停

机床运行过程中，在危险或紧急情况下，按下“急停”按钮，CNC 即进入急停状态，伺服进给及主轴运转立即停止，工作控制柜内的进给驱动电源被切断，松开“急停”按钮（左旋此按钮，自动跳起），CNC 进入复位状态。

解除紧急停止前，先确认故障原因是否排除，且紧急停止解除后应重新执行回参考点操作，以确保坐标位置的正确性。

注意：在上电和关机之前应按下“急停”按钮以减少设备电冲击。

5. 超程解除

在伺服轴行程的两端各有一个极限开关，作用是防止伺服机构碰撞而损坏，每当伺服机构碰到行程极限开关时，就会出现超程，当某轴出现超程（“超程解除”按键内指示灯亮）时，系统视其状况为紧急停止，要退出超程状态，必须：

（1）松开“急停”按钮，置工作方式为“手动”或“手摇”方式。

（2）一直按压着“超程解除”按键，控制器会暂时忽略超程的紧急情况。

（3）在手动（手摇）方式下，使该轴向相反方向退出超程状态。

（4）松开超程解除按键。若显示屏上运行状态栏“运行正常”取代了“出错”，表示恢复正常，可以继续操作。

注意：在操作机床退出超程状态时，请务必注意移动方向及移动速率，以免发生撞机。

6. 关机

（1）按下控制面板上的“急停”按钮，断开伺服电源。

（2）断开数控电源。

（3）开机床电源。

（三）手动操作

机床手动操作主要由手持单元和机床控制面板共同完成，机床控制面板如图 5-62 所示。

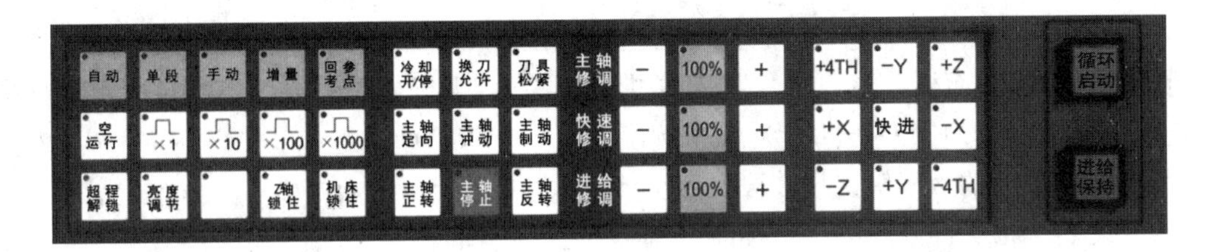


图5-62　机床控制面板

1. 手动移动机床坐标轴

（1）手动进给。

1）按下“手动”按键（指示灯亮），系统处于点动运行方式。

2）选择进给速度。

3）按住“+X”或“-X”按键（指示灯亮），X轴产生正向或负向连续移动。松开“+X”或“-X”按键（指示灯灭），X轴减速停止。依同样方法，按下“+Y”、“-Y”、“+Z”、“-Z”按键，使Y、Z轴产生正向或负向连续移动。

（2）手动快速移动。在点动进给时，先按下“快进”键，然后再按坐标轴按键，则该轴将产生快速运动。

（3）手动进给速度选择。进给速率为系统参数“最高快移速度”的1/3乘以进给修调选择的进给倍率。快速移动的进给速率为系统参数“最高快移速度”乘以快速修调选择的快移倍率。

进给速度选择的方法为：按下进给修调或快速修调右侧的“100%”按键（指示灯亮），进给修调或快速修调倍率被置为100%；按下“+”键，修调倍率增加10%，按下“-”键，修调倍率递减10%。

（4）增量进给。当手持单元的坐标轴选择波段开关置于“OFF”挡时，按一下控制面板上的“增量”键（指示灯亮），系统处于增量进给方式，可增量移动机床坐标轴（下面以增量进给X轴为例说明）。

1）按下增量倍率按键（指示灯亮）。

2）按一下“+X”或“-X”键，X轴将向正向或负向移动一个增量值；依同样方法，按下“+Y”、“-Y”、“+Z”、“-Z”键，使Y、Z轴向正向或负向移动一个增量值。同时按下多个方向的轴手动按键，每次能增量进给多个坐标轴。

（5）增量值选择。增量值的大小由选择的增量倍率按键来决定。增量倍率按键有四个挡位：×1、×10、×100、×1000。增量倍率按键与增量值的对应关系如表5-10所示。

表5-10　增量倍率按键与增量值的对应关系

| 增量倍率按键 | ×1 | ×10 | ×100 | ×1000 |
|---|---|---|---|---|
| 增量值（mm） | 0.001 | 0.01 | 0.1 | 1 |

即当系统在增量进给运行方式下，增量倍率按键选择的是“×1”键时，则每按一下坐标轴，该轴移动0.001mm。

（6）手摇进给。当手持单元的坐标轴选择波段开关置于“X”、“Y”、“Z”、“4TH”挡时，按一下控制面板上的“增量”键（指示灯亮），系统处于手摇进给方式，可手摇进给机床坐标轴（下面以手摇进给 X 轴为例说明）：

1）手持单元的坐标轴选择波段开关置于“X”挡。

2）旋转手摇脉冲发生器，可控制 X 轴正、负向运动。

3）顺时针/逆时针旋转手摇脉冲发生器一格，X 轴将向正向或负向移动一个增量值。

用同样的操作方法使用手持单元，可以使 Y 轴、Z 轴、4TH 轴向正向或负向移动一个增量值。

手摇进给方式每次只能增量进给一个坐标轴。

（7）手摇倍率选择。手摇进给的增量值（手摇脉冲发生器每转一格的移动量）由手持单元的增量倍率波段开关“×1”、“×10”、“×100”控制。

增量倍率波段开关的位置与增量值的对应关系如表 5－11 所示。

**表 5－11　增量倍率波段开关的位置与增量值的对应关系**

| 位置 | ×1 | ×10 | ×100 |
|---|---|---|---|
| 增量值（mm） | 0.001 | 0.01 | 0.1 |

2. 主轴控制

主轴控制由机床控制面板上的主轴控制按键完成。

（1）主轴制动。在手动方式下，主轴处于停止状态时，按一下“主轴制动”键（指示灯亮），主轴电机被锁定在当前位置。

（2）主轴正反转及停止。确保系统处于手动方式下，当“主轴制动”无效（指示灯灭）时：

1）设定主轴转速。

2）按下“主轴正转”键（指示灯亮），主轴以机床参数设定的转速正转。

3）按下“主轴反转”键（指示灯亮），主轴以机床参数设定的转速反转。

4）按下“主轴停止”键（指示灯亮），主轴停止运转。

（3）主轴冲动。在手动方式下，当“主轴制动”无效时（指示灯灭），按一下“主轴冲动”键（指示灯亮），主轴电机会以一定的转速瞬时转动一定的角度。该功能主要用于装夹刀具。

（4）主轴定向。如果机床上有换刀机构，通常就需要主轴定向功能，这是因为换刀时主轴上的刀具必须定位完成，否则会损坏刀具或刀爪。

在手动方式下，当“主轴制动”无效时（指示灯灭），按一下“主轴定向”键，主轴立即执行主轴定向功能，定向完成后，按键内指示灯亮，主轴准确停止在某一固定位置。

（5）主轴速度修调。主轴正转及反转的速度可通过主轴修调调节：

按下主轴修调右侧的“100%”键（指示灯亮），主轴修调倍率被置为 100%，按下“+”键，主轴修调倍率增加 10%，按下“－”键，主轴修调倍率递减 10%。

注意：机械齿轮换挡时，主轴速度不能修调。

3. 机床锁住与 Z 轴锁住

机床锁住与 Z 轴锁住由机床控制面板上的“机床锁住”与“Z 轴锁住”键完成。

（1）机床锁住。禁止机床所有运动。

在手动运行方式下，按一下“机床锁住”按键（指示灯亮），再进行手动操作。这时由于不输出伺服轴的移动指令，机床将停止不动。

注意：“机床锁住”键在自动方式下按压无效。

（2）Z 轴锁住。禁止 Z 方向进刀。

在只需要校验 XY 平面的机床运动轨迹时，可以使用 Z 轴锁住功能。在手动式下按一下“Z 轴锁住”按键（指示灯亮），再切换到自动方式运行加工程序，Z 轴坐标位置信息变化，但 Z 轴不运动。

注意：“Z 轴锁住”键在自动方式下按压无效。

（四）MDI 运行

1. 进入 MDI 运行方式

在系统主操作界面（见图 5－58）中，按 F4 键，进入 MDI 功能子菜单（见图 5－63）。

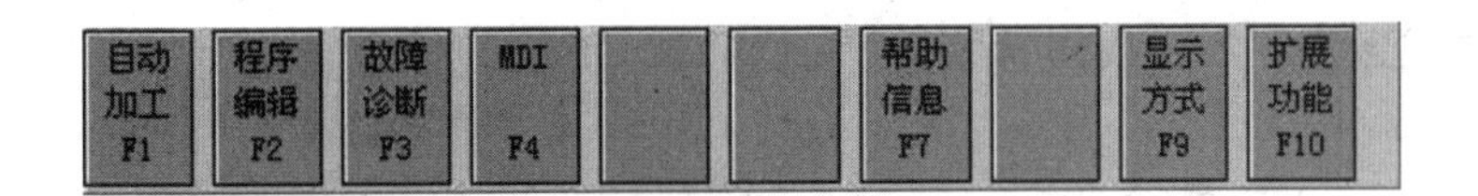


图 5－63　MDI 功能子菜单

在 MDI 功能子菜单下，按下左数第 6 个按键“MDI 运行 F6”，进入 MDI 运行方式，如图 5－64 所示。

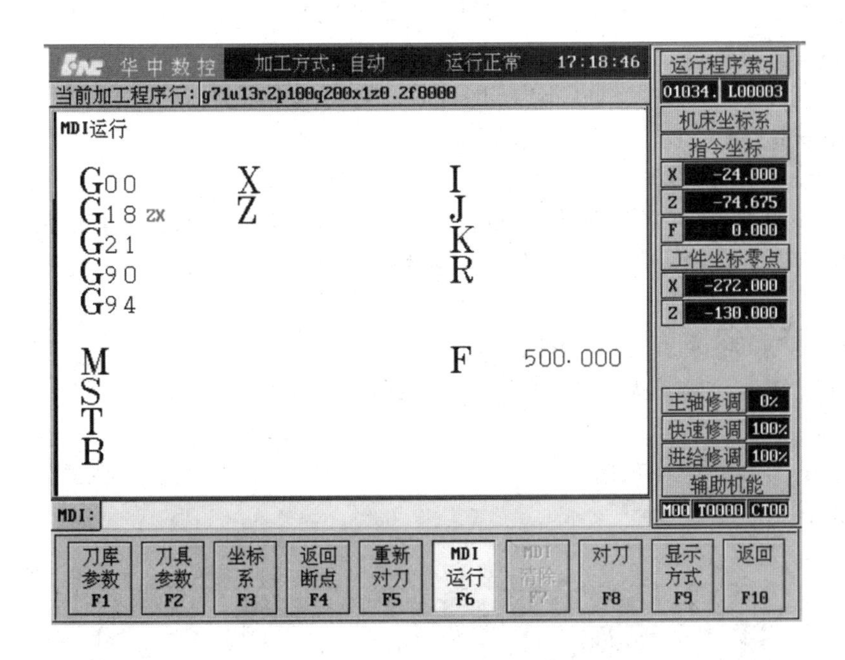


图 5－64　MDI 运行界面

这时就可以在MDI一栏后的命令行内输入G代码指令段。

注意：自动运行过程中，不能进入MDI运行方式，可在进给保持后进入。

2. 输入MDI指令段

MDI输入的最小单位是一个有效指令字，因此输入一个MDI运行指令段可以有下述两种方法：

（1）一次输入多个指令字。

（2）多次输入，每次输入一个指令字。

例如，要输入“G00 X100 Y1000”，可以：

1）直接在命令行输入“G00 X100 Y1000”，然后按ENTER键，这时示窗口内X、Y值分别变为100、1000。

2）在命令行先输入“G00”，按ENTER键，显示窗口内显示“G00”；再输入“X100”，按ENTER键，显示窗口内X值变为100；最后输入“Y1000”，然后按ENTER键，显示窗口内Y值变为1000。

在输入指令时，可以在命令行看见当前输入的内容，在按ENTER键之前发现输入错误，可用BS键进行编辑，按ENTER键后，系统发现输入错误，会提示相应的错误信息，此时可按F2键可将输入的数据清除。

3. 运行MDI指令段

在输入完一个MDI指令段后，按一下操作面板上的“循环启动键”，系统将开始运行所输入的MDI指令。

如果输入的MDI指令信息不完整或存在语法错误，系统会提示相应的错误信息，此时不能运行MDI指令。

4. 修改某一字段的值

在运行MDI指令段之前，如果要修改已经输入的某一指令字，可直接在命令行上输入相应的指令字符及数值来覆盖前值。

例如，在输入“X100”并按ENTER键后，希望X值变为109，可在命令行上输入“X109”并按ENTER键。

5. 清除当前输入的所有尺寸字数据

在输入MDI数据后，按F2键可清除当前输入的所有尺寸字数据（其他指令字依然有效），显示窗口内X、Y、Z、I、J、K、R等字符后面的数据全部消失，此时可重新输入新的数据。

6. 停止当前正在运行的MDI指令

在系统正在运行MDI指令时，按F1键可停止MDI运行。

（五）程序运行

在系统的主操作界面（见图5－58）下，按F1键进入程序运行控制了菜单，命令行与菜单条的显示如图5－65所示。

图5－65 程序运行子菜单

在程序运行子菜单下，可以调入、检验并自动运行一个零件加工程序。

1. 选择运行程序（F1→F2）

在程序运行子菜单（见图5－63）下，按F1键，将弹出如图5－66所示的“选择运行程序”菜单。

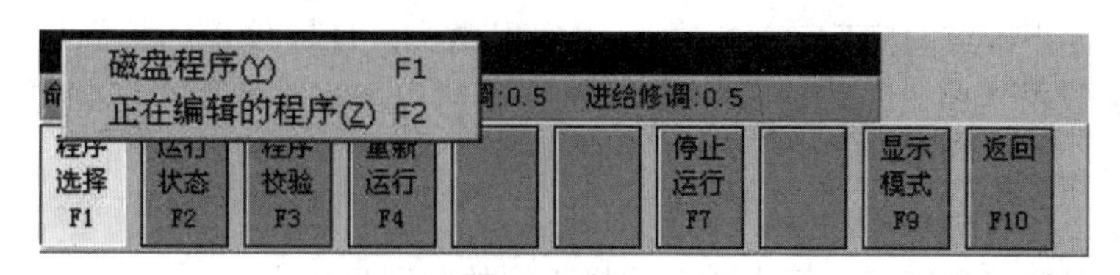


图5－66 选择运行程序

（1）选择磁盘程序（含网络程序）。选择程序（含网络程序）的操作方法如下：

1）在“选择运行程序”菜单（见图5－66）中，用▲、▼选中“磁盘程序”（或直接按快捷键F1，下同）。

2）按ENTER键。

3）如果选择缺省目录下的程序，跳过步骤4）～7）。

4）连续按TAB键将蓝色亮条移动到“搜寻”栏。

5）按▼键弹出系统的分区表，用▲、▼选择分区。

6）按ENTER键，文件列表框中显示被选分区的目录和文件。

7）按TAB键进入文件列表框。

8）按▲、▼、▶、ENTER键，选中想要编辑的磁盘程序的路径和名称，如当前目录下的“O1122”。

9）按ENTER键，如果被选文件不是零件程序，不能调入文件。否则，直接调入文件到运行缓冲区进行加工。

（2）选择正在编辑的程序编辑。正在编辑的程序，操作步骤如下：

1）在“选择运行程序”菜单（见图5－66）中，用▲、▼选中“正在编辑的程序”。

2）按ENTER键。

注意：系统调入加工程序后，图形显示窗口会发生一些变化，其显示的内容取决于当前图形显示方式。

（3）DNC加工。DNC加工（加工串口程序）的操作步骤如下：

1）在“选择加工程序”菜单（见图5－66）中，用▲、▼选中“DNC程序”。

2）按ENTER键，系统提示“正在和发送串口数据的计算机联络”。

3）在上位计算机上执行DNC程序，弹出DNC程序主菜单。

4）按ALT＋C，在“设置”菜单下设置好传输参数。

5）按ALT＋F，在“文件”子菜单下选择“发送DNC程序”命令。

6）按ENTER键，弹出“请选择发送G代码文件”对话框。

2. 程序校验（F1→F3）

程序校验用于对调入加工缓冲区的程序文件进行校验，并提示可能的错误，以前未在机床上运行的新程序在调入后最好先进行校验运行，正确无误后再启动自动运行。

程序校验运行的操作步骤如下：

（1）按前面讲述的方法调入要校验的加工程序。

（2）按机床控制面板上的“自动”或“单段”按键，进入程序运行方式。

（3）在程序运行子菜单下，按F3键，此时软件操作界面的工作方式显示改为校验运行。

（4）按机床控制面板上的“循环启动”按键，程序校验开始。

（5）若程序正确校验完后，光标将返回到程序头，且软件操作界面的工作方式显示改回为“自动”或“单段”，若程序有错，命令行将提示程序的哪一行有错。

注意：

（1）校验运行时机床不动作。

（2）为确保加工程序正确无误，请选择不同的图形显示方式来观察。

3. 启动、暂停、中止、重新运行

（1）启动自动运行。系统调入零件加工程序，经校验无误后，可正式启动运行。

1）按一下机床控制面板上的“自动”按键（指示灯亮），进入程序运行方式。

2）按一下机床控制面板上的“循环启动”按键（指示灯亮），机床开始自动运行调入的零件加工程序。

（2）暂停运行。在程序运行的过程中，需要暂停运行，可按下述步骤操作：

1）在程序运行的任何位置，按一下机床控制面板上的“进给保持”按键（指示灯亮），系统处于进给保持状态。

2）按机床控制面板上的“循环启动”按键（指示灯亮），机床又开始接着自动运行调入的零件加工程序。

（3）中止运行。在程序运行的过程中，需要中止运行时，可按下述步骤操作：

1）在程序子菜单下，按F7键。

2）按Y键则中止程序的运行，并卸载当前运行程序的模态信息。

（4）重新运行。

在当前加工程序中止自动运行后，希望从程序头重新开始运行时，可按下述步骤操作：

1）在程序运行子菜单下，按F4键，系统提示如图5-67所示。

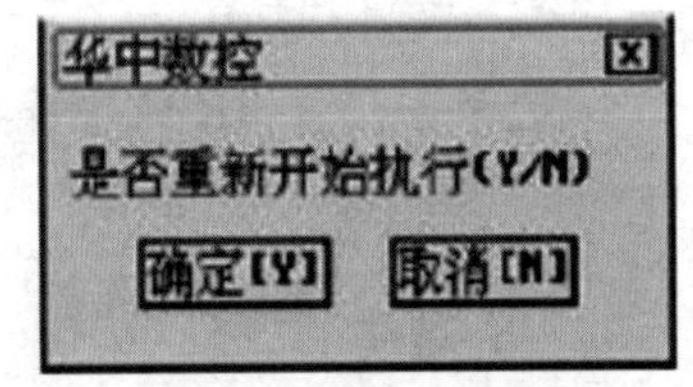


图5-67　自动方式下重新运行程序

2）按N键，则取消重新运行。

3）按Y键，则光标将返回到程序头，再按机床控制面板上的“循环启动”按键，从程序首行开始重新运行当前加工程序。

4. 从任意行执行

在自动运行暂停状态下，除了能从暂停处重启动继续运行外，还可控制程序从任意行执行。

（1）红色行开始运行。从红色行开始运行的操作步骤如下：

1）在程序运行子菜单下，按F7键，然后按N键暂停程序运行。

2）用▲、▼、PgUp、PgDn键移动蓝色亮条到要开始运行的行，此时蓝色亮条变为红色亮条。

3）在程序运行子菜单下，按F8键，系统提示如图5-68所示。

4）按ENTER键选择“从红色行开始运行”选项，此时选中要开始运行的行（红色亮条变为蓝色亮条）。

5）按机床控制面板上的“循环启动”按键，程序从蓝色亮条（即红色行）处开始运行。

（2）从指定行开始运行。从指定行开始运行的操作步骤如下：

1）在程序运行子菜单下，按F7键，然后按N键暂停程序运行。

从红色行开始运行 F1
从指定行开始运行 F2
从当前行开始运行 F3

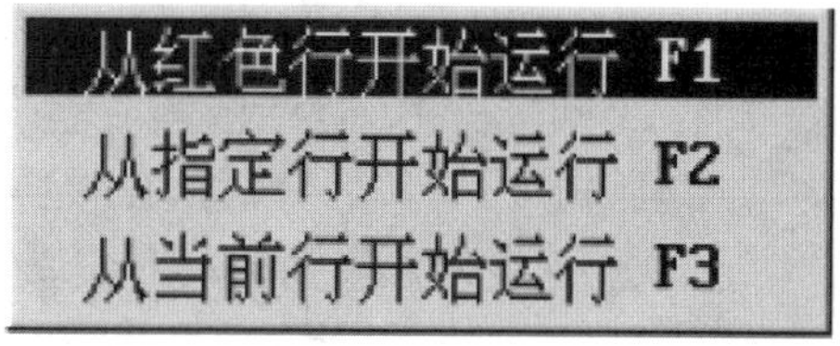

图5-68 暂停运行时从任意行运行

2）在程序运行子菜单下，按F8键，系统提示如图5-68所示。

3）用▲、▼键选择“从指定行开始运行”选项，系统给出如图5-69所示提示。

4）输入开始运行的行号，按ENTER键。

5）按机床控制面板上的“循环启动”按键，程序从指定行开始运行。

图5-69 从指定行开始运行

（3）从当前行开始运行。从当前行开始运行的操作步骤如下：

1）在程序运行子菜单下，按F7键，然后按N键暂停程序运行。

2）用▲、▼、PgUp、PgDn键移动蓝色亮条到要开始运行的行，此时蓝色亮条变为红色亮条。

3）在程序运行子菜单下，按F8键，系统提示如图5-68所示。

4）用▲、▼键选择“从当前行开始运行”选项，按ENTER键。

5）按机床控制面板上的“循环启动”按键，程序从蓝色亮条处开始运行。

5. 空运行

在自动方式下，按一下机床控制面板上的“空运行”按键（指示灯亮），CNC处于空运行状态，程序中编制的进给速率被忽略，坐标轴以最快速度移动。

空运行不做实际切削，目的在于确认切削路径及程序。在实际切削时，应关闭此功能，否则可能会造成危险。

注意：此功能对螺纹切削无效。

6. 单段运行

按下机床控制面板上的“单段”按键（指示灯亮），进入单段自动运行方式：

（1）按下“循环启动”按键，运行一个程序段，机床就会减速停止，刀具、主轴均停止运行。

（2）再按下“循环启动”按键，系统执行下一个程序段，执行完成后再次停止。

7. 运行时干预

（1）进给速度修调。在自动方式或MDI运行方式下，当F代码编程的进给速度偏高或偏低时，可用进给修调右侧的“100%”和“+”、“-”按键修调程序中编制的进给速度。按“100%”键，进给修调倍率被设置为100%，按一下“+”按键，进给修调倍率递增2%，按一下“-”按键，进给修调倍率递减2%。

（2）快移速度修调。在自动方式或MDI运行方式下，可用快速修调右侧的“100%”和“+”、“-”按键，修调G00快速移动时系统参数“最高快移速度”设置的速度。按压“100%”按键（指示灯亮），快速修调倍率被设置为100%，按一下“+”按键，快速修调倍率递增2%，按一下“-”按键，快速修调倍率递减2%。

（3）主轴修调。在自动方式或MDI运行方式下，当S代码编程的主轴速度偏高或偏低时，可用主轴修调右侧的“100%”和“+”、“-”按键，修调程序中编制的主轴速度。按压“100%”按键（指示灯亮），主轴修调倍率被设置为100%，按一下“+”按键，主轴修调倍率递增2%，按一下“-”按键，主轴修调倍率递减2%。

（4）机床锁住。禁止机床坐标轴动作。

在手动方式下，按一下“机床锁住”按键（指示灯亮），此时，在自动方式下运行程序，可模拟程序运行，显示屏上的坐标轴位置信息变化，但不输出伺服轴的移动指令，所以机床停止不动，这个功能用于校验程序。

注意：

1）即便是G28、G29功能，刀具不运动到参考点。

2）机床辅助功能M、S、T仍然有效。

3）在自动运行过程中，按机床锁住按键，机床锁住无效。

4）在自动运行过程中，只在运行结束时方可解除机床锁住。

5）每次执行此功能后，须再次返回参考点操作。

（5）Z轴锁住。在自动运行开始前，按一下“Z轴锁住”按键（指示灯亮），再按下“循环启动”按键，Z轴坐标位置信息变化，但Z轴不运动，因而主轴不运动。

（六）数据设置

在如图5-58所示的软件操作界面下，按F4键进入MDI功能子菜单，命令行与菜单的显示如图5-70所示。

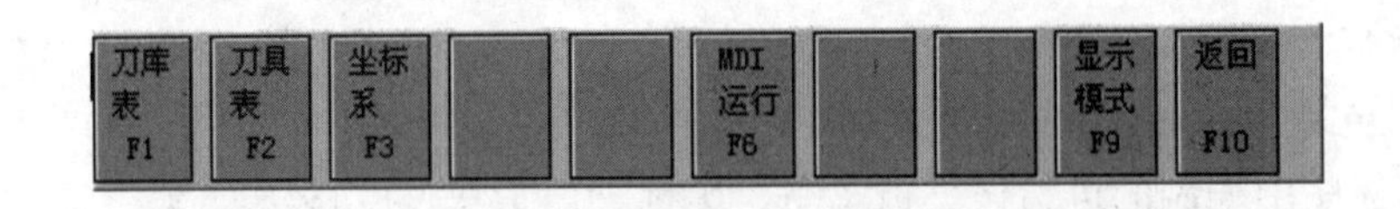


图5-70

1. 坐标系设置（F4→F3）

输入坐标系数据的操作步骤如下：

（1）在MDI功能子菜单下，按F3键进入坐标系手动数据输入方式，图形显示窗口首先显示G54坐标系数据。

（2）按PgDn或PgUp键选择要输入的数据类型：G55、G56、G57、G58、G59坐标系，当前工件坐标系的偏置值（坐标系零点相对于机床零点的值）或当前相对值零点。

（3）在命令行输入所需数据，如在图5-71所示情况下输入“X200 Y300”并按ENTER键，将设置G54坐标系的X及Y偏置分别为200、300。

（4）若输入正确，图形显示窗口相应位置将显示修改过的值，否则原值不变。

注意：编辑的过程中没按 ENTER 键进行确认之前，可按 ES 键退出编辑，但输入的数据将丢失，系统将保持原值不变。

2. 刀库表设置（F4→F1）

输入刀库数据的操作步骤如下：

（1）在 MDI 功能子菜单下，按 F1 键，进行刀库设置，图形显示窗口将出现刀库数据，如图 5－72 所示。

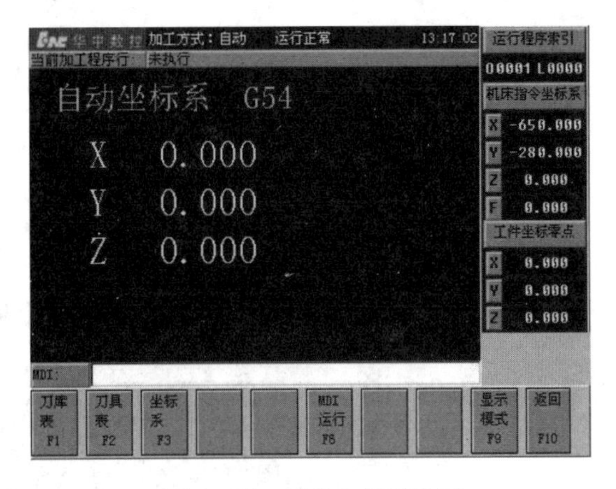


图 5－71　G54 坐标系数据

（2）用▲、▼、▶、PgUp、PgDn 移动蓝色亮条，选择要编辑的选项。

（3）按 ENTER 键，蓝色亮条所指刀库数据的颜色和背景都发生变化，同时有一光标在闪烁。

（4）用▶、BS、Del 键进行编辑修改。

（5）修改完毕，按 Enter 键确认。

（6）若输入正确，图形显示窗口相应位置将显示修改过的值，否则原值不变。

华中数控　加工方式：自动　运行正常　09:39:51

当前加工程序行：g92x280z250

刀库表：

| 位置 | 刀号 | 组号 |
|---|---|---|
| #0000 | 0 | 0 |
| #0001 | 1 | 1 |
| #0002 | 0 | 0 |
| #0003 | 0 | 0 |
| #0004 | 0 | 0 |
| #0005 | 0 | 0 |
| #0006 | 0 | 0 |
| #0007 | 0 | 0 |
| #0008 | 0 | 0 |
| #0009 | 0 | 0 |
| #0010 | 255 | 255 |
| #0011 | 0 | 0 |
| #0012 | 0 | 0 |
| #0013 | 0 | 0 |

运行程序索引　O1034　L0000

机床坐标系　指令坐标

X 197.400　Z 130.123　F 0.000

工件坐标零点　X -272.000　Z -130.000

主轴修调 0%　快速修调 100%　进给修调 100%

辅助机能　M00　T0000　CT00

MDI:

刀库参数 F1　刀具参数 F2　坐标系 F3　返回断点 F4　重新对刀 F5　MDI 运行 F6　MDI 清除 F7　对刀 F8　显示方式 F9　返回 F10

图 5－72　刀库表

3. 刀具表设置（F4→F2）

MDI 输入刀具数据的操作步骤如下：

（1）在 MDI 功能子菜单下，按 F2 键进行刀具设置，图形显示窗口将出现刀具数据，如图 5－73 所示。

（2）用▲、▼、▶、PgUp、PgDn 移动蓝色亮条，选择要编辑的选项。

（3）按 Enter 键，蓝色亮条所指刀库数据的颜色和背景都发生变化，同时有一光标在闪烁。

（4）用►、BS、Del 键进行编辑修改。

（5）修改完毕，按 Enter 键确认。

（6）若输入正确，图形显示窗口相应位置将显示修改过的值，否则原值不变。

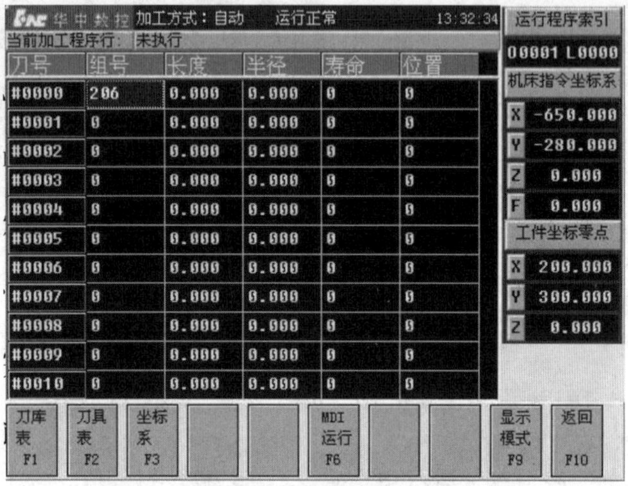

| 刀号 | 组号 | 长度 | 半径 | 寿命 | 位置 |
|---|---|---|---|---|---|
| #0000 | 206 | 0.000 | 0.000 | 0 | 0 |
| #0001 | 0 | 0.000 | 0.000 | 0 | 0 |
| #0002 | 0 | 0.000 | 0.000 | 0 | 0 |
| #0003 | 0 | 0.000 | 0.000 | 0 | 0 |
| #0004 | 0 | 0.000 | 0.000 | 0 | 0 |
| #0005 | 0 | 0.000 | 0.000 | 0 | 0 |
| #0006 | 0 | 0.000 | 0.000 | 0 | 0 |
| #0007 | 0 | 0.000 | 0.000 | 0 | 0 |
| #0008 | 0 | 0.000 | 0.000 | 0 | 0 |
| #0009 | 0 | 0.000 | 0.000 | 0 | 0 |
| #0010 | 0 | 0.000 | 0.000 | 0 | 0 |

图 5－73　刀具数据

（七）程序编辑与文件管理

在系统主操作界面下，按 F2 键进入编辑功能子菜单，命令行与菜单条如图 5－74 所示。

程序编辑：　M00 T00 S00000

文件管理 F1　选择编辑程序 F2　编辑当前程序 F3　保存文件 F4　文件另存为 F5　删除一行 F6　查找 F7　继续查找替换 F8　替换 F9　返回 F10

图 5－74　编辑功能子菜单

在编辑功能子菜单下，可以对零件程序进行编辑、存储与传递以及进行文件管理。

1. 选择编辑程序

在编辑功能子菜单下，按下“选择编辑程序 F2”键，会弹出一个含有三个选项的菜单（见图 5－75）：磁盘程序、正在加工的程序、新建程序。

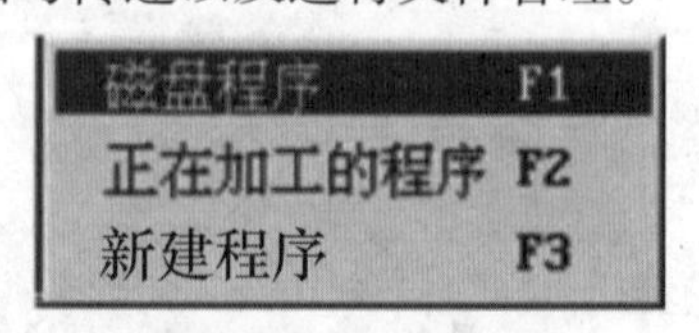


图 5－75　选择编辑程序

2. 编辑当前程序

在进入编辑状态、程序被打开后，可以将控制面板上的按键结合电脑键盘上的数字和功能键来进行编辑操作。

删除：将光标落在需要删除的字符上，按电脑键盘上的 Delete 键删除错误的内容。

插入：将光标落在需要插入的位置，输入数据。

查找：按下菜单键中的“查找 F6”键，弹出对话框，在“查找”栏内输入要查找的字符串，然后按“查找下一个”，当找到字符串后，光标会定位在找到的字符串处。

删除一行：按“行删除 F8”键，将删除光标所在的程序行。

将光标移到下一行：每按一下控制面板上的▲▼键，窗口中的光标就会向上或向下移动一行。

3. 程序存储与传递

（1）保存程序（F2→F4）。在编辑状态下，按 F4 键，可对当前编辑程序进行存盘。

如果存盘不成功，系统会弹出如图 5－76 所示的提示信息。此时只能用“文件另存为”功能将当前编辑的零件程序另存为其他文件。

（2）文件另存为（F2→F5）。在编辑状态下，按 F5 键，可将当前编辑程序另存为其他文件。

1）在编辑功能子菜单下，按 F5 键，将弹出如图 5－76 所示的对话框。

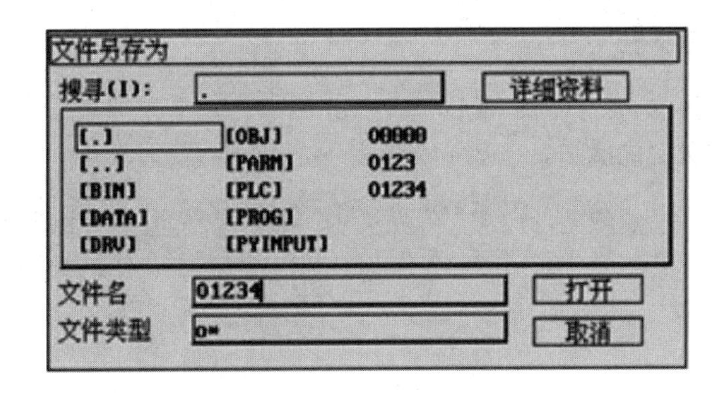


图 5－76　输入另存文件名

2）按“选择磁盘程序”所讲的步骤 4）～8），选择新文件的路径。

3）按“选择一个新文件”所讲的步骤 4）～6），在“文件名”栏输入另存文件的文件名。

4）按 Enter 键，完成文件另存操作。此功能用于备份当前文件或被编辑的文件是只读的情况。

（3）串口传送。如果当前编辑的是串口程序，编辑完成后，按 F4 键，可将当前编辑程序通过串口回送上位计算机。

## 任务试题

（1）FANUC series 0i Mate－MD 数控系统面板由哪几部分组成？

（2）叙述 FANUC series 0i Mate－MD 数控系统开机与关机操作。

（3）华中 HNC－22M 数控系统面板由哪几部分组成？

（4）叙述华中 HNC－22M 数控系统的手动操作。

# 任务五　华中 HNC－22M 数控铣床加工综合实训

## 任务目标

（1）熟悉华中 HNC－22M 数控铣床常用的指令应用。

（2）掌握华中 HNC－22M 数控铣床孔的加工指令应用。

（3）掌握华中 HNC－22M 数控铣床外形轮廓、槽类零件加工。

## 基本概念

### 一、数控铣床外形轮廓加工

完成如图 5－77 所示的零件加工，毛坯尺寸：φ80×35mm，材料 45 钢。

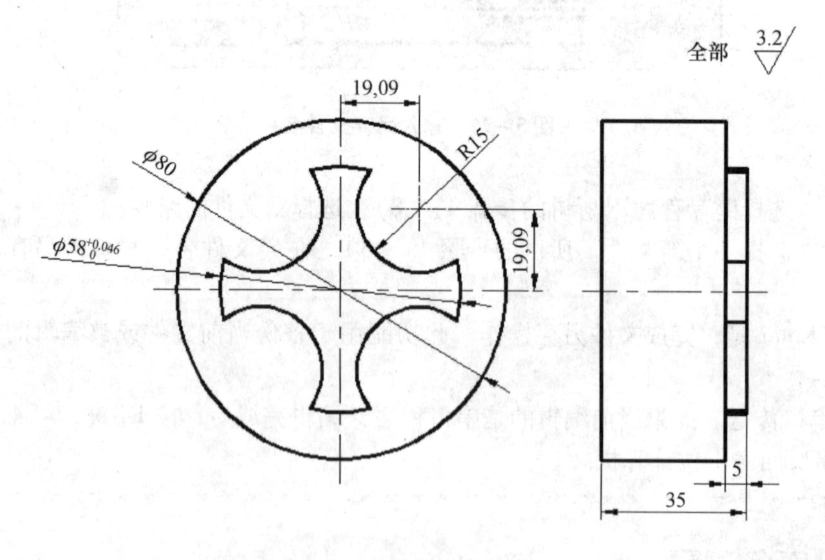


图 5－77　外形轮廓零件加工

1. 工艺分析

图 5－77 所示零件的形状较简单。为了对程序进行优化，先对工件外形进行粗加工，去掉多余的毛坯，然后再编制 1/4 轮廓，通过坐标旋转，从而加工出整个外形尺寸。

2. 刀具卡片（见表5－12）

表5－12 数控加工刀具卡片

| 产品名称或代号 | | | 零件名称 | | 零件图号 | | 程序编号 | |
|---|---|---|---|---|---|---|---|---|
| 工步号 | 刀具号 | 刀具规格名称 | | 数量 | 加工表面 | | 刀具长度补偿 | 备注 |
| 1 | T01 | ф20 平底刀 | | 1 | 粗铣外形 | | H01 | |
| 2 | T02 | ф16 平底刀 | | 1 | 精加工中间轮廓 | | H02 | |
| 编制 | | 审核 | | | 批准 | | 共1页 | 第1页 |

3. 编制程序（见表5－13）

表5－13 加工程序

| 程序号：%0001 | | |
|---|---|---|
| 程序段号 | 程序内容 | 说明 |
| N10 | M06 T0101 | ф20mm 平底刀 |
| N20 | G54 G90 G00 X0 Y0 M03 S800 | 建立工件坐标系 |
| N30 | G00 G43 H01 Z50 | 建立刀具长度补偿 |
| N40 | Z10 M08 | 快速定位在安全距离，切削液打开 |
| N50 | G00 X55 | 快速定位在下刀点 |
| N60 | G01 Z－5 F200 | 切入工件5mm |
| N70 | X45 | X 向进刀至45mm |
| N80 | G01 X40 | 进刀至40mm |
| N90 | G02 I－40 | 铣削正圆，去除多余毛坯 |
| N100 | G49 G00 Z100 | 取消刀具长度补偿 |
| N110 | M05 M09 | 主轴停，切削液关 |
| N120 | T0202 M06 | ф16mm 平底刀，换刀 |
| N130 | G54 G90 G00 X0 Y0 M03 S800 | 建立工件坐标系 |
| N140 | G43 Z50 H02 | 建立刀具长度补偿 |
| N150 | Z10 M08 | 快速定位在安全距离，切削液打开 |
| N160 | M98 P0002 L4 | 调用子程序，循环四次 |
| N170 | G69 | 取消坐标系 |
| N180 | G90 G49 G00 Z100 | 取消刀具长度补偿 |
| N190 | M05 M09 | 主轴停，切削液关 |
| N200 | M30 | 程序结束并返回程序头 |
| | O0002 | 子程序 |
| N220 | G90 G00 X30 Y50 | 快速定位至循环起始点 |
| N230 | G01 G41 X7.11 Y28.12 D2 | 建立刀具半径补偿 D＝8mm |
| N240 | G03 X28.12 Y7.11 R15 | 铣削 R15 圆弧 |
| N250 | G02 X28.12 Y－7.11 R29 | 铣削 R29 圆弧 |
| N260 | G01 G40 Y－20 | 取消半径补偿 |
| N270 | G00 Z5 | 快速抬刀 |
| N280 | G68 X0 Y0 G91 P90 | 坐标系旋转90°（增量） |
| N290 | M99 | 子程序结束 |

4. 实训评分（见表 5 - 14）

**表 5 - 14　加工实训评分表**

| 工件编号 | | | | 总得分 | | | |
|---|---|---|---|---|---|---|---|
| 姓　名 | | | | | | | |
| 项目与分配 | | 序号 | 技术要求 | 配分 | 评分标准 | 检测记录 | 得分 |
| 工件加工评分（45%） | 轮廓尺寸 | 1 | $\phi58_{0}^{+0.046}$ | 10 | 超差 0.01 扣 2 分 | | |
| | | 2 | R15（四处） | 10 | 超差 0.01 扣 2 分 | | |
| | | 3 | 19.09 | 10 | 超差 0.01 扣 2 分 | | |
| | | 4 | 5 | 5 | 超差 0.01 扣 1 分 | | |
| | | 5 | Ra3.2μm | 10 | 错一处扣 1 分 | | |
| 程序与工艺（30%） | | 6 | 程序正确合理 | 30 | 不合理每处扣 2 分 | | |
| 机床操作（10%） | | 7 | 机床操作规范 | 5 | 出错一次扣 2 分 | | |
| | | 8 | 工件、刀具装夹 | 5 | 出错一次扣 2 分 | | |
| 安全文明生产，职业规范，遵守课堂纪律（15%） | | 9 | 安全操作、文明操作，具有强的职业意识，遵守机床操作规程，课堂表现良好 | 15 | 出现安全问题，课堂违纪，酌扣 5 ~ 10 分。如果问题严重，则倒扣分 | | |
| 其他 | | 10 | 工件完整，局部无缺陷（夹伤、过切等） | 倒扣 | 出现缺陷扣除总分，扣分不超过 10 分 | | |
| | | 11 | 按时完成 | 倒扣 | 不按时完成酌扣 5 ~ 10 分 | | |
| 检验员 | | | | 日期 | | | |

## 二、数控铣床孔加工

对如图 5 - 78 所示的工件进行不同要求的孔加工，工件外形尺寸与表面粗糙度已达到图纸要求，材料为 45 钢。

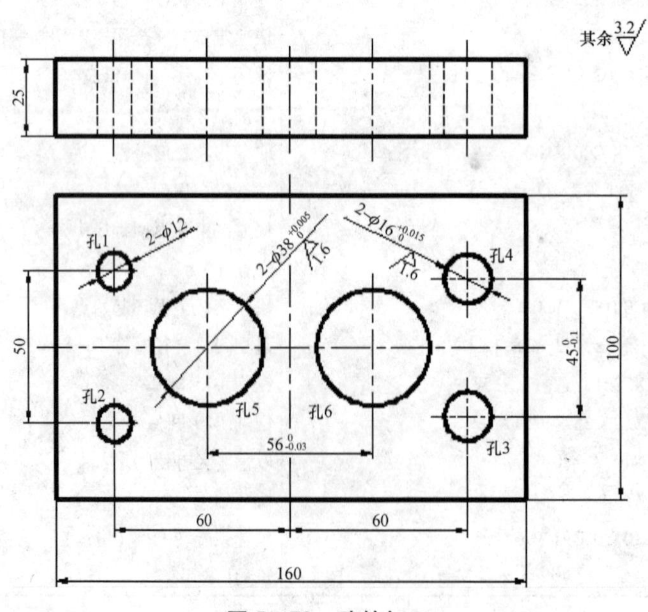


**图 5 - 78　孔的加工**

1. 工艺分析

（1）加工方案确定。工件选用机用平口钳装夹，校正平口钳固定钳口与工作台X轴方向平行，将160×25侧面贴近固定钳口后压紧，并校正工件上表面的平行度。

（2）确定切削用量。各刀具切削参数与长度补偿值如表5－15所示。

**表5－15 刀具切削参数与长度补偿值**

| 刀具参数 | ϕ3<br>中心钻 | ϕ10<br>麻花钻 | ϕ20<br>麻花钻 | ϕ35<br>麻花钻 | ϕ12<br>麻花钻 | ϕ15.8<br>麻花钻 | ϕ16<br>机用铰刀 | ϕ37.5<br>粗镗刀 | ϕ38<br>精镗刀 |
|---|---|---|---|---|---|---|---|---|---|
| 主轴转速<br>（r/min） | 1200 | 650 | 350 | 150 | 550 | 400 | 250 | 850 | 1000 |
| 进给率<br>（mm/min） | 120 | 100 | 40 | 20 | 80 | 50 | 30 | 80 | 40 |
| 刀具补偿 | H1/T1 | H2/T2 | H3/T3 | H4/T4 | H5/T5 | H6/T6 | H7/T7 | H8/T8 | H9/T9 |

2. 加工方法与刀具选择（见表5－16）

**表5－16 孔加工方案**

| 加工内容 | 加工方法 | 选用刀具（mm） |
|---|---|---|
| 孔1、孔2 | 点孔—钻孔—扩孔 | ϕ3中心钻、ϕ10麻花钻、ϕ12麻花钻 |
| 孔3、孔4 | 点孔—钻孔—扩孔—铰孔 | ϕ3中心钻、ϕ10麻花钻、ϕ15.8麻花钻、ϕ16机用铰刀 |
| 孔5、孔6 | 钻孔—扩孔—粗镗—精镗加工 | ϕ20麻花钻、ϕ35麻花钻、ϕ37.5粗镗刀、ϕ38精镗刀 |

3. 编制程序（见表5－17）

**表5－17 孔的加工程序**

| 程序号:%0003 | | |
|---|---|---|
| 程序段号 | 程序内容 | 说明 |
| N10 | G54 G90 G17 G21 G49 G40 | 程序初始化 |
| N20 | M03 S1200 T0101 | 主轴正转，转速1200r/min，调用1号刀 |
| N30 | G00 G43 Z150 H1 | Z轴快速定位，调用刀具1#长度补偿 |
| N40 | X0 Y0 | X、Y轴快速定位 |
| N50 | G81 G99 X－60 Y25 Z－2 R2 F120 | 点孔加工孔1，进给率120mm/min |
| N60 | Y－25 | 点孔加工孔2 |
| N70 | X60 Y－22.5 | 点孔加工孔3 |
| N80 | Y22.5 | 点孔加工孔4 |
| N90 | G49 G00 Z150 | 取消固定循环，取消1#长度补偿，Z轴快速定位 |
| N100 | M05 | 主轴停转 |
| N110 | M06 T0202 | 调用2号刀 |
| N120 | M03 S650 | 主轴正转，转速650r/min |
| N130 | G43 G00 Z100 H2 M08 | Z轴快速定位，调用2#长度补偿，切削液开 |
| N140 | G83 G99 X－60 Y25 Z－30 R2 Q6 F100 | 钻孔加工孔1，进给率100mm/min |

续表

| 程序号:%0003 | | |
|---|---|---|
| 程序段号 | 程序内容 | 说明 |
| N150 | Y-25 | 钻孔加工孔2 |
| N160 | X60 Y-22.5 | 钻孔加工孔3 |
| N170 | Y22.5 | 钻孔加工孔4 |
| N180 | G49 G00 Z150 M09 | 取消固定循环，取消2#长度补偿，Z轴快速定位，切削液关 |
| N190 | M05 | 主轴停转 |
| N200 | M06 T0303 | 调用3#刀 |
| N210 | M03 S350 | 主轴正转，转速350r/min |
| N220 | G43 G00 Z100. H3 M08 | Z轴快速定位，调用3#长度补偿，切削液开 |
| N230 | G83 G99 X-28 Y0 Z-35 R2 Q5 F40 | 钻孔加工孔5，进给率40mm/min |
| N240 | X28 | 钻孔加工孔6 |
| N250 | G49 G00 Z150 M09 | 取消固定循环，取消3#长度补偿，Z轴快速定位，切削液关 |
| N260 | M05 | 主轴停转 |
| N270 | M06 T0404 | 调用4#刀 |
| N280 | M03 S150 | 主轴正转，转速150r/min |
| N290 | G43 G00 Z100 H4 M08 | Z轴快速定位，调用4#长度补偿，切削液开 |
| N300 | G83 G99 X-28. Y0 Z-42 R2 Q8 F20 | 扩孔加工孔5，进给率40mm/min |
| N310 | X28 | 扩孔加工孔6 |
| N320 | G49 G00 Z150 M09 | 取消固定循环，取消4#长度补偿，Z轴快速定位，切削液关 |
| N330 | M05 | 主轴停转 |
| N340 | M06 T0505 | 调用5#刀 |
| N350 | M03 S550 | |
| N360 | G43 G00 Z100 H5 M08 | |
| N370 | G83 G99 X-60 Y25 Z-31 R2 Q8 F80 | |
| N380 | Y-25 | |
| N390 | G49 G00 Z150 M09 | |
| N400 | M05 | |
| N410 | M06 T0606 | |
| N420 | M03 S400 | |
| N430 | G43 G00 Z100. H6 M08 | |
| N440 | G83 G99 X60 Y-22.5 Z-33 R2 Q8 F50 Y22.5 | |
| N450 | G49 G00 Z150 M09 M05 | |
| N460 | M06 | |
| N470 | T0707 M03 | |
| N480 | S250 | |
| N490 | G43 G00 Z100 H7 M08 X0 | |
| N500 | Y0 | |
| N510 | G85 G99 X60 Y-22.5 Z-30 R2 | |
| N520 | F30 Y22.5 | |
| N530 | G49 G00 Z150 M09 M05 | |
| N540 | Y0 | |
| N550 | M06 | |

续表

| 程序号:%0003 | | |
|---|---|---|
| 程序段号 | 程序内容 | 说明 |
| N560 | T0808 M03 | |
| N570 | S850 | |
| N580 | G43 G00 Z100 H8 M08 X0 | |
| N590 | Y0 | |
| N600 | G85 G99 X－28 Y0 Z－26 R2 F80 X28 | |
| N610 | G49 | |
| N620 | G00 Z150M09 M05 | |
| N630 | M06 | |
| N640 | T0909 M03 | |
| N650 | S1000 | |
| N660 | G43 G00 Z100 H9 M08 NX0 | |
| N670 | Y0 | |
| N680 | G85 G99 X－28 Y0 Z－26 R2 F40 X28 | |
| N690 | G49 G00 Z150 M09 M02 | |
| N700 | | |
| N710 | | |

4. 实训评分（见表5－18）

**表5－18　加工实训评分表**

| 工件编号 | | | | 总得分 | | | |
|---|---|---|---|---|---|---|---|
| 姓　名 | | | | | | | |
| 项目与分配 | | 序号 | 技术要求 | 配分 | 评分标准 | 检测记录 | 得分 |
| 工件加工评分（55%） | 轮廓尺寸 | 1 | $2-\phi38_{0}^{+0.025}$ | 10 | 超差0.01扣2分 | | |
| | | 2 | $2-\phi16_{0}^{+0.016}$ | 10 | 超差0.01扣2分 | | |
| | | 3 | $\phi56_{-0.03}^{0}$ | 10 | 超差0.01扣2分 | | |
| | | 4 | $45_{-0.1}^{0}$ | 5 | 超差0.01扣1分 | | |
| | | 5 | $2-\phi12$ | 10 | | | |
| | | 6 | 60、50 | 5 | | | |
| | | 7 | Ra1.6μm | 5 | 错一处扣1分 | | |
| 程序与工艺（20%） | | 8 | 程序正确合理 | 20 | 不合理每处扣2分 | | |
| 机床操作（10%） | | 9 | 机床操作规范 | 5 | 出错一次扣2分 | | |
| | | 10 | 工件、刀具装夹 | 5 | 出错一次扣2分 | | |
| 安全文明生产，职业规范，遵守课堂纪律（15%） | | 11 | 安全操作、文明操作，具有强的职业意识，遵守机床操作规程，课堂表现良好 | 15 | 出现安全问题，课堂违纪，酌扣5～10分。如果问题严重，则倒扣分 | | |
| 其他 | | 12 | 工件完整，局部无缺陷（夹伤、过切等） | 倒扣 | 出现缺陷扣除总分，扣分不超过10分 | | |
| | | 13 | 按时完成 | 倒扣 | 不按时完成酌扣5～10分 | | |
| 检验员 | | | | 日期 | | | |

## 三、数控铣床型腔、窄槽加工

毛坯为70mm×70mm×18mm板材，六面已粗加工，要求数控铣出如图5－79所示的槽，工件材料为45钢。

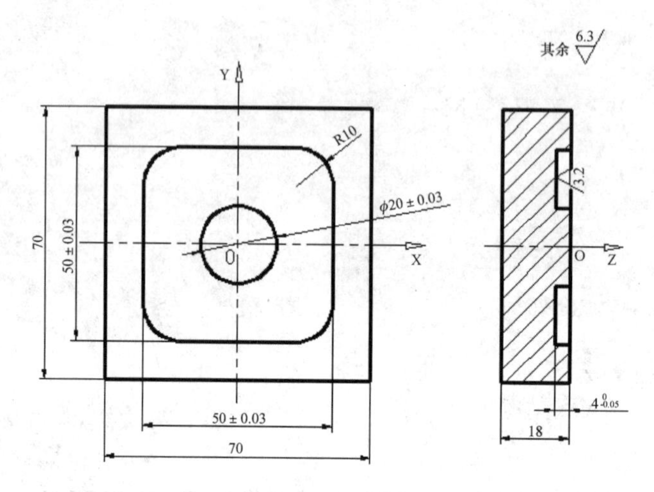


图5－79　凹槽工件

1. 工艺分析

（1）根据图样要求、毛坯及前道工序加工情况，确定工艺方案及加工路线。

1）以已加工过的底面为定位基准，用通用机用平口虎钳夹紧工件前后两侧面，虎钳固定于铣床工作台上。

2）工步顺序。①铣刀先走两个圆轨迹，再用左刀具半径补偿加工50mm×50mm四角倒圆的正方形。②每次切深2mm，分两次加工完。

（2）选择机床设备。根据零件图样要求，选用经济型数控铣床即可达到要求。

（3）选择刀具。现采用φ10mm的平底立铣刀，定义为T01，并把该刀具的直径输入刀具参数表中。

（4）确定工件坐标系和对刀点。在XOY平面内确定以工件中心为工件原点，Z方向以工件上表面为工件原点，建立工件坐标系。

采用手动对刀方法（操作与前面介绍的数控铣床对刀方法相同）把点O作为对刀点。

（5）考虑到加工图示的槽，深为4mm，每次切深为2mm，分两次加工完。为编程方便，同时减少指令条数，可采用子程序。

2. 编制程序（见表5－19）

表5－19　加工程序

| 程序号：%0004 | | |
|---|---|---|
| 程序段号 | 程序内容 | 说明 |
| N10 | G90 G00 Z2 S800 T0101 M03 | 主轴正转，转速800r/min，调用1#刀 |
| N20 | X15 Y0 M08 | |
| N30 | G01 Z－2 F80 | |
| N40 | M98 P0005 | 调一次子程序，槽深为2mm |
| N50 | G01 Z－4 F80 | |

续表

| 程序号:%0004 | | |
|---|---|---|
| 程序段号 | 程序内容 | 说明 |
| N60 | M98 P0005 | 再调一次子程序，槽深为4mm |
| N70 | G00 Z2 | |
| N80 | G00 X0 Y0 Z150 M09 | |
| N90 | M02 | 主程序结束 |
| | O0005 | 子程序 |
| N100 | G03 X15 Y0 I-15 J0 | |
| N110 | G01 X20 | |
| N120 | G03 X20 Y0 I-20 J0 | |
| N130 | G41 G01 X25 Y15 | 左刀补铣四角倒圆的正方形 |
| N140 | G03 X15 Y25 I-10 J0 | |
| N150 | G01 X-15 | |
| N160 | G03 X-25 Y15 I0 J-10 | |
| N170 | G01 Y-15 | |
| N180 | G03 X-15 Y-25 I10 J0 | |
| N190 | G01 X15 | |
| N200 | G03 X25 Y-15 I0 J10 | |
| N210 | G01 Y0 | |
| N220 | G40 G01 X15 Y0 | 左刀补取消 |
| N230 | M99 | 子程序结束 |

3. 实训评分（见表5-20）

**表5-20　加工实训评分表**

| 工件编号 | | | | 总得分 | | | |
|---|---|---|---|---|---|---|---|
| 姓　名 | | | | | | | |
| 项目与分配 | | 序号 | 技术要求 | 配分 | 评分标准 | 检测记录 | 得分 |
| 工件加工评分（50%） | 轮廓尺寸 | 1 | ϕ20±0.03 | 10 | 超差0.01扣2分 | | |
| | | 2 | 50±0.03（两处） | 15 | 超差0.01扣2分 | | |
| | | 3 | $4^{0}_{-0.05}$ | 10 | 超差0.01扣2分 | | |
| | | 4 | R10（四处） | 10 | 超差0.01扣1分 | | |
| | | 5 | Ra3.2μm | 5 | 错一处扣1分 | | |
| 程序与工艺（25%） | | 6 | 程序正确合理 | 25 | 不合理每处扣2分 | | |
| 机床操作（10%） | | 7 | 机床操作规范 | 5 | 出错一次扣2分 | | |
| | | 8 | 工件、刀具装夹 | 5 | 出错一次扣2分 | | |
| 安全文明生产，职业规范，遵守课堂纪律（15%） | | 9 | 安全操作、文明操作，具有强的职业意识，遵守机床操作规程，课堂表现良好 | 15 | 出现安全问题，课堂违纪，酌扣5~10分。如果问题严重则倒扣分 | | |
| 其他 | | 10 | 工件完整，局部无缺陷（夹伤、过切等） | 倒扣 | 出现缺陷扣除总分，扣分不超过10分 | | |
| | | 11 | 按时完成 | 倒扣 | 不按时完成酌扣5~10分 | | |
| 检验员 | | | | 日期 | | | |

## 四、数控铣床综合练习

完成如图 5-80 所示零件的加工，毛坯尺寸：ϕ80×12mm，材料为 45 钢。

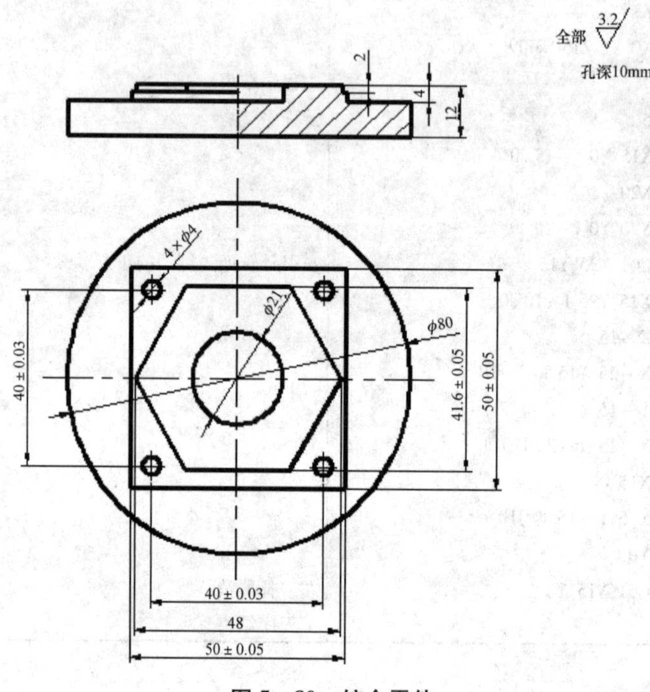


图 5-80　综合零件

1. 工艺分析

根据图样分析，该零件毛坯为一圆柱棒料，将工件安装在三爪自定心卡盘上装夹，工件坐标系原点为 ϕ21mm 内孔圆心处。

（1）加工步骤。

1）铣四方：选用 ϕ20mm 平底刀（T1），刀具长度补偿 H01。

2）铣六边形：选用 ϕ16mm 平底刀（T2），刀具长度补偿 H02。

3）铣内孔：选用 ϕ8mm 键槽铣刀（T3），刀具长度补偿 H03。

4）钻孔：选用 ϕ4mm 麻花钻（T4），刀具长度补偿 H04。

（2）基点坐标（见表 5-21）。

表 5-21　基点坐标

| | X | Y |
|---|---|---|
| 1 | 24 | 0 |
| 2 | 12 | -20.8 |
| 3 | -12 | -20.8 |
| 4 | -24 | 0 |
| 5 | -12 | 20.8 |
| 6 | 12 | 20.8 |

2. 编制程序（见表5－22）

表5－22　综合零件加工程序

| 程序号：%0006 | | |
|---|---|---|
| 程序段号 | 程序内容 | 说明 |
| N10 | T0101 M06 | ϕ20mm 平底刀，铣四方 |
| N20 | G54 G90 G00 X0 Y0 M03 S800 | 建立工件坐标系 |
| N30 | G43 H01 Z50 | 建立刀具长度补偿Z轴快速定位 |
| N40 | Z10 M08 | Z快速定位至安全高度，切削液开 |
| N50 | G00 X55 Y－25 | X、Y快速定位 |
| N60 | G01 Z－4 F200 | Z向切入工件4mm |
| N70 | G01 G41 X25 D1 | 建立刀具半径补偿D＝10mm |
| N80 | X－25 | X直线进给 |
| N90 | Y25 | Y直线进给 |
| N100 | X25 | X直线进给 |
| N110 | Y－40 | Y直线进给 |
| N120 | G00 G40 X55 | 取消刀具半径补偿 |
| N130 | G00 G49 Z100 | 取消刀具长度补偿Z轴快速定位 |
| N140 | M05 M09 | 主轴停，切削液关 |
| N150 | T0202 M06 | ϕ16mm 平底刀，铣六边形 |
| N160 | G54 G90 G00 X0 Y0 M03 S800 | 建立工件坐标系 |
| N170 | G43 H02 Z50 | 建立刀具长度补偿Z轴快速定位 |
| N180 | Z10 M08 | Z快速定位至安全高度，切削液开 |
| N190 | G00 X40 | X快速定位 |
| N200 | G01 Z－2 F200 | Z向切入工件2mm |
| N210 | G01 G41 X24 D2 | 建立刀具半径补偿D＝8mm |
| N220 | X12 Y－20.8 | 进刀至2点 |
| N230 | X－12 | 至3点 |
| N240 | X－24 Y0 | 至4点 |
| N250 | X－12 Y20.8 | 至5点 |
| N260 | X12 Y20.8 | 至6点 |
| N270 | X24 Y0 | 至1点 |
| N280 | G01 G40 X40 | 取消刀具半径补偿 |
| N290 | G00 G49 Z100 | 取消刀具长度补偿Z轴快速定位 |
| N300 | M09 M05 | 主轴停，切削液关 |
| N310 | T0303 M06 | ϕ8 键槽铣刀，铣内孔 |
| N320 | G54 G90 G00 X0 Y0 M03 S800 | 建立工件坐标系 |
| N330 | G43 H03 Z50 | 建立刀具长度补偿，Z轴快速定位 |
| N340 | Z10 M08 | Z快速定位至安全高度，切削液开 |

续表

| 程序号:%0006 | | |
|---|---|---|
| 程序段号 | 程序内容 | 说明 |
| N350 | G01 Z-2 F200 | Z 向切入工件 2mm |
| N360 | X5 | X 直线进给 |
| N370 | G02 I-5 | 铣整圆 |
| N380 | G01 X5.5 | X 直线进给 |
| N390 | G01 G41Y-5 D3 | 建立刀具半径补偿 D=4mm |
| N400 | G03 X10.5 Y0 R5 | 圆弧切入 |
| N410 | G03 I-10.5 | 铣整圆 |
| N420 | G03 X5.5 Y5 R5 | 圆弧切出 |
| N430 | G00 G40 X0 Y0 | 取消刀具半径补偿 |
| N440 | G49 G00 Z100 | 取消刀具长度补偿 Z 轴快速定位 |
| N450 | M05 M09 | 主轴停，切削液关 |

3. 实训评分（见表 5-23）

**表 5-23 加工实训评分表**

| 工件编号 | | | | 总得分 | | | |
|---|---|---|---|---|---|---|---|
| 姓名 | | | | | | | |
| 项目与分配 | | 序号 | 技术要求 | 配分 | 评分标准 | 检测记录 | 得分 |
| 工件加工评分（50%） | 轮廓尺寸 | 1 | 40±0.03 | 10 | 超差 0.01 扣 2 分 | | |
| | | 2 | 50±0.05（两处） | 10 | 超差 0.01 扣 2 分 | | |
| | | 3 | 41.6±0.03、2、4 | 15 | 超差 0.01 扣 2 分 | | |
| | | 4 | 4×ϕ4、ϕ21 | 10 | 超差 0.01 扣 1 分 | | |
| | | 5 | Ra3.2μm | 5 | 错一处扣 1 分 | | |
| 程序与工艺（25%） | | 6 | 程序正确合理 | 25 | 不合理每处扣 2 分 | | |
| 机床操作（10%） | | 7 | 机床操作规范 | 5 | 出错一次扣 2 分 | | |
| | | 8 | 工件、刀具装夹 | 5 | 出错一次扣 2 分 | | |
| 安全文明生产，职业规范，遵守课堂纪律（15%） | | 9 | 安全文明操作，具有强的质量意识，遵守机床操作规程，课堂表现良好 | 15 | 出现安全问题，课堂违纪，酌扣 5～10 分。如果问题严重则倒扣分 | | |
| 其他 | | 10 | 工件完整，局部无缺陷（夹伤、过切等） | 倒扣 | 出现缺陷扣除总分，扣分不超过 10 分 | | |
| | | 11 | 按时完成 | 倒扣 | 不按时完成酌扣 5～10 分 | | |
| 检验员 | | | | 日期 | | | |

## 任务试题

（1）下图所示为二阶外轮廓矩形槽板零件，底面已精铣完毕，分析该零件的加工工艺，并编制其轮廓的加工程序。

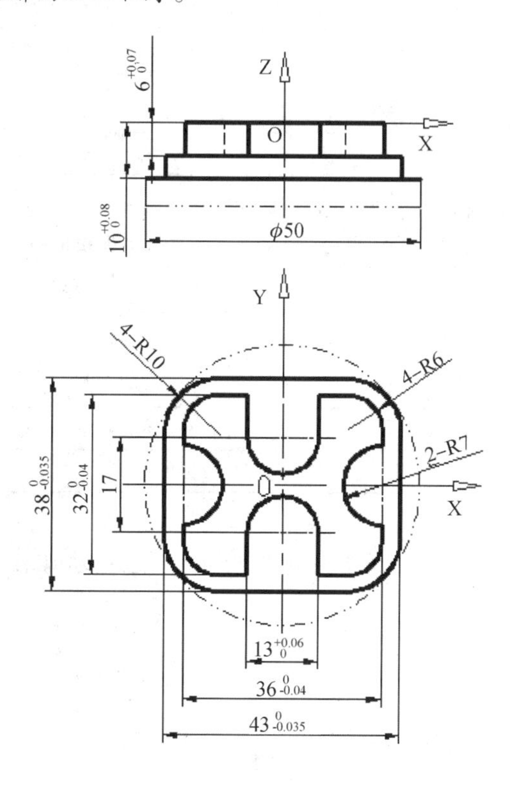


**矩形槽板加工实训评分表**

| 工件编号 | | | | 总得分 | | | |
|---|---|---|---|---|---|---|---|
| 姓名 | | | | | | | |
| 项目与分配 | | 序号 | 技术要求 | 配分 | 评分标准 | 检测记录 | 得分 |
| 工件加工评分（65%） | 轮廓尺寸 | 1 | $32^{0}_{-0.04}$ | 8 | 超差 0.01 扣 2 分 | | |
| | | 2 | $38^{0}_{-0.035}$ | 8 | 超差 0.01 扣 2 分 | | |
| | | 3 | $13^{+0.06}_{0}$ | 8 | 超差 0.01 扣 2 分 | | |
| | | 4 | $36^{0}_{-0.04}$ | 8 | 超差 0.01 扣 1 分 | | |
| | | 5 | $43^{0}_{-0.035}$ | 8 | 超差 0.01 扣 1 分 | | |
| | | 6 | $10^{+0.08}_{0}$ | 4 | 超差 0.01 扣 1 分 | | |
| | | 7 | $6^{+0.07}_{0}$ | 4 | 超差 0.01 扣 1 分 | | |
| | | 8 | 4－R6、2－R7、4－R10 | 10 | 超差 0.01 扣 1 分 | | |
| | | 9 | 工件表面粗糙度按 Ra3.2μm，工件凹槽侧面表面粗糙度按 Ra1.6μm | 7 | 错一处扣 1 分 | | |

续表

| 工件编号 | | | | 总得分 | | |
|---|---|---|---|---|---|---|
| 姓名 | | | | | | |
| 项目与分配 | 序号 | 技术要求 | 配分 | 评分标准 | 检测记录 | 得分 |
| 程序与工艺（10%） | 10 | 程序正确合理 | 10 | 不合理每处扣 2 分 | | |
| 机床操作（10%） | 11 | 机床操作规范 | 5 | 出错一次扣 2 分 | | |
| | 12 | 工件、刀具装夹 | 5 | 出错一次扣 2 分 | | |
| 安全文明生产，职业规范，遵守课堂纪律（15%） | 13 | 安全文明操作，具有强的质量意识，遵守机床操作规程，课堂表现良好 | 15 | 出现安全问题，课堂违纪，酌扣 5～10 分。如果问题严重则倒扣分 | | |
| 其他 | 14 | 工件完整，局部无缺陷（夹伤、过切等） | 倒扣 | 出现缺陷扣除总分，扣分不超过 10 分 | | |
| | 15 | 按时完成 | 倒扣 | 不按时完成酌扣 5～10 分 | | |
| 检验员 | | | 日期 | | | |

（2）完成图示零件的加工。零件材料 45 钢，毛坯为 105mm×105mm×32mm，现加工各凸台面及孔。

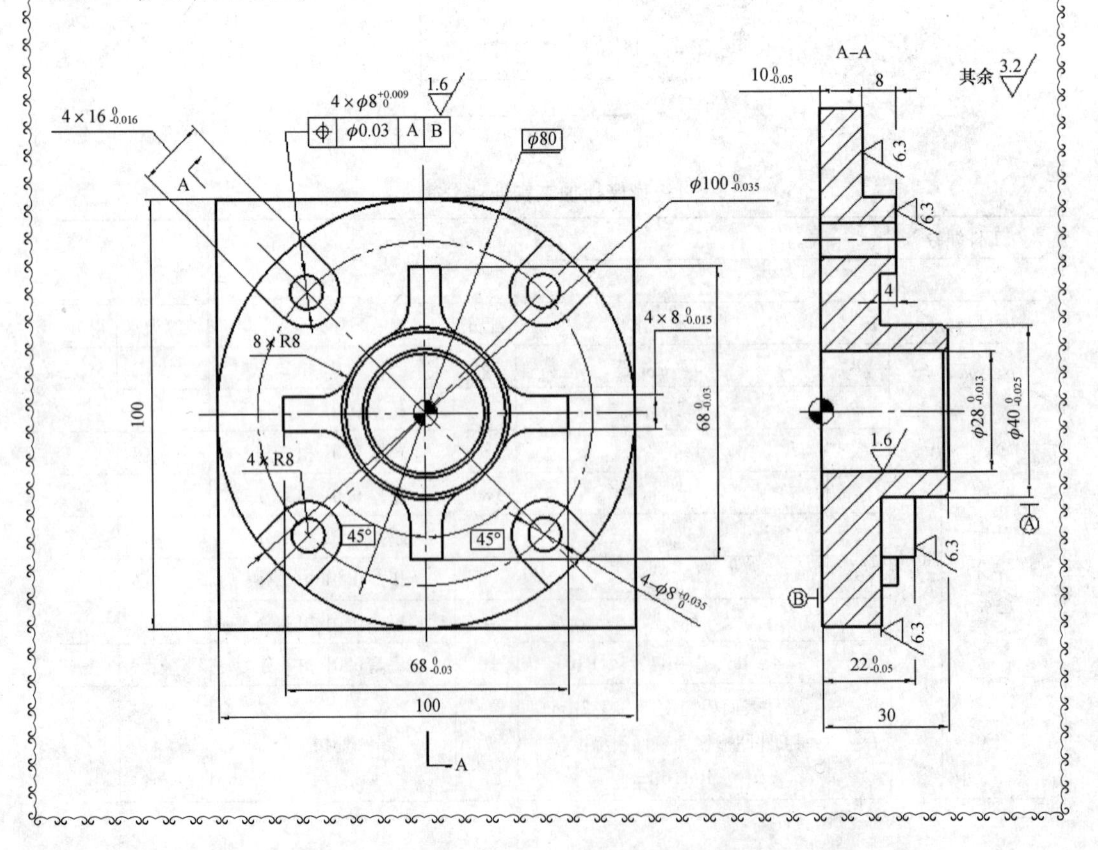

## 综合零件加工实训评分表

<table>
<tr><td colspan="2">工件编号</td><td colspan="2"></td><td colspan="2" rowspan="2">总得分</td><td colspan="2" rowspan="2"></td></tr>
<tr><td colspan="2">姓名</td><td colspan="2"></td></tr>
<tr><td colspan="2">项目与分配</td><td>序号</td><td>技术要求</td><td>配分</td><td>评分标准</td><td>检测记录</td><td>得分</td></tr>
<tr><td rowspan="9">工件加工评分（55%）</td><td rowspan="9">轮廓尺寸</td><td>1</td><td>$68^{0}_{-0.03}$</td><td>6</td><td>超差0.01扣2分</td><td></td><td></td></tr>
<tr><td>2</td><td>$\phi100^{0}_{-0.035}$</td><td>6</td><td>超差0.01扣2分</td><td></td><td></td></tr>
<tr><td>3</td><td>$4-\phi18^{+0.013}_{0}$</td><td>6</td><td>超差0.01扣2分</td><td></td><td></td></tr>
<tr><td>4</td><td>$4\times16^{0}_{-0.08}$、$4\times8^{0}_{-0.05}$</td><td>6</td><td>超差0.01扣1分</td><td></td><td></td></tr>
<tr><td>5</td><td>$\phi28^{0}_{-0.013}$</td><td>6</td><td>超差0.01扣1分</td><td></td><td></td></tr>
<tr><td>6</td><td>$\phi40^{0}$</td><td>4</td><td>超差0.01扣1分</td><td></td><td></td></tr>
<tr><td>7</td><td>$10^{0}_{-0.05}$、$22^{0}_{-0.05}$</td><td>4</td><td>超差0.01扣1分</td><td></td><td></td></tr>
<tr><td>8</td><td>工件尺寸：100×100×30</td><td>10</td><td>超差0.01扣1分</td><td></td><td></td></tr>
<tr><td>9</td><td>Ra3.2μm，Ra1.6μm，位置度公差</td><td>7</td><td>错一处扣1分</td><td></td><td></td></tr>
<tr><td colspan="2">程序与工艺（20%）</td><td>10</td><td>程序正确合理</td><td>20</td><td>不合理每处扣2分</td><td></td><td></td></tr>
<tr><td colspan="2" rowspan="2">机床操作（10%）</td><td>11</td><td>机床操作规范</td><td>5</td><td>出错一次扣2分</td><td></td><td></td></tr>
<tr><td>12</td><td>工件、刀具装夹</td><td>5</td><td>出错一次扣2分</td><td></td><td></td></tr>
<tr><td colspan="2">安全文明生产，职业规范，遵守课堂纪律（15%）</td><td>13</td><td>安全文明操作，具有强的质量意识，遵守机床操作规程，课堂表现良好</td><td>15</td><td>出现安全问题，课堂违纪，酌扣5～10分。如果问题严重则倒扣分</td><td></td><td></td></tr>
<tr><td colspan="2" rowspan="2">其他</td><td>14</td><td>工件完整，局部无缺陷（夹伤、过切等）</td><td>倒扣</td><td>出现缺陷扣除总分，扣分不超过10分</td><td></td><td></td></tr>
<tr><td>15</td><td>按时完成</td><td>倒扣</td><td>不按时完成酌扣5～10分</td><td></td><td></td></tr>
<tr><td colspan="2">检验员</td><td colspan="2"></td><td>日期</td><td colspan="3"></td></tr>
</table>

# 任务六　塑胶模具编程加工

## 任务目标

（1）能根据平面零件图样，合理选择刀具和刀轨设置，确定程序。

（2）熟悉利用计算机辅助制造软件对模具零件进行编程。

（3）掌握模具零件加工程序后处理及仿真。

## 基本概念

### 一、机壳类塑胶模具

图5－81为机壳类产品的前、后模仁图，产品材料为ABS，模仁材料为P20。

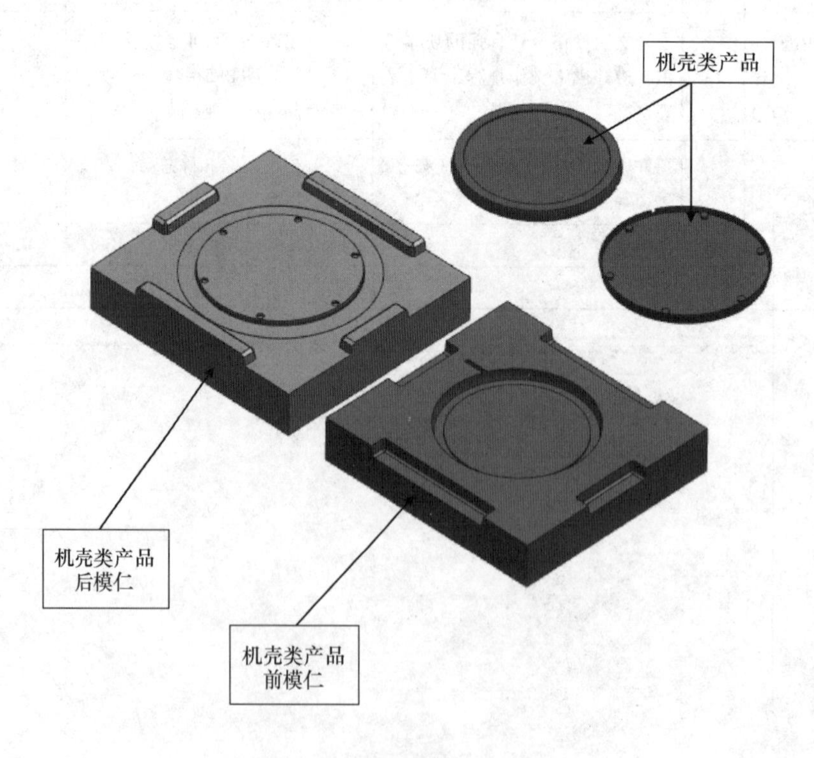


图5－81　机壳类产品模仁图

## 二、机壳类产品前模仁编程加工

机壳类产品前模仁零件如图 5－82 所示。

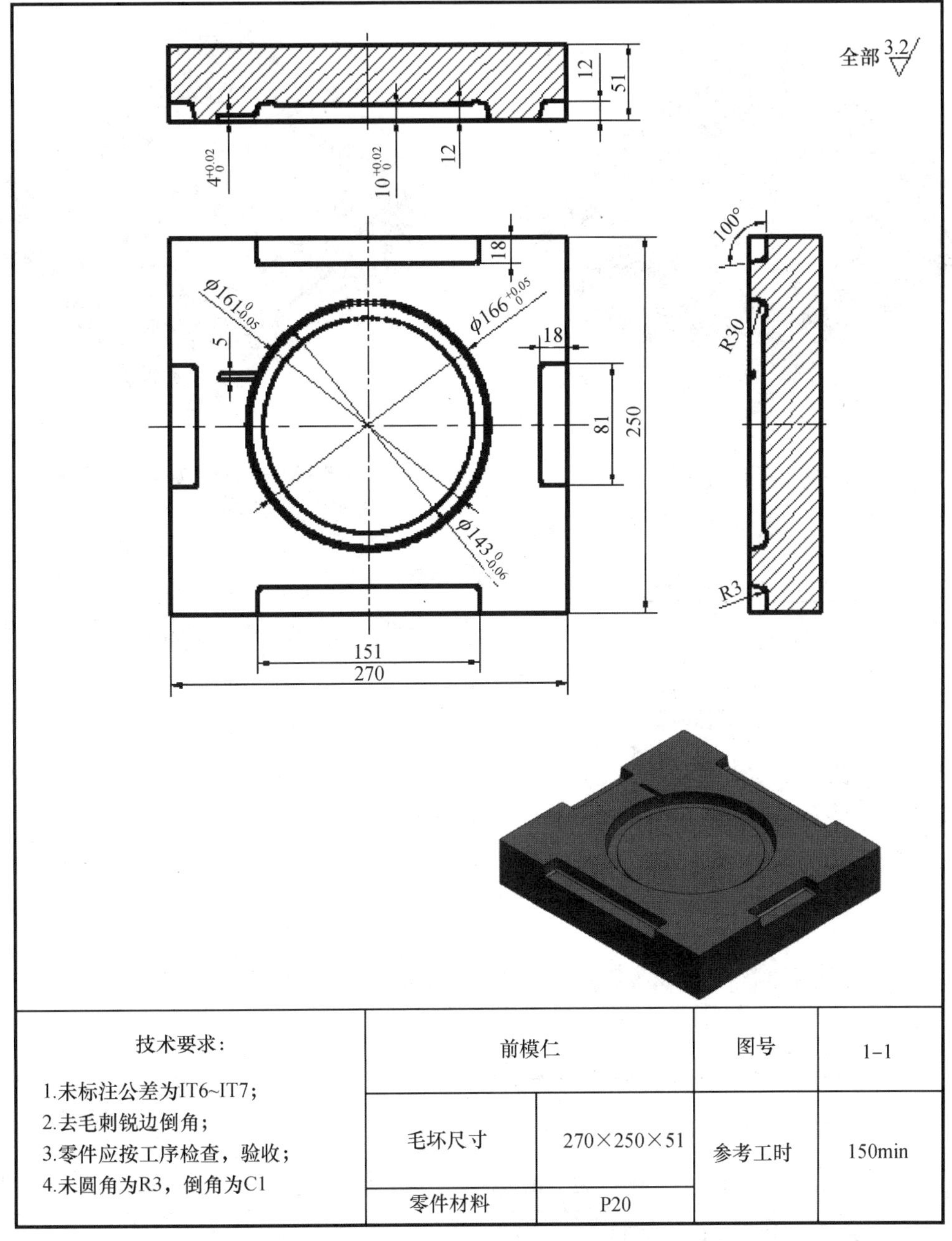


**图 5－82　机壳类产品前模仁零件图**

1. 加工工艺分析

根据平面零件的图样要求及尺寸，运用 CAD/CAM 软件进行零件的建模造型，并根据零件的要求选用合适的刀具制定加工刀路，同时用软件的刀路模拟功能检验加工刀路的合理性，最后生成每步工序的加工程序文件，通过电脑端将加工程序传输至机床控制端，操作员可在机床系统控制面板进行零件加工的模拟。

（1）前模仁为成型产品的外观面，故表面要求较高，如图 5－83 所示中心区域需要进行抛光。

（2）如图 5－84 所示区域需要放电加工进行清角。

图 5－83　前模仁抛光区域

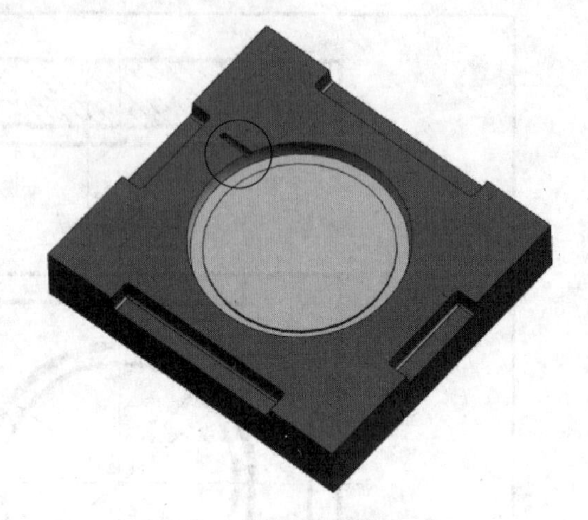

图 5－84　前模仁放电清角区域

2. 工具、量具及夹具（见表 5－24）

表 5－24　工具、量具及夹具

| 序号 | 名称 | 规格 | 数量 | 备注 |
|---|---|---|---|---|
| 1 | 游标卡尺 | 0～125 | 1 | |
| 2 | 深度游标卡尺 | 0～150 | 1 | |
| 3 | 百分表（杠杆表） | 一只 | 1 | |
| 4 | 磁性表座 | 一套 | 1 | |
| 5 | 外径千分尺 | 0～25 | 1 | |
| 6 | | 25～50 | 1 | |
| 7 | 寻边器 | | 1 | |
| 8 | 防夹伤薄铜垫 | 自选取 | 若干 | |
| 9 | 活动扳手 | 自选取 | 1 | |
| 10 | 去毛刺工具（如锉刀等） | 自选取 | 1 | |
| 11 | 垫铁 | 自选取 | 1 | |
| 12 | 工作服、防护眼镜、劳保鞋 | | 各 1 | |

3. 前模仁数控加工工艺卡（见表 5－25）

表 5－25　前模仁数控加工工艺卡

| 序号 | 工序内容 | 加工方式 | 刀具参数 | 背吃刀量（mm） | 加工模拟图 |
|---|---|---|---|---|---|
| 1 | 开粗 | 型腔铣 | D17R0. 8 | 0. 25 |  |

续表

| 序号 | 工序内容 | 加工方式 | 刀具参数 | 背吃刀量（mm） | 加工模拟图 |
|---|---|---|---|---|---|
| 2 | 开粗 | 型腔铣 | D17R0. 8 | 0. 25 | 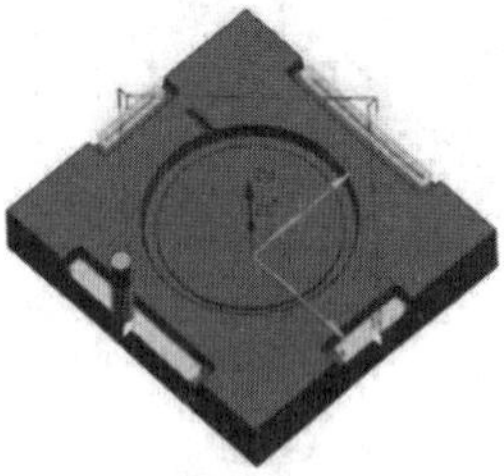 |
| 3 | 半精加工 | 深度加工轮廓 | D8 | 0. 18 | 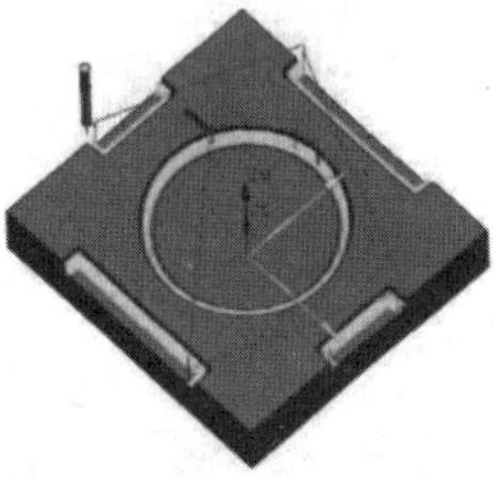 |
| 4 | 精加工 | 面铣削 | D17R0. 8 | | 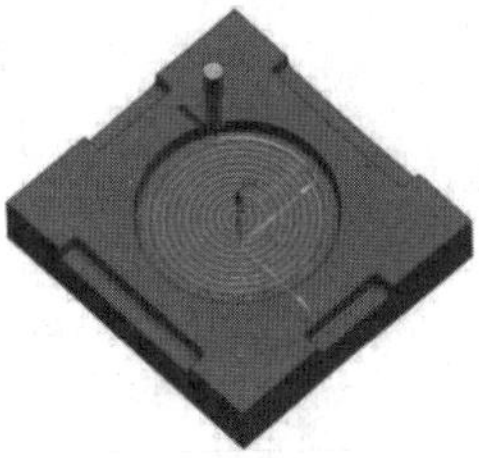 |
| 5 | 精加工 | 深度加工轮廓 | D6R0. 5 | 0. 1 | 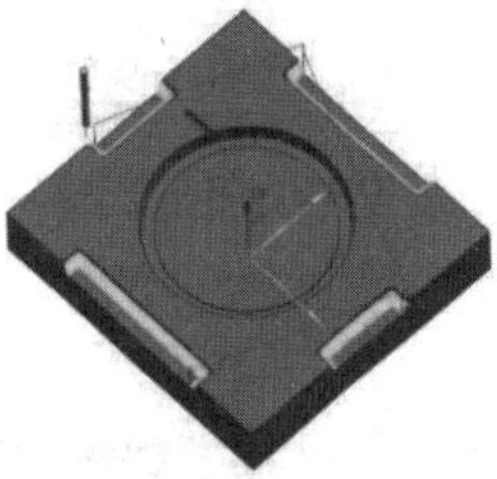 |
| 6 | 精加工 | 面铣削 | D6R0. 5 | | 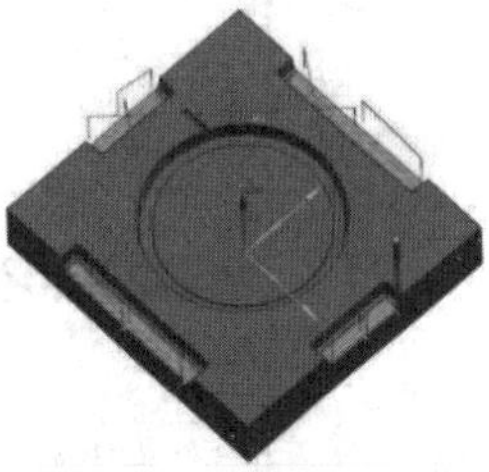 |
| 7 | 精加工 | 深度加工轮廓 | D6R0. 5 | 0. 07 | 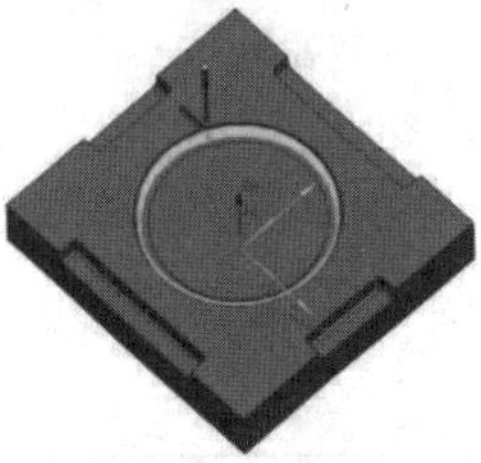 |

续表

| 序号 | 工序内容 | 加工方式 | 刀具参数 | 背吃刀量（mm） | 加工模拟图 |
|---|---|---|---|---|---|
| 8 | 精加工 | 深度加工轮廓 | D6R0.5 | 0.07 | |
| 9 | 开粗 | 深度加工轮廓 | D3 | 0.08 | |
| 10 | 精加工 | 固定轮廓加工 | R0.75 | 0.03 | |

4. 前模仁 UG 编程参数设置

（1）进入 UG 加工环境。

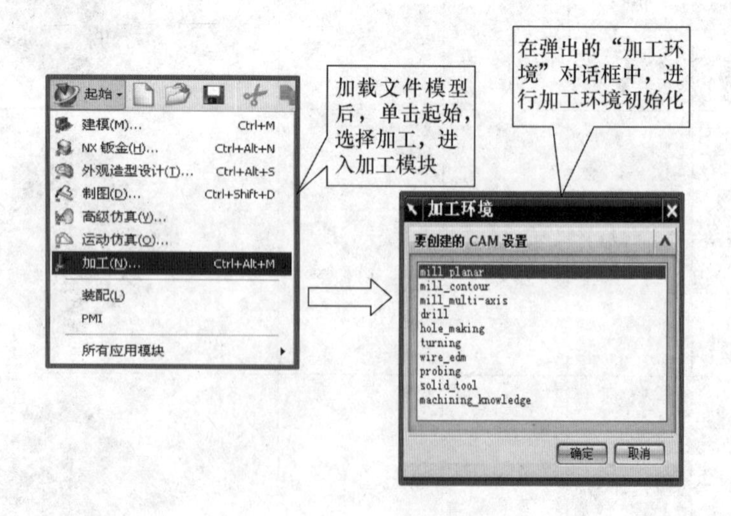

（2）创建几何体。单击工具条中的几何视图。

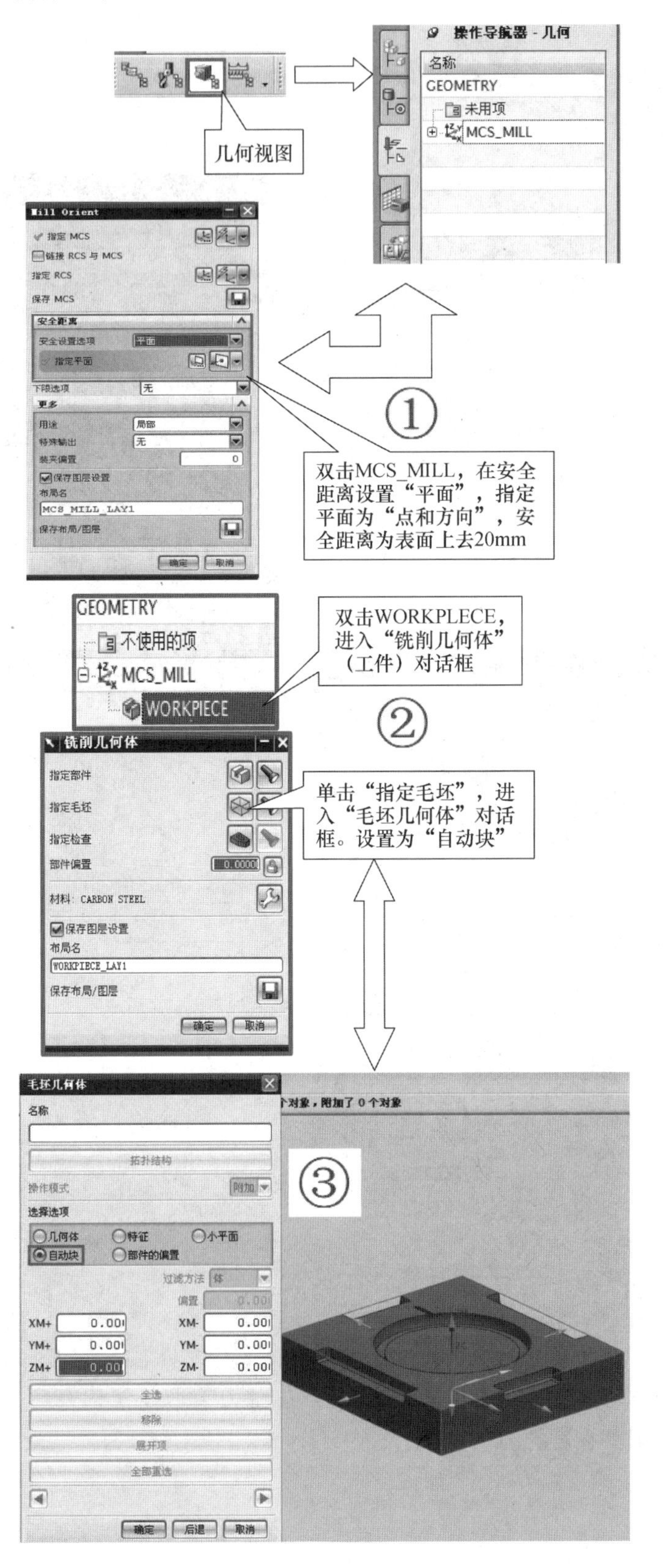

（3）创建刀具。

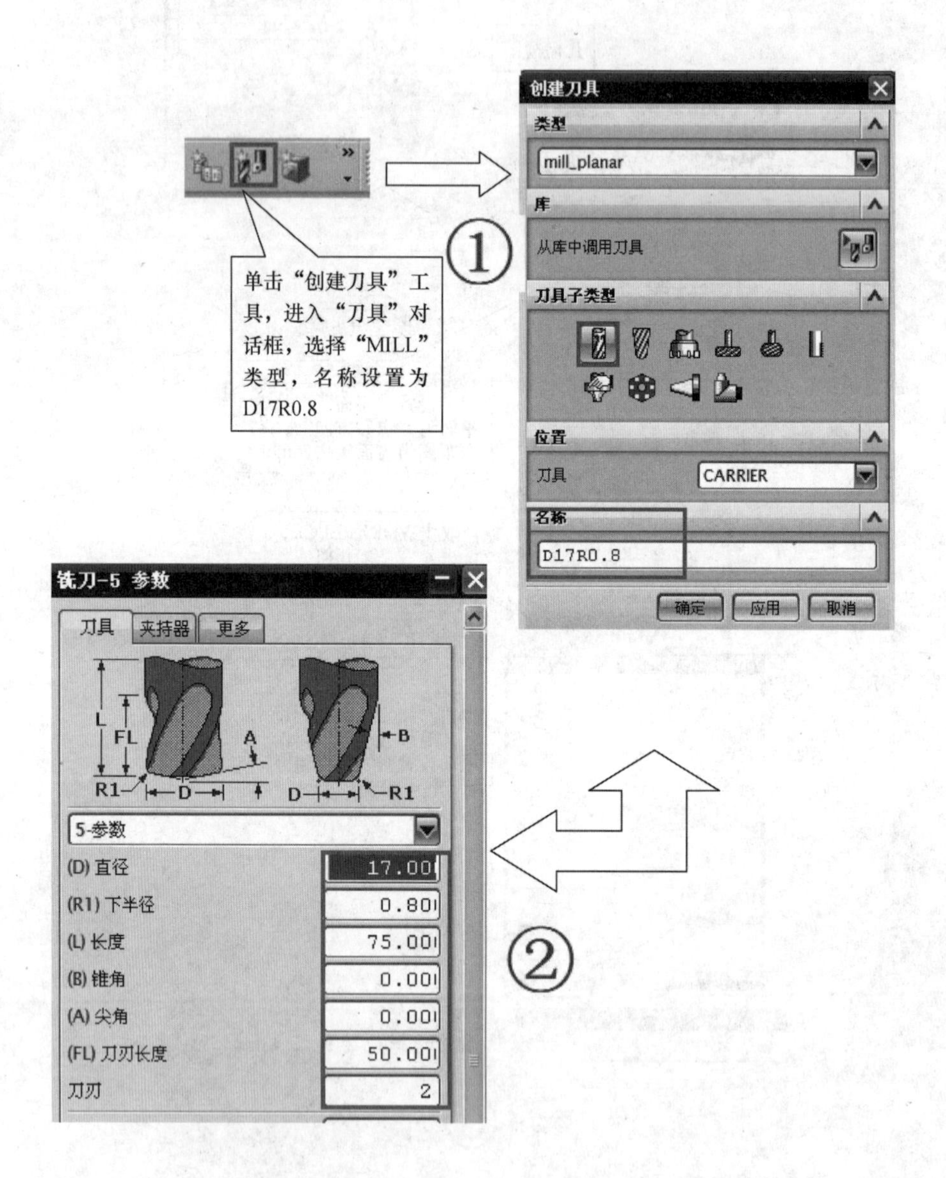


其他刀具的设置方法基本类似，常用的刀具有平底刀、圆鼻刀及球刀，刀具不一样，相关参数设置也有所区别，圆鼻刀有“下半径”，球刀下半径就是刀具直径的半径，平底刀没有下半径。刀具长度与刀具大小有关。

（4）创建程序。

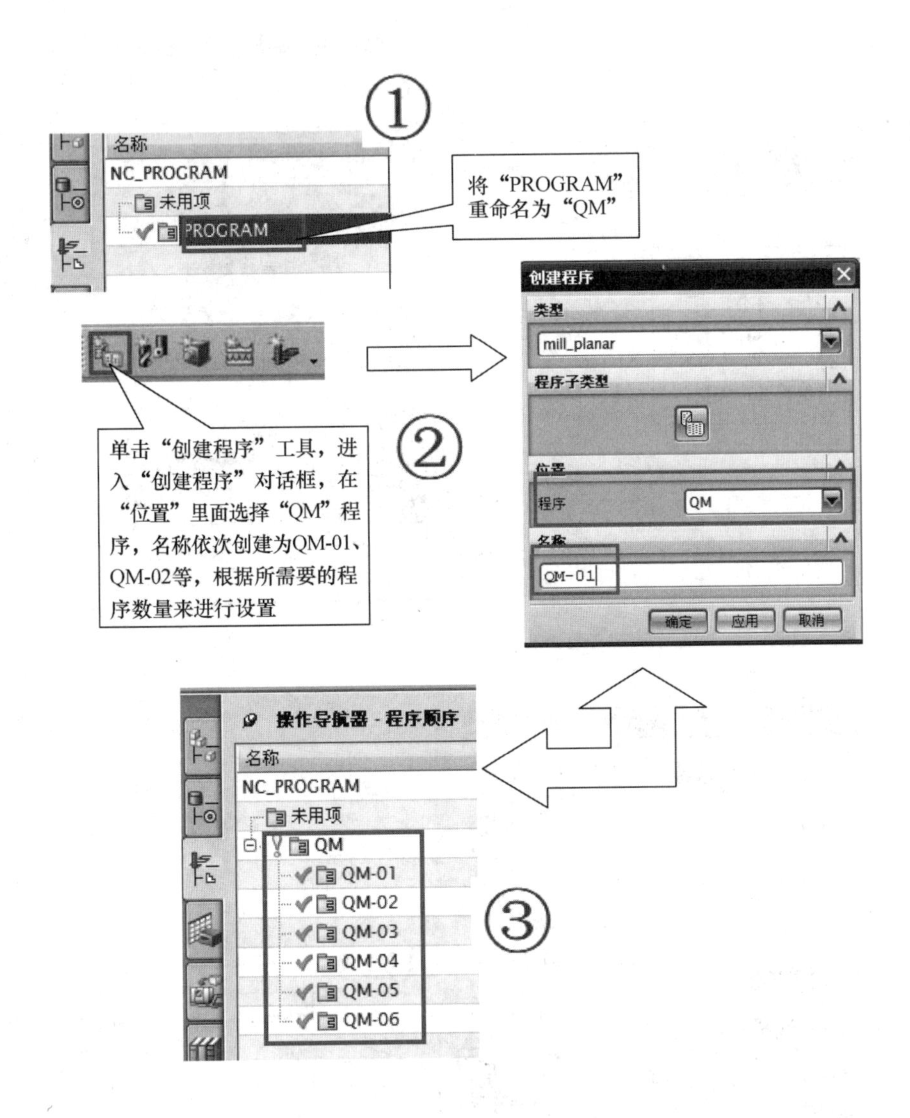
①
名称
NC_PROGRAM
未用项
PROGRAM
将“PROGRAM”重命名为“QM”
创建程序
类型
mill_planar
程序子类型
位置
程序
QM
名称
QM-01
确定
应用
取消
单击“创建程序”工具，进入“创建程序”对话框，在“位置”里面选择“QM”程序，名称依次创建为QM-01、QM-02等，根据所需要的程序数量来进行设置
②
操作导航器 - 程序顺序
名称
NC_PROGRAM
未用项
QM
QM-01
QM-02
QM-03
QM-04
QM-05
QM-06
③

（5）中间区域开粗加工。

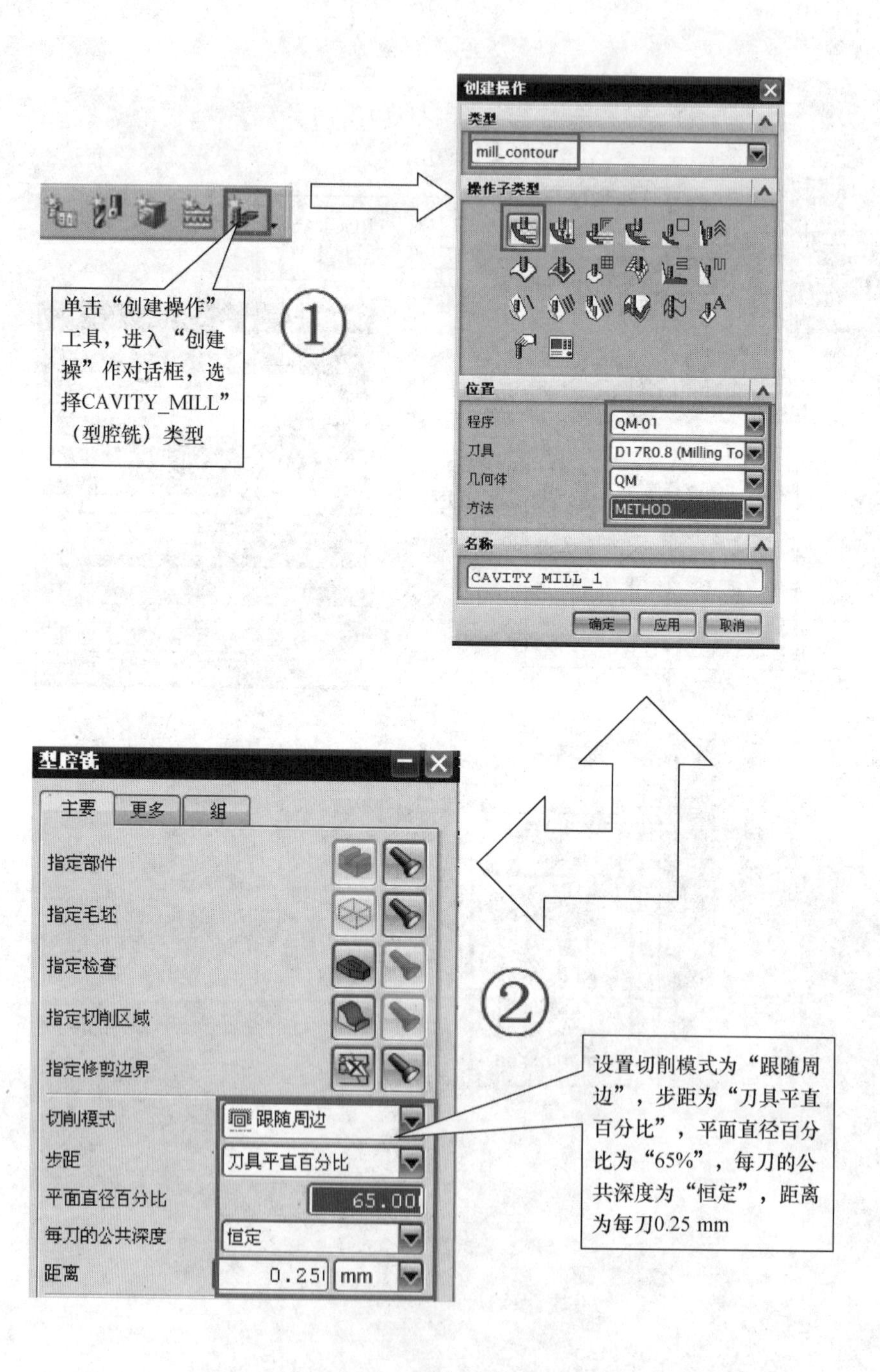
单击“创建操作”工具，进入“创建操”作对话框，选择CAVITY_MILL”（型腔铣）类型
①
创建操作
类型
mill_contour
操作子类型
位置
程序
QM-01
刀具
D17R0.8 (Milling To
几何体
QM
方法
METHOD
名称
CAVITY_MILL_1
确定
应用
取消
型腔铣
主要
更多
組
指定部件
指定毛坯
指定检查
指定切削区域
指定修剪边界
切削模式
跟随周边
步距
刀具平直百分比
平面直径百分比
65.00
每刀的公共深度
恒定
距离
0.25
mm
②
设置切削模式为“跟随周边”，步距为“刀具平直百分比”，平面直径百分比为“65%”，每刀的公共深度为“恒定”，距离为每刀0.25 mm

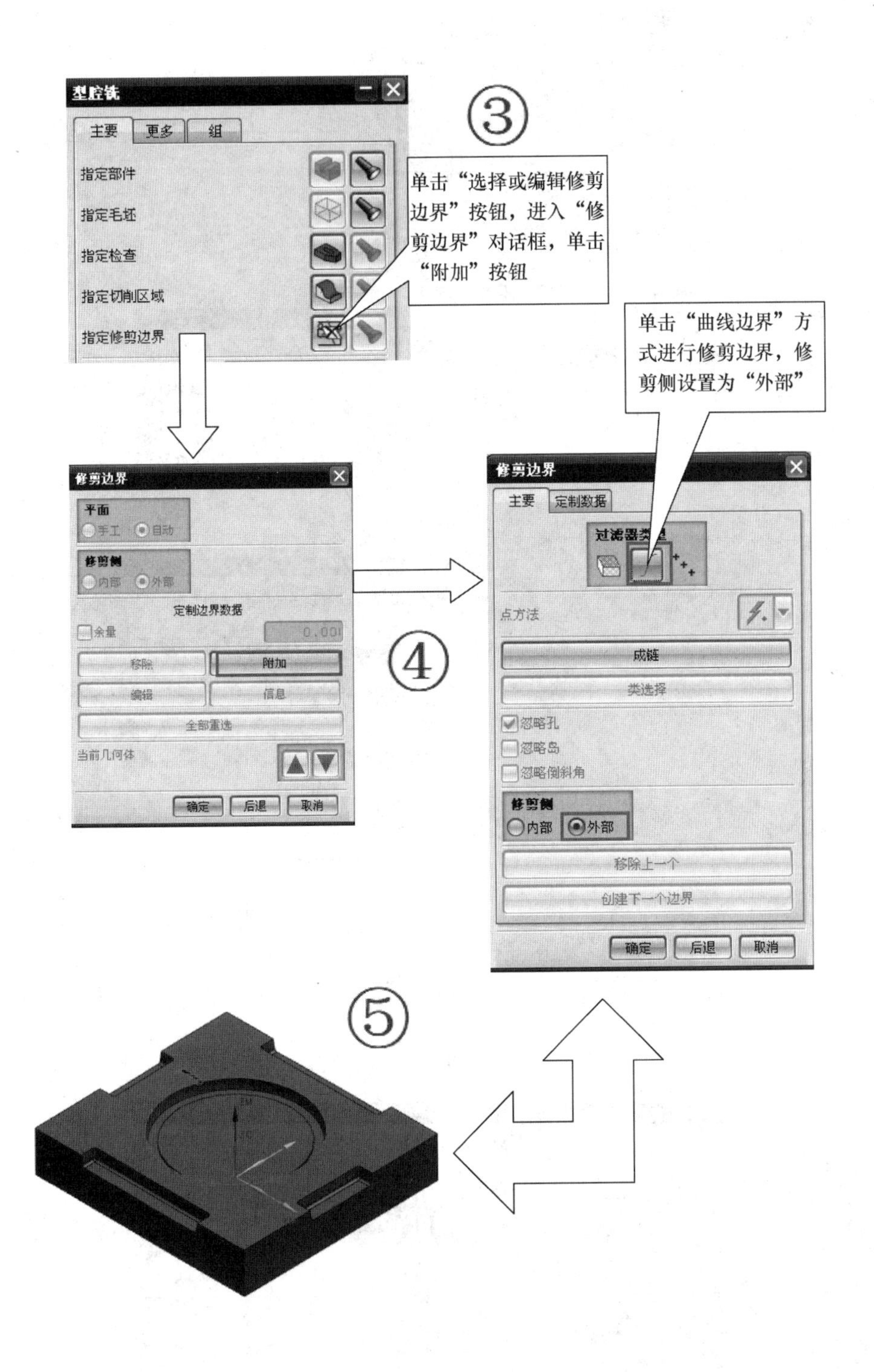
③
型腔铣
主要
更多
组
指定部件
指定毛坯
指定检查
指定切削区域
指定修剪边界
单击“选择或编辑修剪边界”按钮，进入“修剪边界”对话框，单击“附加”按钮
单击“曲线边界”方式进行修剪边界，修剪侧设置为“外部”
修剪边界
平面
手工
自动
修剪侧
内部
外部
定制边界数据
余量
移除
附加
编辑
信息
全部重选
当前几何体
确定
后退
取消
④
修剪边界
主要
定制数据
过滤器类型
点方法
成链
类选择
忽略孔
忽略岛
忽略倒斜角
修剪侧
内部
外部
移除上一个
创建下一个边界
确定
后退
取消
⑤

非切削移动设置：进刀、退刀、传递/快速。

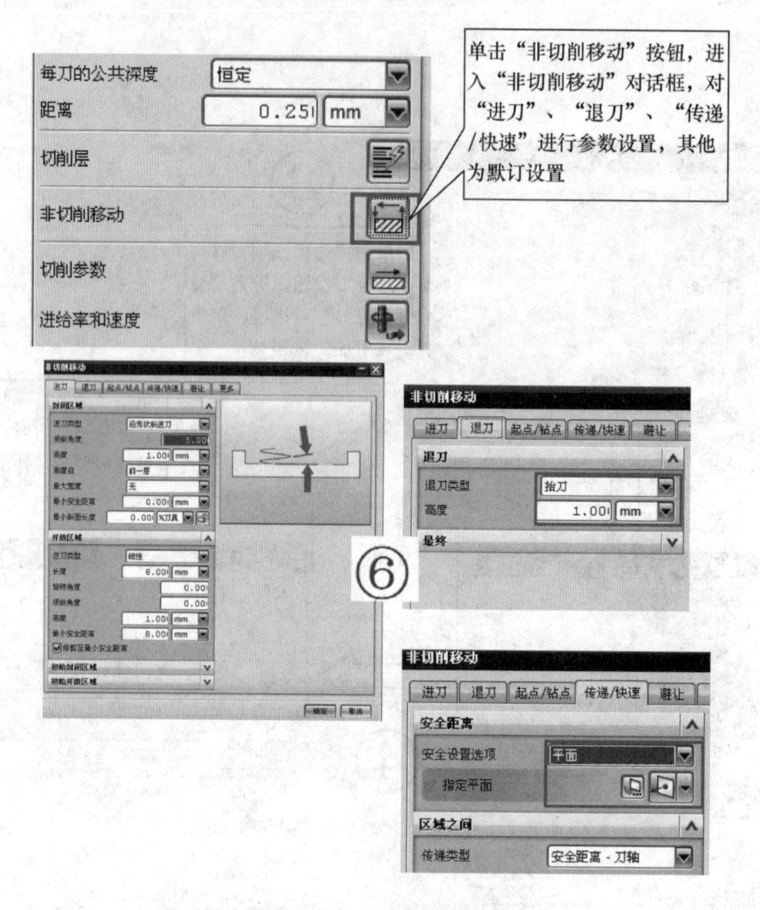


切削参数设置：策略、余量。

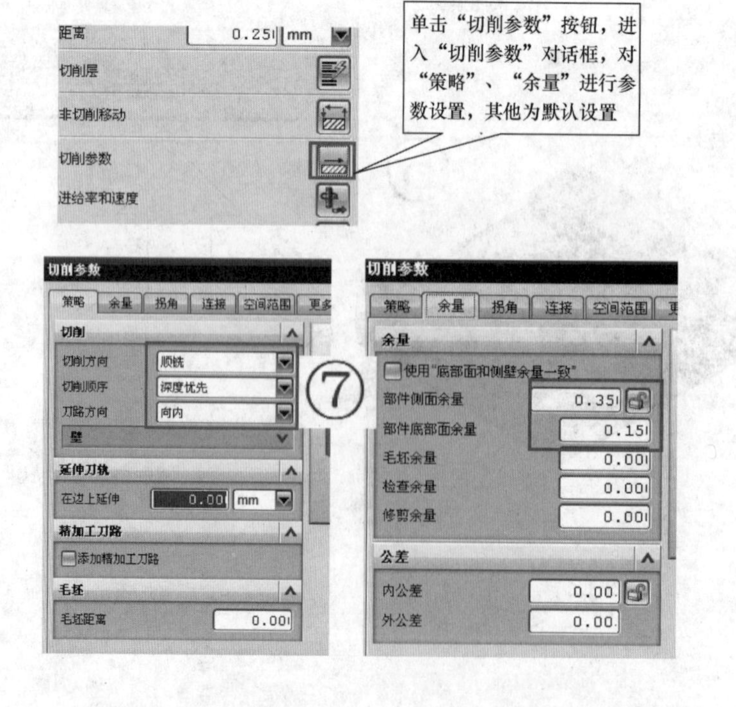

进给率和速度：主轴转速、进刀速度。

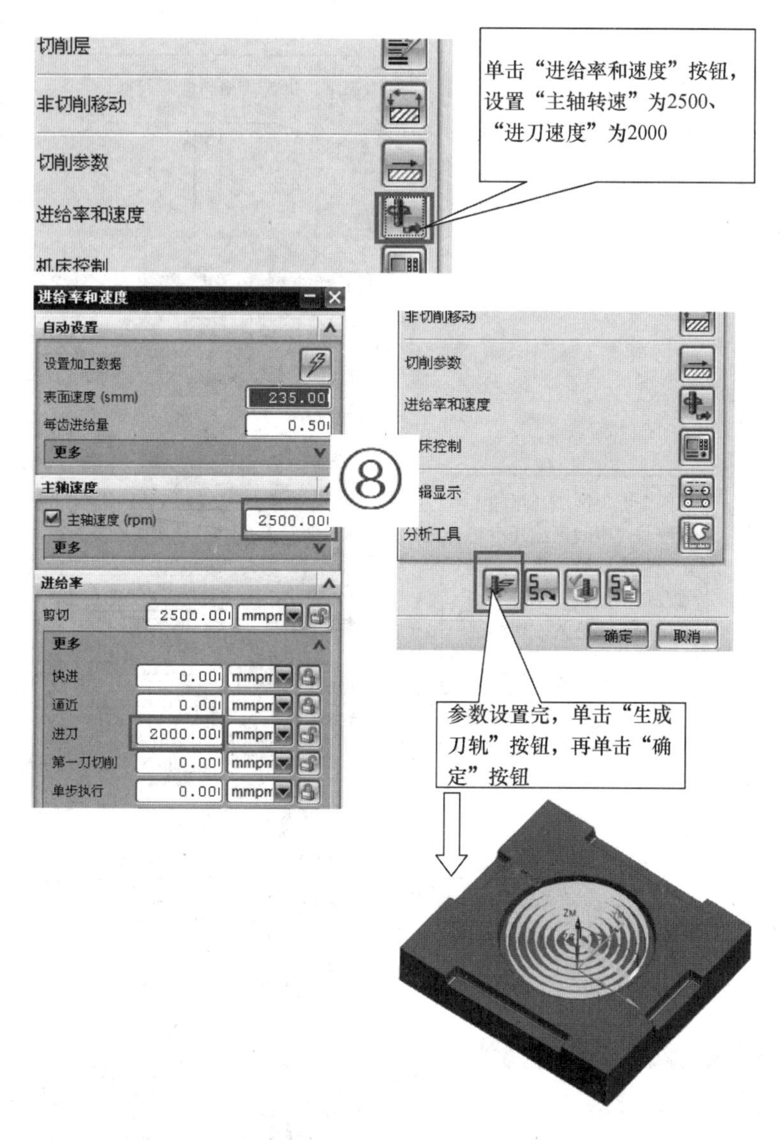


（6）四个虎口区域开粗加工。

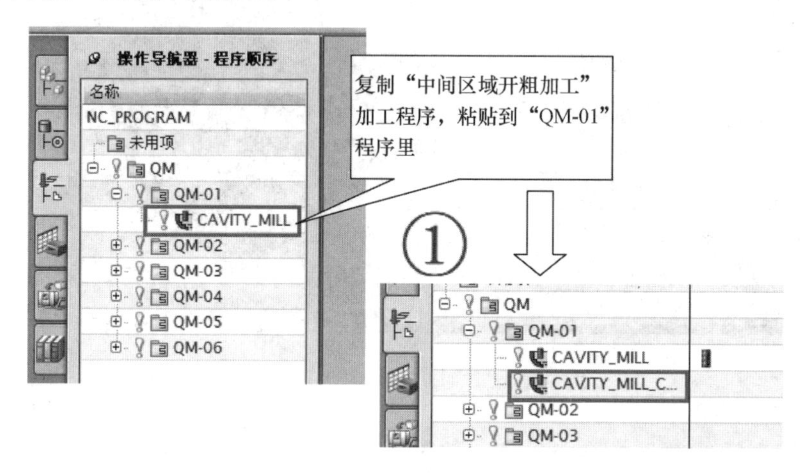

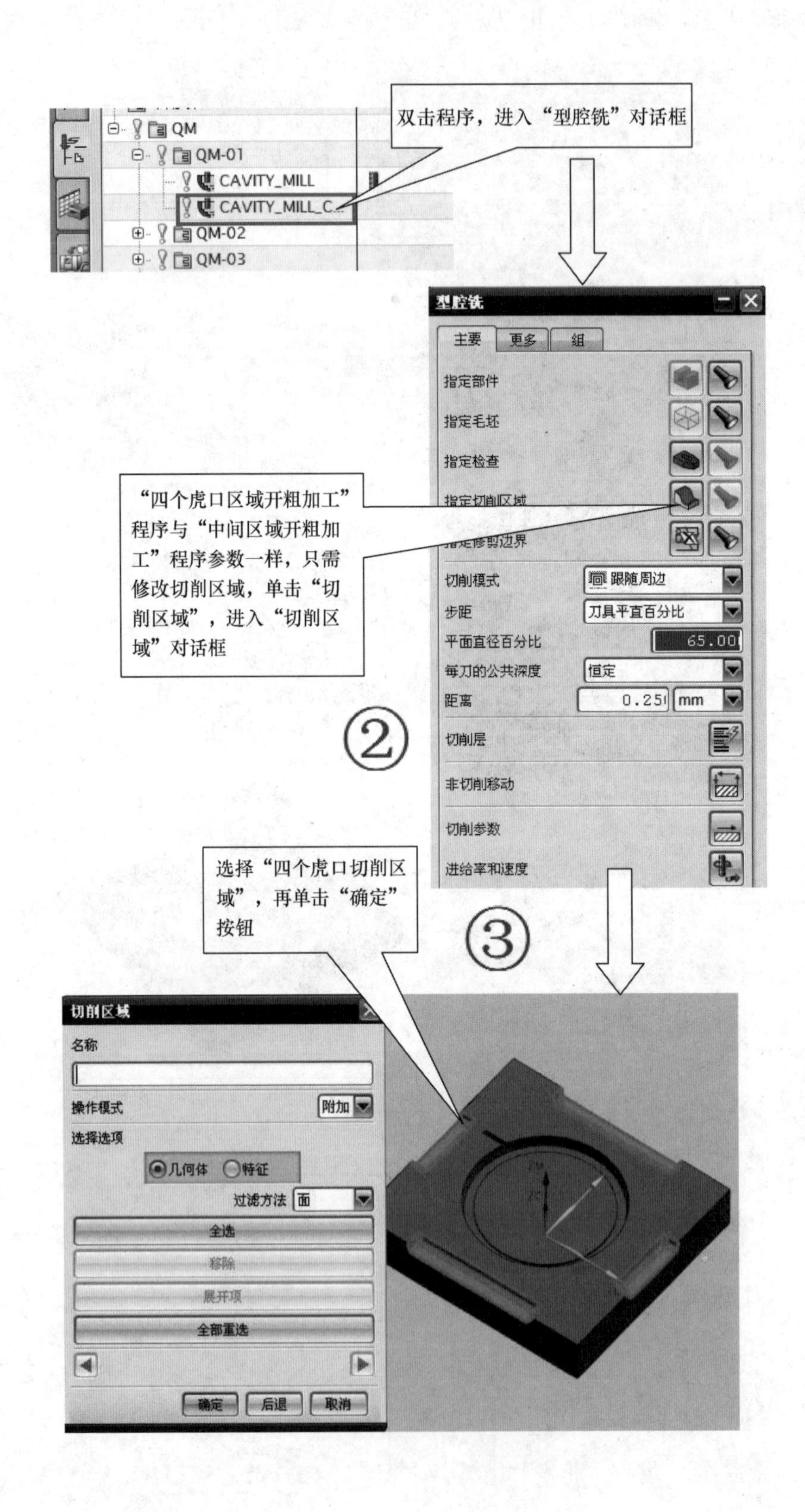
双击程序，进入“型腔铣”对话框
QM
QM-01
CAVITY_MILL
CAVITY_MILL_C...
QM-02
QM-03
型腔铣
主要
更多
组
指定部件
指定毛坯
指定检查
指定切削区域
指定修剪边界
切削模式
跟随周边
步距
刀具平直百分比
平面直径百分比
65.00
每刀的公共深度
恒定
距离
0.25
mm
切削层
非切削移动
切削参数
进给率和速度
“四个虎口区域开粗加工”程序与“中间区域开粗加工”程序参数一样，只需修改切削区域，单击“切削区域”，进入“切削区域”对话框
②
选择“四个虎口切削区域”，再单击“确定”按钮
③
切削区域
名称
操作模式
附加
选择选项
几何体
特征
过滤方法
面
全选
移除
展开项
全部重选
确定
后退
取消

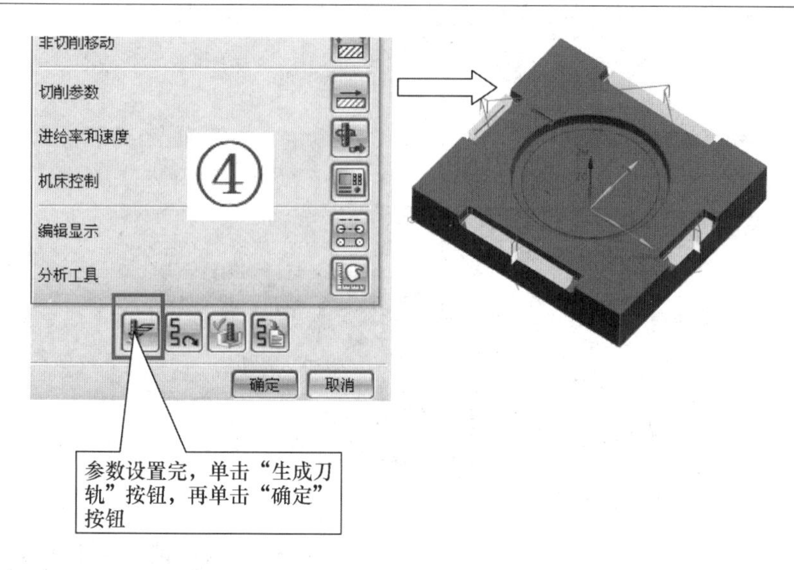
非切削移动
切削参数
进给率和速度
机床控制
编辑显示
分析工具
④
确定
取消
参数设置完，单击“生成刀轨”按钮，再单击“确定”按钮

（7）半精加工。

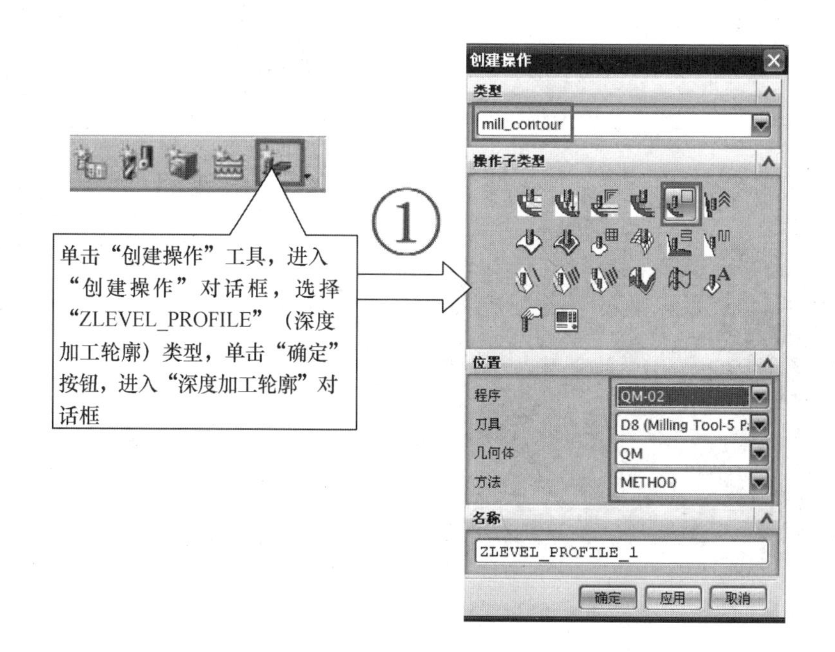
单击“创建操作”工具，进入“创建操作”对话框，选择“ZLEVEL_PROFILE”（深度加工轮廓）类型，单击“确定”按钮，进入“深度加工轮廓”对话框
①
创建操作
类型
mill_contour
操作子类型
位置
程序
QM-02
刀具
D8 (Milling Tool-5 P
几何体
QM
方法
METHOD
名称
ZLEVEL_PROFILE_1
确定
应用
取消

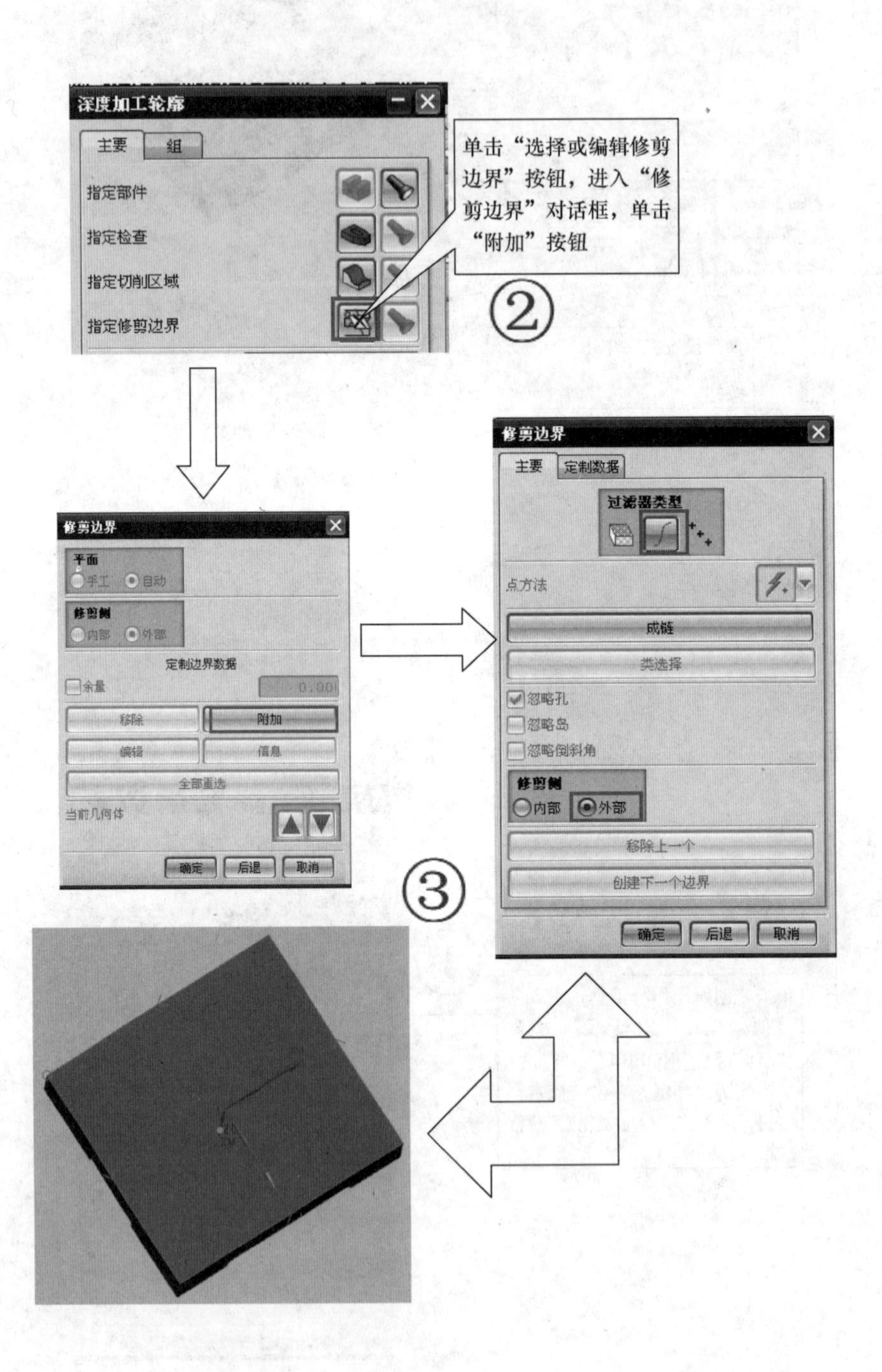
深度加工轮廓
主要
组
指定部件
指定检查
指定切削区域
指定修剪边界
单击“选择或编辑修剪边界”按钮，进入“修剪边界”对话框，单击“附加”按钮
②
修剪边界
平面
手工
自动
修剪侧
内部
外部
定制边界数据
余量
移除
附加
编辑
信息
全部重选
当前几何体
确定
后退
取消
③
修剪边界
主要
定制数据
过滤器类型
点方法
成链
类选择
忽略孔
忽略岛
忽略倒斜角
修剪侧
内部
外部
移除上一个
创建下一个边界
确定
后退
取消

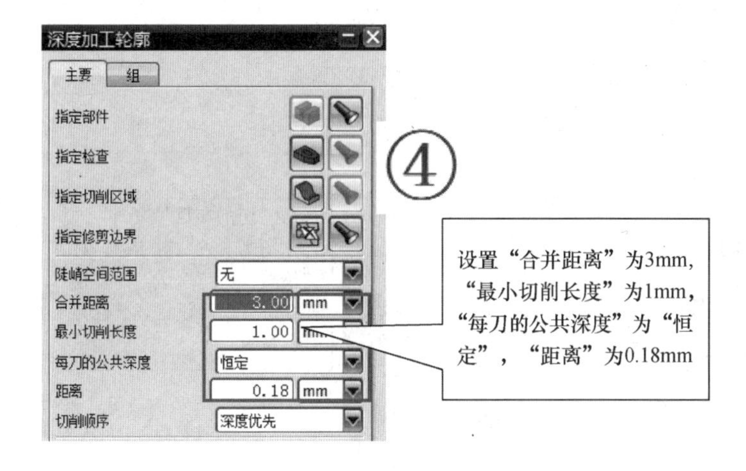


非切削移动设置：进刀、退刀、传递/快速。

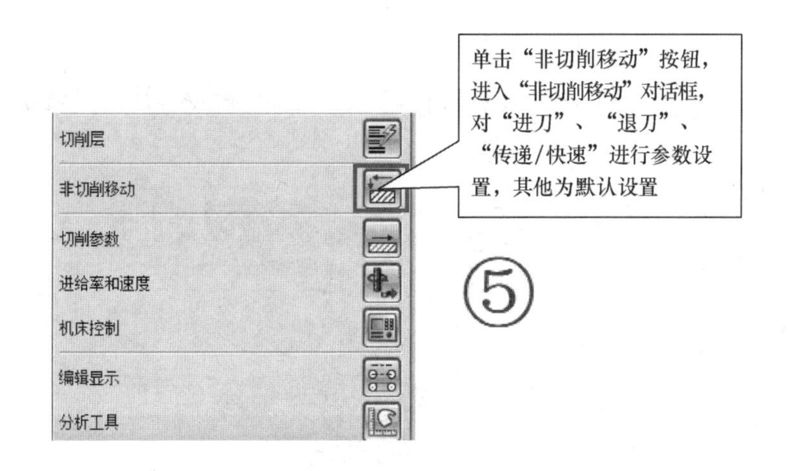


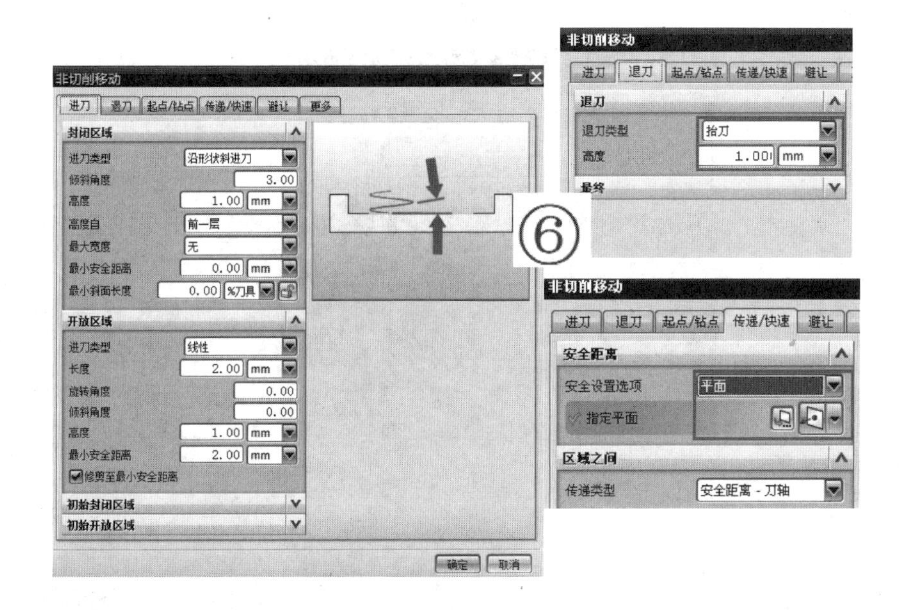

切削参数设置：策略、余量、连接。

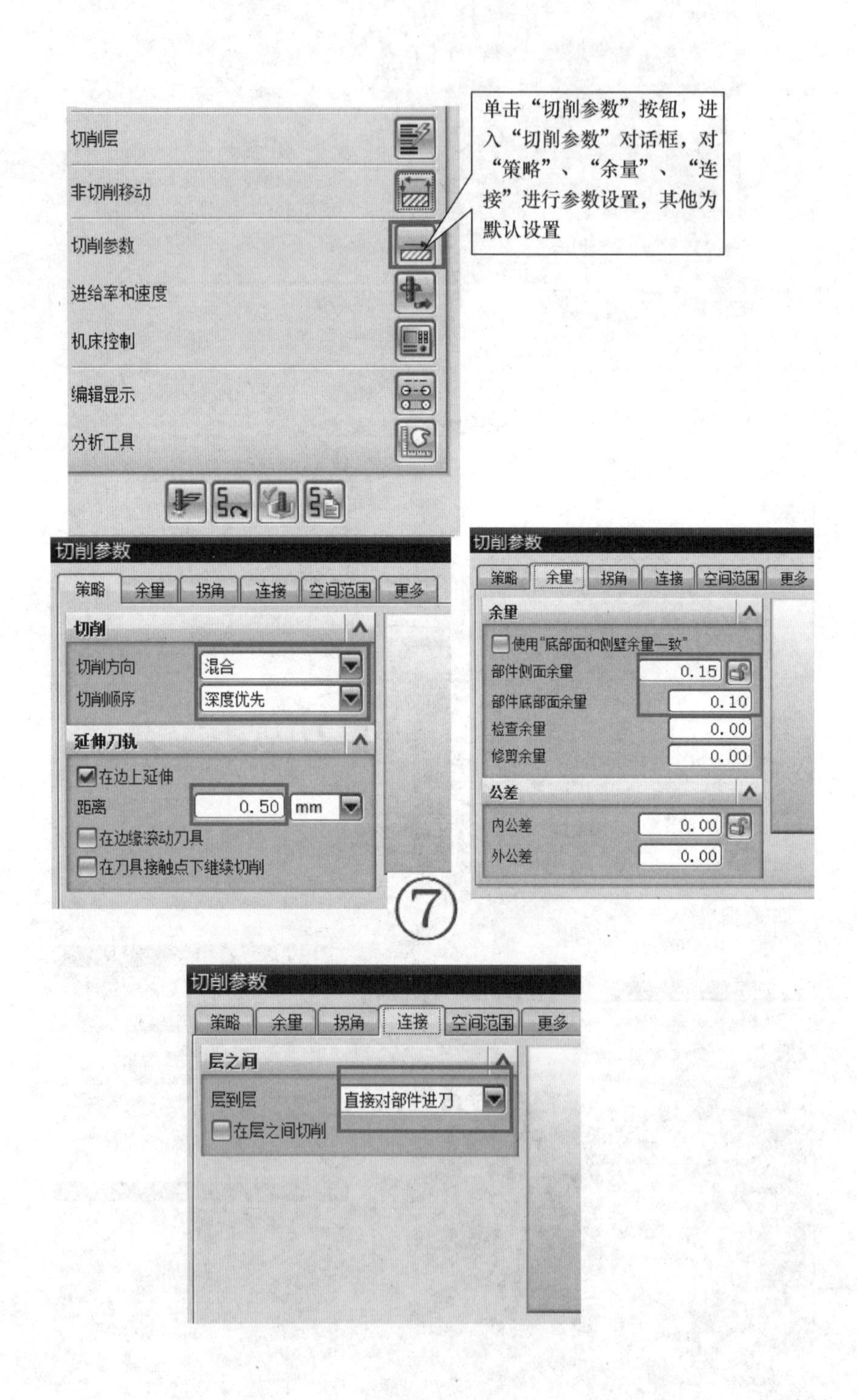

进给率和速度：主轴转速、进刀速度。

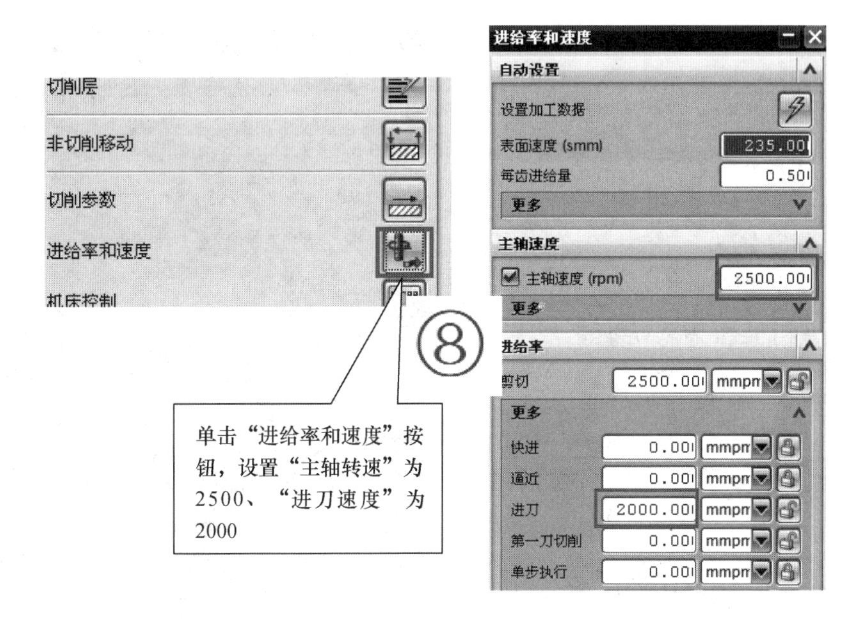


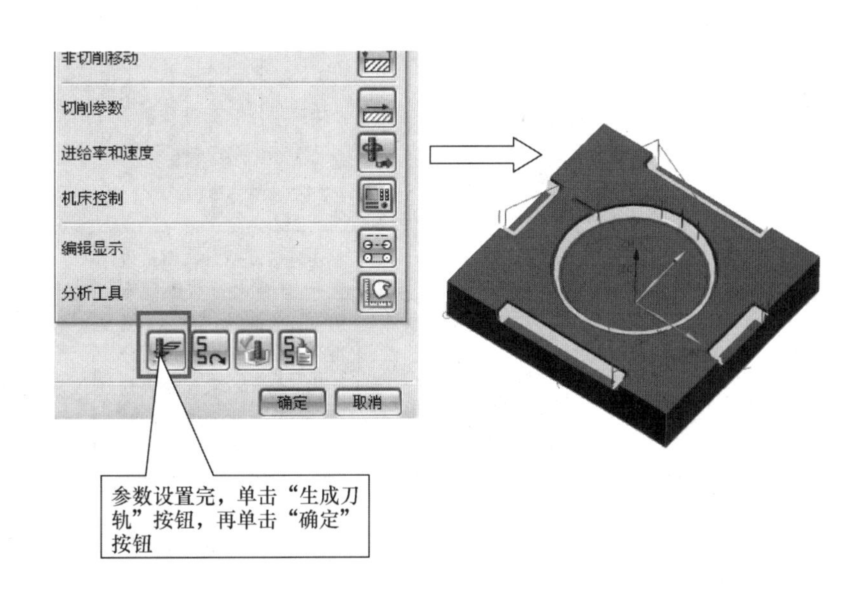

（8）精加工。

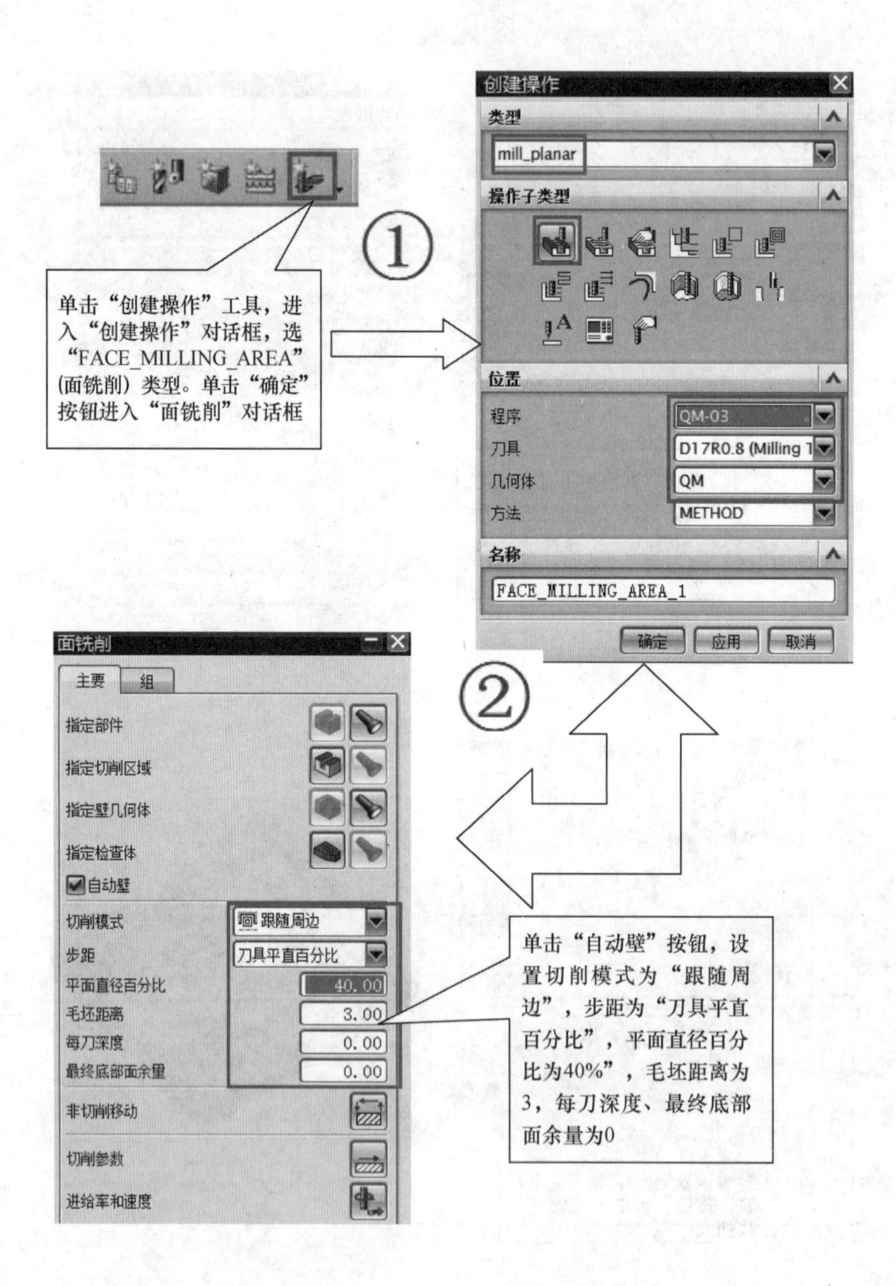
①
单击“创建操作”工具，进入“创建操作”对话框，选“FACE_MILLING_AREA”(面铣削）类型。单击“确定”按钮进入“面铣削”对话框
创建操作
类型
mill_planar
操作子类型
位置
程序
QM-03
刀具
D17R0.8 (Milling T
几何体
QM
方法
METHOD
名称
FACE_MILLING_AREA_1
确定
应用
取消
②
面铣削
主要
组
指定部件
指定切削区域
指定壁几何体
指定检查体
自动壁
切削模式
跟随周边
步距
刀具平直百分比
平面直径百分比
40.00
毛坯距离
3.00
每刀深度
0.00
最终底部面余量
0.00
非切削移动
切削参数
进给率和速度
单击“自动壁”按钮，设置切削模式为“跟随周边”，步距为“刀具平直百分比”，平面直径百分比为40%”，毛坯距离为3，每刀深度、最终底部面余量为0

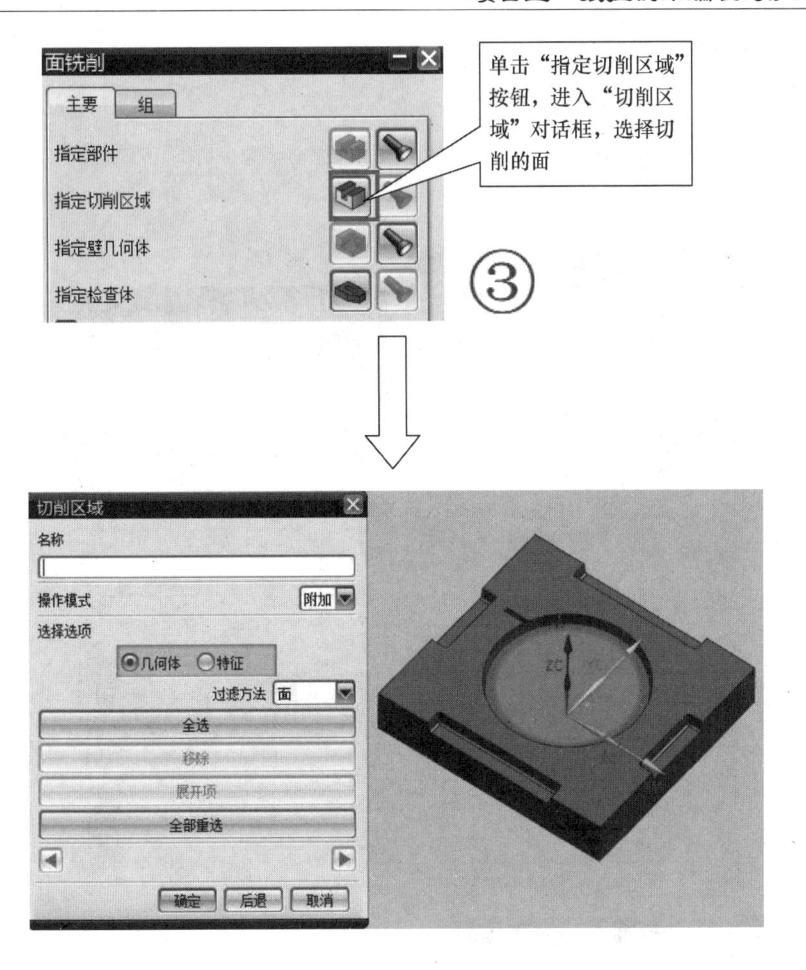


非切削移动设置：进刀、退刀、起点/钻点、传递/快速。

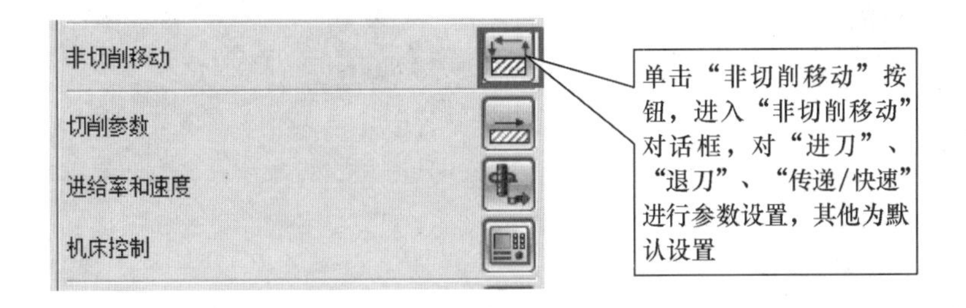

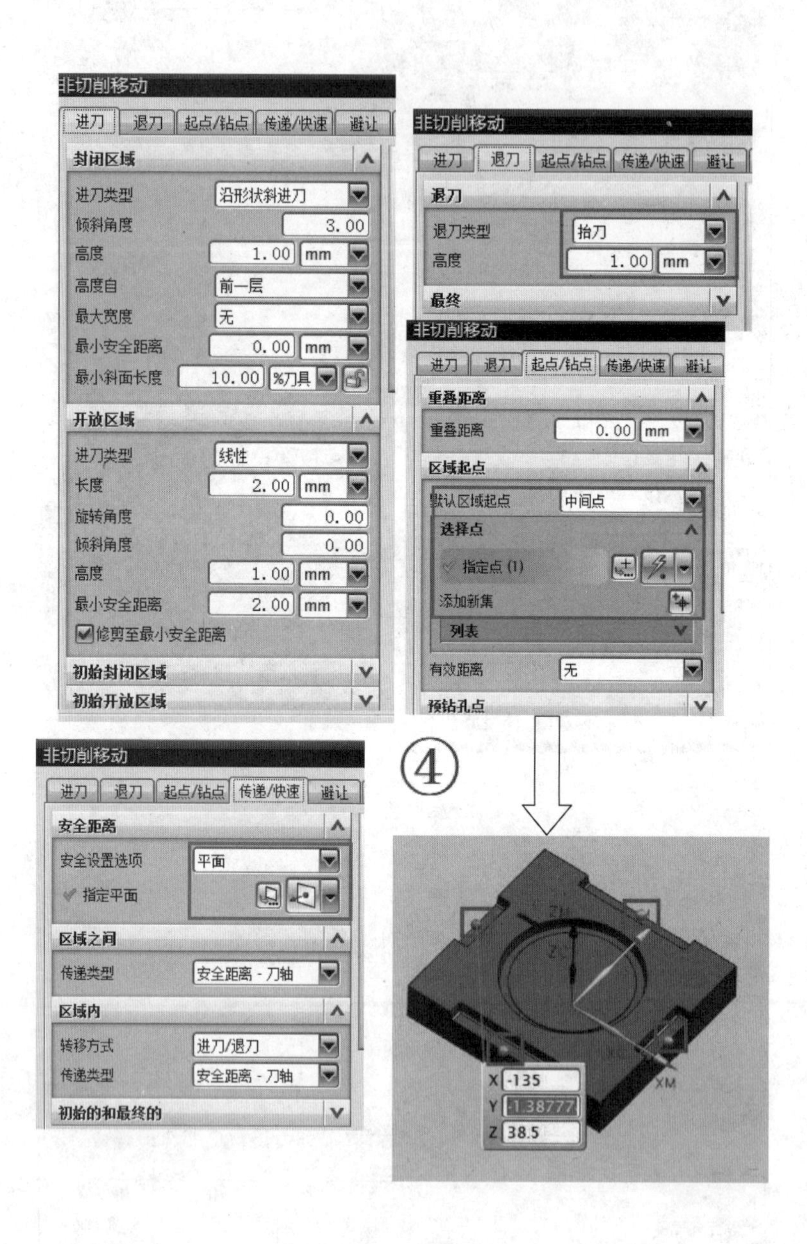

非切削移动
进刀
退刀
起点/钻点
传递/快速
避让
封闭区域
进刀类型
沿形状斜进刀
倾斜角度
3.00
高度
1.00
mm
高度自
前一层
最大宽度
无
最小安全距离
0.00
mm
最小斜面长度
10.00
%刀具
开放区域
进刀类型
线性
长度
2.00
mm
旋转角度
0.00
倾斜角度
0.00
高度
1.00
mm
最小安全距离
2.00
mm
修剪至最小安全距离
初始封闭区域
初始开放区域
非切削移动
进刀
退刀
起点/钻点
传递/快速
避让
退刀
退刀类型
抬刀
高度
1.00
mm
最终
非切削移动
进刀
退刀
起点/钻点
传递/快速
避让
重叠距离
重叠距离
0.00
mm
区域起点
默认区域起点
中间点
选择点
指定点 (1)
添加新集
列表
有效距离
无
预钻孔点
④
非切削移动
进刀
退刀
起点/钻点
传递/快速
避让
安全距离
安全设置选项
平面
指定平面
区域之间
传递类型
安全距离 - 刀轴
区域内
转移方式
进刀/退刀
传递类型
安全距离 - 刀轴
初始的和最终的
ZM
XM
X -135
Y -1.38777
Z 38.5

切削参数设置：策略、余量、拐角、连接。

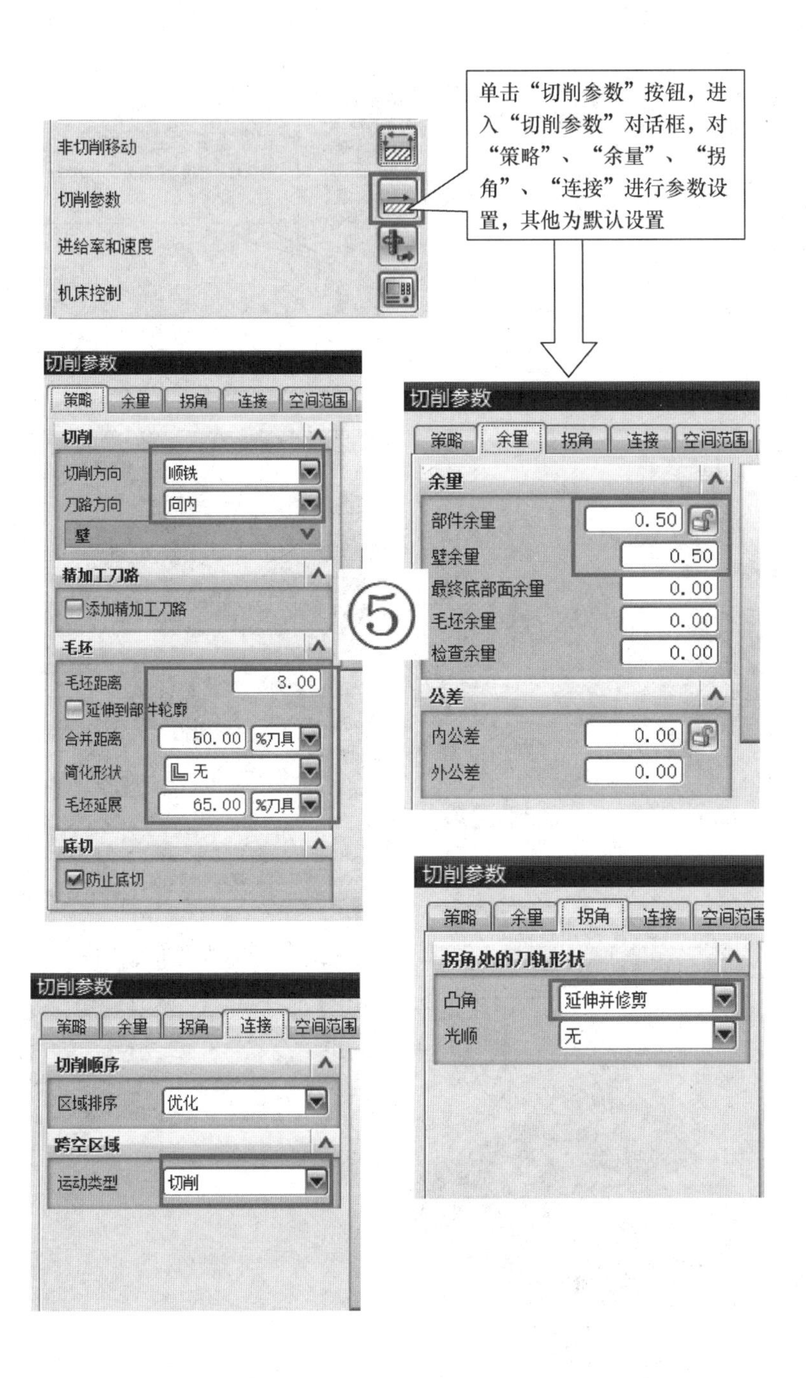

进给率和速度：主轴转速、进刀速度。

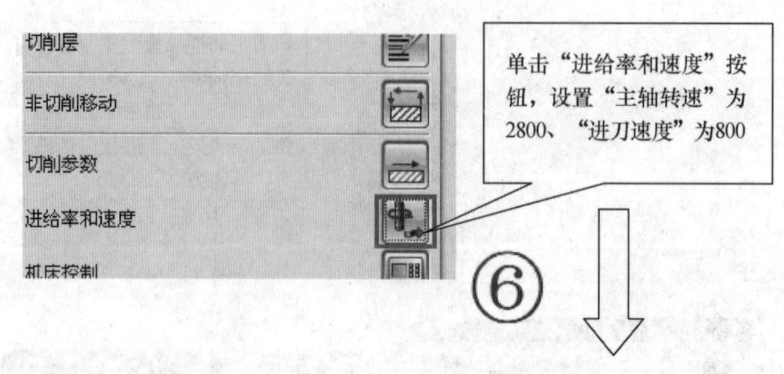


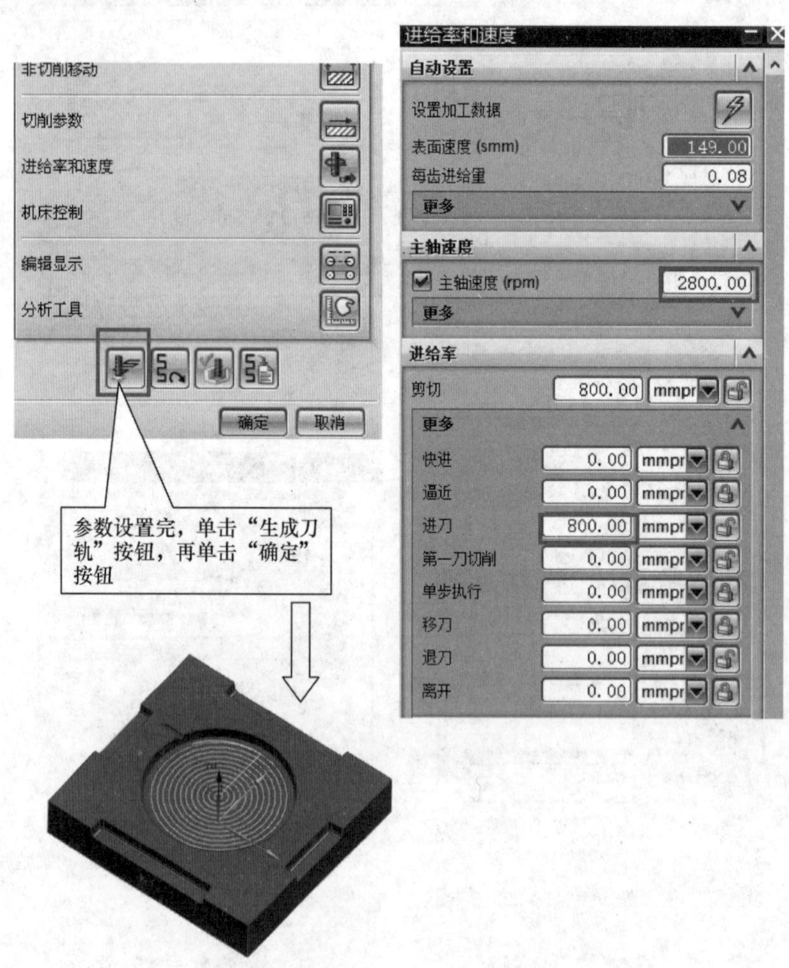

（9）四个虎口区域精加工。

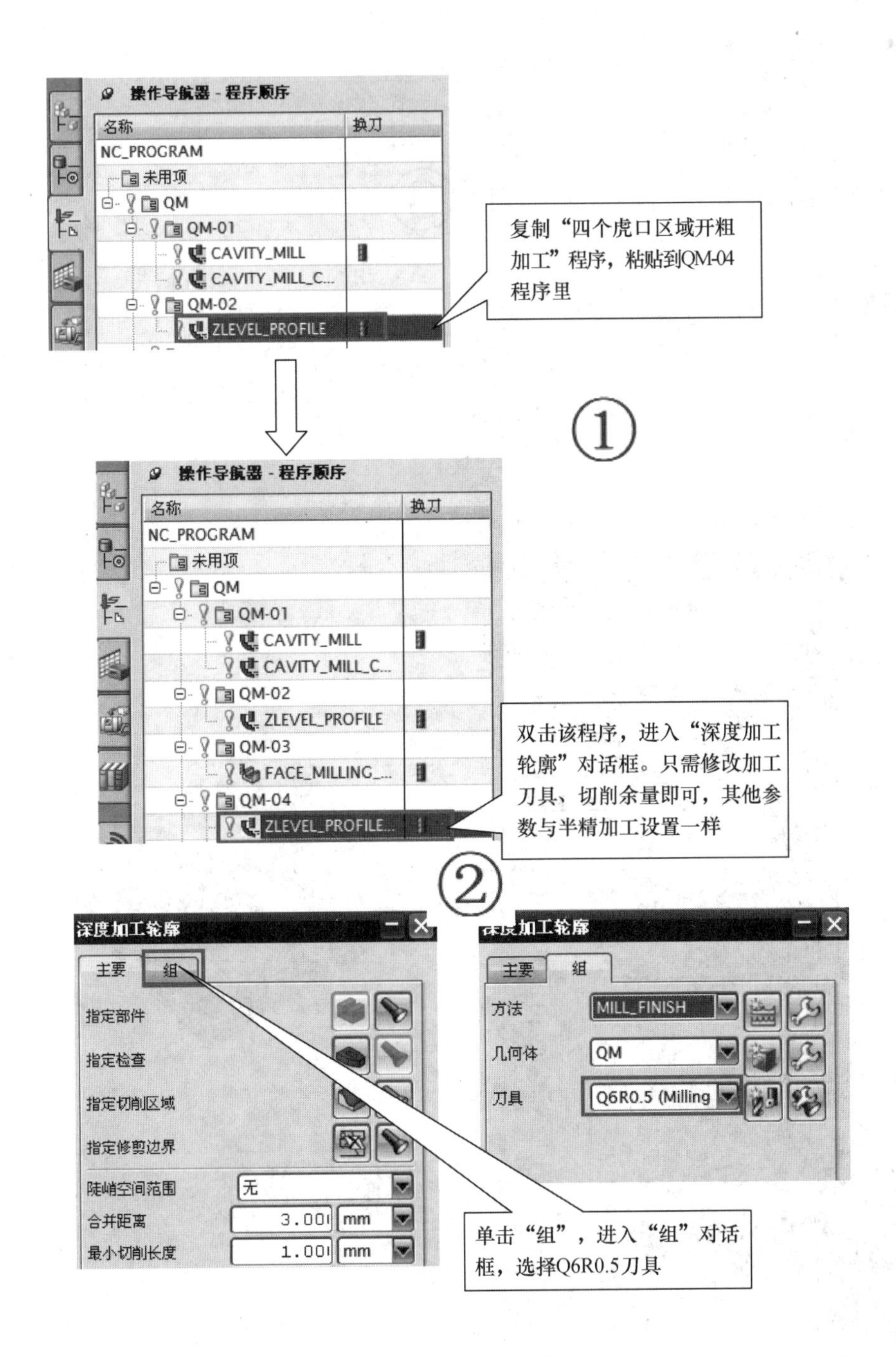
操作导航器 - 程序顺序
名称
换刀
NC_PROGRAM
未用项
QM
QM-01
CAVITY_MILL
CAVITY_MILL_C...
QM-02
ZLEVEL_PROFILE
复制“四个虎口区域开粗加工”程序，粘贴到QM-04程序里
①
QM-03
FACE_MILLING_...
QM-04
ZLEVEL_PROFILE...
双击该程序，进入“深度加工轮廓”对话框。只需修改加工刀具、切削余量即可，其他参数与半精加工设置一样
②
深度加工轮廓
主要
组
指定部件
指定检查
指定切削区域
指定修剪边界
陡峭空间范围
无
合并距离
3.001
mm
最小切削长度
1.001
mm
方法
MILL_FINISH
几何体
QM
刀具
Q6R0.5 (Milling
单击“组”，进入“组”对话框，选择Q6R0.5刀具

陡峭空间范围
无
合并距离
3.00
mm
最小切削长度
1.00
mm
每刀的公共深度
恒定
距离
0.10
mm
切削顺序
深度优先
设置“距离”为0.1mm
③
切削层
非切削移动
切削参数
进给率和速度
机床控制
单击“切削参数”按钮，进入“切削参数”对话框，对“余量”进行参数设置，其他为默认设置
④
切削参数
策略
余量
拐角
连接
空间范围
余量
使用“底部面和侧壁余量一致”
部件侧面余量
0.00
部件底部面余量
0.00
检查余量
0.00
修剪余量
0.00
公差
内公差
0.00
外公差
0.00
非切削移动
切削参数
进给率和速度
机床控制
编辑显示
分析工具
参数设置完，单击“生成刀轨”按钮，再单击“确定”按钮
确定
取消

（10）精加工。

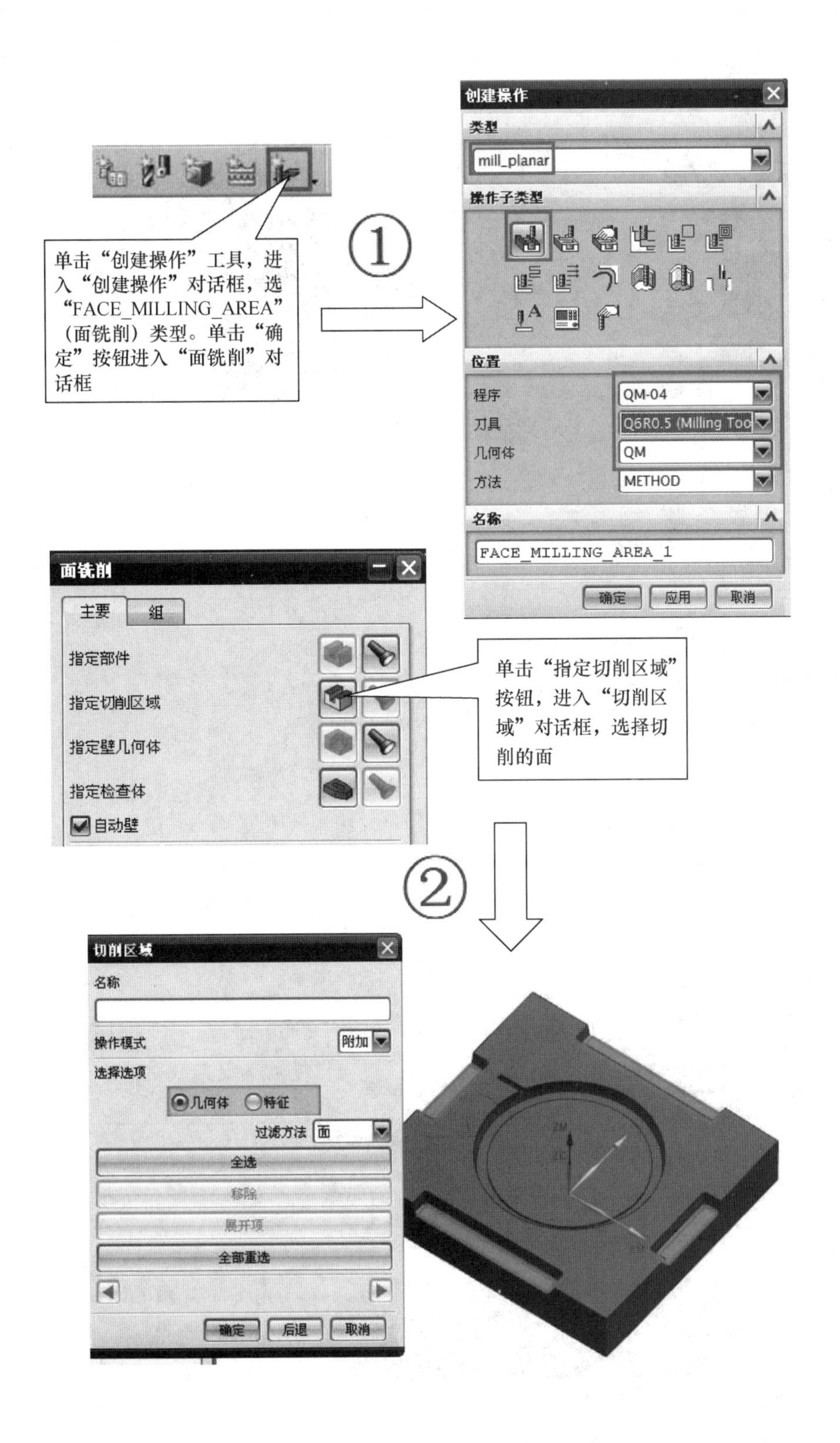

单击“创建操作”工具，进入“创建操作”对话框，选“FACE_MILLING_AREA”（面铣削）类型。单击“确定”按钮进入“面铣削”对话框
①
创建操作
类型
mill_planar
操作子类型
位置
程序
QM-04
刀具
Q6R0.5 (Milling Too
几何体
QM
方法
METHOD
名称
FACE_MILLING_AREA_1
确定
应用
取消
面铣削
主要
组
指定部件
指定切削区域
指定壁几何体
指定检查体
自动壁
单击“指定切削区域”按钮，进入“切削区域”对话框，选择切削的面
②
切削区域
名称
操作模式
附加
选择选项
几何体
特征
过滤方法
面
全选
移除
展开项
全部重选
确定
后退
取消

切削参数、非切削移动、进给率和速度及其他相关参数与前面“QM－03”面铣削程序参数一样。

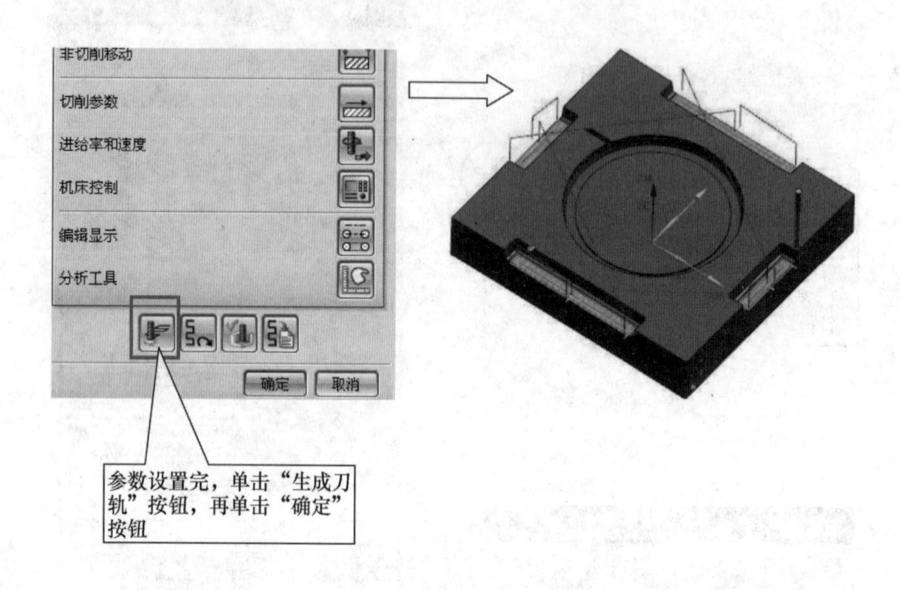


（11）精加工。

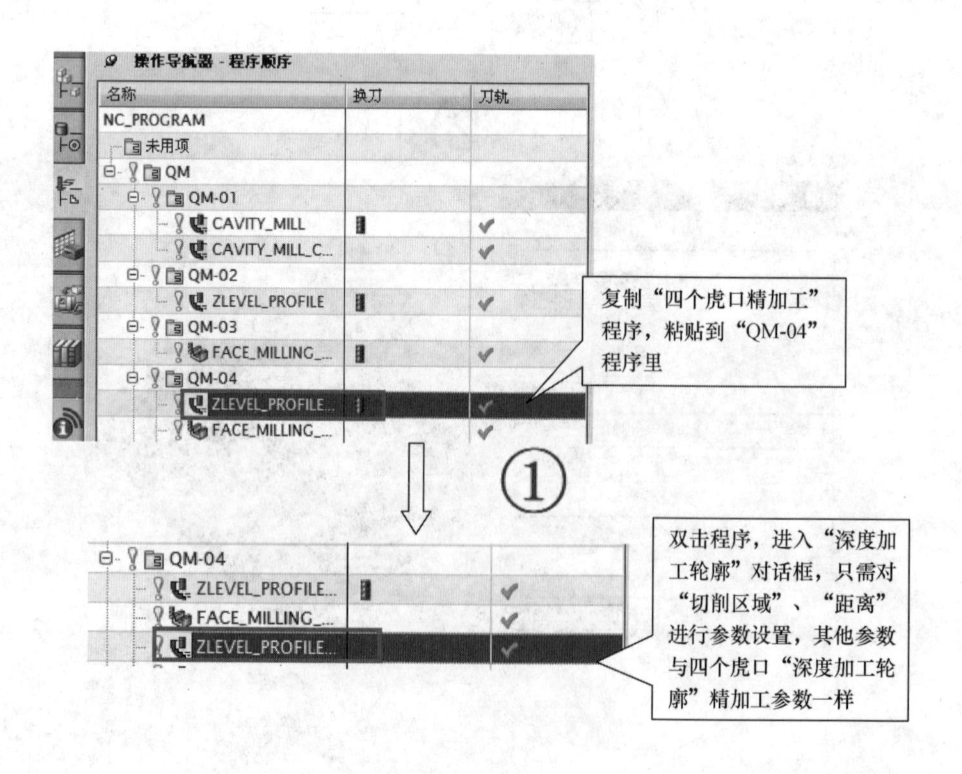

深度加工轮廓
主要
组
指定部件
指定检查
指定切削区域
指定修剪边界
单击“指定切削区域”按钮，进入“切削区域”对话框，选择切削的面
②
切削区域
名称
操作模式
附加
选择选项
几何体
特征
过滤方法
面
全选
移除
展开项
全部重选
确定
后退
取消
深度加工轮廓
主要
组
指定部件
指定检查
指定切削区域
指定修剪边界
③
陡峭空间范围
无
合并距离
3.00
mm
最小切削长度
1.00
mm
每刀的公共深度
恒定
距离
0.07
mm
设置“距离”为0.07mm
切削参数
进给率和速度
机床控制
编辑显示
分析工具
确定
取消
参数设置完，单击“生成刀轨”按钮，再单击“确定”按钮

（12）精加工。

名称
NC_PROGRAM
未用项
QM
QM-01
CAVITY_MILL
CAVITY_MILL_C...
QM-02
QM-03
FACE_MILLING_...
QM-04
ZLEVEL_PROFILE...
FACE_MILLING_...
ZLEVEL_PROFILE...
①
复制“精加工”程序，粘贴到“QM-04”程序里
双击程序，进入“深度加工轮廓”对话框，只需对“切削区域”进行参数设置，其他参数与上条程序一样
深度加工轮廓
主要
组
指定部件
指定检查
指定切削区域
指定修剪边界
单击“指定切削区域”按钮，进入“切削区域”对话框，选择切削的面
②
切削区域
名称
操作模式
附加
选择选项
几何体
特征
过滤方法
面
全选
移除
展开项
全部重选
确定
后退
取消
非切削移动
切削参数
进给率和速度
机床控制
编辑显示
分析工具
确定
取消
参数设置完，单击“生成刀轨”按钮，再单击“确定”按钮

（13）开粗加工。

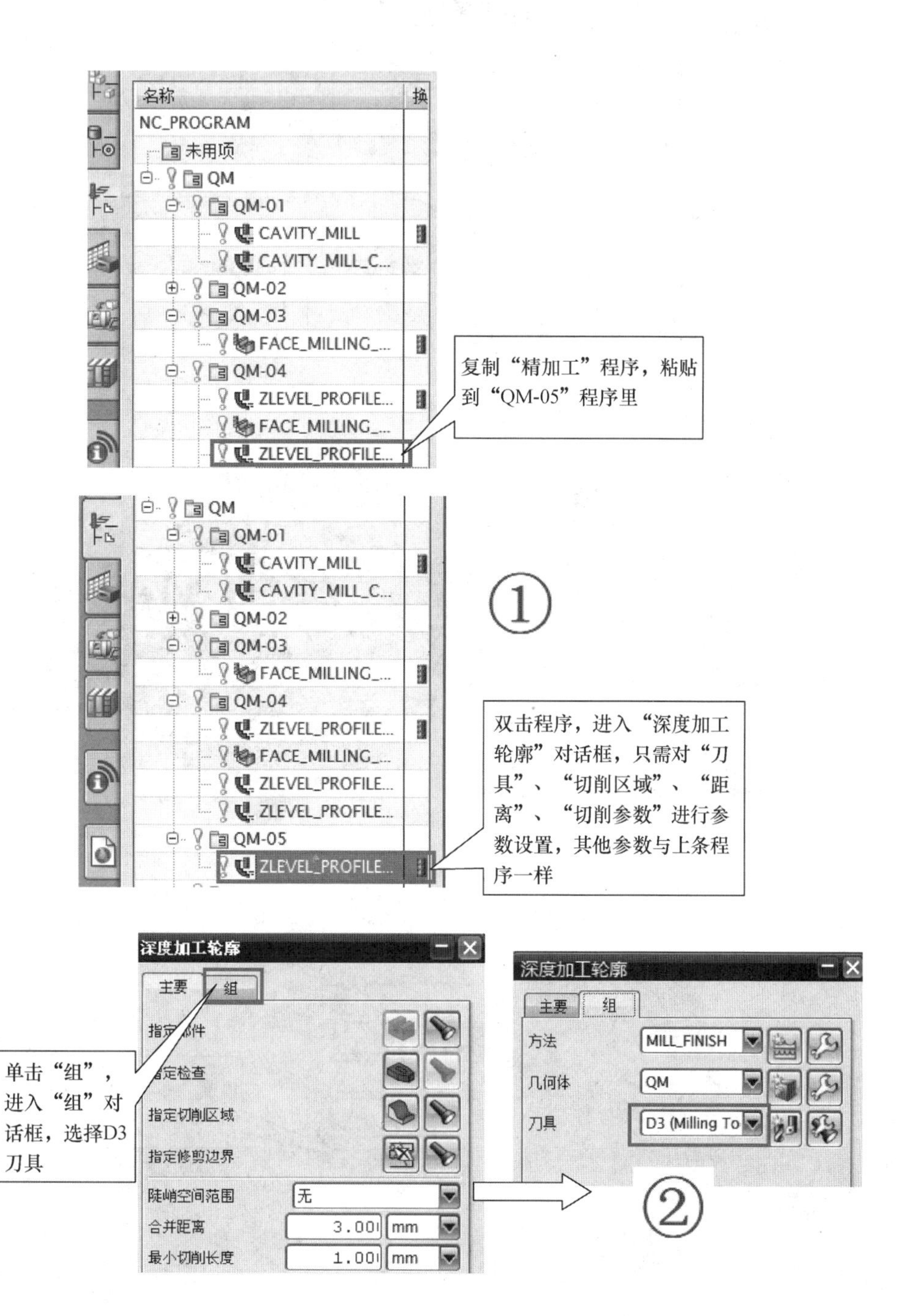
名称
换
NC_PROGRAM
未用项
QM
QM-01
CAVITY_MILL
CAVITY_MILL_C...
QM-02
QM-03
FACE_MILLING_...
QM-04
ZLEVEL_PROFILE...
FACE_MILLING_...
ZLEVEL_PROFILE...
复制“精加工”程序，粘贴到“QM-05”程序里
QM-05
①
双击程序，进入“深度加工轮廓”对话框，只需对“刀具”、“切削区域”、“距离”、“切削参数”进行参数设置，其他参数与上条程序一样
深度加工轮廓
主要
组
单击“组”，进入“组”对话框，选择D3刀具
指定切削区域
指定修剪边界
陡峭空间范围
无
合并距离
3.00
mm
最小切削长度
1.00
mm
方法
MILL_FINISH
几何体
QM
刀具
D3 (Milling To
②

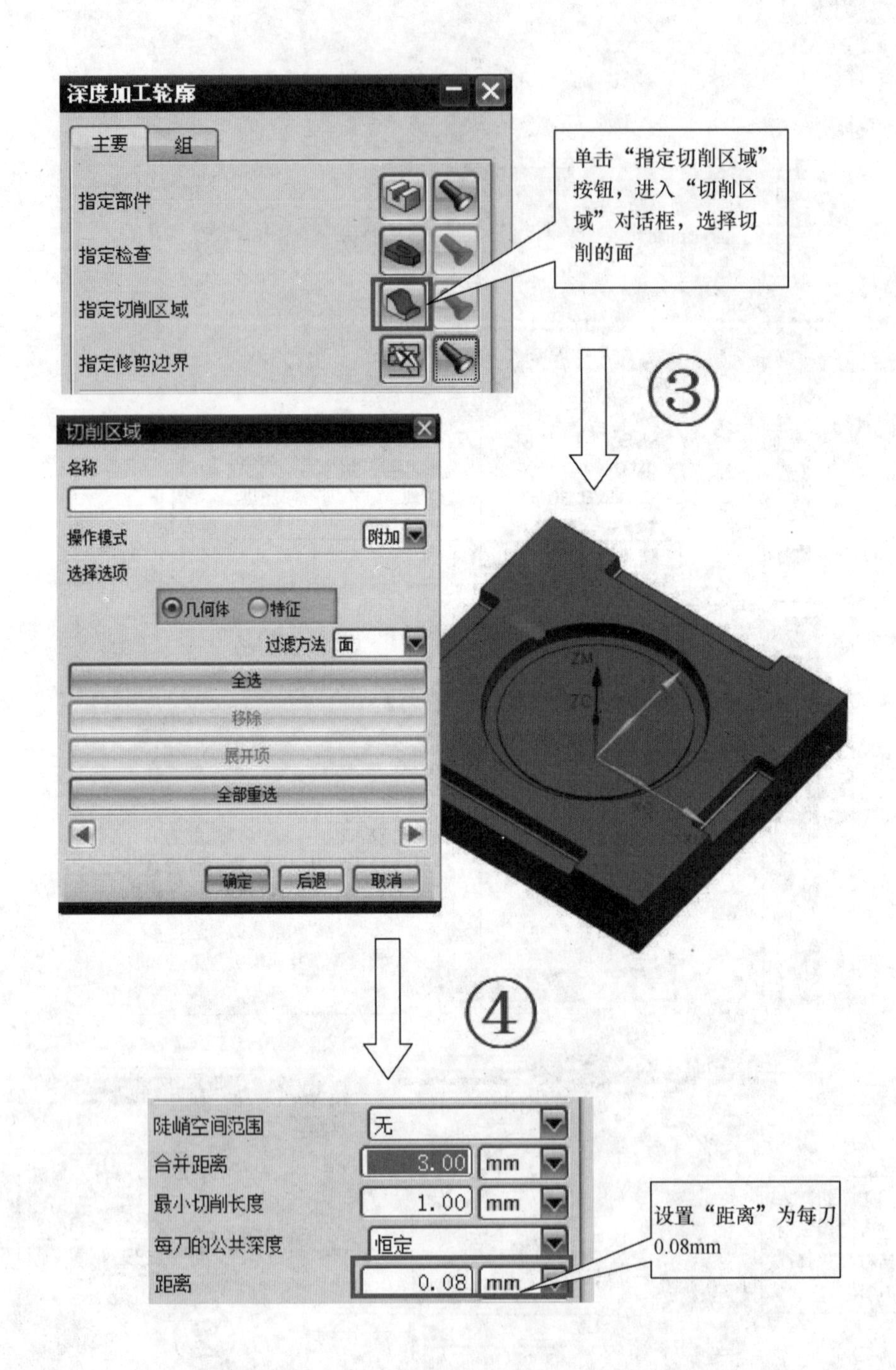
深度加工轮廓
主要
组
指定部件
指定检查
指定切削区域
指定修剪边界
单击“指定切削区域”按钮，进入“切削区域”对话框，选择切削的面
③
切削区域
名称
操作模式
附加
选择选项
几何体
特征
过滤方法
面
全选
移除
展开项
全部重选
确定
后退
取消
④
陡峭空间范围
无
合并距离
3.00
mm
最小切削长度
1.00
mm
每刀的公共深度
恒定
距离
0.08
mm
设置“距离”为每刀0.08mm

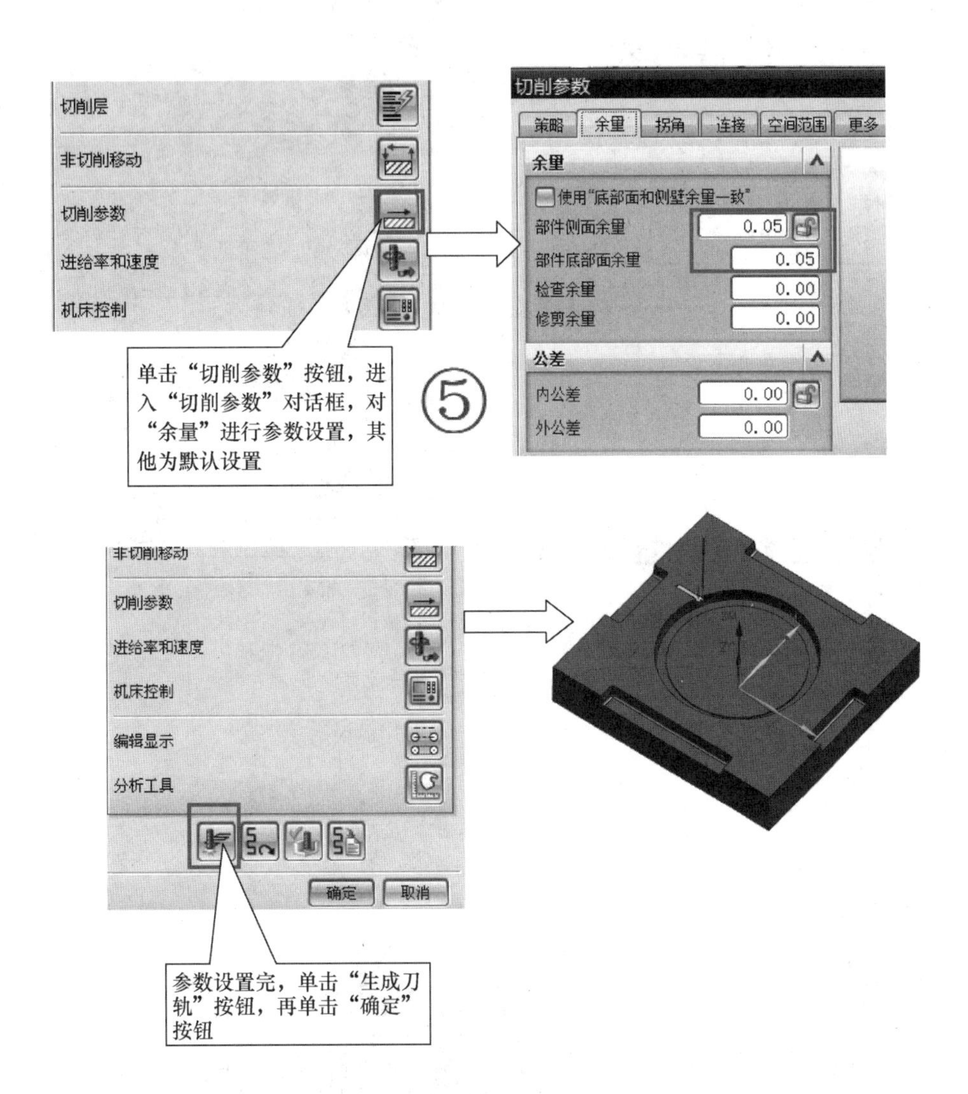

切削层
非切削移动
切削参数
进给率和速度
机床控制
单击“切削参数”按钮，进入“切削参数”对话框，对“余量”进行参数设置，其他为默认设置
⑤
切削参数
策略
余量
拐角
连接
空间范围
更多
余量
使用"底部面和侧壁余量一致"
部件侧面余量
0.05
部件底部面余量
0.05
检查余量
0.00
修剪余量
0.00
公差
内公差
0.00
外公差
0.00
非切削移动
切削参数
进给率和速度
机床控制
编辑显示
分析工具
确定
取消
参数设置完，单击“生成刀轨”按钮，再单击“确定”按钮

（14）精加工。

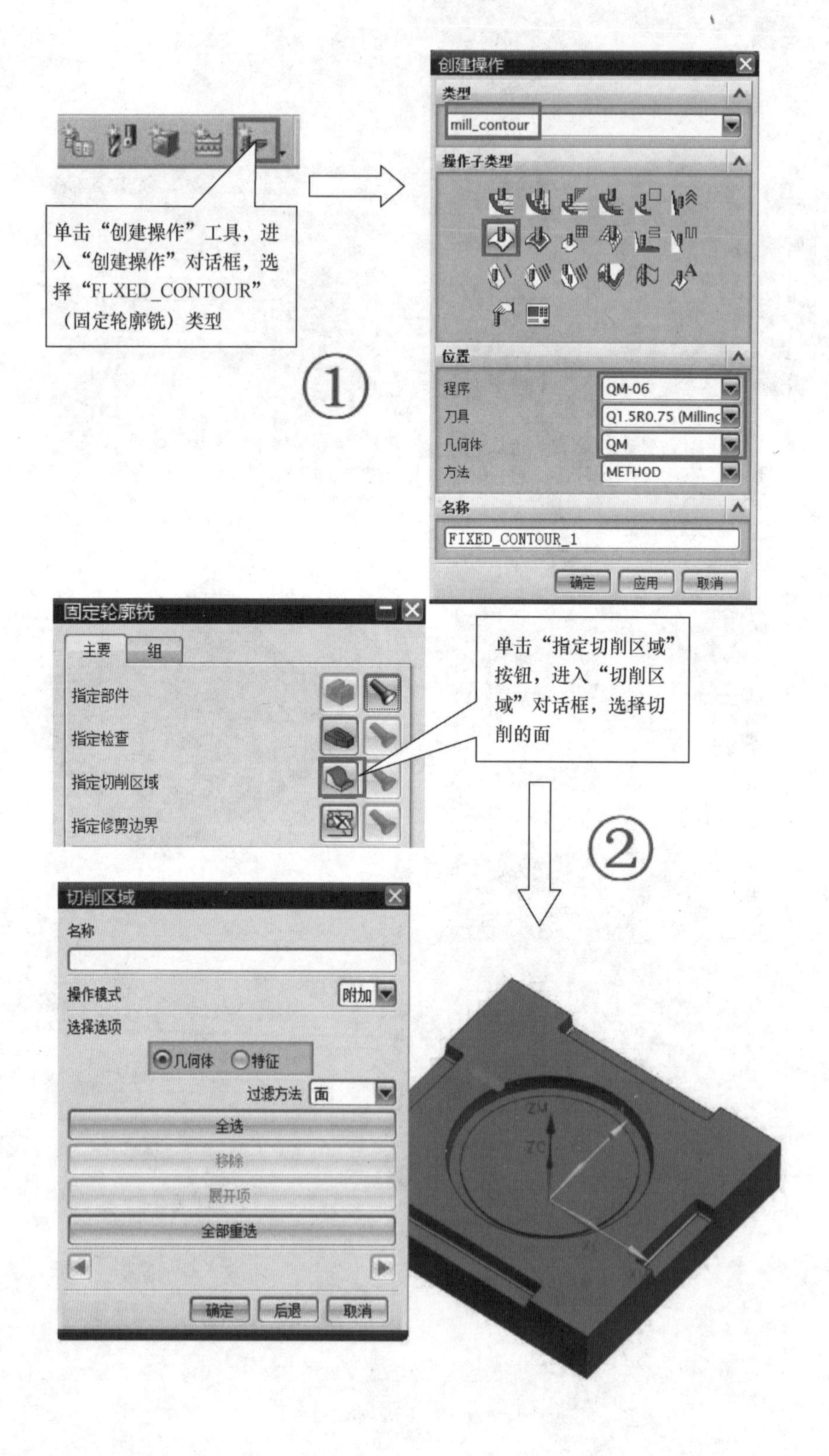
单击“创建操作”工具，进入“创建操作”对话框，选择“FLXED_CONTOUR”（固定轮廓铣）类型
创建操作
类型
mill_contour
操作子类型
位置
程序
QM-06
刀具
Q1.5R0.75 (Milling
几何体
QM
方法
METHOD
名称
FIXED_CONTOUR_1
确定
应用
取消
①
固定轮廓铣
主要
组
指定部件
指定检查
指定切削区域
指定修剪边界
单击“指定切削区域”按钮，进入“切削区域”对话框，选择切削的面
②
切削区域
名称
操作模式
附加
选择选项
几何体
特征
过滤方法
面
全选
移除
展开项
全部重选
确定
后退
取消

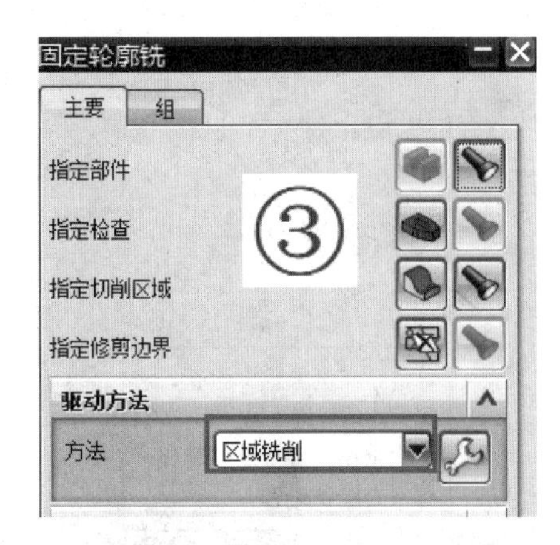


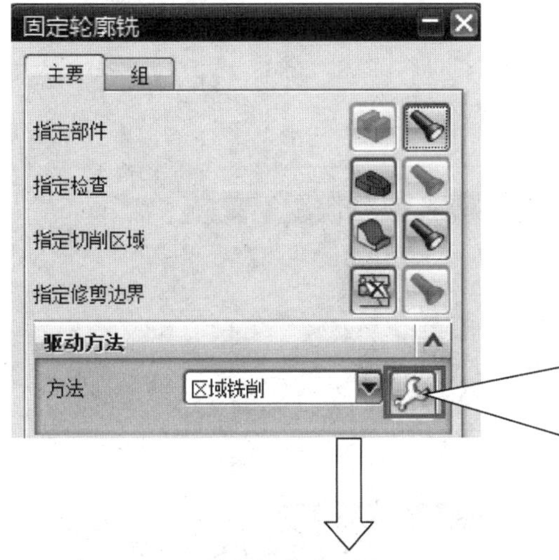


单击“编辑”按钮，进入“区域铣削驱动方法”对话框，设置“切削模式”为“往复”，“切削方向”为“顺铣”，“步距”为“恒定”，“距离”为0.03mm，“切削角”设置为“指定”，角度为45°

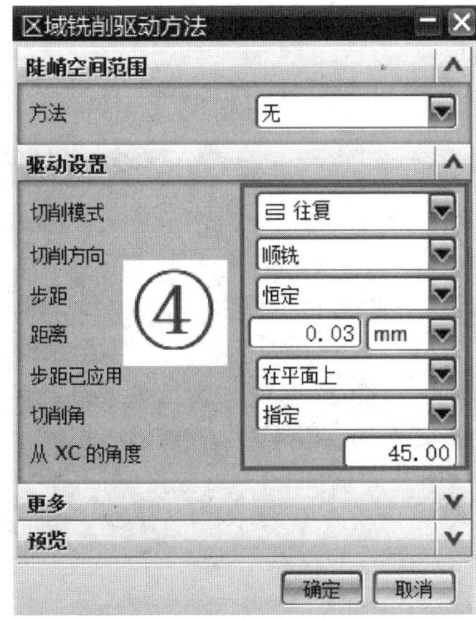

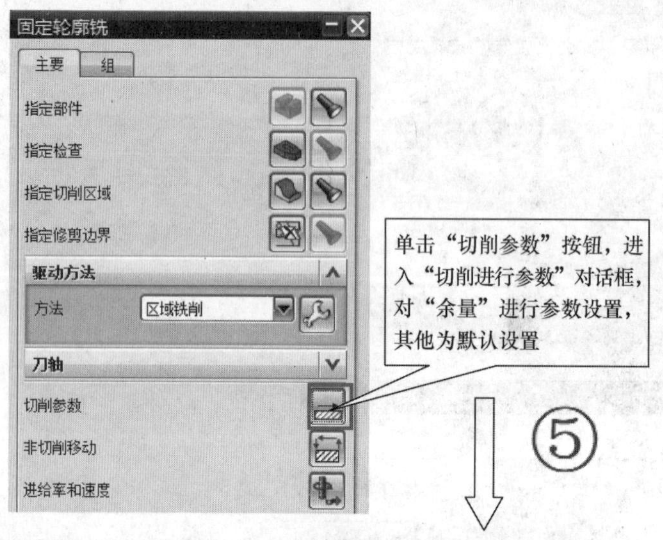
固定轮廓铣
主要
组
指定部件
指定检查
指定切削区域
指定修剪边界
驱动方法
方法
区域铣削
刀轴
切削参数
非切削移动
进给率和速度
单击“切削参数”按钮，进入“切削进行参数”对话框，对“余量”进行参数设置，其他为默认设置
⑤

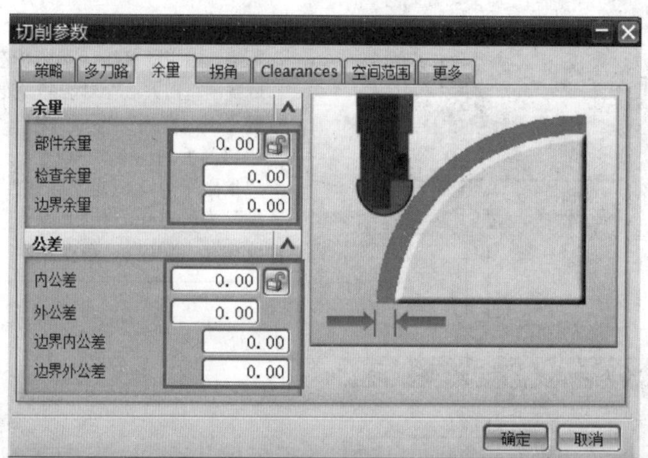
切削参数
策略
多刀路
余量
拐角
Clearances
空间范围
更多
余量
部件余量
0.00
检查余量
0.00
边界余量
0.00
公差
内公差
0.00
外公差
0.00
边界内公差
0.00
边界外公差
0.00
确定
取消

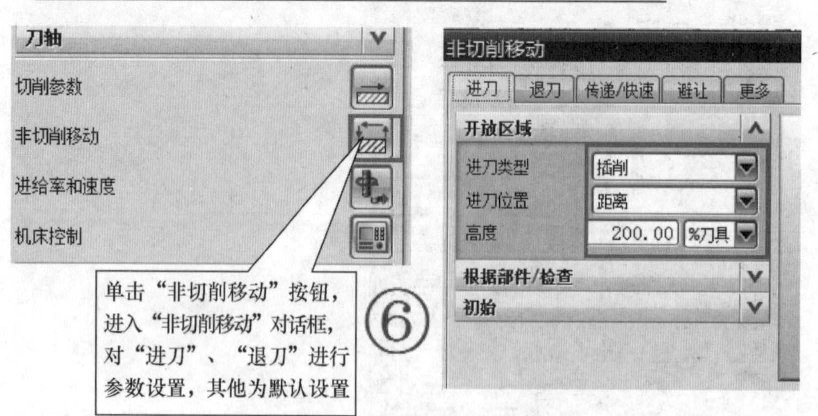
刀轴
切削参数
非切削移动
进给率和速度
机床控制
单击“非切削移动”按钮，进入“非切削移动”对话框，对“进刀”、“退刀”进行参数设置，其他为默认设置
⑥
非切削移动
进刀
退刀
传递/快速
避让
更多
开放区域
进刀类型
插削
进刀位置
距离
高度
200.00
%刀具
根据部件/检查
初始

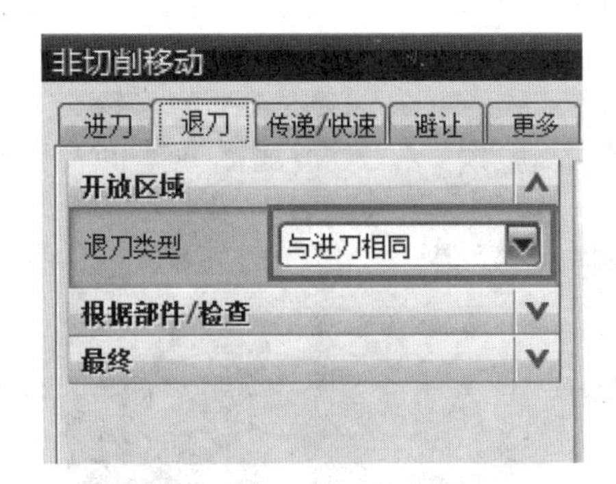

非切削移动
进刀
退刀
传递/快速
避让
更多
开放区域
退刀类型
与进刀相同
根据部件/检查
最终

切削层
非切削移动
切削参数
进给率和速度
机床控制
单击“进给率和速度”按钮，设置“主轴转速”为2500、“进刀速度”为2000


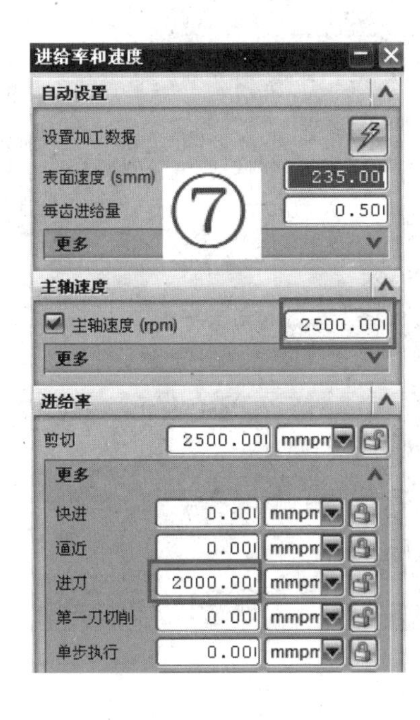

进给率和速度
自动设置
设置加工数据
表面速度 (smm)
235.00
每齿进给量
0.50
⑦
更多
主轴速度
主轴速度 (rpm)
2500.00
更多
进给率
剪切
2500.00
mmpm
更多
快进
0.00
逼近
0.00
进刀
2000.00
第一刀切削
0.00
单步执行
0.00


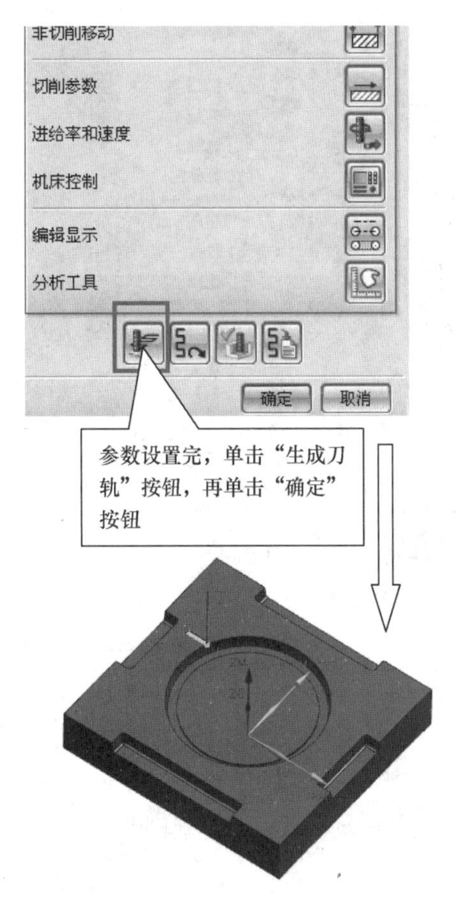

非切削移动
切削参数
进给率和速度
机床控制
编辑显示
分析工具
确定
取消
参数设置完，单击“生成刀轨”按钮，再单击“确定”按钮

（15）前模仁加工模拟效果。

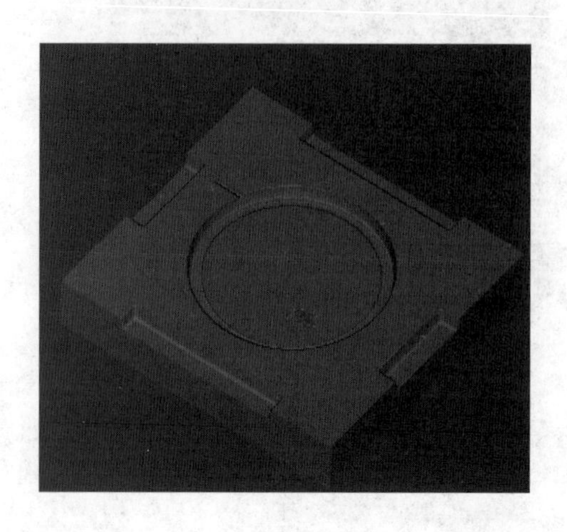

5. 前模仁加工程序后处理

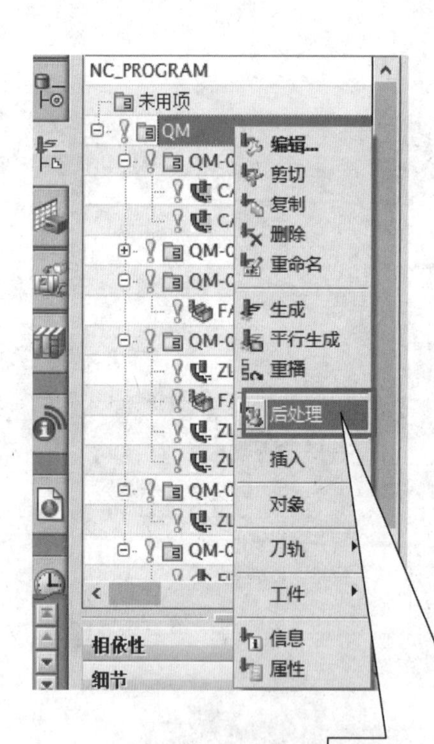


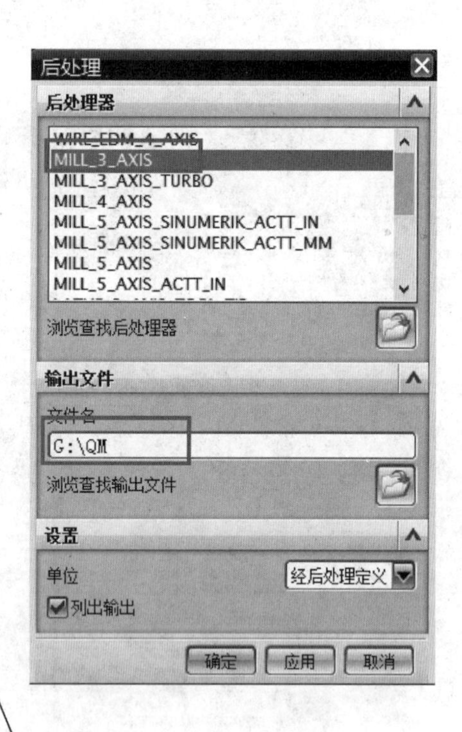


右键“QM”程序组，单击“后处理”按钮，进入“后处理”对话框，选择“MILL_AXIS”，后处理程序将自动保存到加工零件的目录下，也可以自定义保存目录及文件名

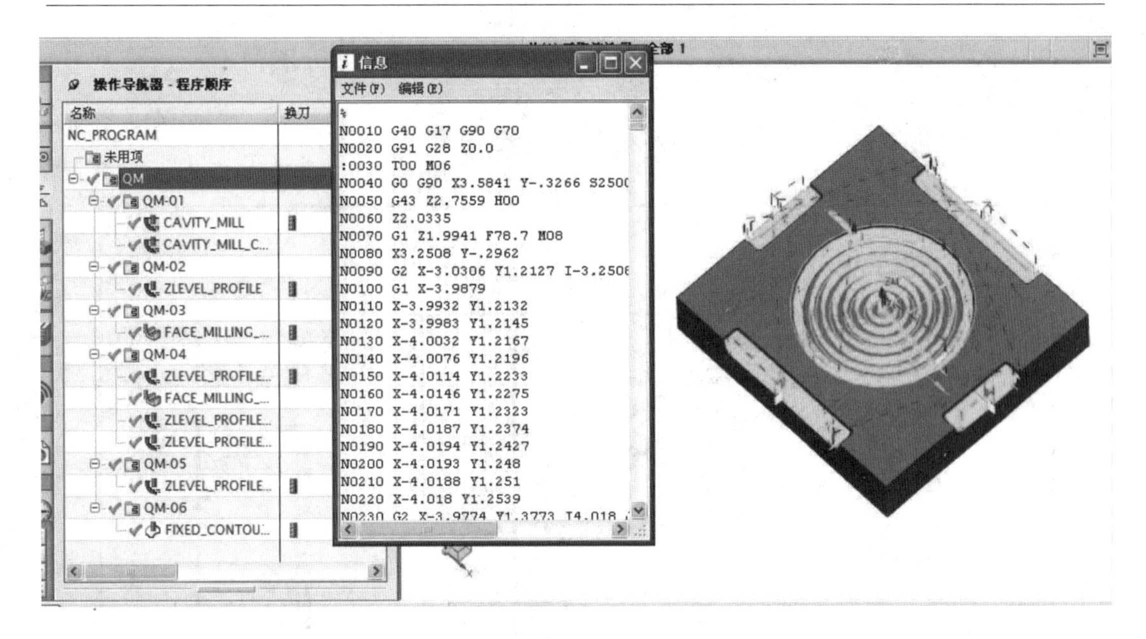


6. 填写程序评分表

**表 5－26　前模仁加工检测及评分表**

| 序号 | 考核项目 | 配分 | 评分标准 | 实测结果 | 扣分 | 得分 |
|---|---|---|---|---|---|---|
| 1 | 创建程序 | 5 | 类型扣 3 分，位置扣 1 分，名称扣 1 分，扣完为止 | | | |
| 2 | 创建刀具 | 15 | 加工位置扣 1 分，刀具子类型扣 10 分，位置（刀具）扣 1 分，名称扣 3 分，不倒扣分 | | | |
| 3 | 几何视图 | 15 | 机床坐标系扣 5 分，指定部件扣 5 分，指定毛坯扣 5 分，不倒扣分 | | | |
| 4 | 创建方法 | 8 | 类型扣 1 分，方法子类型扣 1 分，位置（方法）扣 1 分，名称扣 1 分，余量扣 2 分，公差扣 2 分，不倒扣分 | | | |
| 5 | 创建操作 | 50 | 类型扣 1 分，操作子类型扣 1 分，位置扣 4 分，名称扣 2 分，几何体扣 8 分，刀轨设置扣 34 分，不倒扣分 | | | |
| 6 | 仿真 | 2 | 仿真扣 2 分，不倒扣分 | | | |
| 7 | 安全文明：机房内安全文明、正确、规范操作、维护等 | 5 | 遵守机房内的各项纪律规定，每出现一项扣 1 分，安全文明、正确、规范操作、维护 1 分，每违规一项扣 1 分，扣完为止 | | | |
| 合计 | | 100 | 占件一零件加工总成绩（40%） | | | |

否定项：若因考生操作不当，造成设备损坏，则应及时终止其操作，本次任务成绩记为零分。

考生签名：　　　　　　　　　考核教师签名：　　　　　　　　　日期：

## 三、机壳类产品后模仁编程加工

机壳类产品后模仁零件如图 5－85 所示。

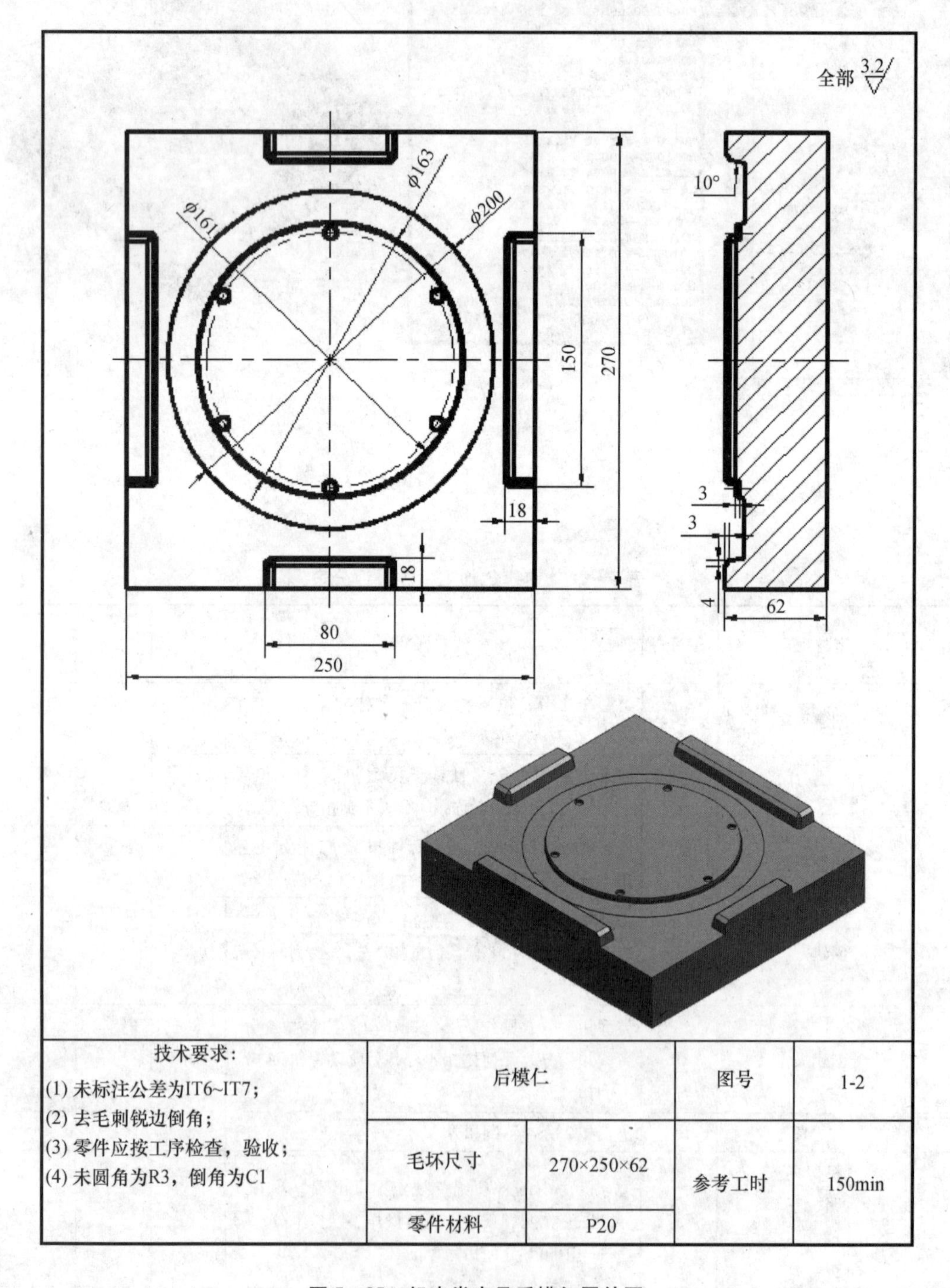


| 技术要求：<br>(1) 未标注公差为IT6~IT7；<br>(2) 去毛刺锐边倒角；<br>(3) 零件应按工序检查，验收；<br>(4) 未圆角为R3，倒角为C1 | 后模仁 | | 图号 | 1-2 |
|---|---|---|---|---|
| | 毛坯尺寸 | 270×250×62 | 参考工时 | 150min |
| | 零件材料 | P20 | | |

图 5－85　机壳类产品后模仁零件图

1. 加工工艺分析

根据平面零件的图样要求及尺寸，运用CAD/CAM软件进行零件的建模造型，并根据零件的要求选用合适的刀具制定加工刀路，同时用软件的刀路模拟功能检验加工刀路的合理性，最后生成每步工序的加工程序文件，通过电脑端将加工程序传输至机床控制端，操作员可在机床系统控制面板进行零件加工的模拟。

（1）如图5－86所示，矩形区域开粗时刀具过不去，故需要进行修剪刀路，换小刀对此区域开粗。

（2）如图5－87所示6个孔用等高外形进行加工。

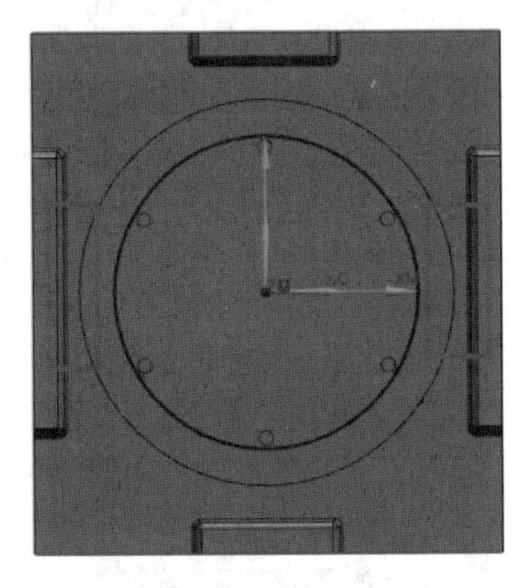

图5－86　后模仁开粗区域

图5－87　后模仁孔加工

2. 工具、量具及夹具（见表5－27）

表5－27　工具、量具及夹具

| 序号 | 名称 | 规格 | 数量 | 备注 |
|---|---|---|---|---|
| 1 | 游标卡尺 | 0～125 | 1 | |
| 2 | 深度游标卡尺 | 0～150 | 1 | |
| 3 | 百分表（杠杆表） | 一只 | 1 | |
| 4 | 磁性表座 | 一套 | 1 | |
| 5 | 外径千分尺 | 0～25 | 1 | |
| 6 | | 25～50 | 1 | |
| 7 | 寻边器 | | 1 | |
| 8 | 防夹伤薄铜垫 | 自选取 | 若干 | |
| 9 | 活动扳手 | 自选取 | 1 | |
| 10 | 去毛刺工具（如锉刀等） | 自选取 | 1 | |
| 11 | 垫铁 | 自选取 | 1 | |
| 12 | 工作服、防护眼镜、劳保鞋 | | 各1 | |

3. 后模仁数控加工工艺卡（见表5-28）

**表5-28 后模仁数控加工工艺卡**

| 序号 | 工序内容 | 加工方式 | 刀具参数 | 背吃刀量（mm） | 加工模拟图 |
|---|---|---|---|---|---|
| 1 | 开粗 | 型腔铣 | D25R0.8 | 0.35 | 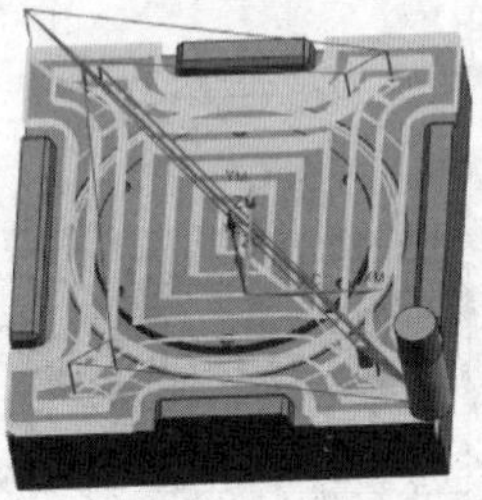 |
| 2 | 半精加工 | 等高外形 | D12 | 0.2 |  |
| 3 | 半精加工 | 等高外形 | D6 | 0.1 | 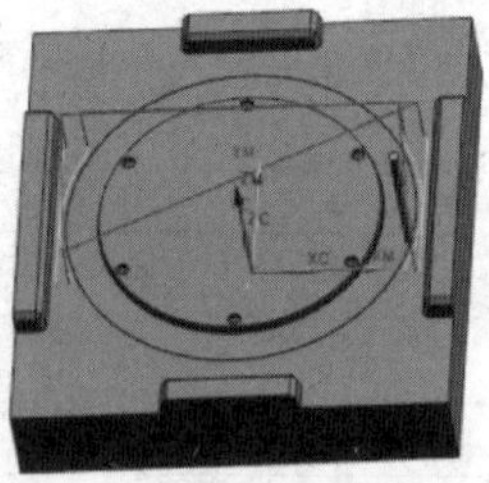 |
| 4 | 半精加工 | 等高外形 | D6 | 0.08 | 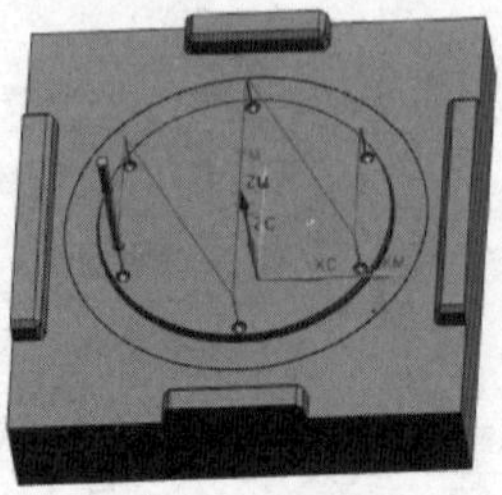 |

续表

| 序号 | 工序内容 | 加工方式 | 刀具参数 | 背吃刀量（mm） | 加工模拟图 |
|---|---|---|---|---|---|
| 5 | 精加工 | 面铣削区域 | D17R0.8 | | 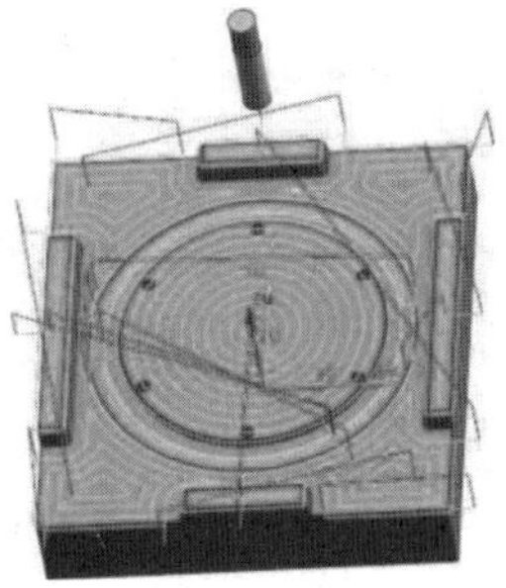 |
| 6 | 精加工 | 等高外形 | D6 | 0.02 |  |
| 7 | 精加工 | 等高外形 | D6 | 0.08 |  |
| 8 | 精加工 | 等高外形 | D6 | 0.06 | 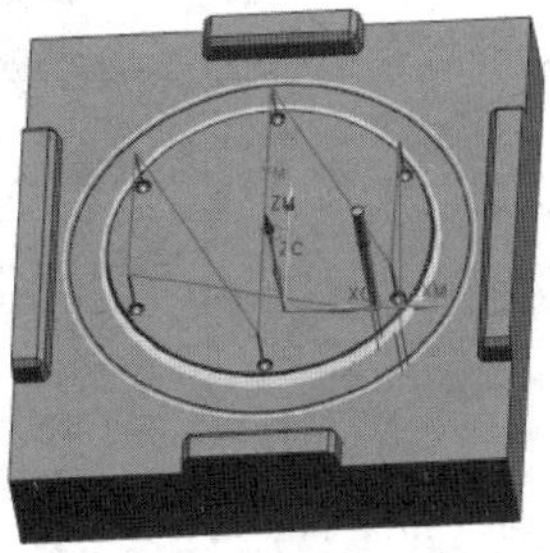 |

4. 后模仁 UG 编程参数设置

（1）进入 UG 加工环境。

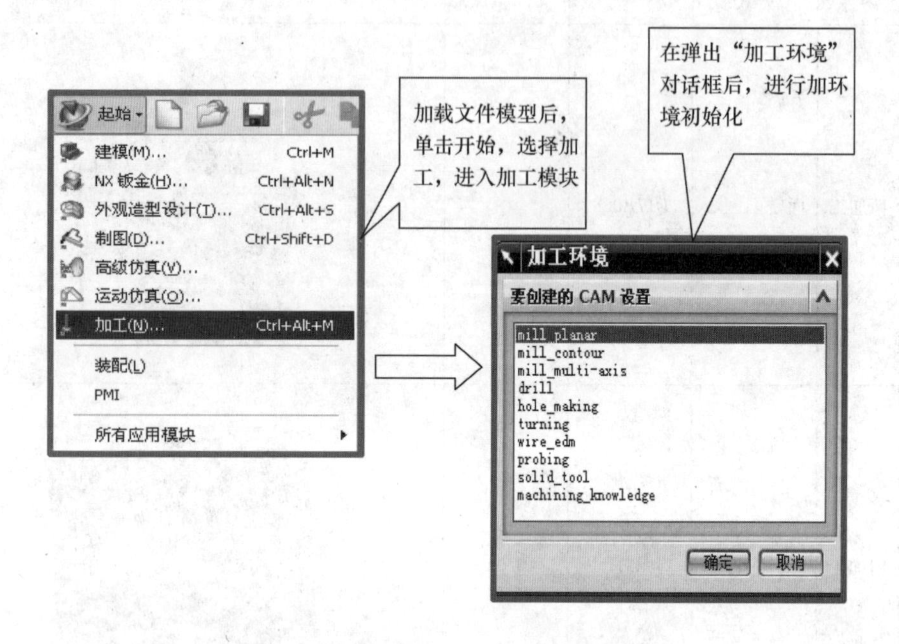


（2）创建几何体。单击工具条中的几何视图。

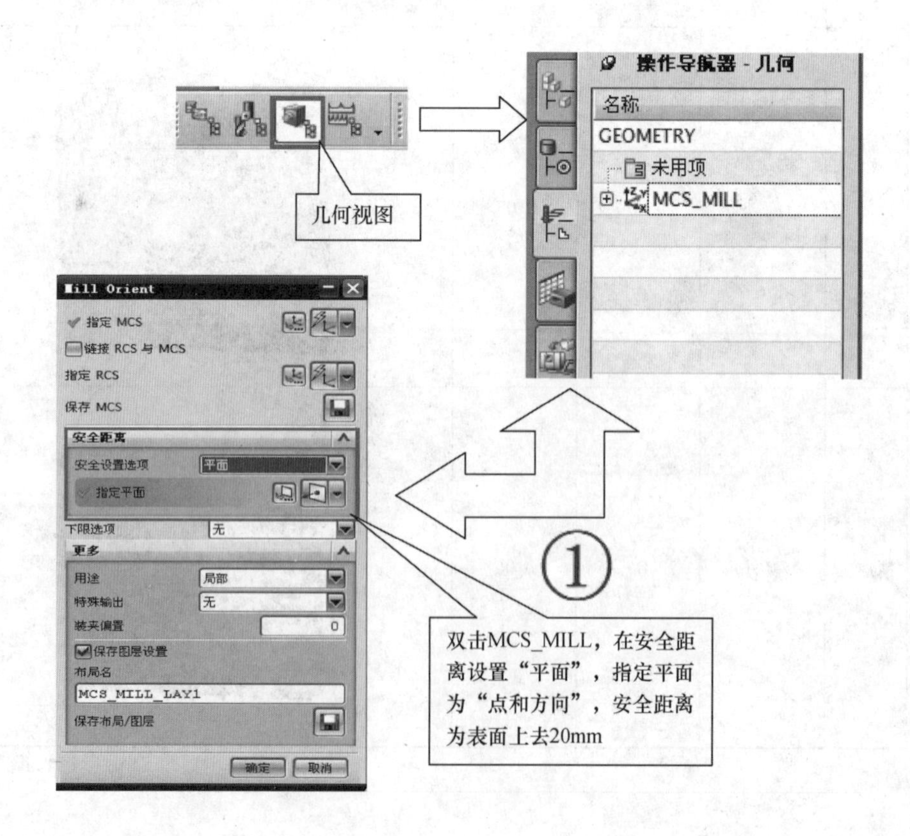

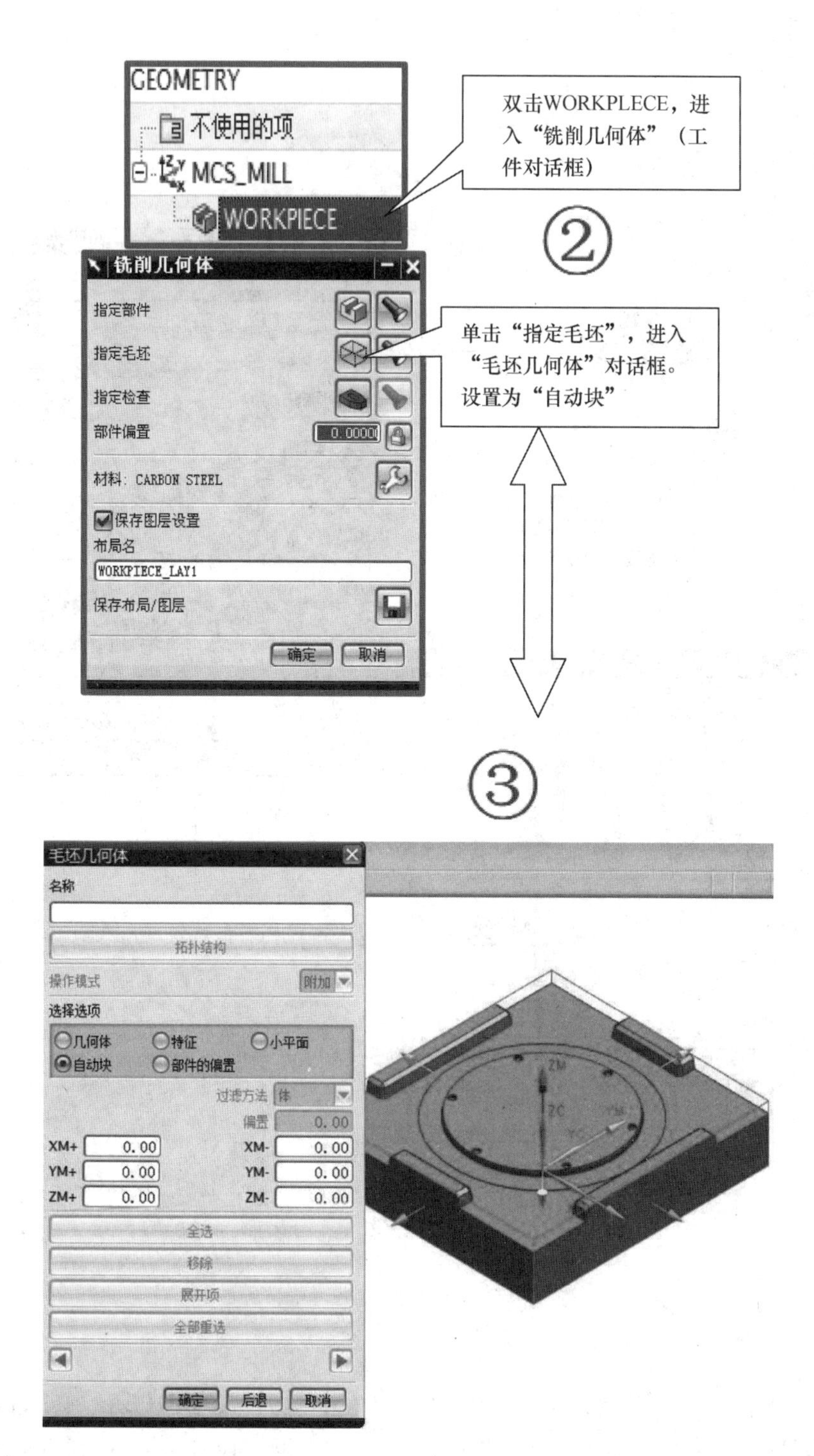
GEOMETRY
不使用的项
MCS_MILL
WORKPIECE
双击WORKPLECE，进入“铣削几何体”（工件对话框）
②
铣削几何体
指定部件
指定毛坯
指定检查
部件偏置
材料：CARBON STEEL
保存图层设置
布局名
WORKPIECE_LAY1
保存布局/图层
确定
取消
单击“指定毛坯”，进入“毛坯几何体”对话框。设置为“自动块”
③
毛坯几何体
名称
拓扑结构
操作模式
附加
选择选项
几何体
特征
小平面
自动块
部件的偏置
过滤方法
偏置
XM+
YM+
ZM+
XM-
YM-
ZM-
全选
移除
展开项
全部重选
确定
后退
取消

（3）创建刀具。

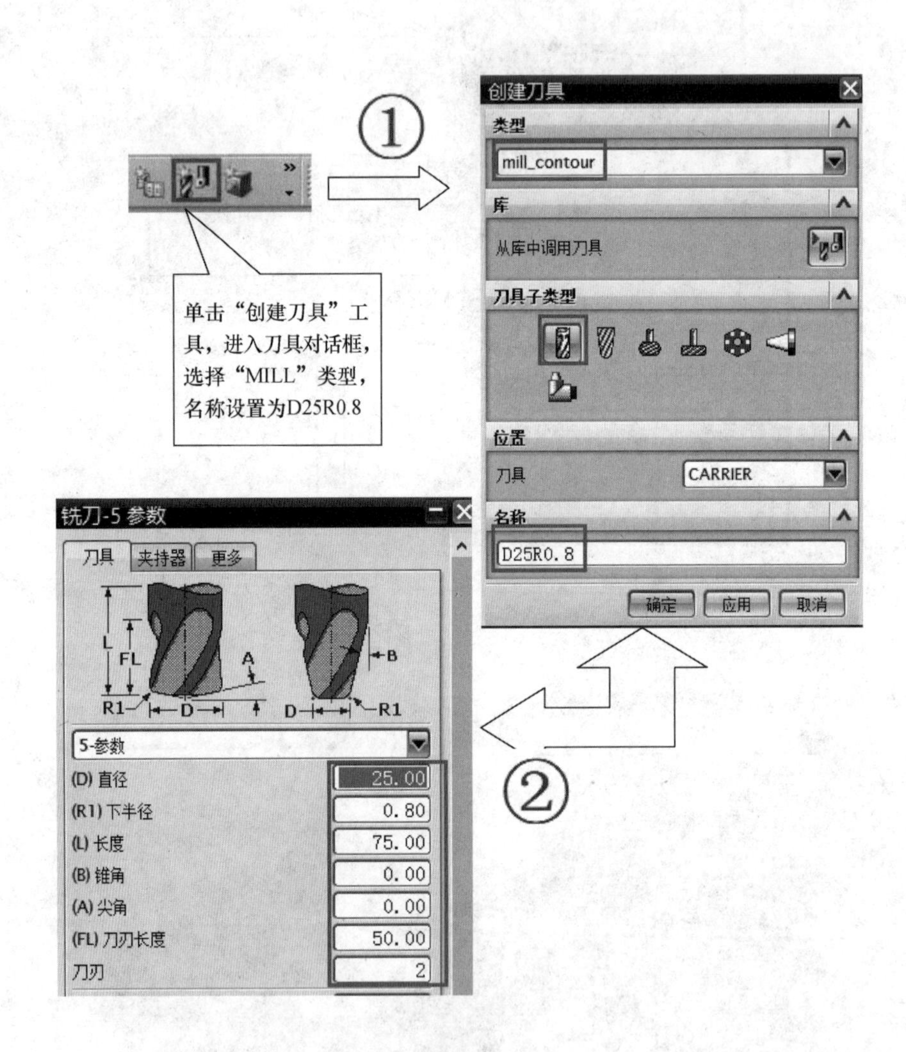


其他刀具的设置方法基本类似，常用的刀具有平底刀、圆鼻刀及球刀，刀具不一样，相关参数设置也有所区别，圆鼻刀有“下半径”，球刀下半径就是刀具直径的半径，平底刀没有下半径。刀具长度跟刀具大小有关。

（4）创建程序。

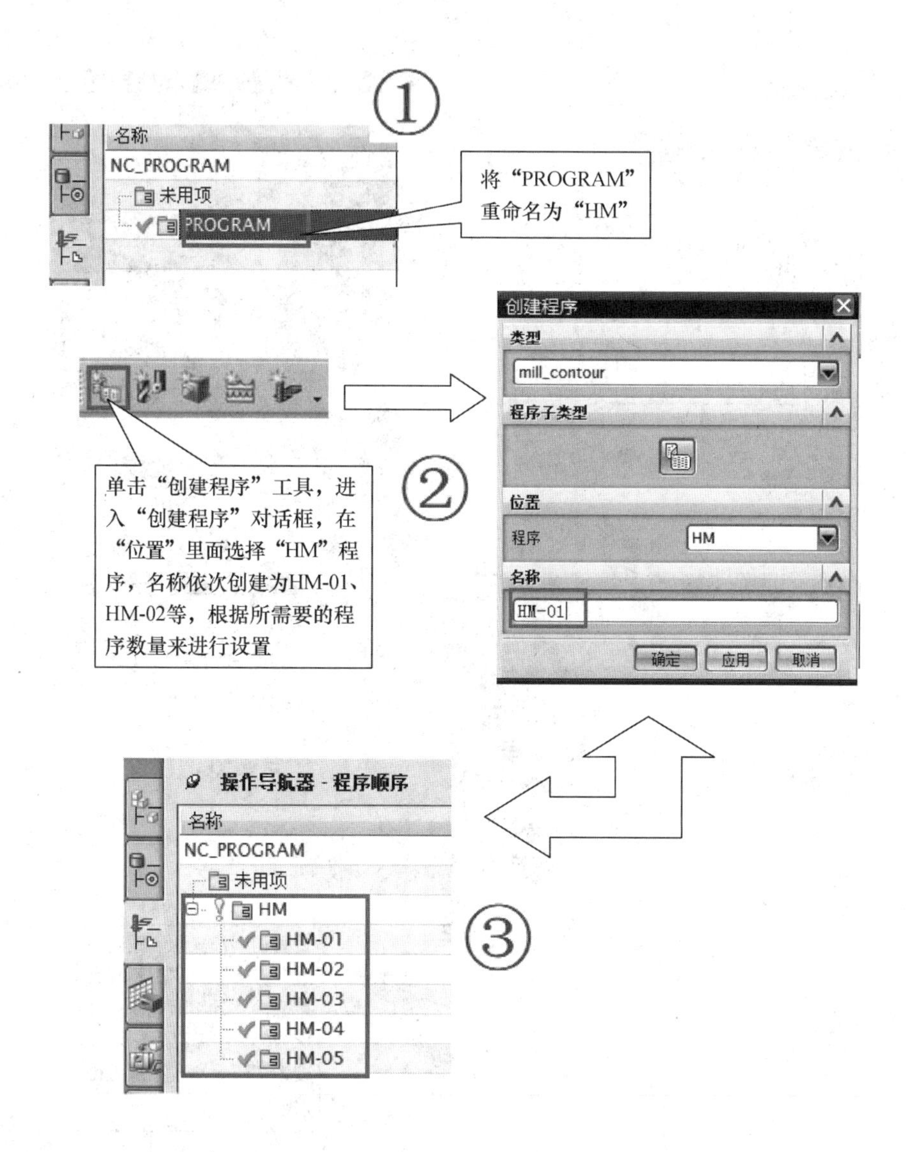
①
名称
NC_PROGRAM
未用项
PROGRAM
将“PROGRAM”重命名为“HM”
创建程序
类型
mill_contour
程序子类型
位置
程序
HM
名称
HM-01
确定
应用
取消
单击“创建程序”工具，进入“创建程序”对话框，在“位置”里面选择“HM”程序，名称依次创建为HM-01、HM-02等，根据所需要的程序数量来进行设置
②
操作导航器 - 程序顺序
名称
NC_PROGRAM
未用项
HM
HM-01
HM-02
HM-03
HM-04
HM-05
③

（5）开粗加工。

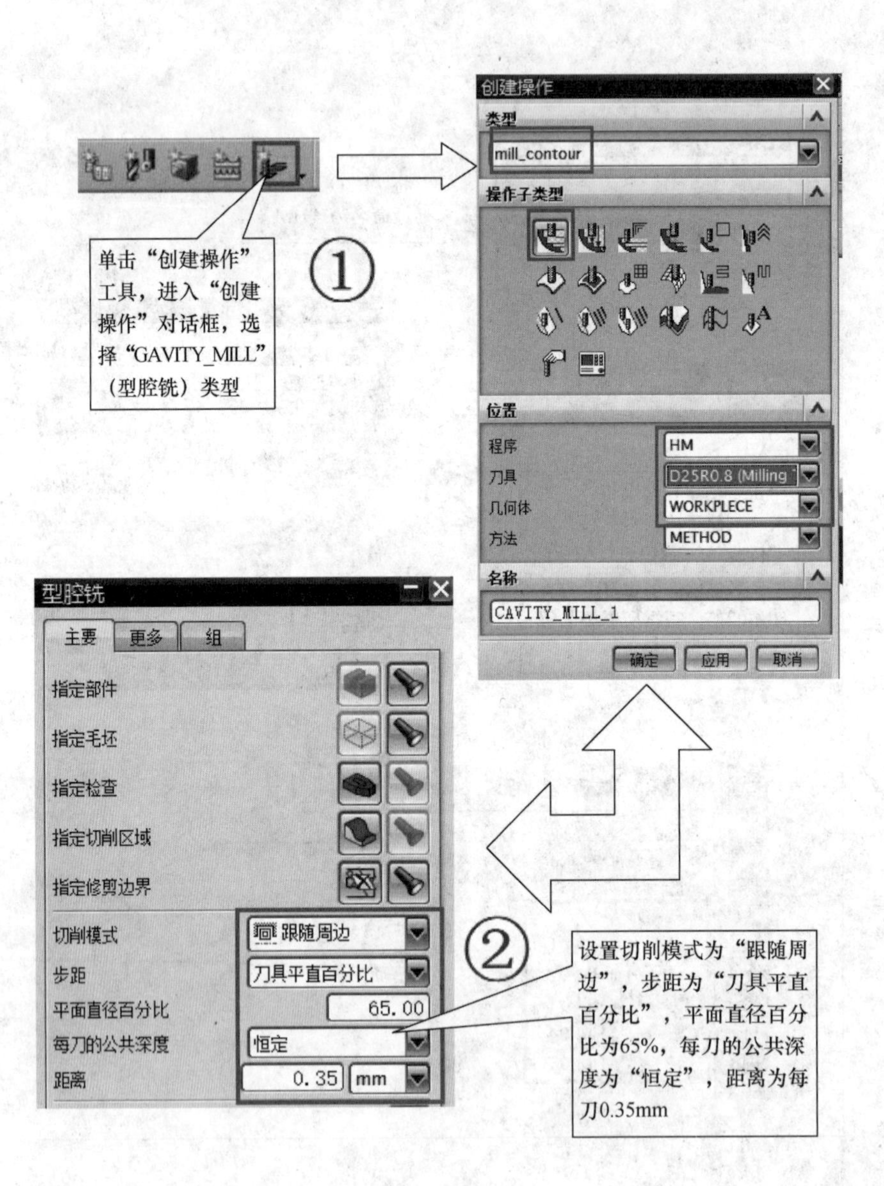
创建操作
类型
mill_contour
操作子类型
位置
程序
HM
刀具
D25R0.8 (Milling
几何体
WORKPLECE
方法
METHOD
名称
CAVITY_MILL_1
确定
应用
取消
单击“创建操作”工具，进入“创建操作”对话框，选择“GAVITY_MILL”（型腔铣）类型
①
型腔铣
主要
更多
组
指定部件
指定毛坯
指定检查
指定切削区域
指定修剪边界
切削模式
跟随周边
步距
刀具平直百分比
平面直径百分比
65.00
每刀的公共深度
恒定
距离
0.35
mm
②
设置切削模式为“跟随周边”，步距为“刀具平直百分比”，平面直径百分比为65%，每刀的公共深度为“恒定”，距离为每刀0.35mm

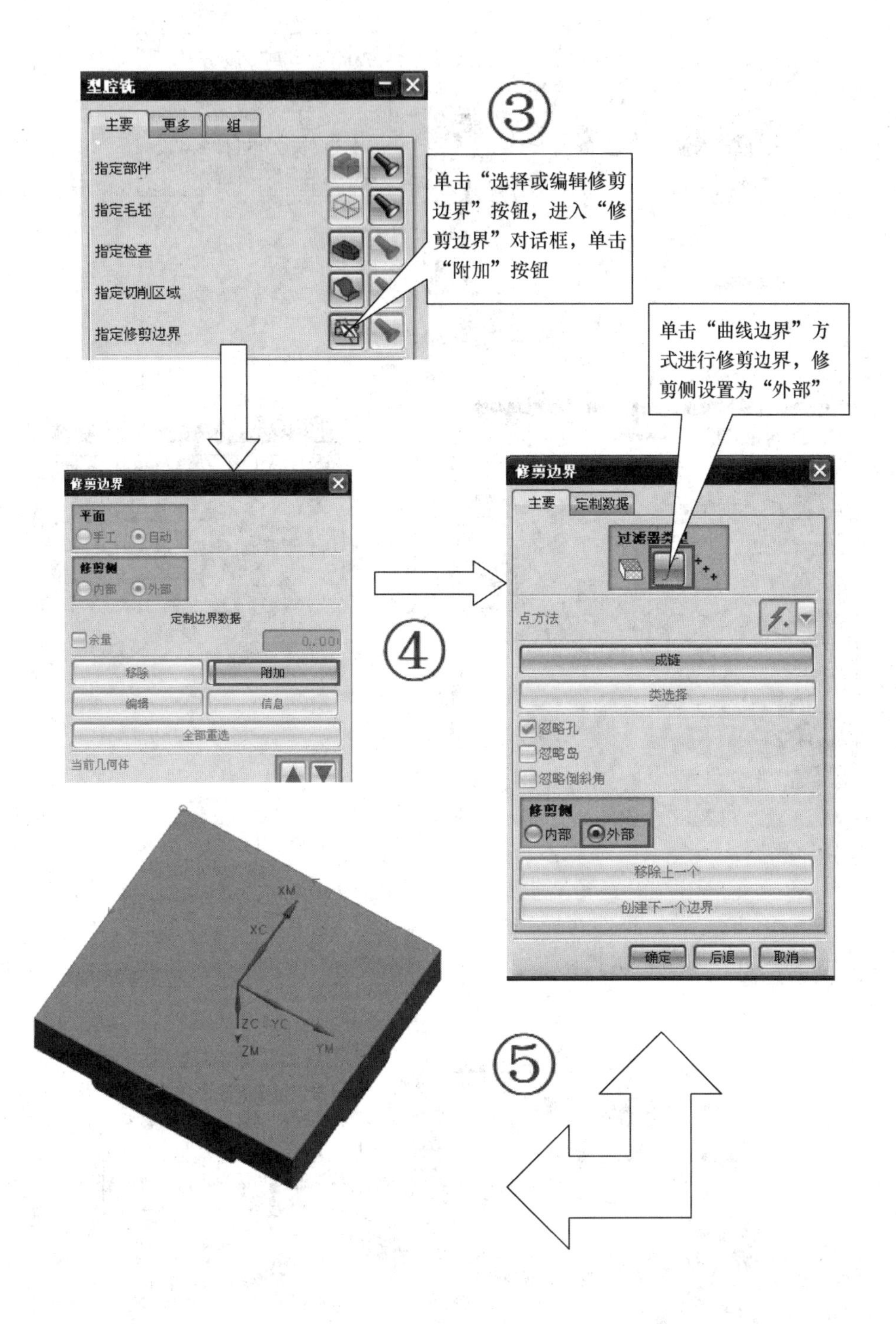
型腔铣
主要
更多
组
指定部件
指定毛坯
指定检查
指定切削区域
指定修剪边界
③
单击“选择或编辑修剪边界”按钮，进入“修剪边界”对话框，单击“附加”按钮
单击“曲线边界”方式进行修剪边界，修剪侧设置为“外部”
修剪边界
平面
手工
自动
修剪侧
内部
外部
定制边界数据
余量
移除
附加
编辑
信息
全部重选
当前几何体
④
修剪边界
主要
定制数据
过滤器类型
点方法
成链
类选择
忽略孔
忽略岛
忽略倒斜角
修剪侧
内部
外部
移除上一个
创建下一个边界
确定
后退
取消
⑤
XM
XC
ZC
YC
ZM
YM

非切削移动设置：进刀、退刀、传递/快速。

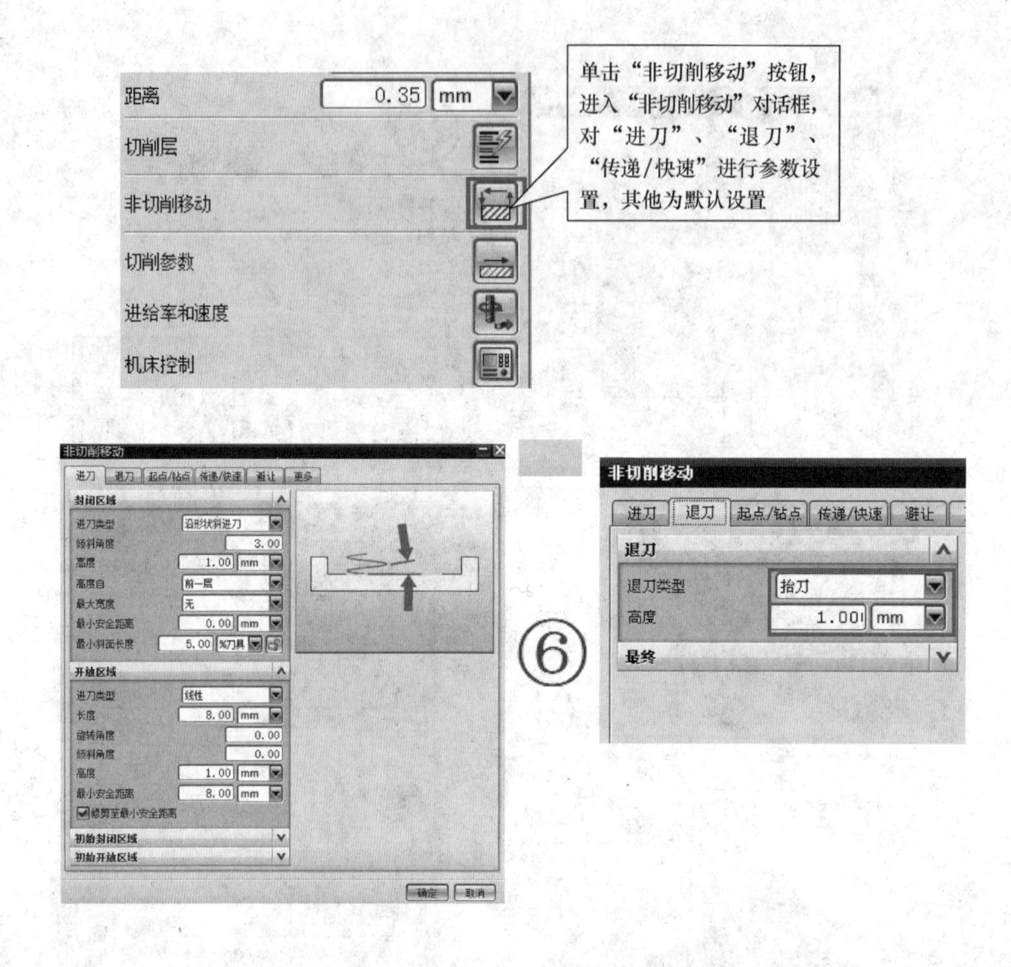


切削参数设置：策略、余量。

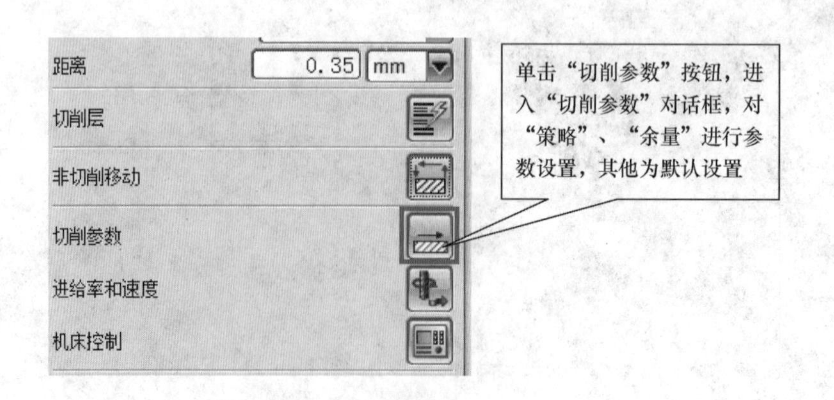

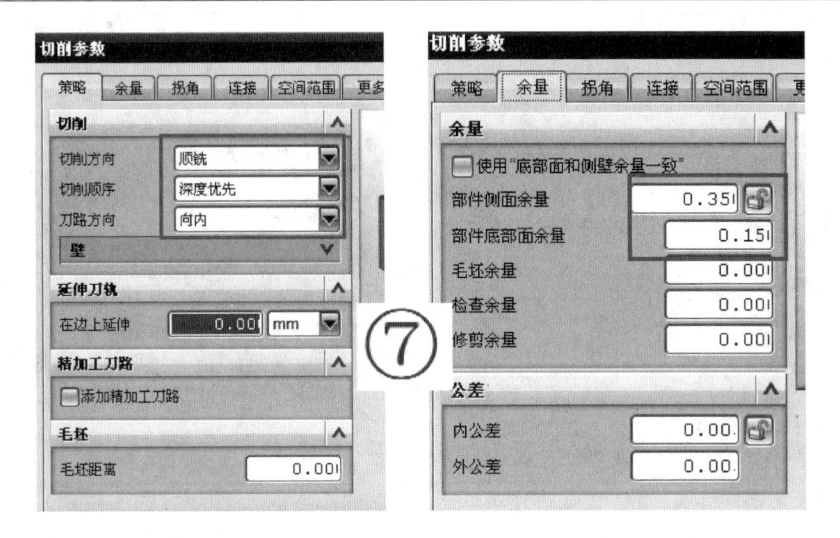


进给率和速度：主轴转速、进刀速度。

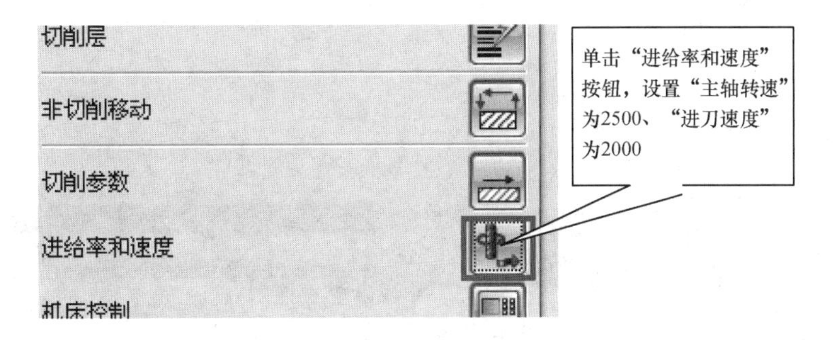


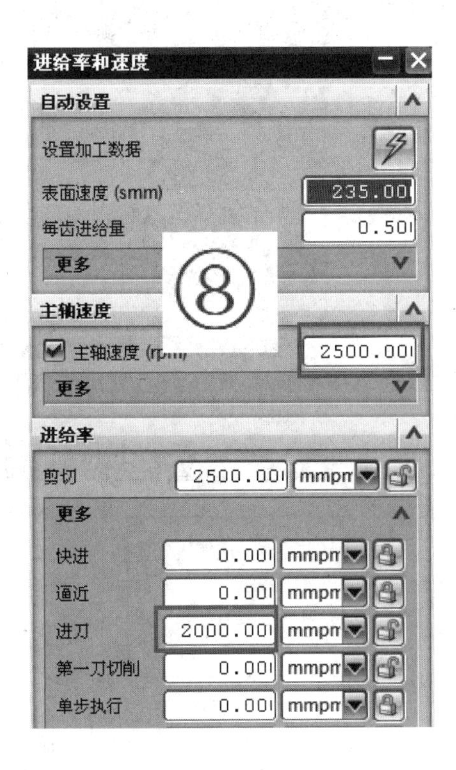

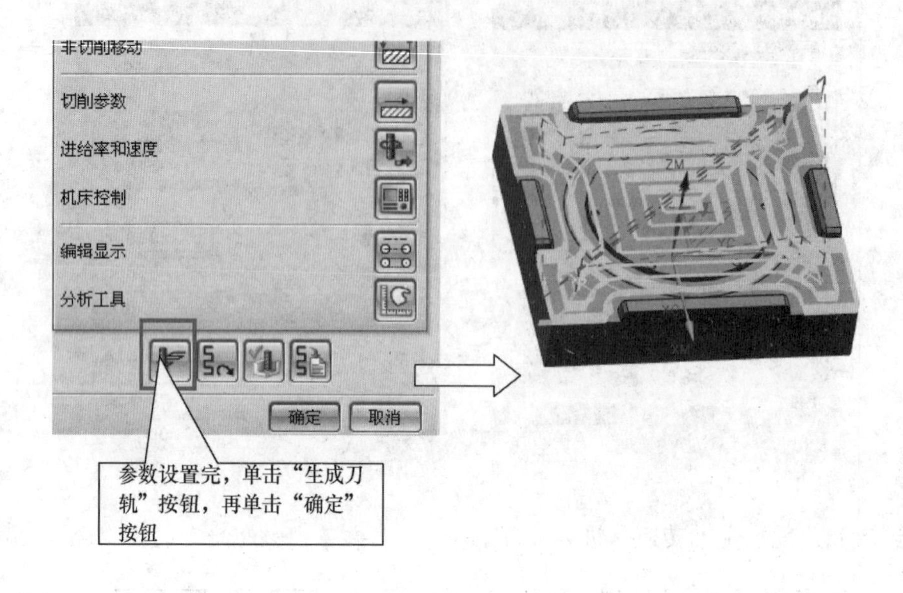
非切削移动
切削参数
进给率和速度
机床控制
编辑显示
分析工具
确定
取消
参数设置完，单击“生成刀轨”按钮，再单击“确定”按钮
ZM
YC
XC
XM

（6）半精加工。

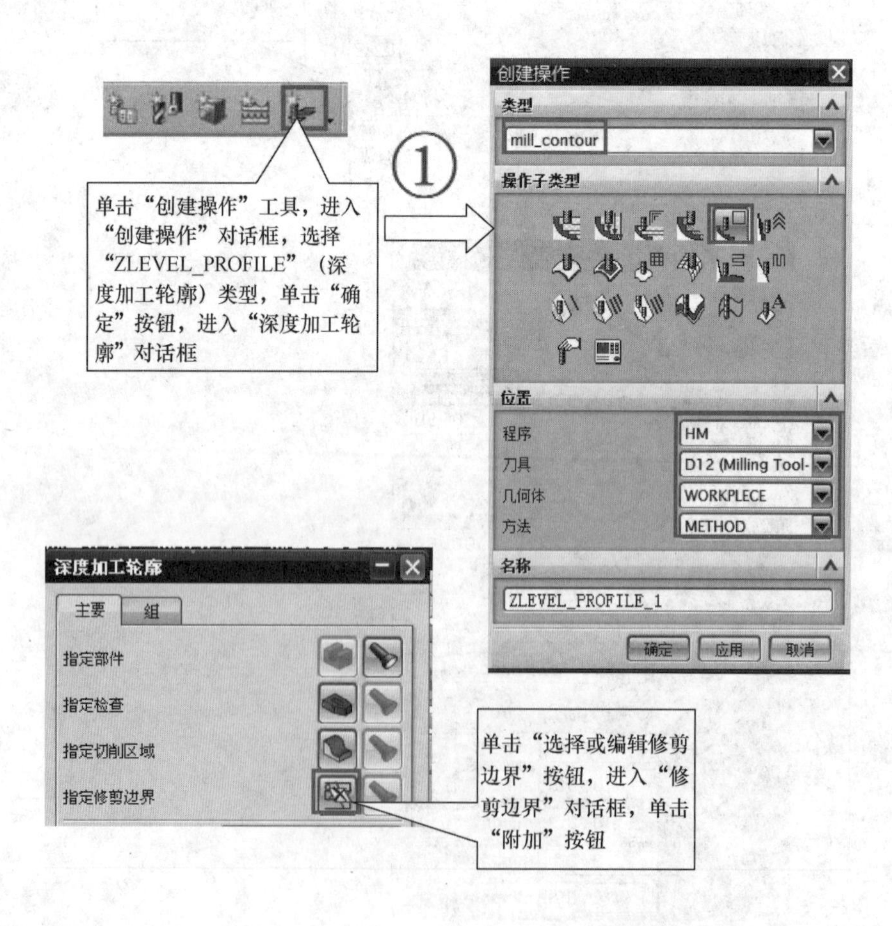
单击“创建操作”工具，进入“创建操作”对话框，选择“ZLEVEL_PROFILE”（深度加工轮廓）类型，单击“确定”按钮，进入“深度加工轮廓”对话框
①
创建操作
类型
mill_contour
操作子类型
位置
程序
HM
刀具
D12 (Milling Tool-
几何体
WORKPLECE
方法
METHOD
名称
ZLEVEL_PROFILE_1
确定
应用
取消
深度加工轮廓
主要
組
指定部件
指定检查
指定切削区域
指定修剪边界
单击“选择或编辑修剪边界”按钮，进入“修剪边界”对话框，单击“附加”按钮

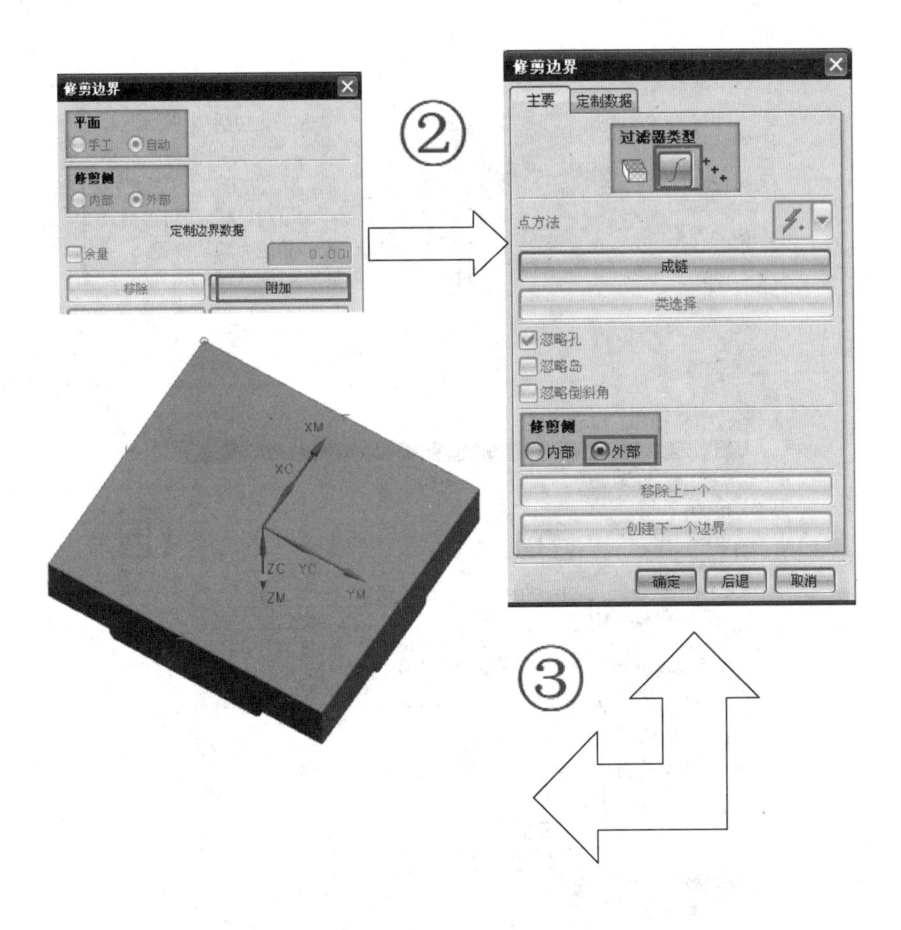
修剪边界
平面
手工
自动
修剪侧
内部
外部
定制边界数据
余量
移除
附加
②
修剪边界
主要
定制数据
过滤器类型
点方法
成链
类选择
忽略孔
忽略岛
忽略倒斜角
修剪侧
内部
外部
移除上一个
创建下一个边界
确定
后退
取消
③

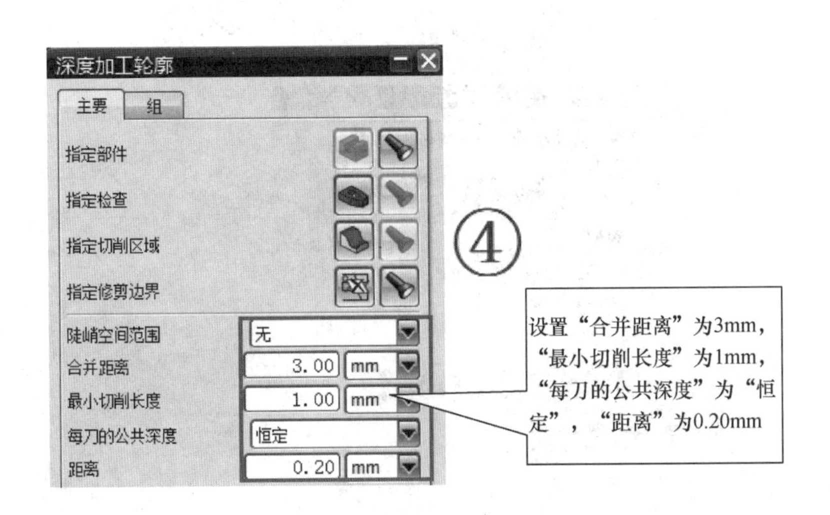
深度加工轮廓
主要
组
指定部件
指定检查
指定切削区域
指定修剪边界
陡峭空间范围
无
合并距离
3.00
mm
最小切削长度
1.00
mm
每刀的公共深度
恒定
距离
0.20
mm
④
设置“合并距离”为3mm，“最小切削长度”为1mm，“每刀的公共深度”为“恒定”，“距离”为0.20mm

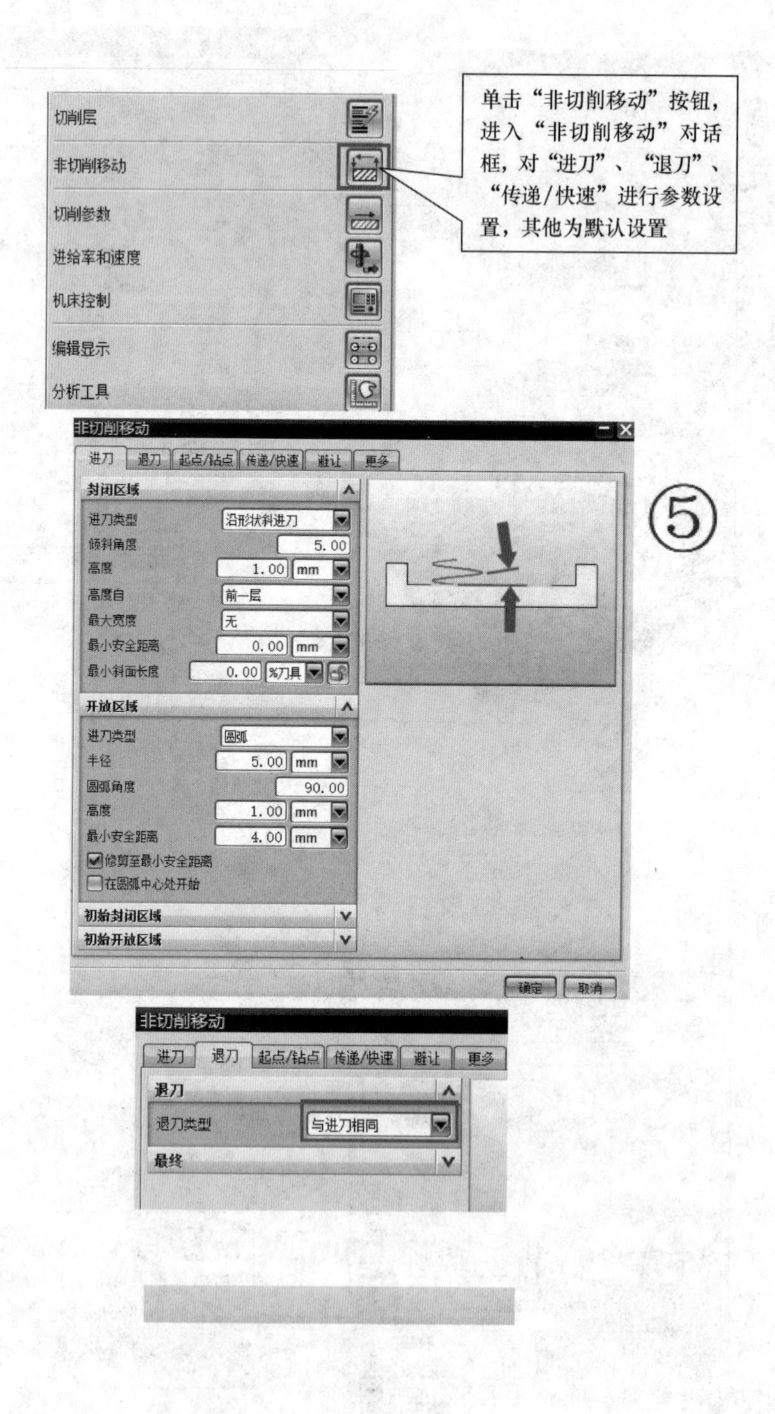
切削层
非切削移动
切削参数
进给率和速度
机床控制
编辑显示
分析工具
单击“非切削移动”按钮，进入“非切削移动”对话框，对“进刀”、“退刀”、“传递/快速”进行参数设置，其他为默认设置
⑤
非切削移动
进刀
退刀
起点/钻点
传递/快速
避让
更多
封闭区域
进刀类型
沿形状斜进刀
倾斜角度
5.00
高度
1.00
mm
高度自
前一层
最大宽度
无
最小安全距离
0.00
最小斜面长度
%刀具
开放区域
圆弧
半径
5.00
圆弧角度
90.00
4.00
修剪至最小安全距离
在圆弧中心处开始
初始封闭区域
初始开放区域
确定
取消
退刀类型
与进刀相同
最终

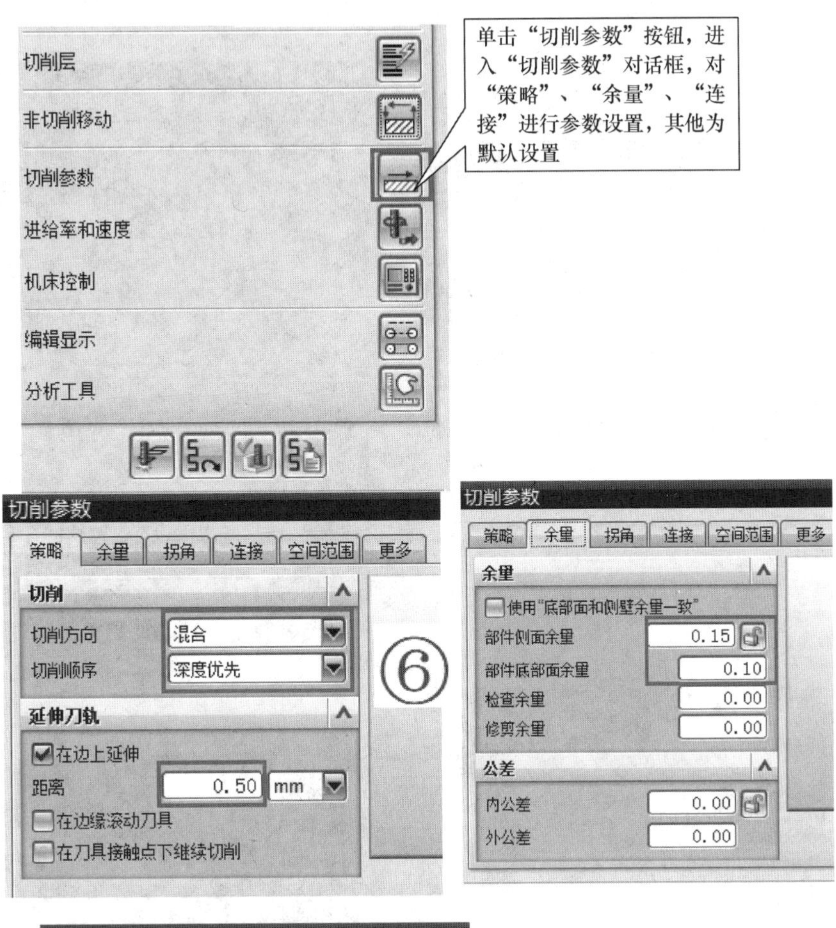
切削层
非切削移动
切削参数
进给率和速度
机床控制
编辑显示
分析工具
单击“切削参数”按钮，进入“切削参数”对话框，对“策略”、“余量”、“连接”进行参数设置，其他为默认设置
切削参数
策略
余量
拐角
连接
空间范围
更多
切削
切削方向
混合
切削顺序
深度优先
延伸刀轨
在边上延伸
距离
0.50
mm
在边缘滚动刀具
在刀具接触点下继续切削
⑥
切削参数
策略
余量
拐角
连接
空间范围
更多
余量
使用“底部面和侧壁余量一致”
部件侧面余量
0.15
部件底部面余量
0.10
检查余量
0.00
修剪余量
0.00
公差
内公差
0.00
外公差
0.00

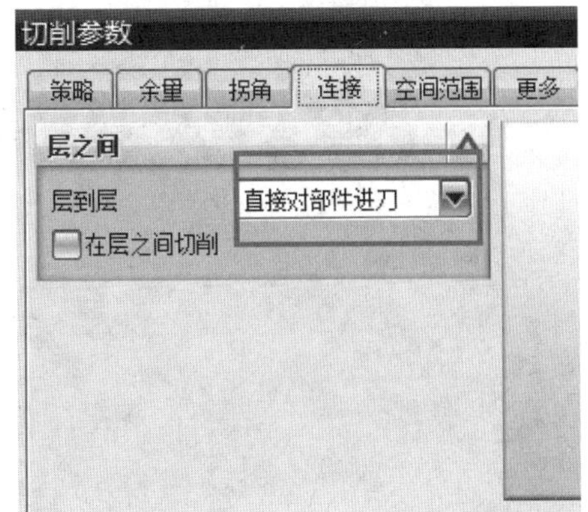
切削参数
策略
余量
拐角
连接
空间范围
更多
层之间
层到层
直接对部件进刀
在层之间切削

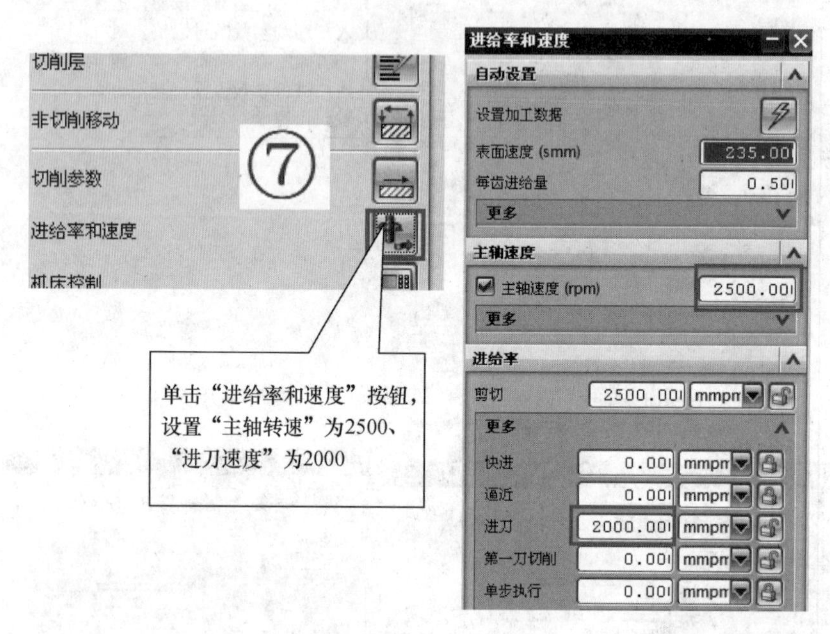
切削层
非切削移动
切削参数
进给率和速度
机床控制
⑦
单击“进给率和速度”按钮，设置“主轴转速”为2500、“进刀速度”为2000
进给率和速度
自动设置
设置加工数据
表面速度 (smm)
235.00
每齿进给量
0.50
更多
主轴速度
主轴速度 (rpm)
2500.00
更多
进给率
剪切
2500.00
mmpm
更多
快进
0.00
逼近
0.00
进刀
2000.00
第一刀切削
0.00
单步执行
0.00

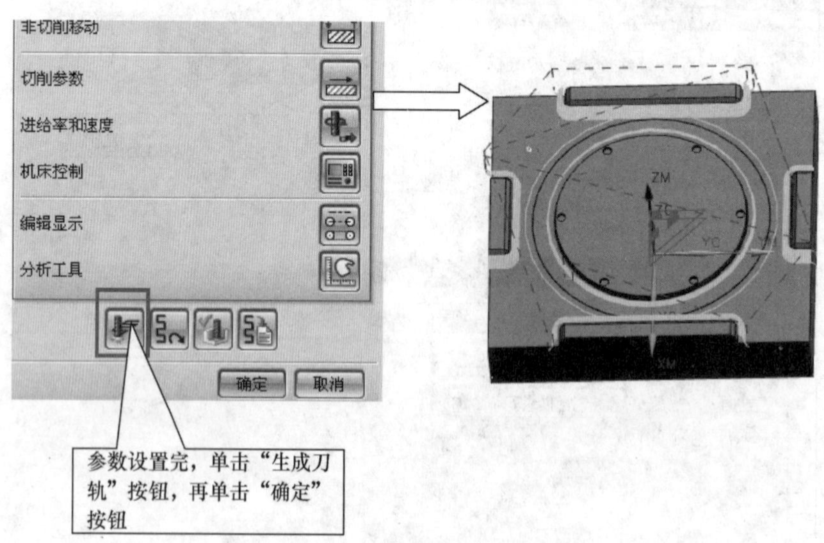
非切削移动
切削参数
进给率和速度
机床控制
编辑显示
分析工具
确定
取消
参数设置完，单击“生成刀轨”按钮，再单击“确定”按钮
ZM
YC
XM

（7）半精加工。

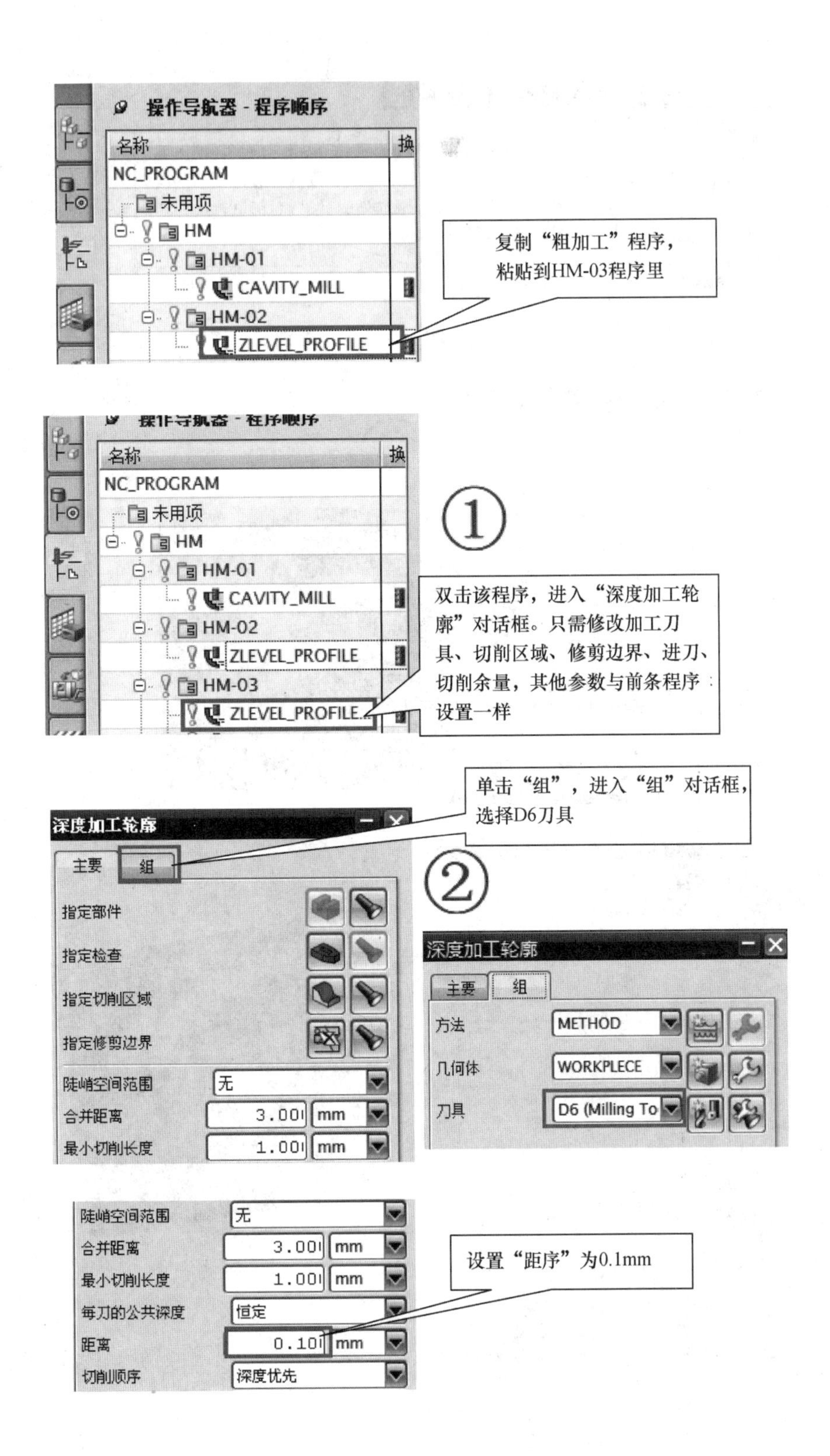
操作导航器 - 程序顺序
名称
换
NC_PROGRAM
未用项
HM
HM-01
CAVITY_MILL
HM-02
ZLEVEL_PROFILE
复制“粗加工”程序，粘贴到HM-03程序里
①
HM-03
双击该程序，进入“深度加工轮廓”对话框。只需修改加工刀具、切削区域、修剪边界、进刀、切削余量，其他参数与前条程序设置一样
单击“组”，进入“组”对话框，选择D6刀具
深度加工轮廓
主要
组
指定部件
指定检查
指定切削区域
指定修剪边界
陡峭空间范围
无
合并距离
3.001
mm
最小切削长度
1.001
②
方法
METHOD
几何体
WORKPIECE
刀具
D6 (Milling To
每刀的公共深度
恒定
距离
0.101
切削顺序
深度优先
设置“距序”为0.1mm

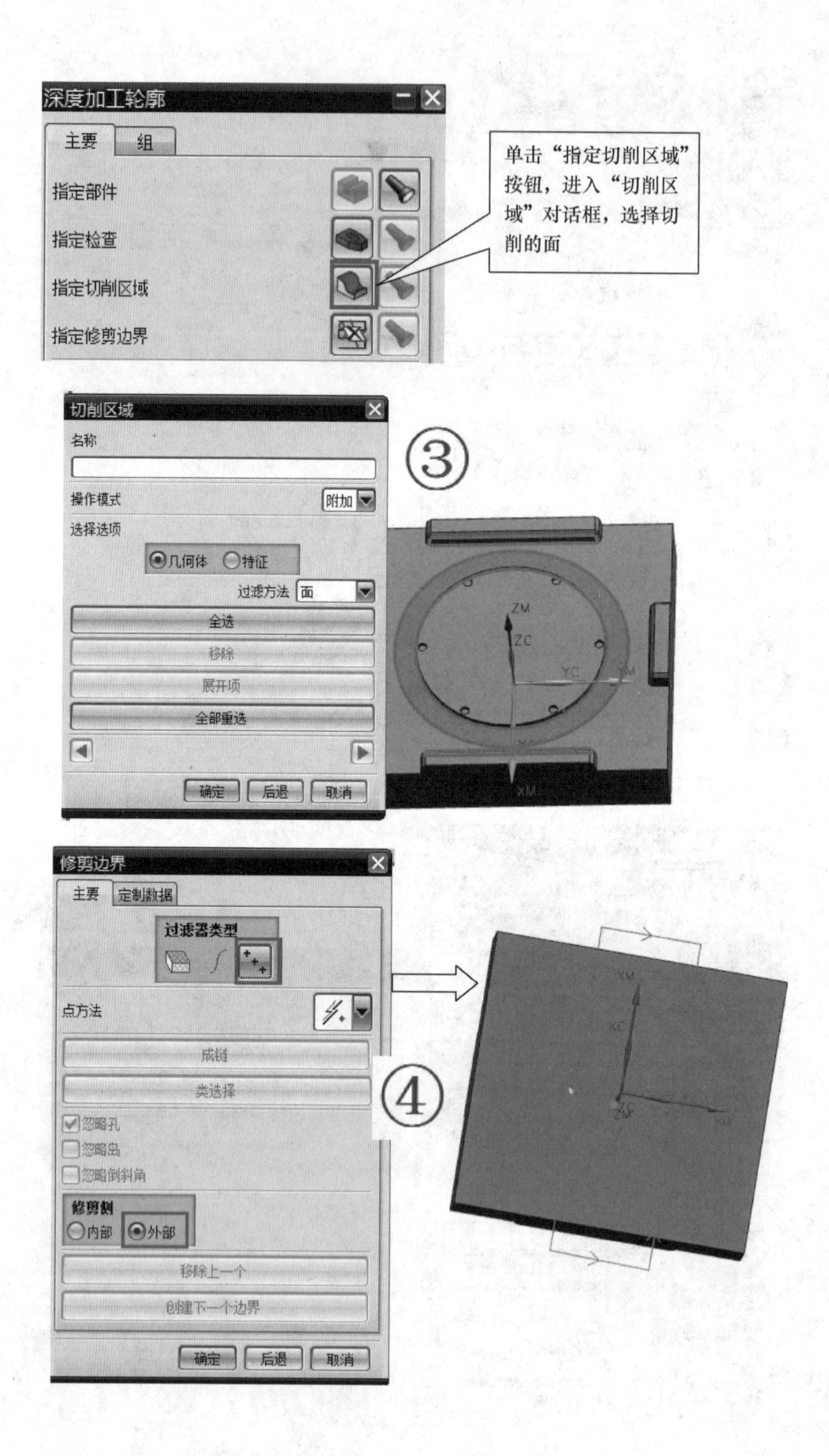
深度加工轮廓
主要
组
指定部件
指定检查
指定切削区域
指定修剪边界
单击“指定切削区域”按钮，进入“切削区域”对话框，选择切削的面
切削区域
名称
操作模式
附加
选择选项
几何体
特征
过滤方法
面
全选
移除
展开项
全部重选
确定
后退
取消
③
修剪边界
主要
定制数据
过滤器类型
点方法
成链
类选择
忽略孔
忽略岛
忽略倒斜角
修剪侧
内部
外部
移除上一个
创建下一个边界
确定
后退
取消
④

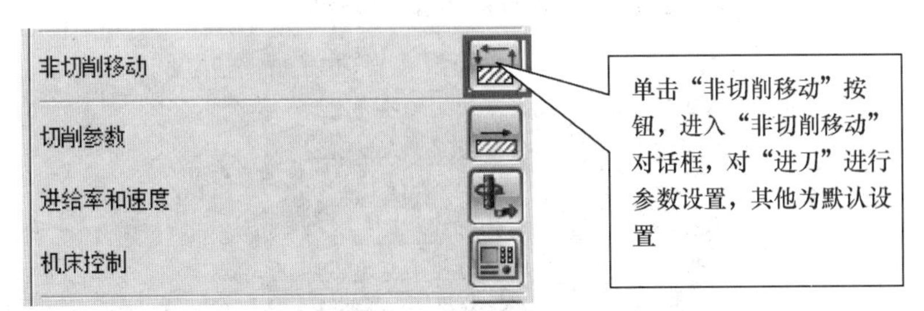
非切削移动
切削参数
进给率和速度
机床控制
单击“非切削移动”按钮，进入“非切削移动”对话框，对“进刀”进行参数设置，其他为默认设置

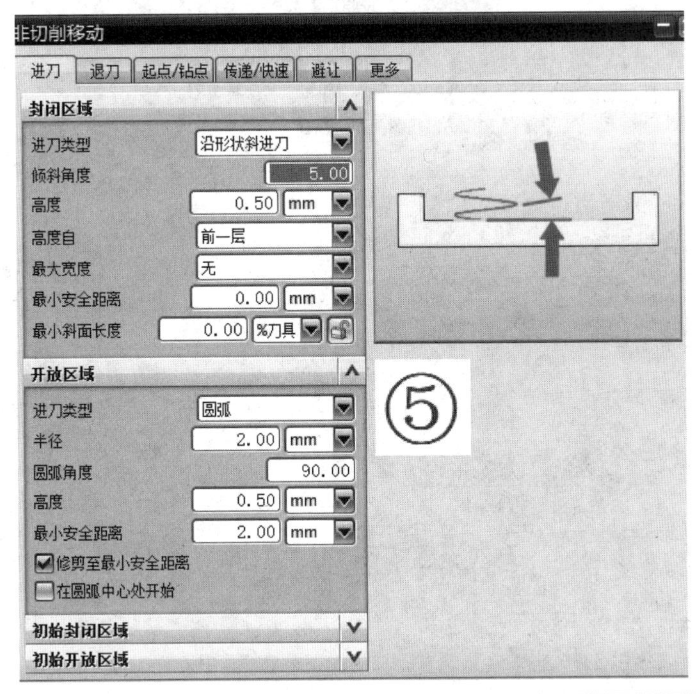
非切削移动
进刀
退刀
起点/钻点
传递/快速
避让
更多
封闭区域
进刀类型
沿形状斜进刀
倾斜角度
5.00
高度
0.50
mm
高度自
前一层
最大宽度
无
最小安全距离
0.00
mm
最小斜面长度
0.00
%刀具
开放区域
进刀类型
圆弧
半径
2.00
mm
圆弧角度
90.00
高度
0.50
mm
最小安全距离
2.00
mm
修剪至最小安全距离
在圆弧中心处开始
初始封闭区域
初始开放区域
⑤

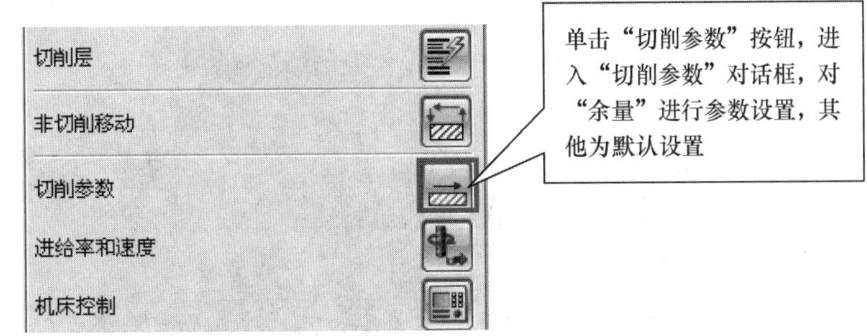
切削层
非切削移动
切削参数
进给率和速度
机床控制
单击“切削参数”按钮，进入“切削参数”对话框，对“余量”进行参数设置，其他为默认设置

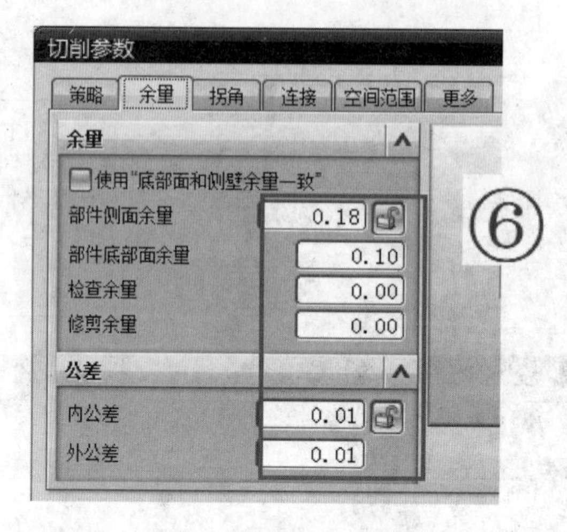
切削参数
策略
余量
拐角
连接
空间范围
更多
余量
使用"底部面和侧壁余量一致"
部件侧面余量
0.18
部件底部面余量
0.10
检查余量
0.00
修剪余量
0.00
公差
内公差
0.01
外公差
0.01
⑥

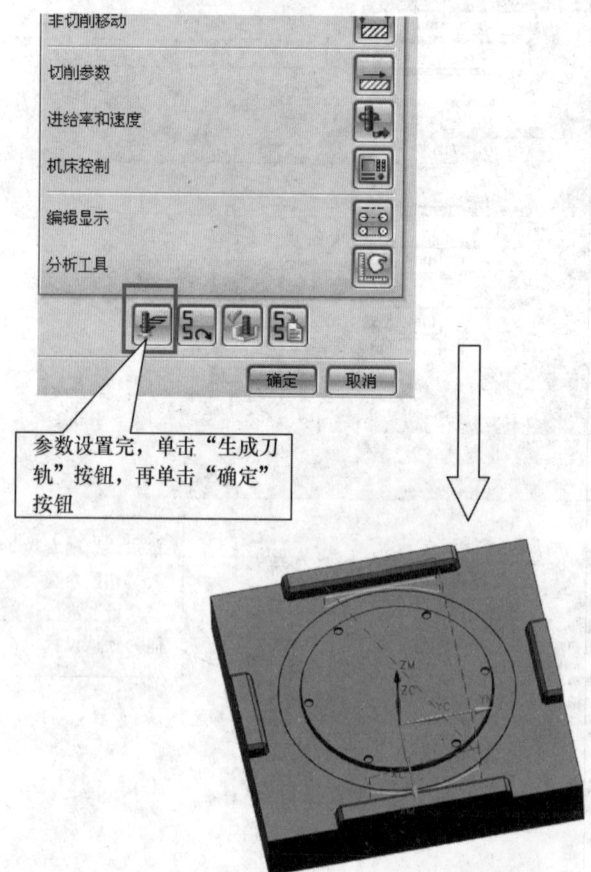
非切削移动
切削参数
进给率和速度
机床控制
编辑显示
分析工具
确定
取消
参数设置完，单击“生成刀轨”按钮，再单击“确定”按钮

（8）对6个孔半精加工。

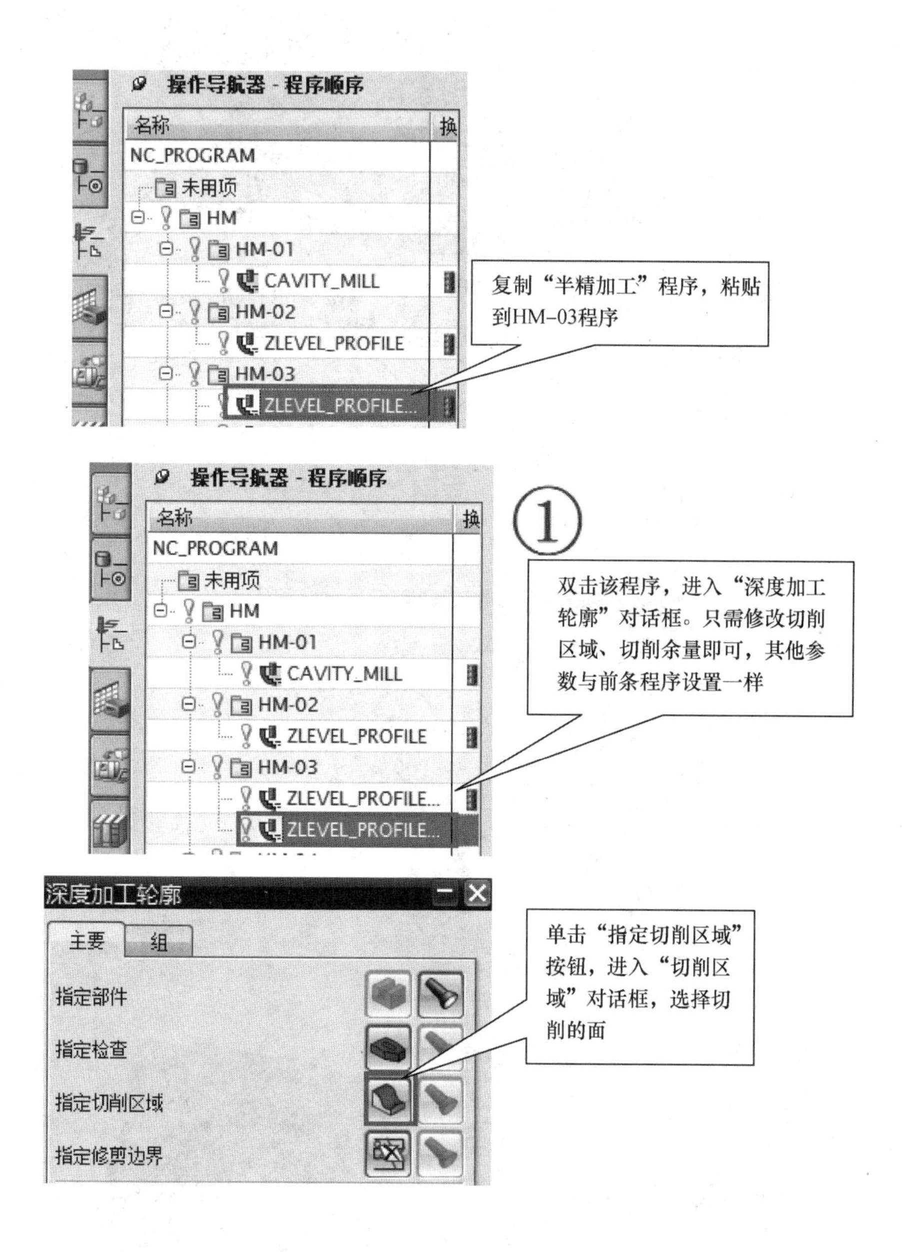
操作导航器 - 程序顺序
名称
换
NC_PROGRAM
未用项
HM
HM-01
CAVITY_MILL
HM-02
ZLEVEL_PROFILE
HM-03
ZLEVEL_PROFILE...
复制“半精加工”程序，粘贴到HM-03程序
①
双击该程序，进入“深度加工轮廓”对话框。只需修改切削区域、切削余量即可，其他参数与前条程序设置一样
深度加工轮廓
主要
组
指定部件
指定检查
指定切削区域
指定修剪边界
单击“指定切削区域”按钮，进入“切削区域”对话框，选择切削的面

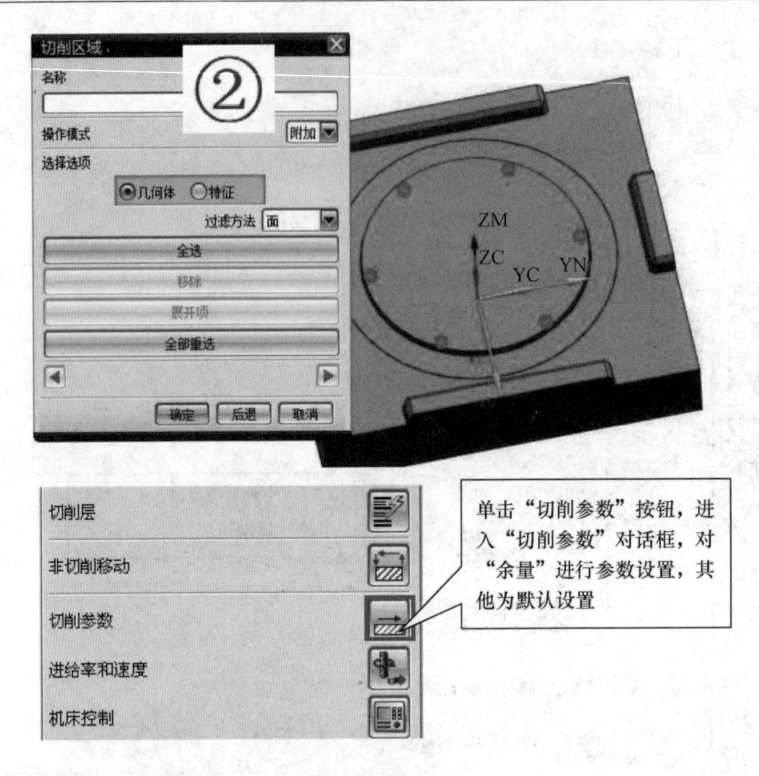
切削区域
名称
②
操作模式
附加
选择选项
几何体
特征
过滤方法
面
全选
移除
展开项
全部重选
确定
后退
取消
ZM
ZC
YC
YN
切削层
非切削移动
切削参数
进给率和速度
机床控制
单击“切削参数”按钮，进入“切削参数”对话框，对“余量”进行参数设置，其他为默认设置

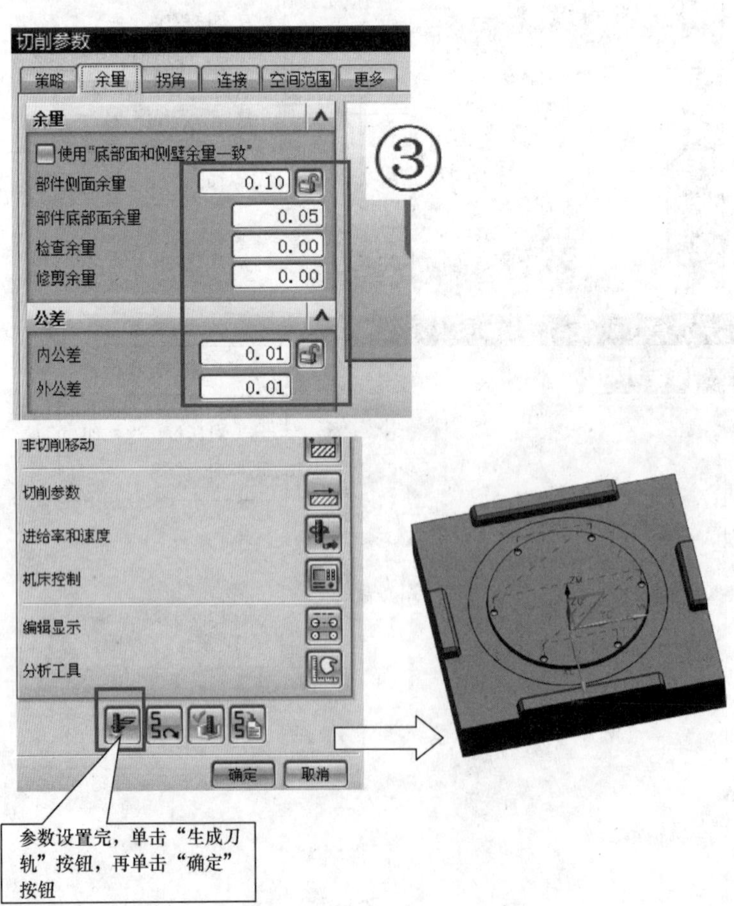
切削参数
策略
余量
拐角
连接
空间范围
更多
余量
使用"底部面和侧壁余量一致"
部件侧面余量
0.10
部件底部面余量
0.05
检查余量
0.00
修剪余量
0.00
公差
内公差
0.01
外公差
0.01
③
非切削移动
切削参数
进给率和速度
机床控制
编辑显示
分析工具
确定
取消
参数设置完，单击“生成刀轨”按钮，再单击“确定”按钮

（9）精加工。

单击“创建操作”工具，进入“创建操作”对话框，选“FACE_MILLING_AREA”(面铣削) 类型。单击“确定”按钮进入“面铣削”对话框
①
创建操作
类型
mill_planar
操作子类型
位置
程序
HM
刀具
D17R0.8 (Milling
几何体
WORKPIECE
方法
METHOD
名称
FACE_MILLING_AREA_1
确定
应用
取消
面铣削
主要
组
指定部件
指定切削区域
指定壁几何体
指定检查体
自动壁
单击“指定切削区域”按钮，进入“切削区域”对话框，选择切削的面

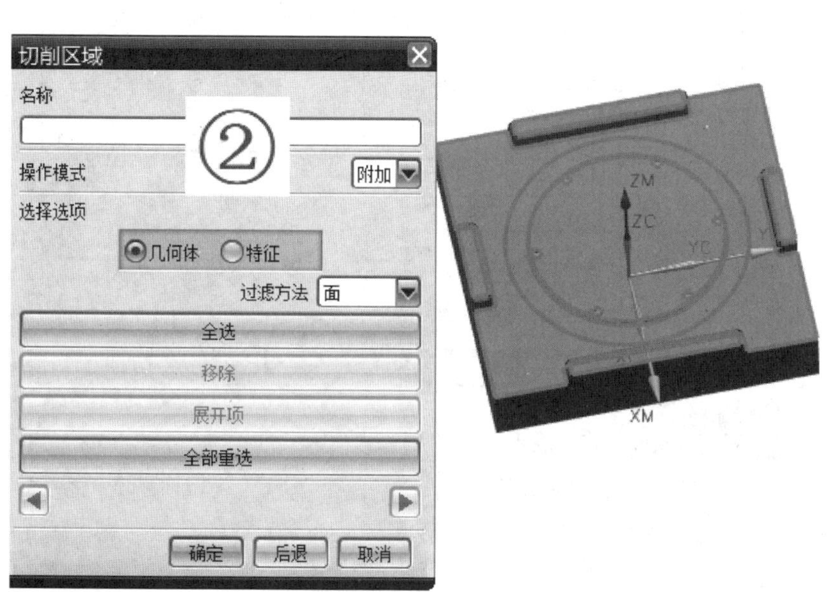
切削区域
名称
②
操作模式
附加
选择选项
几何体
特征
过滤方法
面
全选
移除
展开项
全部重选
确定
后退
取消
ZM
ZC
YC
XM

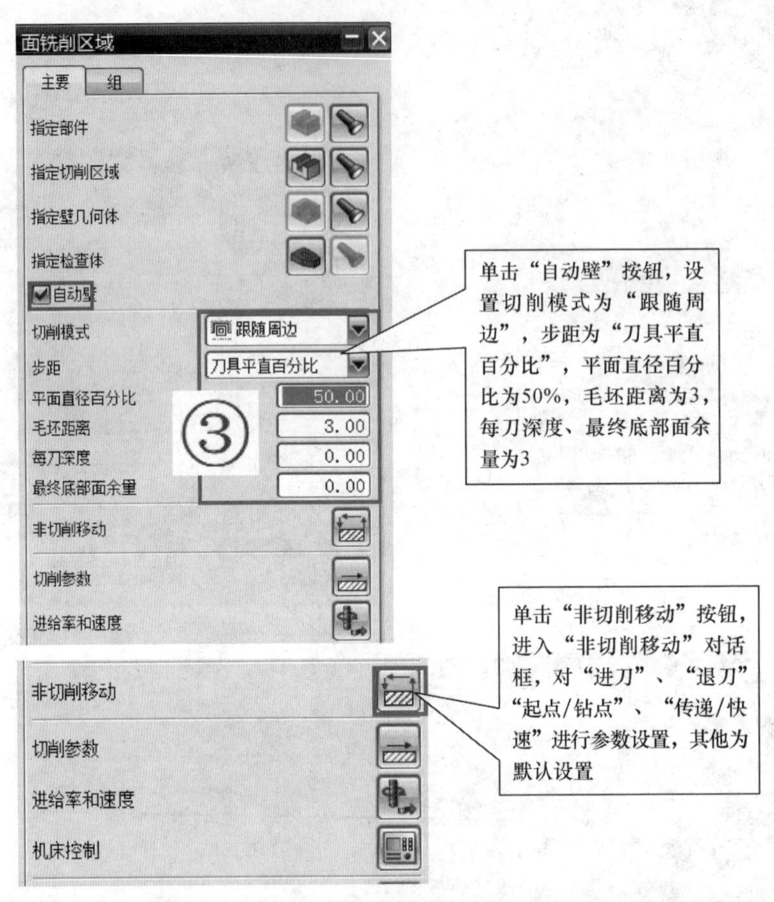
面铣削区域
主要
组
指定部件
指定切削区域
指定壁几何体
指定检查体
自动壁
切削模式
跟随周边
步距
刀具平直百分比
平面直径百分比
50.00
毛坯距离
3.00
每刀深度
0.00
最终底部面余量
0.00
非切削移动
切削参数
进给率和速度
③
单击“自动壁”按钮，设置切削模式为“跟随周边”，步距为“刀具平直百分比”，平面直径百分比为50%，毛坯距离为3，每刀深度、最终底部面余量为3
非切削移动
切削参数
进给率和速度
机床控制
单击“非切削移动”按钮，进入“非切削移动”对话框，对“进刀”、“退刀”“起点/钻点”、“传递/快速”进行参数设置，其他为默认设置

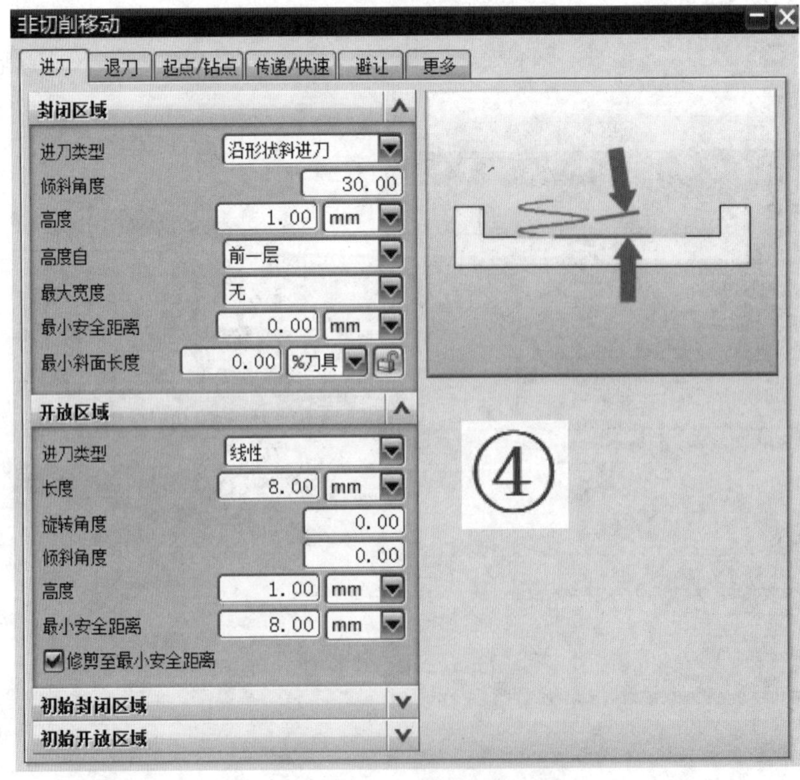
非切削移动
进刀
退刀
起点/钻点
传递/快速
避让
更多
封闭区域
进刀类型
沿形状斜进刀
倾斜角度
30.00
高度
1.00
mm
高度自
前一层
最大宽度
无
最小安全距离
0.00
mm
最小斜面长度
0.00
%刀具
开放区域
进刀类型
线性
长度
8.00
mm
旋转角度
0.00
倾斜角度
0.00
高度
1.00
mm
最小安全距离
8.00
mm
修剪至最小安全距离
初始封闭区域
初始开放区域
④

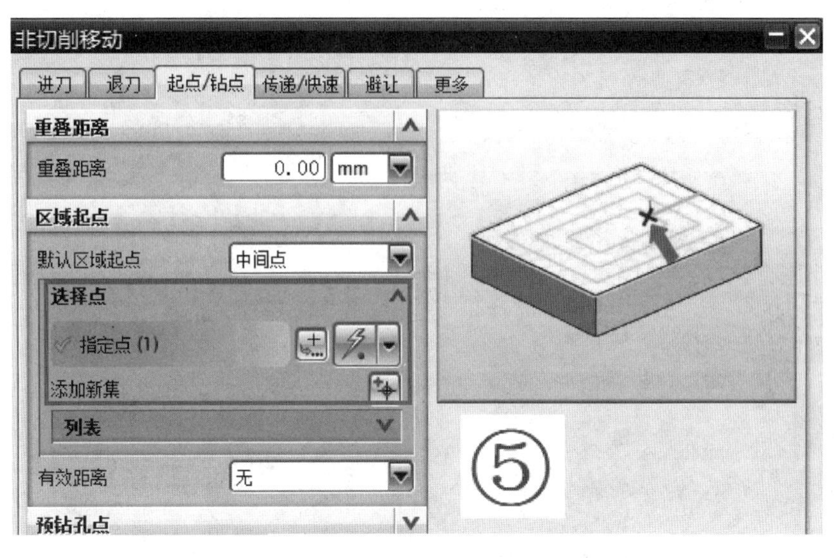


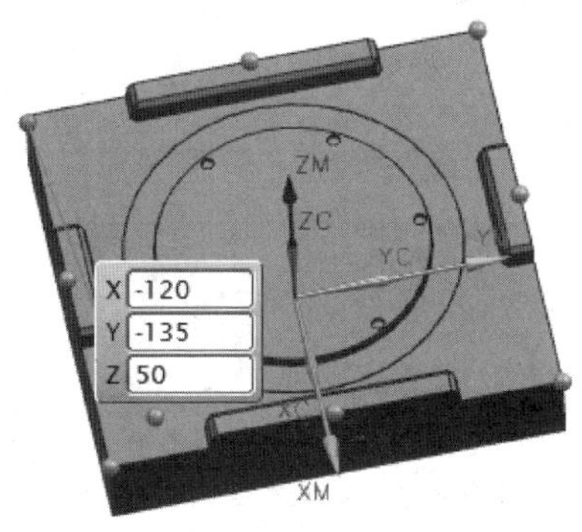


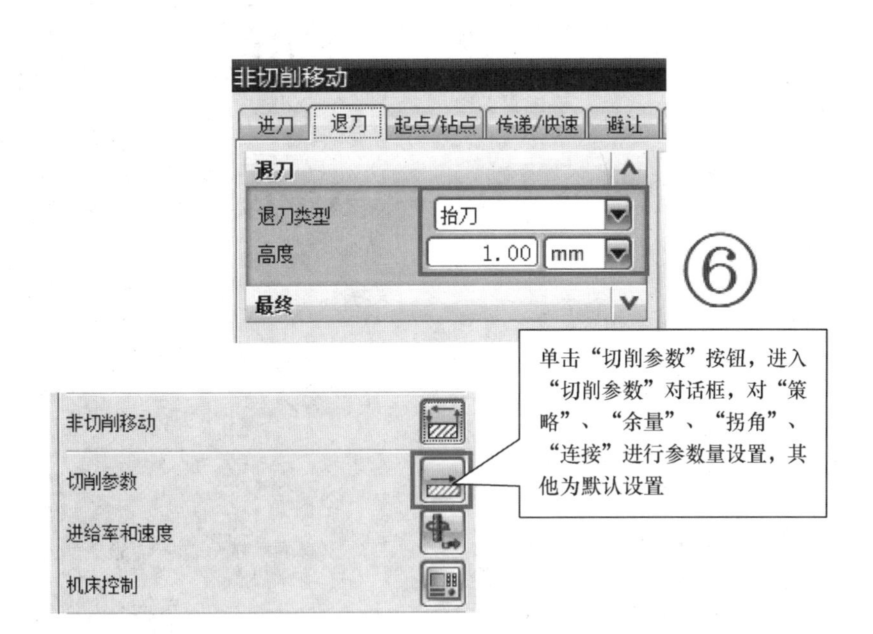


单击“切削参数”按钮，进入“切削参数”对话框，对“策略”、“余量”、“拐角”、“连接”进行参数量设置，其他为默认设置

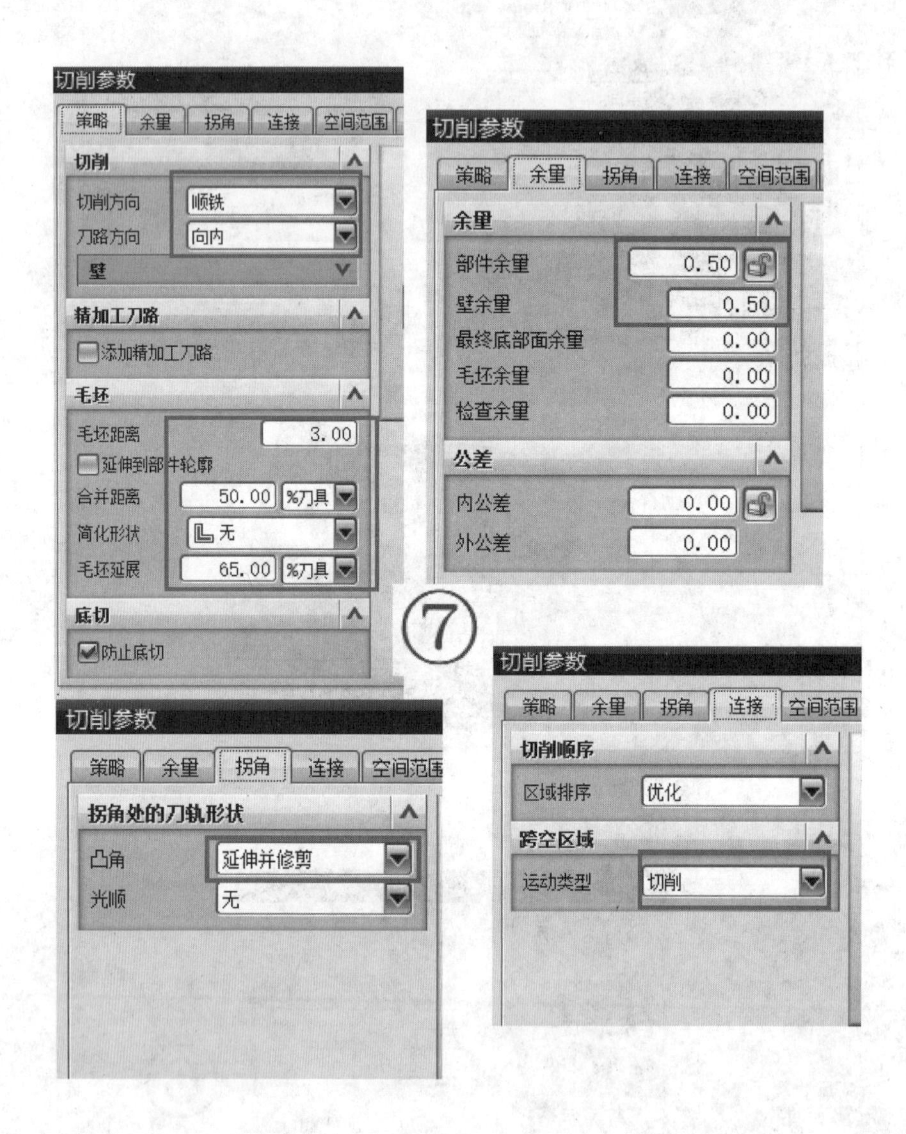

切削参数
策略 余量 拐角 连接 空间范围
切削
切削方向 顺铣
刀路方向 向内
壁
精加工刀路
添加精加工刀路
毛坯
毛坯距离 3.00
延伸到部件轮廓
合并距离 50.00 %刀具
简化形状 无
毛坯延展 65.00 %刀具
底切
防止底切
切削参数
策略 余量 拐角 连接 空间范围
余量
部件余量 0.50
壁余量 0.50
最终底部面余量 0.00
毛坯余量 0.00
检查余量 0.00
公差
内公差 0.00
外公差 0.00
⑦
切削参数
策略 余量 拐角 连接 空间范围
拐角处的刀轨形状
凸角 延伸并修剪
光顺 无
切削参数
策略 余量 拐角 连接 空间范围
切削顺序
区域排序 优化
跨空区域
运动类型 切削

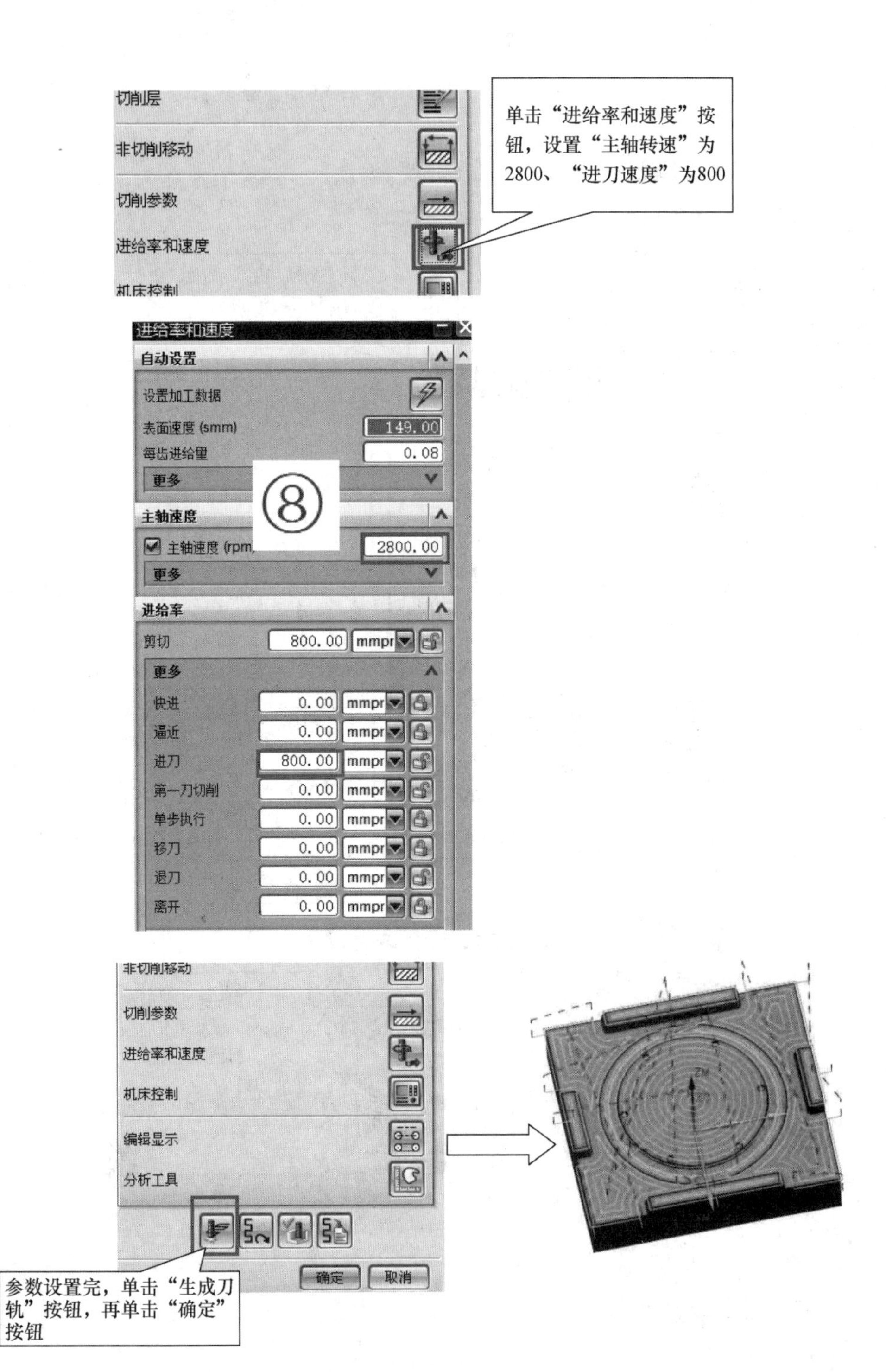

切削层
非切削移动
切削参数
进给率和速度
机床控制
单击“进给率和速度”按钮，设置“主轴转速”为2800、“进刀速度”为800
进给率和速度
自动设置
设置加工数据
表面速度 (smm)
149.00
每齿进给量
0.08
更多
⑧
主轴速度
主轴速度 (rpm)
2800.00
更多
进给率
剪切
800.00
mmpr
更多
快进
0.00
逼近
0.00
进刀
800.00
第一刀切削
0.00
单步执行
0.00
移刀
0.00
退刀
0.00
离开
0.00
非切削移动
切削参数
进给率和速度
机床控制
编辑显示
分析工具
确定
取消
参数设置完，单击“生成刀轨”按钮，再单击“确定”按钮

(10) 精加工。

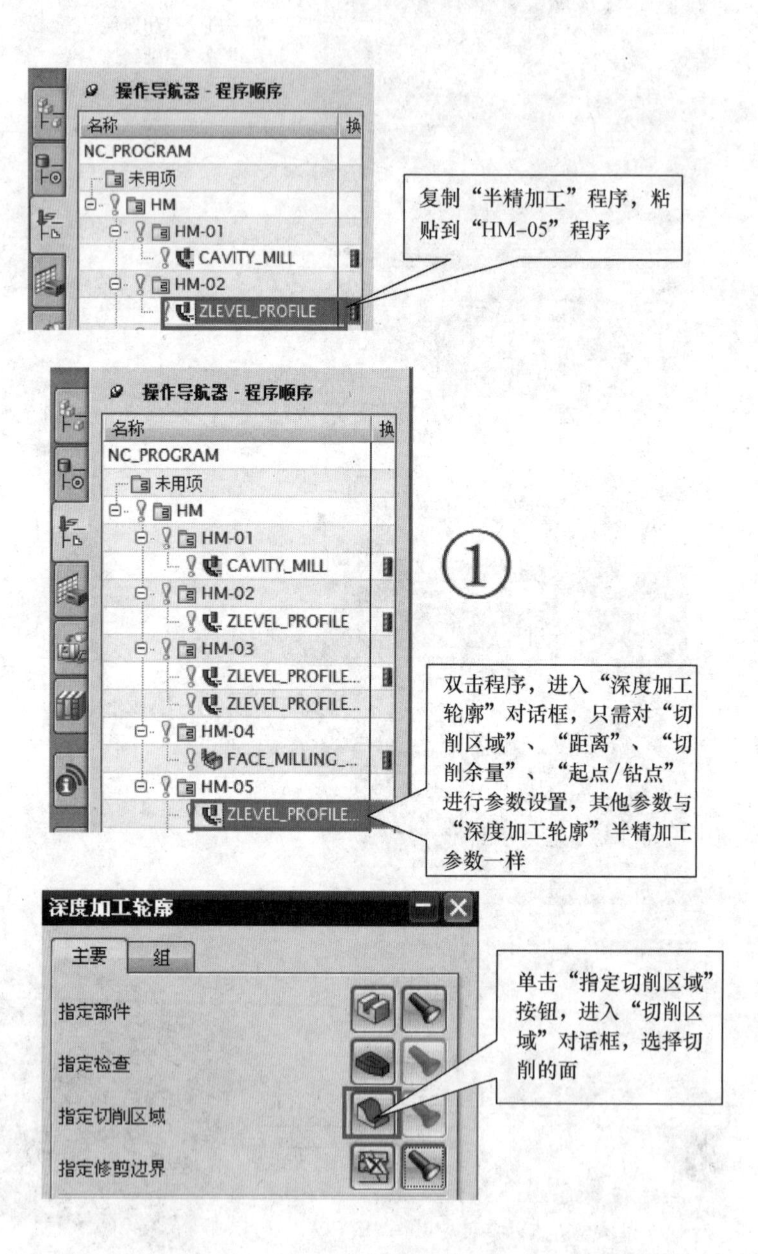
操作导航器 - 程序顺序
名称
换
NC_PROGRAM
未用项
HM
HM-01
CAVITY_MILL
HM-02
ZLEVEL_PROFILE
复制“半精加工”程序，粘贴到“HM-05”程序
操作导航器 - 程序顺序
名称
换
NC_PROGRAM
未用项
HM
HM-01
CAVITY_MILL
HM-02
ZLEVEL_PROFILE
HM-03
ZLEVEL_PROFILE...
ZLEVEL_PROFILE...
HM-04
FACE_MILLING_...
HM-05
ZLEVEL_PROFILE...
①
双击程序，进入“深度加工轮廓”对话框，只需对“切削区域”、“距离”、“切削余量”、“起点/钻点”进行参数设置，其他参数与“深度加工轮廓”半精加工参数一样
深度加工轮廓
主要
组
指定部件
指定检查
指定切削区域
指定修剪边界
单击“指定切削区域”按钮，进入“切削区域”对话框，选择切削的面

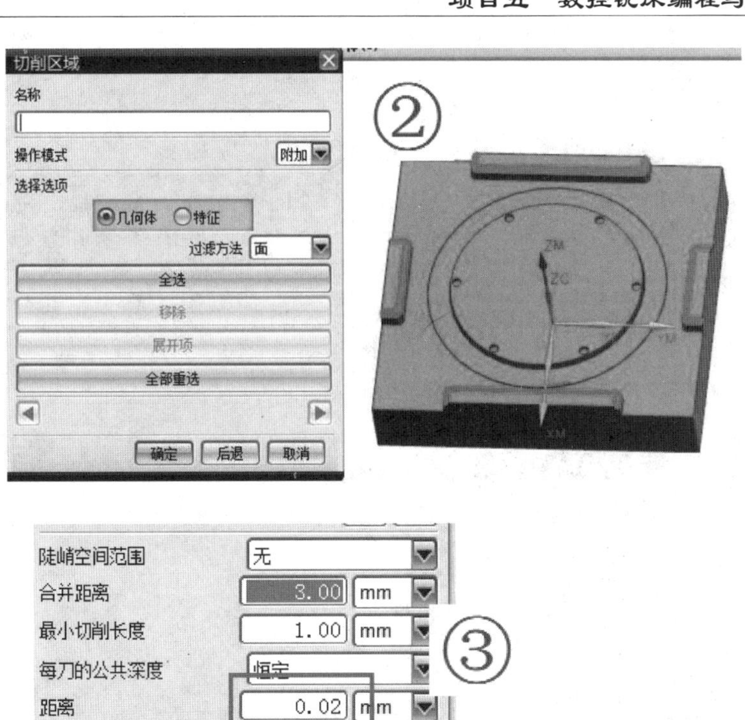
切削区域
名称
操作模式
附加
选择选项
几何体
特征
过滤方法
面
全选
移除
展开项
全部重选
确定
后退
取消
②
ZM
ZC
YM
XM
陡峭空间范围
无
合并距离
3.00
mm
最小切削长度
1.00
mm
每刀的公共深度
恒定
距离
0.02
mm
切削顺序
深度优先
③

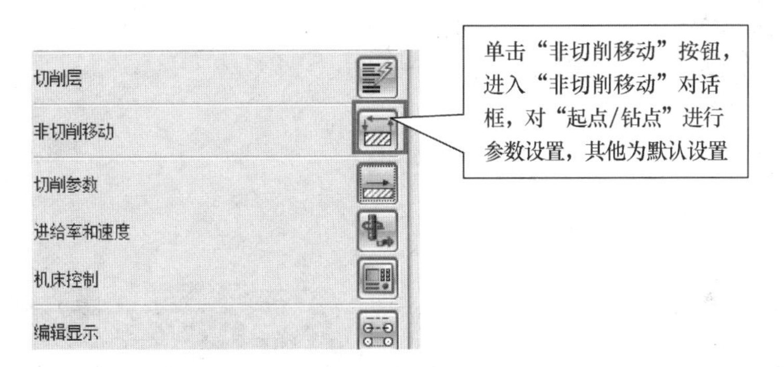
切削层
非切削移动
切削参数
进给率和速度
机床控制
编辑显示
单击“非切削移动”按钮，进入“非切削移动”对话框，对“起点/钻点”进行参数设置，其他为默认设置

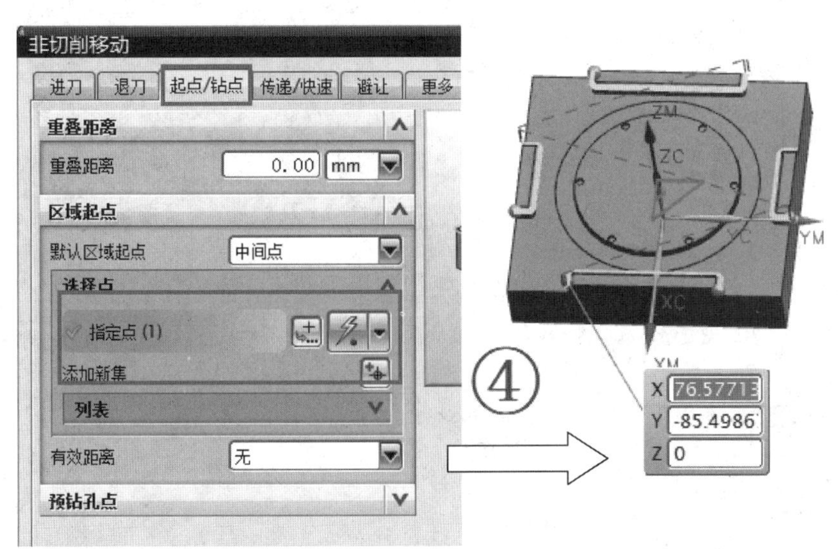
非切削移动
进刀
退刀
起点/钻点
传递/快速
避让
更多
重叠距离
重叠距离
0.00
mm
区域起点
默认区域起点
中间点
选择点
指定点 (1)
添加新集
列表
有效距离
无
预钻孔点
④
ZM
ZC
YM
XC
X
Y
-85.4986
Z
0

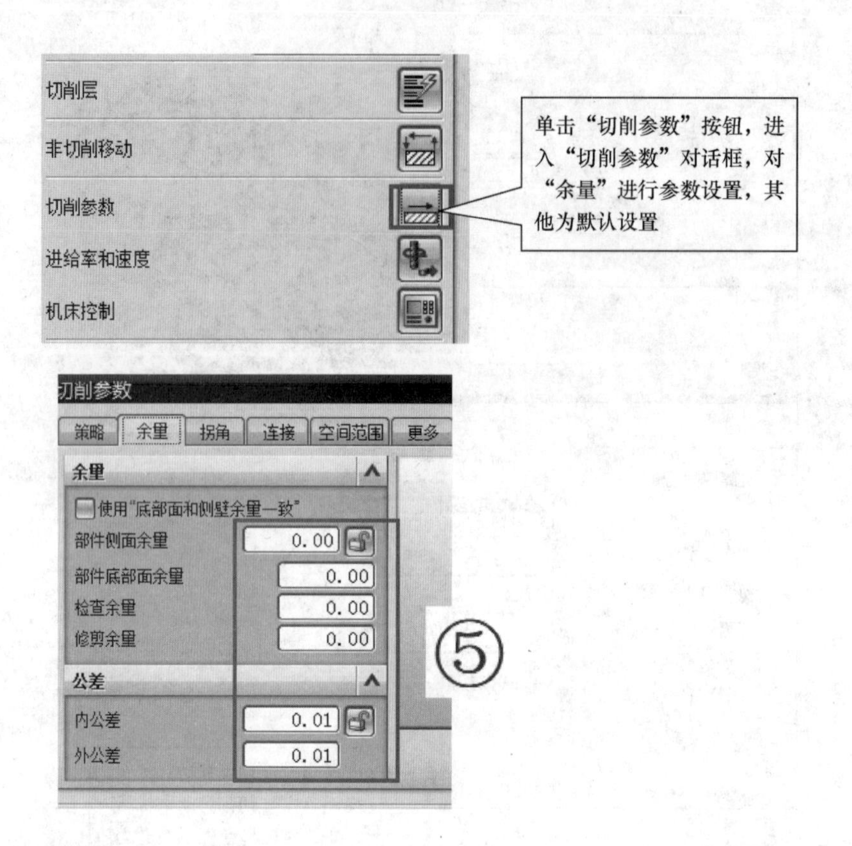
切削层
非切削移动
切削参数
进给率和速度
机床控制
单击“切削参数”按钮，进入“切削参数”对话框，对“余量”进行参数设置，其他为默认设置
切削参数
策略
余量
拐角
连接
空间范围
更多
余量
使用“底部面和侧壁余量一致”
部件侧面余量
0.00
部件底部面余量
0.00
检查余量
0.00
修剪余量
0.00
公差
内公差
0.01
外公差
0.01
⑤

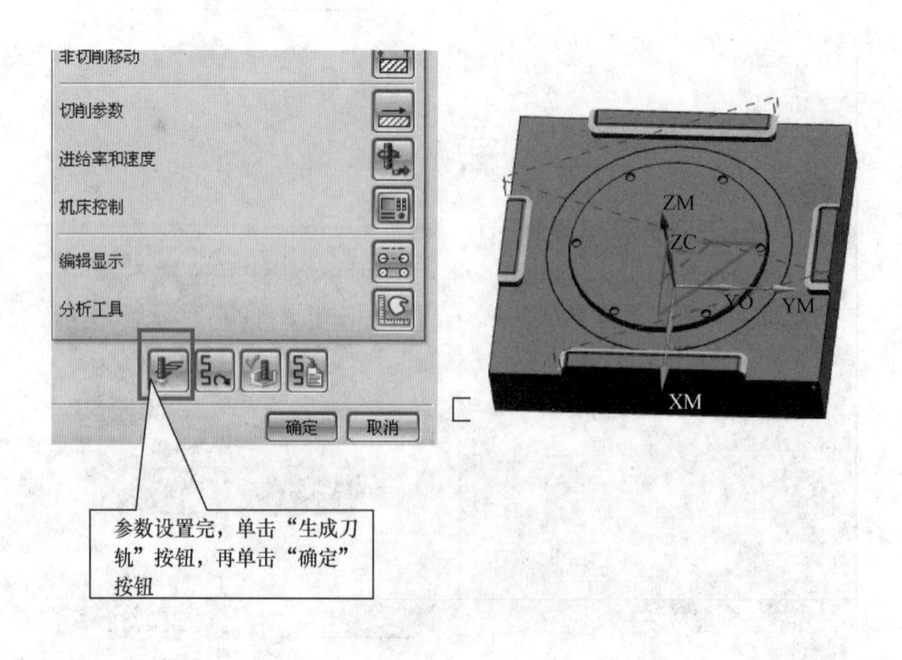
非切削移动
切削参数
进给率和速度
机床控制
编辑显示
分析工具
确定
取消
参数设置完，单击“生成刀轨”按钮，再单击“确定”按钮
ZM
ZC
YC
YM
XM

（11）精加工。

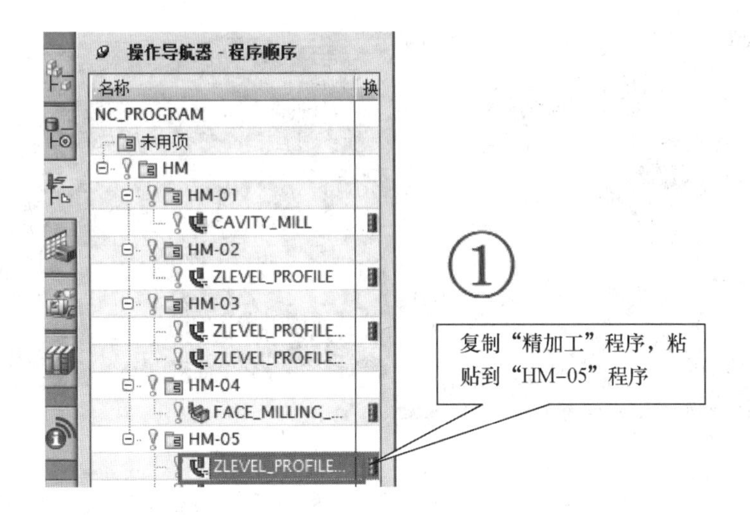
操作导航器 - 程序顺序
名称
换
NC_PROGRAM
未用项
HM
HM-01
CAVITY_MILL
HM-02
ZLEVEL_PROFILE
HM-03
ZLEVEL_PROFILE...
ZLEVEL_PROFILE...
HM-04
FACE_MILLING_...
HM-05
ZLEVEL_PROFILE...
①
复制“精加工”程序，粘贴到“HM-05”程序

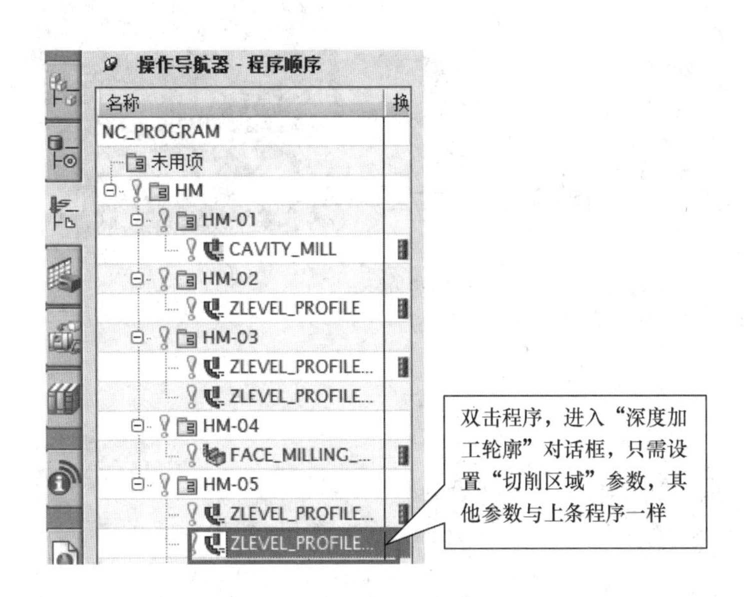
操作导航器 - 程序顺序
名称
换
NC_PROGRAM
未用项
HM
HM-01
CAVITY_MILL
HM-02
ZLEVEL_PROFILE
HM-03
ZLEVEL_PROFILE...
ZLEVEL_PROFILE...
HM-04
FACE_MILLING_...
HM-05
ZLEVEL_PROFILE...
ZLEVEL_PROFILE...
双击程序，进入“深度加工轮廓”对话框，只需设置“切削区域”参数，其他参数与上条程序一样

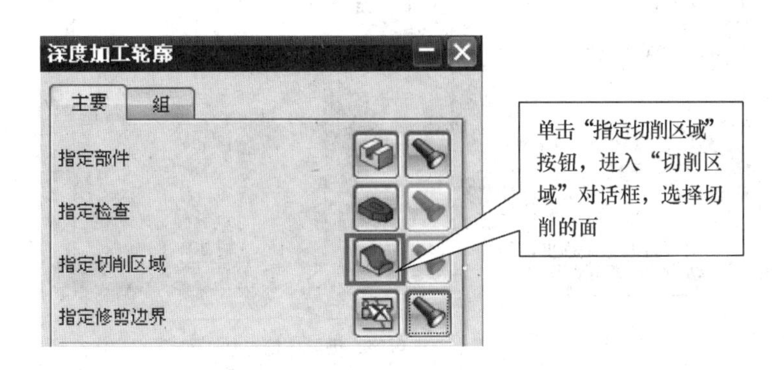
深度加工轮廓
主要
组
指定部件
指定检查
指定切削区域
指定修剪边界
单击“指定切削区域”按钮，进入“切削区域”对话框，选择切削的面

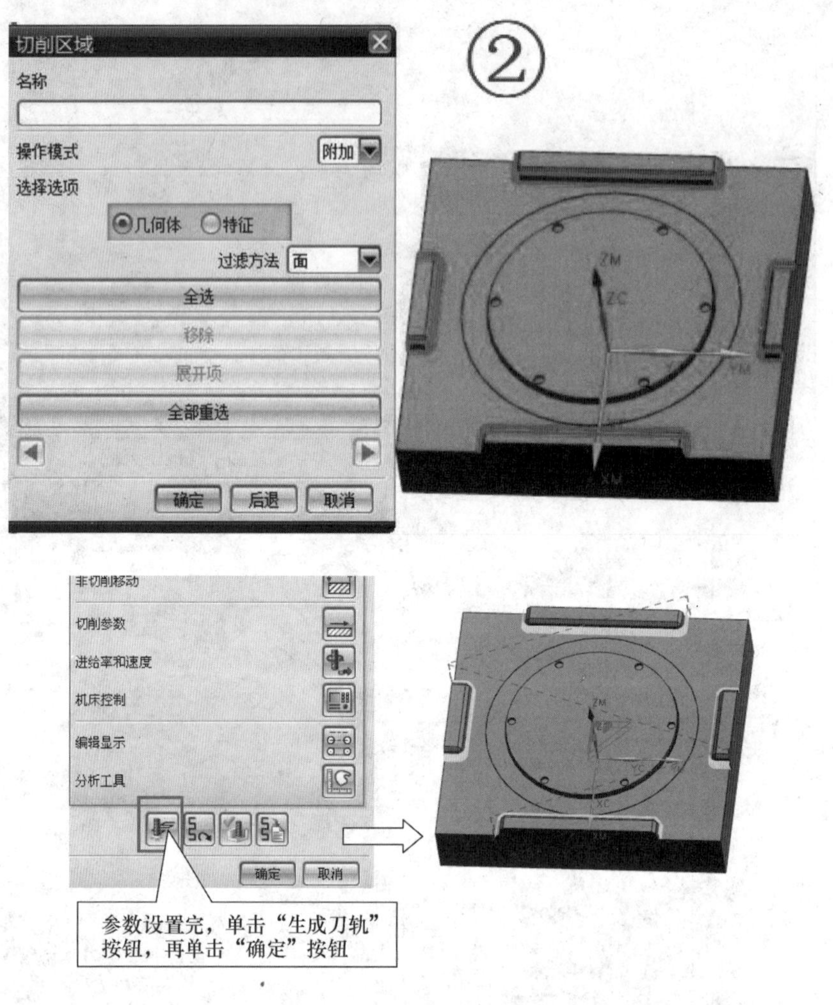

切削区域
名称
操作模式
附加
选择选项
几何体
特征
过滤方法
面
全选
移除
展开项
全部重选
确定
后退
取消
②
非切削移动
切削参数
进给率和速度
机床控制
编辑显示
分析工具
确定
取消
参数设置完，单击“生成刀轨”按钮，再单击“确定”按钮


（12）精加工。

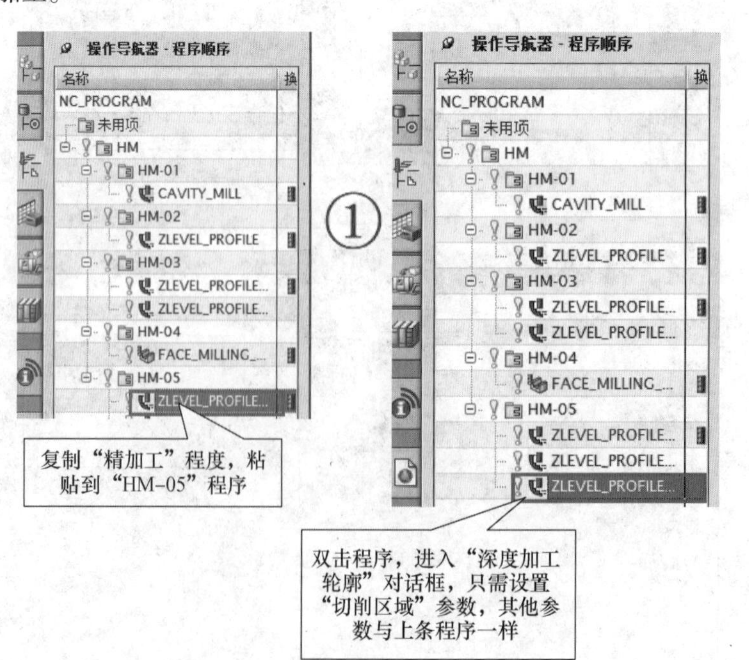

操作导航器 - 程序顺序
名称
NC_PROGRAM
未用项
HM
HM-01
CAVITY_MILL
HM-02
ZLEVEL_PROFILE
HM-03
ZLEVEL_PROFILE...
ZLEVEL_PROFILE...
HM-04
FACE_MILLING_...
HM-05
ZLEVEL_PROFILE...
复制“精加工”程度，粘贴到“HM-05”程序
①
双击程序，进入“深度加工轮廓”对话框，只需设置“切削区域”参数，其他参数与上条程序一样

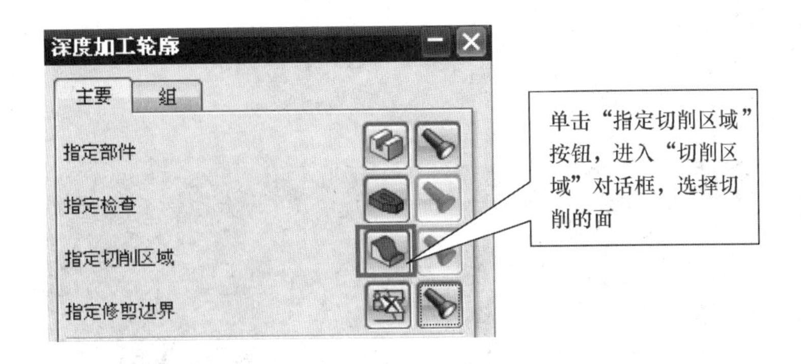


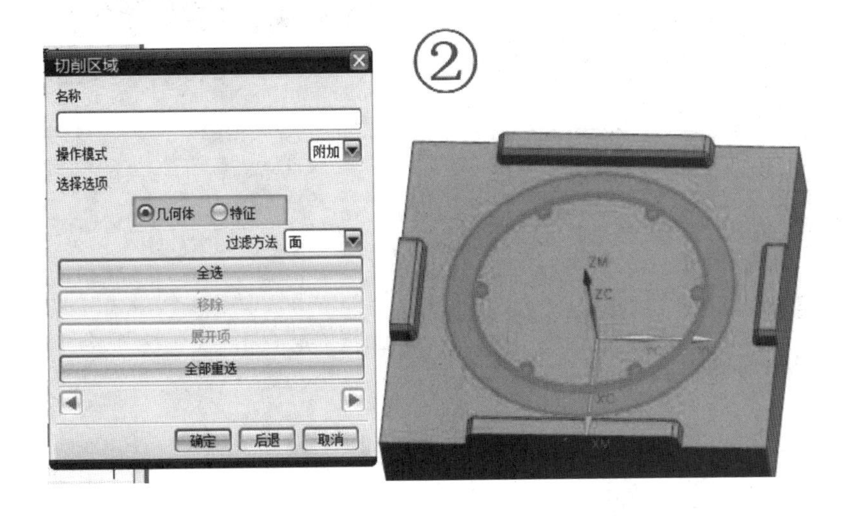


深度加工轮廓

主要　组

指定部件

指定检查

指定切削区域

指定修剪边界

陡峭空间范围　无

合并距离　3.00　mm

最小切削长度　1.00　mm

每刀的公共深度　恒定

距离　0.06　mm

③

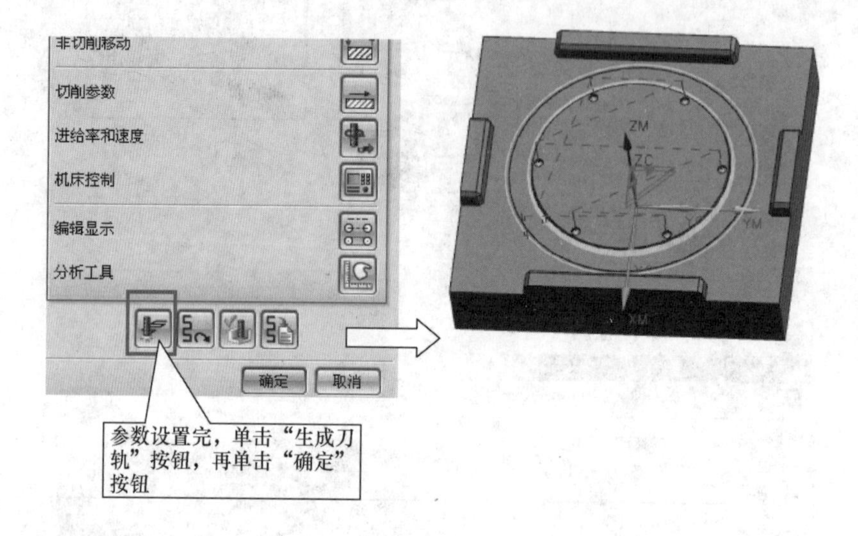


（13）后模仁加工模拟效果。

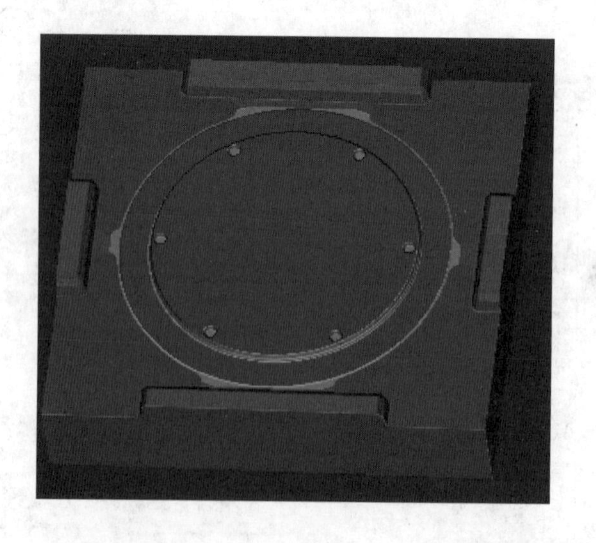

5. 后模仁加工程序后处理

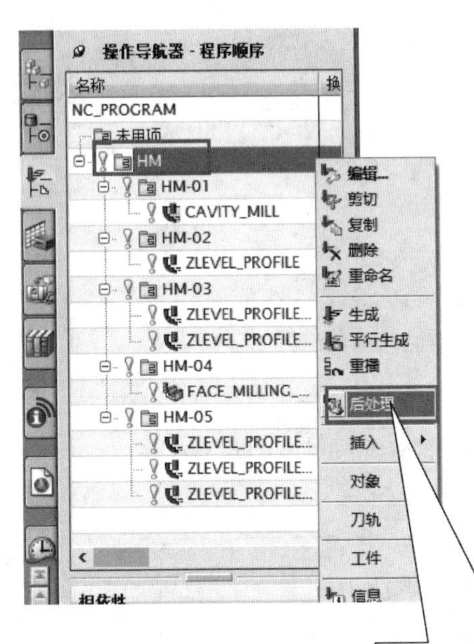

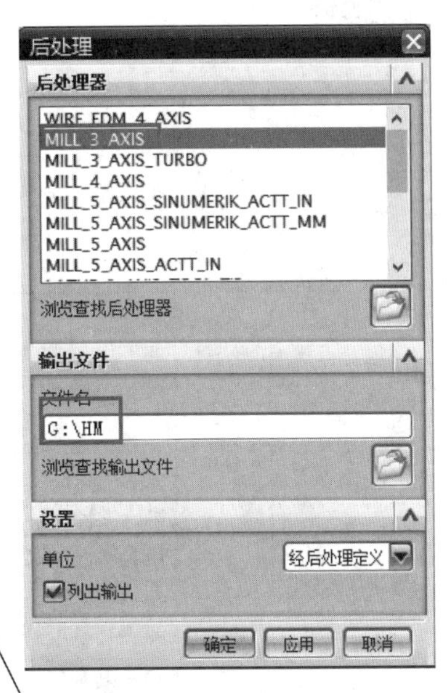

右键单击“HM”程序组，单击“后处理”按钮，进入“后处理”对话框，选择“MILL_3_AXIS”，后处理程序将自动保存到加工零件的目录下，也可以自定义保存目录及文件名

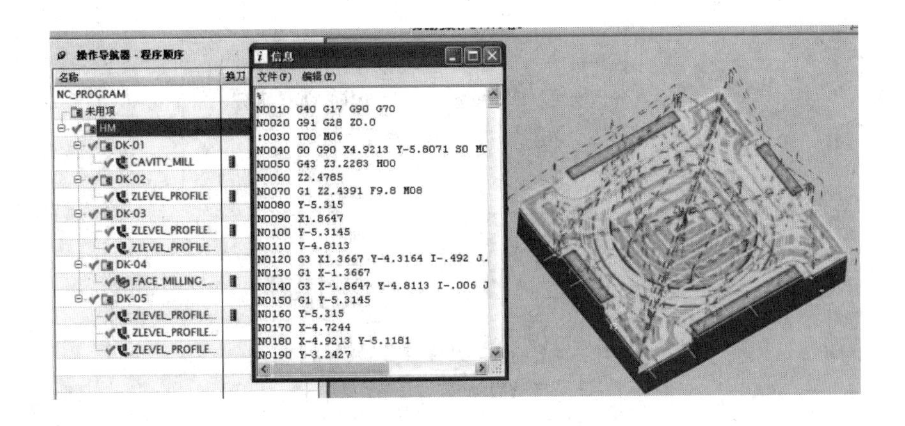

6. 填写程序评分表（见表5-29）

**表5-29　后模仁加工检测及评分表**

| 序号 | 考核项目 | | 配分 | 评分标准 | 实测结果 | 扣分 | 得分 |
|---|---|---|---|---|---|---|---|
| 1 | 创建程序 | | 5 | 类型扣3分，位置扣1分，名称扣1分，扣完为止 | | | |
| 2 | 创建刀具 | | 15 | 加工位置扣1分，刀具子类型扣10分，位置（刀具）扣1分，名称扣3分，不倒扣分 | | | |
| 3 | 几何视图 | | 15 | 机床坐标系扣5分，指定部件扣5分，指定毛坯扣5分，不倒扣分 | | | |
| 4 | 创建方法 | | 8 | 类型扣1分，方法子类型扣1分，位置（方法）扣1分，名称扣1分，余量扣2分，公差扣2分，不倒扣分 | | | |
| 5 | 创建操作 | | 50 | 类型扣1分，操作子类型扣1分，位置扣4分，名称扣2分，几何体扣8分，刀轨设置扣34分，不倒扣分 | | | |
| 6 | 仿真 | | 2 | 仿真扣2分，不倒扣分 | | | |
| 7 | 安全文明 | 机房内安全文明、正确、规范操作、维护等 | 5 | 遵守机房内的各项纪律规定，每出现一项扣1分，安全文明、正确、规范操作、维护1分，每违规一项扣1分，扣完为止 | | | |
| 合计 | | | 100 | 占件一零件加工总成绩（40%） | | | |

否定项：若因考生操作不当，造成设备损坏，应及时终止其操作，本次任务成绩记为零分。

考生签名：　　　　　　　　　　考核教师签名：　　　　　　　　　　日期：

## 任务试题

（1）利用 UG 软件对下面零件进行自动编程。

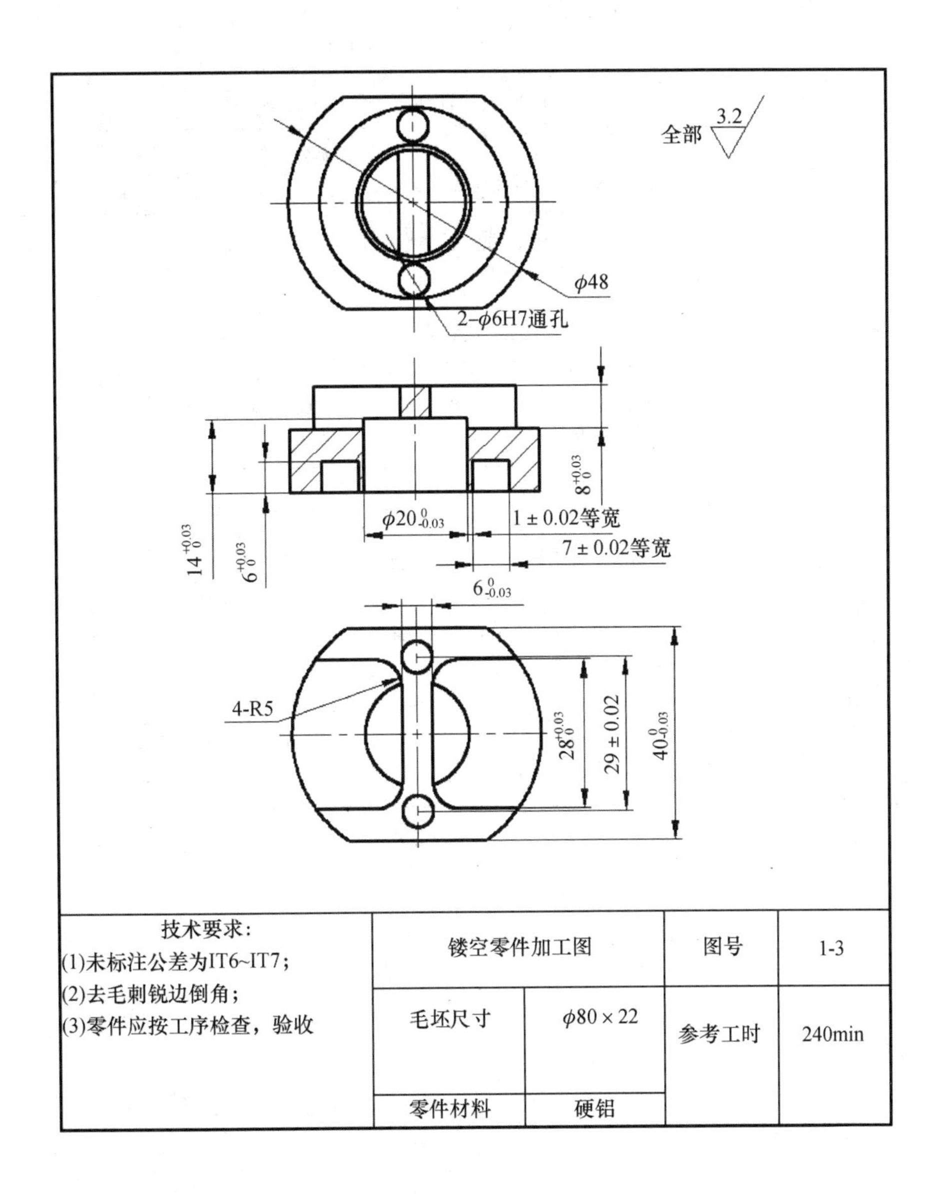


| 技术要求：<br>(1)未标注公差为IT6~IT7；<br>(2)去毛刺锐边倒角；<br>(3)零件应按工序检查，验收 | 镂空零件加工图 | | 图号 | 1-3 |
|---|---|---|---|---|
| | 毛坯尺寸 | φ80 × 22 | 参考工时 | 240min |
| | 零件材料 | 硬铝 | | |

（2）填写程序评分表。

<table>
<tr><th>序号</th><th colspan="2">考核项目</th><th>配分</th><th>评分标准</th><th>实测结果</th><th>扣分</th><th>得分</th></tr>
<tr><td>1</td><td colspan="2">创建程序</td><td>5</td><td>类型扣3分，位置扣1分，名称扣1分，扣完为止</td><td></td><td></td><td></td></tr>
<tr><td>2</td><td colspan="2">创建刀具</td><td>15</td><td>加工位置扣1分，刀具子类型扣10分，位置（刀具）扣1分，名称扣3分，不倒扣分</td><td></td><td></td><td></td></tr>
<tr><td>3</td><td colspan="2">几何视图</td><td>15</td><td>机床坐标系扣5分，指定部件扣5分，指定毛坯扣5分，不倒扣分</td><td></td><td></td><td></td></tr>
<tr><td>4</td><td colspan="2">创建方法</td><td>8</td><td>类型扣1分，方法子类型扣1分，位置（方法）扣1分，名称扣1分，余量扣2分，公差扣2分，不倒扣分</td><td></td><td></td><td></td></tr>
<tr><td>5</td><td colspan="2">创建操作</td><td>50</td><td>类型扣1分，操作子类型扣1分，位置扣4分，名称扣2分，几何体扣8分，刀轨设置扣34分，不倒扣分</td><td></td><td></td><td></td></tr>
<tr><td>6</td><td colspan="2">仿真</td><td>2</td><td>仿真扣2分，不倒扣分</td><td></td><td></td><td></td></tr>
<tr><td>7</td><td>安全文明</td><td>机房内安全文明、正确、规范操作、维护等</td><td>5</td><td>遵守机房内的各项纪律规定，每出现一项扣1分，安全文明、正确、规范操作、维护1分，每违规一项扣1分，扣完为止</td><td></td><td></td><td></td></tr>
<tr><td colspan="3">合计</td><td>100</td><td colspan="3">占件一零件加工总成绩（40%）</td><td></td></tr>
</table>

否定项：若因考生操作不当，造成设备损坏，则应及时终止其操作，本次任务成绩记为零分。

考生签名：　　　　　　　　　　考核教师签名：　　　　　　　　　　日期：